成 人 高 等 教 育 药 学 专 业 教 材

总主编 / 陈金宝 刘 强

有机化学

ORGANIC CHEMISTRY

主 编

刘雅茹 李晓娜

副主编

夏 阳

上海科学技术出版社

图书在版编目（CIP）数据

有机化学 / 陈金宝，刘强总主编 ；刘雅茹，李晓娜主编. -- 上海 ：上海科学技术出版社，2021.1
成人高等教育药学专业教材
ISBN 978-7-5478-5089-3

Ⅰ.①有… Ⅱ.①陈… ②刘… ③刘… ④李… Ⅲ.①有机化学－成人高等教育－教材 Ⅳ.①O62

中国版本图书馆CIP数据核字(2020)第169650号

获取《成人高等教育医学专业教材·考前模拟试卷》指南
扫描封面二维码→点击第一条"考前模拟试卷使用指南"，了解使用方法→刮开封底涂层，获取购物码→点击第二条"考前模拟试卷"PDF 文件，立即购买→选择"使用购物码支付"→输入购物码并使用→立即查看后成功获取。

有机化学
总主编　陈金宝　刘　强
主　编　刘雅茹　李晓娜

上海世纪出版(集团)有限公司
上 海 科 学 技 术 出 版 社　出版、发行
(上海钦州南路 71 号　邮政编码 200235　www.sstp.cn)
上海锦佳印刷有限公司印刷
开本 787×1092　1/16　印张 14
字数：350 千字
2021 年 1 月第 1 版　2021 年 1 月第 1 次印刷
ISBN 978-7-5478-5089-3/O·93
定价：40.00 元

编 委 会

主　编

刘雅茹　李晓娜

副主编

夏　阳

编　者　（按姓氏笔画排序）

王玉玲　刘建玲　刘雅茹　李晓娜

钟　阳　夏　阳　崔静瑕

前 言

成人高等教育医学系列教材出版发行已经多年，该系列教材编排新颖，内容完备，版式紧凑，注重实践，深受学生和教师好评，在全国成人医学高等教育中发挥了巨大作用。为了适应发展需要，紧跟学科发展动向，提升教材质量水平，更好地把握21世纪成人高等教育医学内容和课程体系的改革方向，使本系列教材更夯实能力基础、激发创新思维、培养合格的医学应用型人才，故决定扩展部分品种。

本系列教材将继续明确坚持“系统全面、关注发展、科学合理、结合专业、注重实用、助教助学”的编写原则。每章仍由三大部分组成：第一部分是导学，告知学生本章需要掌握的内容和重点、难点，以方便教师教学和学生有目的地学习相关内容；第二部分是具体教学内容，力求体现科学性、适用性和易读性的特点；第三部分是复习题，便于学生课后复习，其中选择题和判断题的参考答案附于书后。

本系列教材分为成人高等教育基础医学教材和成人高等教育护理学专业教材、成人高等教育药学专业教材，使用对象主要为护理学专业及药学专业的高起本、高起专和专升本三个层次的学生。其中，对高起本和专升本层次的学习要求相同，对高起专层次的学习要求在每章导学部分予以说明。本套教材中的一些基础课程也适用于其他相关医学专业。

除了教材，我们还将通过中国医科大学网络教育平台(http://des.cmu.edu.cn)提供与教材配套的教学大纲、网络课件、电子教案、教学资源、网上练习、模拟测试等，为学生自主学习提供多种资源，建造一个立体化的学习环境。

为了方便学生复习迎考，本套教材的每门学科都免费赠送5套考前模拟试卷，并配有正确答案。学生只要用手机微信扫描封面的二维码，输入封底刮开涂层的购物码即可获取。学生可以做到随时随地练习，反复实战操练，掌握做题技巧及命题规律，轻松过关。

本系列教材扩展品种的编写得到了以中国医科大学为主，包括沈阳药科大学、天津中医药大学、辽宁中医药大学、辽宁省肿瘤医院等单位专家的鼎力支持与合作，对于他们为此次编写工作做出的巨大贡献，谨致深切的谢意。

由于编写工作任务繁重、工程巨大，在教材中难免存在一些不足，恳请广大教师、学生惠予指正，使本套教材更臻完善，成为科学性更强、教学效果更好、更符合现代成人高等教育要求的精品教材。

陈金宝　刘　强

2020年6月

编写说明

人类社会的进步和发展很大程度上体现在自己生存空间的不断扩大和对自我认识的不断深化，在这一历史进程中，有机化学与生命科学(包括解剖学、生理学、生物学、药理学、细胞遗传学等)始终结伴而行，扮演着重要角色。药学科学是生命科学的一部分。就拿药物来说，无论是天然药物、合成药物和基因工程药物，就其化学本质而言都是一些化学元素组成的化学品。有机化学是药学专业的必修基础课，本教材根据成人高等教育药学专业的培养目标及专科药学人才的培养要求而编写。

在编写过程中，我们根据成人高等教育药学专业的培养目标，贯彻以有机化学的基本知识、基本反应和基本理论为指导思想，注重思想性、科学性、先进性、启发性和适用性的原则，以官能团为主线，阐述各类有机化合物的结构与性质之间的关系。在内容安排上，注意重点突出、难点分散、循序渐进的原则。一些基本概念和理论尽可能较早地介绍，以便在后续相关章节中，进一步加强和应用。例如，有机化合物中共价键的断裂方式和有机酸碱理论安排在第一章绪论中介绍，而将立体化学安排在第五章中介绍。与以往的教材不同，我们强调要学生把握住分子结构与生物功能息息相关的这一科学内涵，使学生逐渐学会用有机化学理论、方法和手段去探讨生命现象中的诸多问题。本教材扩充了杂环化合物的生物学意义，加大了糖化学、肽和蛋白质化学及核酸化学的知识分量，体现了生物大分子的化学行为和生物分子功能在生命过程中的化学理解。

为使学生对所学知识得以很好地训练和巩固，不仅在每章末有相应的习题，我们还配合教材内容出了五套有机化学考前模拟试卷(以扫描封面二维码，输入封底刮开涂层的购物码获取)，使学生对于所学课程内容有进一步的巩固和强化作用。

由于我们水平有限，本书难免有不妥之处，敬请同行专家和广大师生批评指正。

《有机化学》编委会

2020年6月

目 录

第一章

绪 论

导学

内容及要求

本章介绍的主要内容有：有机物和有机化学的概念，有机化合物的分子结构，有机物的分类方法，有机化学反应，有机反应中的酸碱概念。

要求掌握有机化合物的分子结构，有机反应中的酸碱概念；熟悉有机物的分类方法；了解有机物和有机化学的概念，有机化学反应。

重点、难点

本章的重点内容是有机化合物的分子结构，有机反应中的酸碱概念。难点是有机反应中的酸碱概念。

专科生的要求

主要掌握有机物和有机化学的概念，有机化合物的分子结构，有机物的分类方法，有机化学反应，有机反应中的酸碱概念。

第一节 有机化合物和有机化学

1806 年，瑞典化学家 J. Berzelius 首先引用了有机化合物的概念。他定义有机化合物是“来自生物体中的物质”，以区别于从地球上的矿物、空气和海洋里得到的无机物质。1828 年，德国化学家 F. Wöhler在实验室里合成了尿素，这是一个具有划时代意义的发现，它为近代有机化合物概念的建立奠定了基础。然而，这个实验事实在当时却很难被认同，因为按照 J. Berzelius 对有机化合物的定义，尿素应该是来自活的有机体的物质(1773 年从尿中分离出尿素)，不可能在实验室里人工制备出来。直到 1848 年，L. Gmelin 根据 F. Wöhler 的实验和越来越多的有机合成事实，确立了有机化合物的近代概念，即有机化合物是含碳化合物，有机化学是研究碳化合物的科学。

但是，有些碳化合物(如 CO、CO_2 及碳酸盐等)的性质更近于无机物，所以长期以来一直放在无机化学中学习。可见无机物和有机物之间没有一条不可逾越的鸿沟，如果说它们之间有什么沟壑的话，那纯粹是人工掘成的。随着科学技术的发展和人们对客观事物认识的深化，总是要抛弃一些旧有概念，建立起一个比原来更为合适、更为完善的概念，任何人为的概念都不会是一成不变的。

当代有机化学的定义是研究有机化合物的来源、制备、结构、性能、应用、功能以及有关理论和方法的科学。

进入21世纪，社会可持续发展战略所涉及的人口、生态、环境、能源、经济等方面的问题，成了国际社会普遍关注的焦点，有机化学面临新的挑战和机遇。有机化学与生命科学互动融合发展，特别是天然产物化学、药物化学、仿生化学、生物催化、生物模拟等成了有机化学发展战略的重大领域。

生命现象的物质基础和有机分子的生物功能是生命科学研究的永恒主题。美国医学家、Nobel奖获得者 A. Kornberg认为："人类的形态和行为都是由一系列各负其责的化学反应来决定的"，"把生命理解成化学"。

20世纪，生命科学研究进入了一个崭新的时代，人类基因组工作框架图组装完成，人们开始把注意力转向后基因组计划，即从研究基因的核苷酸序列到研究基因的结构表达和功能，从序列基因转移到结构基因和功能基因。在生命过程中，联系到一系列的生物大分子的相互作用，也联系到一系列生物大分子与有机小分子和无机离子之间的相互作用。实践表明，几乎所有生命科学中的问题都必将接受化学的挑战。20世纪90年代后期兴起的化学生物学是一门用化学理论、研究方法和手段在分子水平上探索生命科学问题的学科。这是化学自觉进入生命科学领域的标志。对参与生命过程的有机化合物分子行为和功能的认识，直接关系到对生命体系中分子间的作用、信息传递和调控本质的了解，对生命科学中重大问题的突破，揭示生命的奥秘，人类更加正确的认识自我和完善自我具有深远的科学意义。

"有机"两字是同生命现象紧密相连而产生的，是历史的产物。按近代有机物的概念，它的确容易引起人们的"误解"。可是时至今日，后基因时代化学、小分子化学生物学、超分子生物学、糖化学生物学以及天然产物化学的发展趋势表明，有机化学与生命科学广泛地相互渗透，相互融合，两者的学科界限越来越模糊，令人饶有兴趣地看到，有机化学在研究生物体本义上的回归。诚然，这种"回归"不是最初定义上的回归，而是科学真谛的显露。从这个意义上说，"有机"两字必将还其生机，"误解"必将成为历史，有机化学与生命科学在解决"人与环境"的和谐发展中终成伴侣，这是自然界赋予它们的必然发展趋势。

第二节　有机化合物的分子结构

一、有机物的化学键

无论对无机物还是对有机物来说，在讨论其分子结构(structure of molecule)时，首先都必须从化学键(chemical bond)开始。化学键是描述组成分子的原子如何结合在一起的力。

有机化学的发展揭示了有机化合物分子中，原子键合的本质是共价键(covalent bond)，这是一种分子内的作用力所产生的结果。共价键有两种基本类型，即σ键(σ bond)和π键(π bond)。有机化学最初的学习多建立在共价键基础上，以分子为研究对象的分子化学(molecular chemistry)，是认识有机小分子和生物大分子化学行为和生物功能的基础。

碳原子在形成共价键时有3种杂化轨道(hybrid orbital)，即 sp^3、sp^2 和 sp 杂化轨道。除了碳原子外，有机物分子中的氧原子(O)、氮原子(N)、磷原子(P)和硫原子(S)的杂化也是常见的。科学发展不断显示出含杂原子N、P、S的有机物在生物学上的重要地位，中心原子不同的杂化状态形成了分子不同的空间构象，这是分子所以能形成不同结构的最基本要素，其既影响分子的局部，也涉及分子的整体。

键角(bond angle)是分子中同一原子所形成的两个共价键之间的夹角。键角所给的信息对讨论有机物分子的空间构型具有十分重要的意义。如甲烷分子的碳原子是经过 sp^3 杂化。两个碳-氢键之间的键角(∠HCH)为 109°28′,是正四面体构型;当知道甲醇(CH_3OH)的碳-氧键和碳-氢键之间的键角(∠COH)为 108.9°时,即可判定醇羟基中的氧原子为 sp^3 杂化。

键能(bond energy)是从共价键生成或断裂的能量因素来衡量共价键强度的物理量。在 101.3 kPa 和 298.15 K 下,将 1 mol 理想气体分子 A—B 离解为理想气态的 A 原子和 B 原子所需的能量称为 A—B 的离解能(dissociation energy)。离解能用 D(A—B)表示,单位为 kJ/mol。

键的极性是由成键原子的电负性不同引起的。当成键原子的电负性不同时,核间的电子云密集区域偏向电负性较大的原子一端,使之带部分负电荷,用符号 δ^- 表示;电负性较小的原子一端则带部分正电荷,用符号 δ^+ 表示。这种正电荷重心与负电荷重心不重合的共价键即为极性共价键。衡量化学键极性的物理量是键的偶极矩(简称键矩)。键矩是两个电负性不同的原子所组成的极性键的正电荷(负电荷)中心的电荷 q 与两电荷中心之间的距离 d 的乘积:

$$\mu = q \times d$$

偶极矩是可以测定的,其单位为 C·m(库仑·米)。

分子的偶极矩是分子中各个键矩的矢量和。符号"$+\!\!\!\longrightarrow$"表示键的偶极,键头的指向是从电负性较小的原子指向电负性较大的原子,分子偶极矩的方向从正电荷部分指向负电荷部分,例如 H$\rightarrow$F。

二、分子结构的基本含义

有机化合物的分子结构是研究有机物分子行为的基础,是学习有机化学的首要问题,并将贯穿有机化学课程的始终。它与学习和掌握有机物性质、反应、合成、提取及生物活性等都有着极为密切的关系。

有机物分子结构的基本含义应包括分子的构造(constitution)、构型(configuration)和构象(conformation)。按照国际纯粹和应用化学联合会(International Union of Pure and Applied Chemistry, IUPAC)的规定:所谓构造是指组成分子的原子或基团的相互连接次序和方式;所谓构型和构象则是指有机物分子的立体化学(stereochemistry)状态,即指在分子构造相同时,组成分子的原子或基团的空间排列状态。分子的构型是指组成分子的原子或基团的固有空间排列,其构型的改变,必须靠共价键的断裂和新的化学键的形成;分子的构象是指组成分子的原子或基团的相对空间排列,其构象的改变,不是靠共价键的断裂和新的化学键的形成,而是靠化学键的转动,其构象又可因化学键的转动而复原。

三、有机化合物的结构式

根据不同的使用要求,结构式有不同的书写方式和不同的含义。

1. 电子式

有机物分子中的原子多以共价键相结合,两原子间靠共用电子对维系着,其结构通常可用电子式表示。如 CH_4 和 CH_3CH_2OH 的电子式分别为:

```
   H            H H
   ..           .. ..  ..
H :C: H   和  H:C :C :O: H
   ..           .. ..  ..
   H            H H
```

这种用共价结合的外层电子表示的经典电子结构式称为 Lewis 结构式,它能清晰地看出分子中的每一个原子外层的电子构成,也是其他不同形式的结构式的理论基础。

2. 实线式

实线式早些时候也称 Kekulé 结构式或价键结构式,是最常用的一种表示有机分子结构的结构式。它是对 Lewis 结构式的一种简化，用一短线表示 Lewis 结构中原子间成键电子对，1 对电子用单键表示，2 对电子或 3 对电子分别用双键或叁键表示，未共用电子对在没有特别需要时可以省略。如 CH_4 和 CH_3CH_2OH 的实线式分别为：

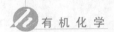

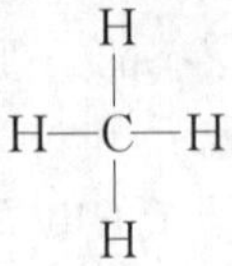

$$\begin{array}{ccc} & H & \\ & | & \\ H— & C & —H \\ & | & \\ & H & \end{array} \quad 和 \quad \begin{array}{cccc} & H & H & \\ & | & | & \\ H— & C— & C— & O—H \\ & | & | & \\ & H & H & \end{array}$$

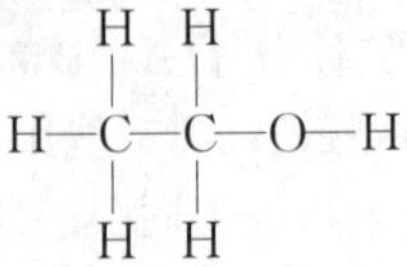

现以甲烷为例，对实线式做如下阐释：

(1) 实线式中的每一条短线代表一对电子。

(2) 它是甲烷分子的球棍模型的平面投影式，因此不能误解 $\angle HCH = 90°$。

(3) 当你知道甲烷分子中的碳原子是经过 sp^3 杂化，就会自然地了解它的 4 个 C—H 键的伸展方向，其构型状态也可想象出来。在实践中，为了把实线式与分子的实际构型联系起来，人为规定，当用实线式书写结构式时，与饱和碳原子相连接的 4 个共价键，横键上的原子或基团表示朝向纸平面的上方，竖键上的原子或基团表示朝向纸平面的下方。这个规定要求持模型者必须把模型中与饱和碳原子相连的两个"横键"上的球棍置于参考平面的前方，即朝向观察者；两个"竖键"上的球棍置于参考平面的后方，即远离观察者，如果置模型于随意，将失去模型的应有意义。它在判断对映异构时是很有用的。

(4) 这种实线式就其所表达的直观内容而言，它只能被看作是甲烷分子的构造式，这种理解不错，但目前国内外有机化学界仍习惯称其为分子的结构式。

在有机化学的学习中，以实线式作为分子的结构式用得最多，因为它很方便，又容易写出来，但是要求我们必须对寓意其中的若干化学含义和人为规定的内容要有所掌握，这样去看实线式就是结构式也不为之勉强。

在实际应用中，或为书写简便，或为不同目的要求，实线式有多种演变和寓意。如人们常把实线式加以简化，简化的原则是每一个结构单元用短线连接起来，所谓"一个结构单元"是指这个部分或基团只有一种构造形式。据此，乙烷可以简化为 $CH_3—CH_3$，丙烷可以简化为 $CH_3—CH_2—CH_3$；也可将连接结构单元的短线省去，分别写成 CH_3CH_3 和 $CH_3CH_2CH_3$，这种简化形式称为简式。分子式为 C_4H_{10} 的分子有两种构造异构体，正丁烷可写成 $CH_3—(CH_2)_2—CH_3$ 或 $CH_3(CH_2)_2CH_3$；异丁烷可写成 $\begin{array}{l} CH_3—CH—CH_3 \\ \qquad\ \ | \\ \qquad CH_3 \end{array}$ 或 $(CH_3)_3CH$。乙醇可写成 CH_3CH_2OH 或 C_2H_5OH。

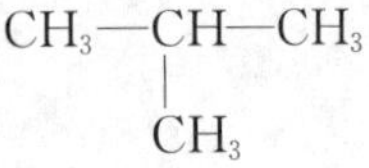

当碳原子以环状相连时，常用骨架式。如环己烷和苯的骨架式分别为：和。

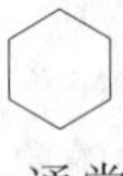

骨架式的每一转角处都表示有 1 个碳原子，其他价键数用氢原子补足，通常均不直接写出来。如果环上有 O、N 或 S 等杂原子，则必须写出来，如吡啶 N。

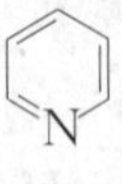

链状化合物也可用，如果链端不是碳原子，则应将具体的原子或基团写出来。如 CH_3CH_2OH 的骨架式为 OH。

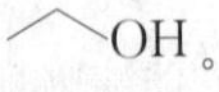

3. 立体结构式

因为特殊的需要，必须在三维空间里展示分子的立体状态时，可用立体结构式表示。如 CH_4 立体结构式通常有两种表示法：

$$
\begin{array}{c}
\text{H} \\
\vdots \\
\text{H}\blacktriangleleft\text{C}\blacktriangleright\text{H} \\
\vdots \\
\text{H}
\end{array}
\qquad\qquad
\text{(II) H–C with wedge/dash bonds to three H}
$$

（Ⅰ）　　　　　　（Ⅱ）

（Ⅰ）式是一种最常用的立体结构式，它表示与饱和碳原子相连接的四个共价键中两个“横楔形线”表示朝向纸平面的上方；两个“楔形虚线”表示朝向纸平面的后方，这是对 sp^3 杂化的碳原子上的四个共价键伸展方向的真实描述，这与实线式的“规定”是一致的。

（Ⅱ）式中实线表示在纸平面上的两个价键，楔形线表示朝向纸平面上方的一个价键，楔形虚线表示朝向纸平面下方的一个价键。这种立体结构式称为透视式（perspective），虽然它有其直观的优点，但是书写起来很不方便，可想而知，随着分子结构的复杂化，这种立体结构式是很难书写出来的。

四、分子间的相互作用力

分子间的相互作用力可归纳为偶极-偶极相互作用力、范德瓦耳斯力、氢键、疏水亲脂作用、离子-偶极作用力等。

偶极-偶极相互作用是极性分子间最普遍的一种相互作用，即一个极性分子带有部分正电荷的一端与另一分子带有部分负电荷的一端之间的吸引作用。例如，氯化氢分子是一个极性分子，电负性较大的氯原子吸引电子的能力强，氯原子一端带有部分负电荷是负端，氢原子带有部分正电荷是正端，一个氯化氢分子的正端与另一氯化氢分子的负端相互吸引，这种相互作用即为偶极-偶极相互作用。

范德瓦耳斯力（Van der Waals force，俗称范德华力），是存在于中性分子或原子之间的一种弱电性吸引力。范德瓦耳斯力有三个来源：①极性分子的永久偶极矩之间的相互作用。②一个极性分子使另一个分子极化，产生诱导偶极矩并相互吸引。③分子中电子的运动产生瞬时偶极矩，它使临近分子瞬时极化，后者又反过来增强原来分子的瞬时偶极矩。这种相互耦合产生净的吸引作用，通常这三种相互作用的贡献不同，以第三种的贡献最大。

氢键，是氢原子与电负性大的原子 X 以共价键结合，若与电负性大、半径小的原子 Y（O、F、N 等）接近，在 X 与 Y 之间以氢为媒介，生成 X—H…Y 形式的一种特殊的分子间或分子内相互作用。X 与 Y 可以是同一种类分子，如水分子之间的氢键；也可以是不同种类分子，如一水合氨分子（$NH_3 \cdot H_2O$）之间的氢键。

疏水亲脂作用，是有机分子中常见的一种分子间弱相互作用。由于有机分子往往是非极性较强的分子，所以对水（极性溶剂）具有一定的排斥作用，而对脂类溶剂（非极性溶剂）则体现出相容性，可以总结为“相似相溶”，其原理就是分子间的疏水亲脂作用。

分子和分子或离子间的作用力（定向力、诱导力、色散力），以及由此而产生的没有方向性和饱和性的作用力，叫做非专属作用力。它们包括：离子偶极力、偶极偶极力、偶极诱导偶极力、瞬时偶极诱导偶极力。人们经常用极性来概括表示这些作用力。从广义上来讲，离子偶极力属于分子间力。

这些作用力都与分子的极性有密切关系，随着科学的发展，科学家们对分子间的弱相互作用的认识止在不断地得以深化。

第三节　有机物的分类方法

迄今为止，已发现的约 2 000 万个化合物中，绝大多数是有机化合物。为有效地学习和研究它们，必须对众多的有机化合物进行科学的分类。

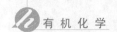

目前，国内外有机化学家对有机物的分类普遍采用两种方法：其一是基于有机物分子结构的基本骨架特征；其二是以有机物分子结构中的官能团(functional group)或特征结构为分类基础。

一、按基本骨架特征分类

1. 链状化合物(chain compound)

这类化合物的结构特征是碳原子与碳原子，或碳原子与其他原子均以链状相连，如正己烷$CH_3(CH_2)_4CH_3$、乙醚$CH_3CH_2OCH_2CH_3$、尿素H_2NCONH_2、乙酸CH_3COOH等。

2. 碳环化合物(carbocyclic compound)

这类化合物的结构特征是在分子结构中，一定有由碳原子相互连接成的环状结构部分，例如：

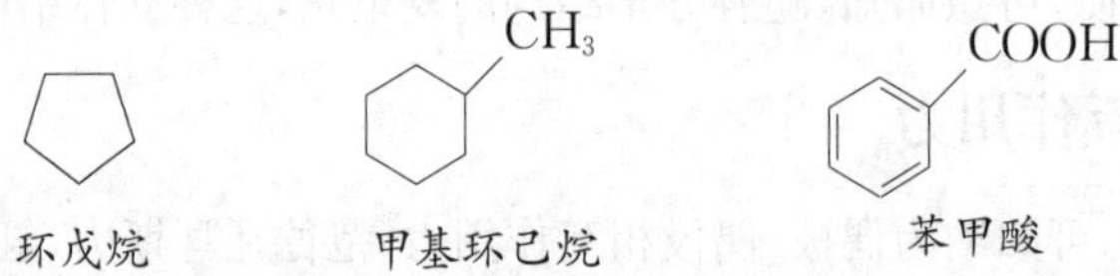

从上述例子可以看出，不管分子结构中是否有其他链状结构部分，由碳原子与碳原子互相连接组成的碳环总是存在的。

3. 杂环化合物(heterocyclic compound)

这类化合物的结构特征是在分子结构中，一定有杂环结构部分存在。所谓"杂环"即是由碳原子和杂原子(如N、O、S等)所组成的环。此类化合物称为杂环化合物，例如：

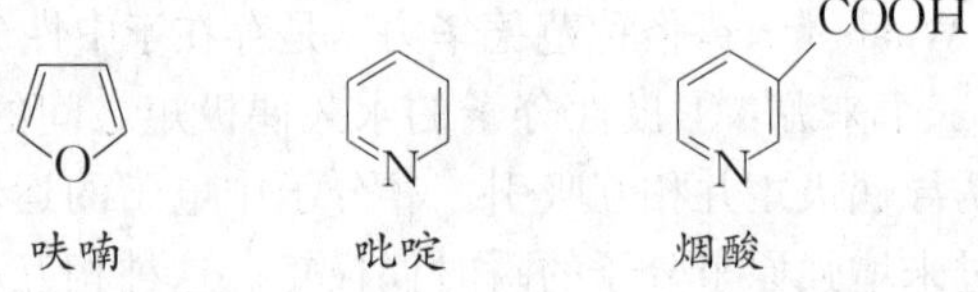

二、按官能团不同分类

官能团是指有机物分子结构中最能代表该类化合物主要性质的原子或基团。官能团对识别有机物、命名有机物、了解有机物的基本物理性质和化学性质都具有重要意义。如乙醇(酒精)CH_3CH_2OH和丙三醇(甘油)$CH_2(OH)CH(OH)CH_2OH$的官能团为羟基(—OH)；羧酸类化合物的官能团是羧基(—COOH)，如苯甲酸、烟酸等。一些主要的官能团如表1-1所示。

表1-1 有机化合物常见官能团

化合物类型	官能团	官能团名称	实例结构式	实例名称
烯烃	$>C=C<$	碳碳双键	$CH_2=CH_2$	乙烯
炔烃	$—C\equiv C—$	碳碳三键	$CH\equiv CH$	乙炔
卤代烃	—X	卤素	CH_3CH_2Cl	氯乙烷
醇	—OH	羟基	CH_3OH	甲醇
醚	R—O—R	醚基	$CH_3—O—CH_3$	甲醚
醛	—CHO	醛基	$CH_3—CHO$	乙醛

（续表）

化合物类型	官能团	官能团名称	实例结构式	实例名称
酮	$\gt C=O$	羰基	$CH_3—CO—CH_3$	丙酮
羧酸	—COOH	羧基	CH_3COOH	乙酸
胺	$—NH_2$	氨基	$CH_3CH_2NH_2$	乙胺

第四节 有机化学反应

有机化学反应类型

化学是一门研究物质在分子、原子层次上变化的学科。物质的化学变化就是一种原子间的重新排列组合生成新分子的过程。有机反应千差万别，但都需经历旧共价键的断裂和新共价键的生成。讨论有机化学反应机制(reaction mechanism)，不外是看旧的共价键是怎样断裂的，新的共价键是怎样生成的。因此，共价键的断裂是研究有机化学反应最基本的知识。共价键在一定条件下，可有两种断裂方式——均裂和异裂。

1. 自由基反应

在共价键断裂时，构成共价键的两个电子，被每个碎片(原子或基团)各分享 1 个，这样的断裂称为共价键的均裂(homolysis)。

$$A:B \xrightarrow{均裂} A\cdot + \cdot B$$

每个碎片各有 1 个电子，所产生的带有不成对电子的原子或基团称为自由基(free redical)。自由基最基本的特征，是具有未配对的电子。产生自由基的反应称为自由基反应。

2. 离子型反应

在共价键断裂时，构成共价键的两个电子，全被一个碎片(原子或基团)所占有，这样的断裂称为共价键的异裂(heterolysis)，产生阳离子和阴离子。

$$A:B \xrightarrow{异裂} A^+ + :B^-$$

这种产生阳离子和阴离子的反应，称为“离子型”(ionic type)反应。异裂在离子化溶剂中，较容易发生。一般说来，极性有机物分子易发生“离子型”反应。

第五节 有机反应中的酸碱概念

在论及化学性质时，对有机物的酸性和碱性的认识是理解有机化学的基础，尤其多数有机化学反应都是在液相中进行的“离子型”反应。

Lewis 定义酸是能夺取一对电子以形成共价键的物质，即酸是电子对的接受体，常称其为 Lewis 酸；碱是电子对的给予体，常称其为 Lewis 碱。Lewis 酸(如 H^+、Cl^+、Br^+、NO_2^+、BF_3、$AlCl_3$ 等)都是寻求一对电子的酸性试剂，称其为亲电试剂(electrophilic reagent)。由亲电试剂进攻导致的反应，称为亲电反应(electrophilic reaction)，根据反应事实可能是亲电取代或亲电加成反应。Lewis 碱

(如 H_2O、ROH、NH_3、RNH_2、OH^-、CN^-等)都是有进攻碳核倾向的、富电子的试剂,称其为亲核试剂(nucleophilic reagent)。由亲核试剂进攻导致的反应,称为亲核反应(nucleophilic reaction),根据反应事实可能是亲核取代或亲核加成反应。Lewis 的酸碱概念在有机化学反应中的重要性,在今后各章的学习中将不断有所体现,那时你也将更加深刻地理解它的真实意义。Lewis 酸碱电子理论所定义的酸碱物质范围相当广泛,可用于许多有机反应。它的缺点是酸碱概念过于笼统,使酸碱失去其特殊意义;对酸碱的强弱也不总能给出定量的标准。如果把它与 Bronsted-Lowry 的酸碱质子理论(凡是能给出质子的物质都是酸,凡是能接受质子的物质都是碱)、共轭酸碱概念和所测定的 pK_a 值的运用结合起来,对判断 Lewis 酸或碱的强弱顺序颇为有益。

复习题

【A 型题】

1. 根据当代的观点,有机物应该是: ( )

A. 来自动植物的化合物　　B. 来自自然界的化合物

C. 人工合成的化合物　　D. 含碳的化合物

2. 在下列化合物中,偶极矩最大的是: ( )

A. CH_3CH_2Cl　　B. $CH_2{=}CHCl$　　C. $HC{\equiv}CCl$

3. 有机物的结构特点之一就是多数有机物都以: ( )

A. 配位键结合　　B. 共价键结合　　C. 离子键结合　　D. 氢键结合

【问答题】

1. 有机化合物的两种分类方法是什么?

2. 共价键有几种断裂方式?分别说明其特点。

3. 何谓 Lewis 酸和 Lewis 碱?其特点是什么?

第二章

烷烃和环烷烃

导学

内容及要求

本章介绍的主要内容有：烷烃的结构；烷烃的命名法；烷烃的化学性质；游离基反应机制；环烷烃的结构和环的稳定性；小环环烷烃的开环反应。

要求掌握烷烃的结构特点、命名及同分异构现象；掌握烷烃的化学特性，自由基反应，环己烷构象；熟悉环烷烃的结构及小环环烷烃的特性。

重点、难点

本章的重点内容是烷烃的结构、命名和化学性质。难点是烷烃卤代的反应机制。

专科生的要求

主要掌握烷烃的命名、结构及化学性质。烷烃的化学反应机制等内容对专科学生不作要求。

第一节 烷　烃

仅由碳、氢两种元素组成的有机化合物称为碳氢化合物，又称烃。烃可看作有机化合物的母体，烃以外的各类有机化合物可看作烃的衍生物。烃类又分为链烃和环烃。链烃也称开链烃或脂肪烃；环烃又称闭链烃。环烃又分为脂环烃和芳香烃。烃的详细分类情况如下所示：

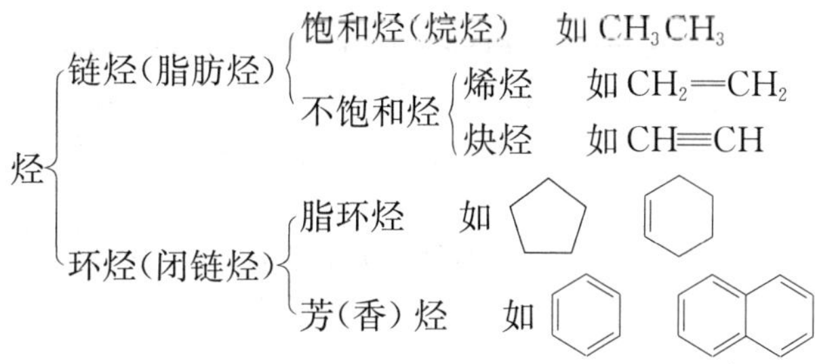

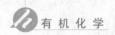

本章重点内容是介绍烷烃和环烷烃的结构、命名、性质等。本节介绍烷烃。

一、烷烃的组成

根据烃分子中碳原子间的结合方式，可将链烃分为饱和烃（烷烃）和不饱和烃（烯烃和炔烃）两大类。

烷烃（饱和烃）是指烃分子中的碳原子与碳原子之间均以单键（σ键）相结合，其余的价键均与氢结合的烃类。例如：

CH_4	$CH_3—CH_3$	$CH_3—CH_2—CH_3$	$CH_3—CH_2—CH_2—CH_3$
甲烷	乙烷	丙烷	丁烷

烷烃的通式为 C_nH_{2n+2}。按此通式可写出一系列烷烃结构式。具有同一分子组成通式，结构相似的这样一系列化合物称为同系物。在这些同系物中，相邻的烷烃之间在组成上都相差一个 CH_2（同系列差）。

同系物的概念在有机化学中是非常重要的，不仅烷烃中存在同系物现象，其他类有机化合物中也都存在同系物现象。同系物的性质一般是相似的，尤其是高级同系物（含碳较多的）的性质非常相似，但低级同系物（含碳较少的）和高级同系物的性质相差往往较大。在讨论有机化合物的性质时，不仅要讨论同系物的共性，而且要注意区别个别同系物的个性。

二、烷烃的结构

经X射线衍射等方法测定甲烷分子的空间构型为正四面体型。碳原子位于正四面体的中心，四个氢原子位于四面体的四个顶点，以共价键与碳原子结合；乙烯的碳原子与氢原子均位于同一平面内，碳-碳键与碳-氢键及碳-氢键与碳-氢键间约120°角。乙炔的碳原子与氢原子都位于一条直线上。烷烃、烯烃和炔烃的键角与碳原子的原子轨道角度明显不同，这说明在形成有机化合物时，碳原子的原子轨道发生了变化。

（一）碳原子的杂化

碳原子的基态电子结构是 $1s^2 2s^2 2p^1 2p^1 2p^0$，在最外层上的价电子中有2个是已配对的s电子，2个是未配对的p电子。从碳原子的电子结构看，碳形成共价键时，碳原子应为2价，但在绝大多数有机化合物中，碳原子都表现为4价。为解释这个矛盾现象，1931年，鲍林（L. Pauling）等提出了“轨道杂化理论”。此理论认为2s和2p轨道属同一电子层，它们的能级相差较小，在形成有机化合物时，因碳原子处于激发状态，原处于基态的一个2s电子跃迁到空着的2p轨道上去，碳原子的电子结构变为 $1s^2 2s^1 2p^1 2p^1 2p^1$，这样就形成了四个未配对的价电子，即1个s电子和3个p电子。电子由低能级跃迁到高能级的过程称为“激发”。激发后的这四个原子轨道可以按不同的方式“混杂”起来，重新组合成新型的轨道。这种由能级相近的不同类型的原子轨道“混杂”起来重新组合成的新型轨道叫做“杂化轨道”。原子轨道的这种“混杂”过程称为“杂化”。原子轨道进行杂化时，杂化前后轨道数不变。碳原子杂化轨道的形状既不同于s轨道的球形，又不同于p轨道的哑铃形，而是呈一头大一头小的葫芦形（图2－1）。这样成键时将更有利于实现原子轨道的最大程度重叠。

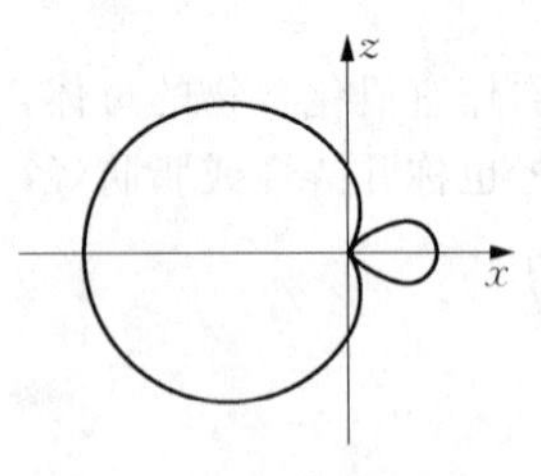

图2－1　碳原子杂化轨道形状平面图

碳原子的杂化轨道按参与杂化时p轨道数目的不同共有以下三种类型：

（1）sp^3 杂化轨道　由一个2s轨道三个2p轨道进行杂化，形成四个能量、形状完全等同的新轨道——sp^3 杂化轨道。每个 sp^3 杂化轨道含1/4 s成分和3/4 p成分，四个 sp^3 杂化轨道以109°28′的角度对称分布在碳原子周围，其空间取向是伸向正四面体的四个顶点。

(2) sp^2 杂化轨道　由 1 个 2s 轨道和 2 个 2p 轨道杂化成三个能量、形状完全等同的新轨道——sp^2 杂化轨道。每个 sp^2 杂化轨道含有 1/3 s 成分和 2/3 p 成分。三个 sp^2 杂化轨道处于同一平面内，互成 120°夹角，它们的空间取向是平面正三角形的三个顶角，剩余一个未参与杂化的 p 轨道垂直于该平面。

(3) sp 杂化轨道　由 1 个 2s 轨道和 1 个 2p 轨道杂化而成两个能量、形状完全等同的新轨道——sp 杂化轨道。每个 sp 杂化轨道含有 1/2 s 成分和 1/2 p 成分。两个 sp 杂化轨道成一条直线，彼此互成 180°夹角，剩余 2 个未参与杂化的 p 轨道互相垂直并都与 sp 杂化轨道的对称轴垂直。

(二) 烷烃的结构

烷烃中的碳原子均采取 sp^3 杂化。碳与碳之间的价键为 sp^3—sp^3、碳与氢之间的价键为 sp^3—s。以甲烷为例：甲烷的每一个 C—H 键都是由碳原子的 sp^3 杂化轨道与氢原子的 s 轨道沿着键轴方向重叠而成的 σ 键。因此，甲烷的四个 C—H 键的键轴在空间互成 109°28′，即空间构型为正四面体构型。甲烷的这种正四面体构型可用分子模型——凯库勒(Kekulé)模型或斯陶特(Stuart)模型来表示。正四面体结构使甲烷的各 C—H 电子云间的排斥力最小，分子的能量最低，最稳定。图 2-2 和图 2-3 分别是甲烷分子和乙烷分子的形成示意图。

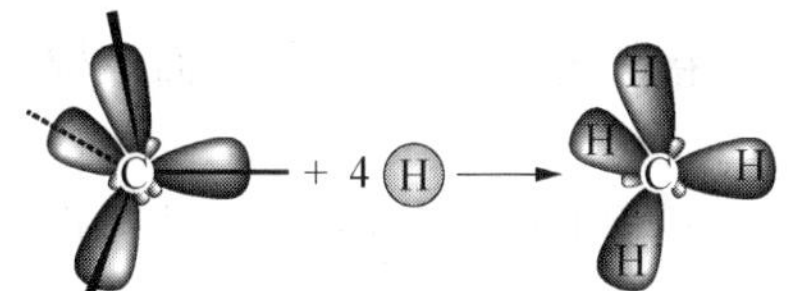

图 2-2　甲烷分子的形成示意图

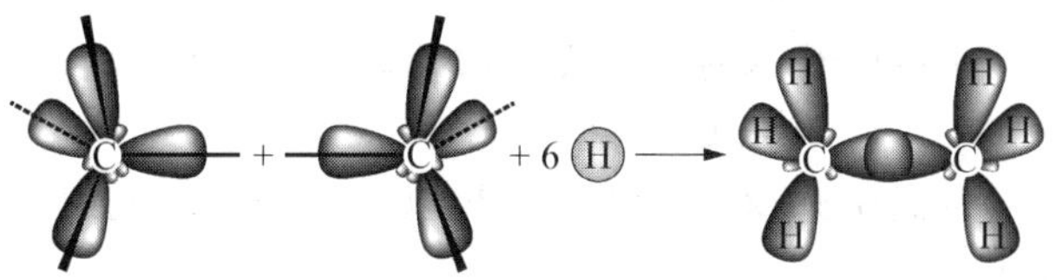

图 2-3　乙烷分子的形成示意图

从图 2-2 和图 2-3 可看出：烷烃中的 C—H 键是碳原子的 sp^3 杂化轨道与氢原子的 s 轨道重叠形成的 σ 键；C—C 键是由两个碳原子的 sp^3 杂化轨道彼此重叠形成的 σ 键。σ 键电子云是沿着键轴方向"头碰头"重叠的，这样重叠形成的共价键其电子云呈近似圆柱形对称分布，当成键的两个原子绕键轴相对旋转时，不会影响共价键的电子云分布，即不会破坏 σ 键，所以，C—C 单键可以"自由"旋转。

在烷烃中，所有碳原子都是 sp^3 杂化，即碳的各个价键分布都是四面体型，且 C—C 单键可以自由旋转，所以，碳原子数大于 3 的烷烃其碳链不应该是直线型，相邻两个 C—C 键的夹角近似 109°28′。

烷烃中 C—C 键的平均键长约为 154 pm，平均键能约为 347.50 kJ/mol；C—H 键的平均键长约为 109 pm，平均键能约为 414.493 kJ/mol。

三、烷烃的同分异构现象

分子式相同而结构式不同的现象称为同分异构现象，简称异构现象。具有相同分子式而不同结构式的化合物互称为同分异构体，简称异构体。在烷、烯、炔的同系列中，四个碳原子以上的化合物都有异构现象。

分子中碳原子的连接次序或方式不同而形成不同的碳链的异构现象叫作碳链异构。例如，分子式为 C_4H_{10} 的丁烷，因碳原子之间的连接方式不同可形成 2 种碳链异构体，即正丁烷和异丁烷：

$$CH_3—CH_2—CH_2—CH_3$$

正丁烷

$$\begin{array}{c} CH_3—CH—CH_3 \\ | \\ CH_3 \end{array}$$

异丁烷

而分子式为 C_5H_{12} 的戊烷可以连接成3种碳链异构体。

$$CH_3—CH_2—CH_2—CH_2—CH_3$$

正戊烷

$$\begin{array}{c}CH_3—\underset{\displaystyle CH_3}{\underset{|}{CH}}—CH_2—CH_3\end{array}$$

异戊烷

$$\begin{array}{c}CH_3—\overset{\displaystyle CH_3}{\overset{|}{\underset{\displaystyle CH_3}{\underset{|}{C}}}}—CH_3\end{array}$$

新戊烷

随着碳原子数目的增加,异构体的数目迅速增加。6个碳原子的烷烃有5个碳链异构体;7个碳原子的烷烃有9个碳链异构体;而10个碳原子的烷烃有75个碳链异构体。

在烷烃的碳链异构体中,不同碳原子所处的环境不相同。根据所连碳原子数目的不同,将碳原子分为伯、仲、叔、季四类。以下面的结构式为例来说明这四种类型的碳原子。

$$\overset{1}{C}H_3—\overset{\overset{6}{C}H_3}{\overset{|}{\underset{\underset{7}{C}H_3}{\underset{|}{\overset{2}{C}}}}}—\underset{\underset{8}{C}H_3}{\underset{|}{\overset{3}{C}H}}—\overset{4}{C}H_2—\overset{5}{C}H_3$$

伯碳原子(又称一级碳原子,以1°C表示):只与一个碳原子直接相连的碳原子,如上面结构式中的 C_1、C_5、C_6、C_7、C_8。

仲碳原子(又称二级碳原子,以2°C表示):与两个碳原子直接相连的碳原子,如上面结构式中的 C_4。

叔碳原子(又称三级碳原子,以3°C表示):与三个碳原子直接相连的碳原子,如上面结构式中的 C_3。

季碳原子(又称四级碳原子,以4°C表示):与四个碳原子直接相连的碳原子,如上面结构式中的 C_2。

另外,把连接在伯碳原子、仲碳原子和叔碳原子上的氢原子分别称为伯氢原子(又称一级氢原子)、仲氢原子(又称二级氢原子)和叔氢原子(又称三级氢原子)。

不同类型的碳原子和氢原子所处的环境不同,其化学反应活泼性有所不同。

四、烷烃的命名

命名是有机化学的重要任务之一。有机化合物的数目众多,结构复杂,必须根据其结构确定出其唯一的名称;反之,根据有机化合物的名称能写出其唯一的结构式。即理想的名称应能准确地反映出分子的结构。因此,必须制定出一个共同遵守的规则,这就是有机化合物的系统命名法。

烷烃的命名法是有机化合物命名的基础,它的许多原则也适用于其他各类有机化合物。常见的命名法主要有普通命名法和系统命名法两种。

1. 普通命名法

普通命名法主要应用于结构较为简单的烷烃。对于直链烷烃,按所含碳原子的数目将其称为"正"某烷。对于10个碳以下的直链烷烃,一般采用天干(甲、乙、丙、丁、戊、已、庚、辛、壬、癸)来表示;对于10个碳原子以上的直链烷烃,则用中文的小写数字十一、十二、十三……来表示。三个碳原子以下的烷烃无异构体,故不用加"正"字。例如:

$CH_3—CH_2—CH_3$	$CH_3—CH_2—CH_2—CH_2—CH_3$	$CH_3(CH_2)_{15}CH_3$
丙烷	正戊烷	正十七烷

对碳链的一端含有一个 $CH_3-\underset{\displaystyle CH_3}{\underset{|}{CH}}-$ 基团，但无其他支链的简单烷烃用“异”表示；对碳链的一端含有一个 $CH_3-\overset{\displaystyle CH_3}{\overset{|}{\underset{\displaystyle CH_3}{\underset{|}{C}}}}-$ 基团，但无其他支链的简单烷烃用“新”表示，例如：

$$CH_3-\overset{\displaystyle CH_3}{\overset{|}{CH}}-CH_2-CH_3 \qquad H_3C-\overset{\displaystyle CH_3}{\overset{|}{\underset{\displaystyle CH_3}{\underset{|}{C}}}}-CH_3 \qquad CH_3-\overset{\displaystyle CH_3}{\overset{|}{\underset{\displaystyle CH_3}{\underset{|}{C}}}}-CH_2-CH_3$$

异戊烷　　新戊烷　　新己烷

普通命名法只用于简单的有机化合物，对结构比较复杂的有机化合物必须采用系统命名法。

2. 系统命名法

我国的系统命名法是由中国化学会讨论制定的《有机化合物命名原则》。它是参考国际上通用的 IUPAC 命名原则，并结合我国文字特点制定的。系统命名法适用于各类有机化合物的命名。

在系统命名法中，直链烷烃的名称和普通命名法基本相同，只是不加“正”字；带有支链的烷烃看作直链烷烃的烃基取代衍生物。系统命名法的核心是确定主链名称和取代基的位次、名称及个数等。

烃分子中去掉一个氢原子剩下的部分称为烃基。脂肪烃去掉一个氢原子剩下的部分称为脂肪烃基，常用 R—表示。烷烃去掉一个氢原子所剩下的基团称为烷基。

烷基是以相应的烷烃为基础命名的。常见的烷基及名称如下：

CH_3- 甲基　　CH_3CH_2- 乙基　　$CH_3CH_2CH_2-$ (正)丙基　　$CH_3-\overset{|}{CH}-CH_3$ 异丙基

$CH_3CH_2CH_2CH_2-$ (正)丁基　　$CH_3\underset{\displaystyle CH_3}{\underset{|}{CH}}CH_2-$ 异丁基　　$CH_3CH_2\underset{|}{CH}CH_3$ 仲丁基　　$CH_3-\overset{\displaystyle CH_3}{\overset{|}{\underset{\displaystyle CH_3}{\underset{|}{C}}}}-$ 叔丁基

烷烃的系统命名法其主要原则如下：

(1) 选主链　选择最长的且含取代基较多的碳链为主链，以此作为“母体烷烃”，按主链所含碳原子数将其命名为某烷。

(2) 编号　若主链上有 1 个或多个取代基时，从最靠近取代基的一端开始，用阿拉伯数字给主链碳原子编号；当碳链两端等距离同时遇到取代基时，要使其他取代基的编号尽可能小；当碳链两端开始编号完全相同时，要按照次序规则使排列较小的取代基的具有较小的编号。

(3) 命名　按照次序规则的排列顺序由小到大将取代基的位次和名称写在母体名称之前；相同的取代基用中文数字(二、三、四……)标明个数，合并写出，并将所在的位次逐个标明，并用逗号“，”隔开；取代基的位次与名称之间用半字线连接。

```
                    CH3
                   4|    5      6      7      8      9
CH3—CH2—CH2—C——CH—CH2—CH2—CH2—CH3
                   3|    |
          CH3—CH  CH2
                    |     |
                  2CH2 CH3
                    |
                  1CH3
```

3,4-二甲基-5-乙基-4-丙基壬烷

```
 6      5      4       3      2      1
CH3—CH—CH2—CH—CH—CH3
        |             |      |
       CH3          CH3  CH3
```

2,3,5-三甲基己烷

```
 6      5       4      3      2       1
CH3—CH2—CH—CH—CH2—CH3
                 |       |
                CH2   CH3
                 |
                CH3
```

3-甲基-4-乙基己烷

五、烷烃的性质

(一) 物理性质

烷烃同系列中各物质的物理性质随分子量的增加呈有规律地变化。例如：在常温下常压下(25 ℃，101 325 Pa)，1～4 个碳原子的烷烃为气体；5～16 个碳原子的烷烃为液体；17 个碳原子以上的高级烷烃为固体，烷烃的沸点、熔点随同系物分子量的增加而升高。在烷烃异构体中，支链烷烃的沸点、熔点比相同分子量直链烷烃低。烷烃的密度都小于 1 g/cm^3。烷烃难溶于水而易溶于有机溶剂(如氯仿、四氯化碳、醚等)。

(二) 化学性质

有机化合物的化学性质是由其结构所决定的。因烷烃分子中的化学键都是 σ 键，其键能较大，不易极化。所以，烷烃很稳定，不易发生化学反应。在室温下烷烃与强酸、强碱、强氧化剂和强还原剂均不发生反应或反应速度很慢。但在高温或日光照射下，烷烃中的氢原子可被卤素(常见的为 Cl、Br)所取代，此反应称为卤代反应。下面以甲烷的氯代反应为例讨论烷烃的卤代反应及其历程。

1. 甲烷的氯代反应

在紫外光照射或加热到 250～400 ℃的条件下，甲烷和氯气剧烈反应，甲烷分子中的氢原子逐个被氯原子所取代。反应产物为一氯甲烷、二氯甲烷、三氯甲烷和四氯化碳的混合物。若控制反应条件可使某一种产物为主要产物。

$$CH_4 + Cl_2 \xrightarrow{\text{紫外光}} CH_3Cl + HCl$$

一氯甲烷

$$CH_3Cl + Cl_2 \xrightarrow{\text{紫外光}} CH_2Cl_2 + HCl$$

二氯甲烷

$$CH_2Cl_2 + Cl_2 \xrightarrow{\text{紫外光}} CHCl_3 + HCl$$

三氯甲烷(氯仿)

$$CHCl_3 + Cl_2 \xrightarrow{\text{紫外光}} CCl_4 + HCl$$

四氯化碳

2. 甲烷的氯代反应机制

反应机制即反应经历的途径，是对化学反应的逐步变化过程的描述。甲烷氯代的反应机制属于游离基（又称自由基，是带有单电子的原子或基团）链反应，分链引发、链增长和链终止三个阶段。

链引发过程是指氯分子吸收光能，使共价键发生均裂（共价键断裂时，成键两个电子平均地分配给成键的两个原子或基团），生成两个极活泼的氯游离基。

$$Cl:Cl \xrightarrow{紫外光} Cl\cdot + Cl\cdot$$

链增长是指着由链引发得到的氯游离基（Cl·）所引起的一系列连锁反应。

$$Cl\cdot + CH_4 \longrightarrow \cdot CH_3 + HCl$$

$$\cdot CH_3 + Cl_2 \longrightarrow CH_3Cl + Cl\cdot$$

$$CH_3Cl + Cl\cdot \longrightarrow \cdot CH_2Cl + HCl$$

$$\cdot CH_2Cl + Cl_2 \longrightarrow CH_2Cl_2 + Cl\cdot$$

…………

循环下去便可得到三氯甲烷和四氯化碳。由于在反应中不断有新的游离基生成，能使反应一直延续下去，故将这种反应称为游离基链反应。

链终止是指游离基互相结合形成稳定的分子，使游离基消除而反应终止。

$$Cl\cdot + Cl\cdot \longrightarrow Cl_2$$

$$\cdot CH_3 + \cdot CH_3 \longrightarrow CH_3CH_3$$

$$\cdot CH_3 + Cl\cdot \longrightarrow CH_3Cl$$

从甲烷的氯代反应机制可以看出：游离基反应机制中产生了能量很高、极为活泼的游离基中间体。凡是有利于这种游离基产生和存在的条件都能促进卤代反应。因此，卤代反应通常需要由光照（紫外光）、高温、催化剂（如过氧化物）等条件所引发，并在气相或非极性溶剂条件下进行反应。

其他烷烃的卤代反应也是游离基反应，其反应机制与甲烷氯代反应机制相似。随着烷烃碳原子数目的增加，烷烃卤代的取代位置可有多种选择，因此，反应产物也更加复杂，反应产物都是多种卤代烃的混合物。各种卤代反应产物的比例与烷烃中氢原子的活泼性有关。氢原子越活泼，越容易被卤代，产物的比例也越大。实验表明，烷烃中各种氢原子卤代反应的活泼性顺序为：叔氢原子＞仲氢原子＞伯氢原子。

第二节　环烷烃（脂环烃）

脂环烃是具有环状碳架结构、绝大多数都与开链烃（脂肪烃）有相似的化学性质的烃类。脂环烃及其衍生物广泛存在于自然界中，如植物中提取的挥发油中，有很多是脂环烃的衍生物；生物体内的甾体化合物的骨架也是由脂环烃构成的。

一、脂环烃的分类及命名

与链烃相似，脂环烃也分为饱和脂环烃和不饱和脂环烃。饱和脂环烃又称为环烷烃；不饱和脂环烃又分为环烯烃和环炔烃。其中环烷烃和环烯烃比较常见，而环炔烃比较少见。另外，按照分子中所含环的多少，还有单环脂环烃和多环脂环烃（由多个脂环共用 1 个或多个碳所构成的多环烃类）

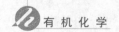

之分，本节主要介绍单环脂环烃。

单环脂环烃的命名与链烃相似，只是在与环上碳原子数目相当的链烃名称之前加一个“环”字即可。如环上有取代基，应将环上碳原子编号，并使环上取代基的位次尽可能小；对于不饱和脂环烃，环上碳原子编号时应使不饱和键取最低位次。环上有多个不同取代基时，应按“顺序规则”将其由小到大依次列出。例如：

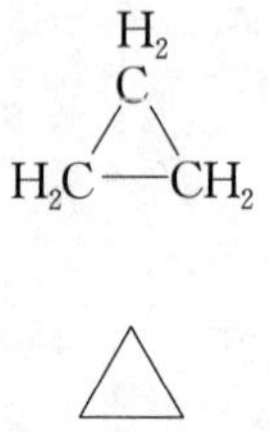

环丙烷 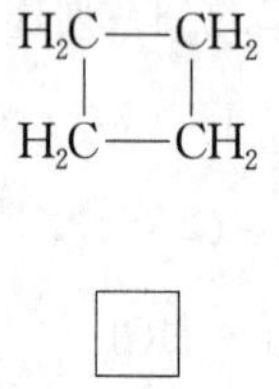　　环丁烷 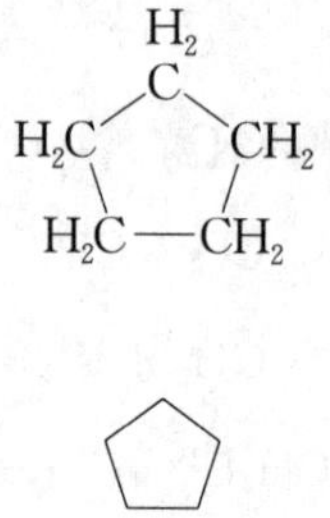　　环戊烷 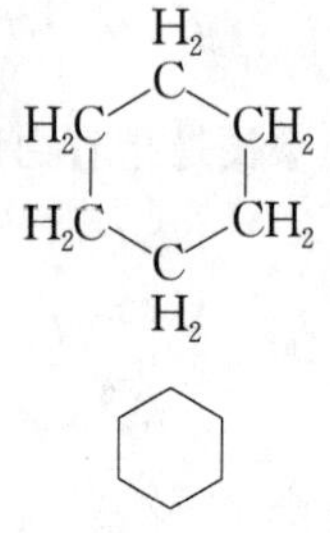　　环己烷

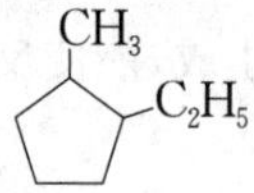

1-甲基-2-乙基环戊烷 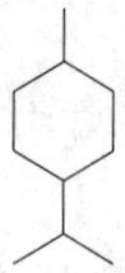　　1-甲基-4-异丙基环己烷 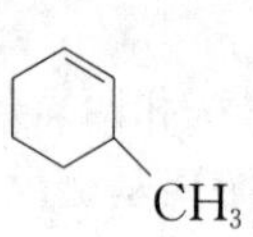　　3-甲基环己烯 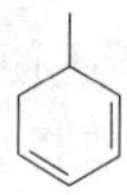　　5-甲基-1,3-环己二烯

二、环烷烃的性质

（一）物理性质

总的说来，脂环烃的物理性质与相应的开链烃相似。例如：环烷烃的熔点和沸点也是随着分子量的增加而增加，环丙烷、环丁烷在常温下是气体；环戊烷、环己烷等是液体；高级环烷烃是固体。不饱和脂环烃也有相似的变化规律。脂环烃都比水轻，不溶于水。

（二）化学性质

绝大多数脂环烃的化学性质与链烃没有本质上区别。例如：环烷烃也能与卤素发生游离基取代反应；环烯烃的双键同样可进行各种加成反应和氧化反应，不对称的环烯烃与卤化氢等不对称试剂加成时也遵循马氏规则。

但由于环状结构的存在，脂环烃还有一些特殊性质。脂环烃的特殊性质主要表现在环的稳定性上，三、四元环的环烷烃不太稳定，五、六元环的环烷烃则比较稳定。

1. 催化加氢反应

环烷烃在催化剂的作用可以加氢开环，开环处的两端碳原子上分别加上1个氢原子生成相应的开链烷烃，加氢的难度随环的增大而增加。环丙烷比较容易加氢开环，而环己烷通常条件下不能加氢开环。例如：

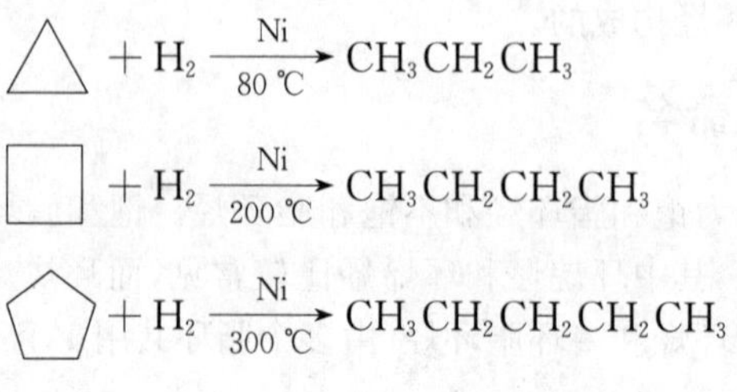

$$+ H_2 \xrightarrow[80\ ℃]{Ni} CH_3CH_2CH_3$$

$$+ H_2 \xrightarrow[200\ ℃]{Ni} CH_3CH_2CH_2CH_3$$

$$+ H_2 \xrightarrow[300\ ℃]{Ni} CH_3CH_2CH_2CH_2CH_3$$

2. 加卤素、卤化氢的反应

环丙烷及其衍生物在常温下即可与卤素、卤化氢等进行加成。例如：

$$\triangle + Br_2 \longrightarrow BrCH_2CH_2CH_2Br$$

1,3-二溴丙烷

$$\triangle + HBr \longrightarrow CH_3CH_2CH_2Br$$

1-溴丙烷

若与烷基取代的环丙烷衍生物加成，开环发生在含氢最多和含氢最少的两个碳原子之间，加卤化氢等不对称试剂时也遵循马氏规则。例如：

$$CH_3-\triangleleft + HBr \longrightarrow CH_3\underset{\underset{Br}{|}}{C}HCH_2CH_3$$

甲基环丙烷　　　　2-溴丁烷

环丁烷与卤素或卤化氢在加热条件下也能发生加成反应。环戊烷、环己烷不与卤素或卤化氢发生加成反应。在高温或日光下，环戊烷、环己烷等可与卤素发生取代反应，其反应机制与烷烃的卤代机制相同，也是游离基连锁反应。例如：

$$\text{环己烷} + Br_2 \xrightarrow{\text{日光}} \text{溴代环己烷} + HBr$$

溴代环己烷

综上所述，三元、四元环的环烷烃不稳定，容易开环发生加成反应，其加成反应的性质与烯烃相似。但与烯烃不同的是环丙烷在常温下不易被 $KMnO_4$ 等氧化剂氧化，可利用此差别区别烯烃与环丙烷衍生物。五元和六元环的环烷烃比较稳定，其化学性质与开链烷烃相似。环烷烃之所以有上述特性，与其分子结构的特殊性有关。

三、环烷烃的结构与环的稳定性

按照价键理论，环烷烃分子中的碳-碳单键都是 σ 键，环上碳原子都是 sp^3 杂化，环上碳-碳单键间的键角应近似 109°28′。但环丙烷只有三个碳原子成环，其碳原子之间连线的夹角应为 60°。因此，环丙烷环上碳原子形成的碳-碳单键不可能是正常的 σ 键。根据量子力学计算，环丙烷分子中两个碳-碳键间的键角为 105.5°，同碳上的两个碳-氢键间的键角为 114°。开链烷烃中的 σ 键是成键的两个原子轨道沿着原子核间的轴线方向进行最大程度的重叠，而环丙烷分子中的碳-碳 σ 键与原子核间的轴线方向成一定角度（在原子核间的轴线方向外侧）的方向上重叠，这样可以满足碳原子 sp^3 杂化轨道的角度。所形成的键呈弯曲状，称作“弯曲键”（图 2-4）。

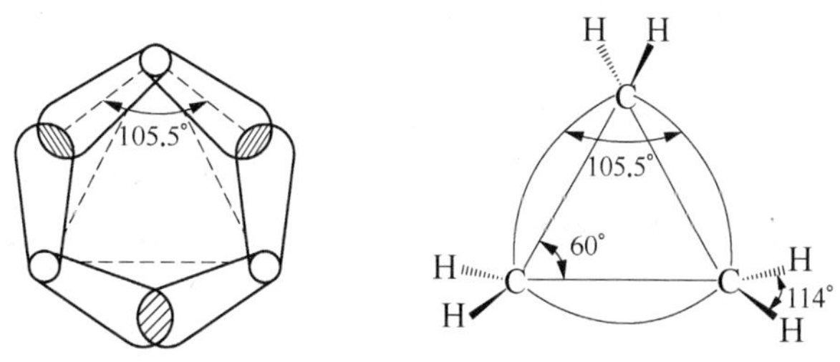

图 2-4 环丙烷分子中的碳-碳弯曲键

根据共价键的理论，成键的两个原子轨道重叠程度越大，所成的键越稳定，体系的能量越低。因为环丙烷的“弯曲键”与烷烃中的 σ 键相比，其轨道重叠程度较小，稳定性较差，体系内能较高，比烷烃中的σ键容易断裂。环丙烷中"弯曲键"的重叠方式与π键的重叠方式有些相似，但比π键重叠程度大。另外，其成键电子云分布在原子核间的轴线外侧，容易受到卤素、卤化氢等亲电试剂的进攻而发生加成反应，使"弯曲键"打开。

环丁烷与环丙烷类似，其碳-碳键也是"弯曲键"，但环上的四个碳原子不在同一平面上，其"弯曲键"的弯曲程度也比环丙烷小，故其稳定性较环丙烷大，加成反应比环丙烷困难。五元环以上的环烷烃，成环的碳原子都不在一个平面上，环碳原子成键时，原子轨道几乎或完全可以沿着原子核间的轴线方向进行最大重叠，形成正常的σ键，其碳-碳键的键角都接近 109°28′。所以，五元环以上的环烷烃都比较稳定，不易发生加成开环反应。

复习题

【A 型题】

1. $(CH_3CH_2)_3CH$ 所含的伯、仲、叔碳原子的个数比为：（　）

A．3∶3∶1　　B．3∶2∶3　　C．6∶4∶1　　D．9∶6∶1

2. 2,2,3-三甲基丁烷在光照下被氯单取代可生成产物的种类为：（　）

A．6 种　　B．5 种　　C．3 种　　D．2 种

3. 下列烷烃中系统命名法称为 2-甲基丁烷的是：（　）

A．异戊烷　　B．异丁烷　　C．新戊烷　　D．异己烷

4. 不属于环烷烃特点的是：（　）

A．碳原子均为 sp^3 杂化　　B．六元环最稳定

C．三元环最容易开环　　D．都是平面结构

5. 表示有机化合物最常用：（　）

A．实验式　　B．分子式　　C．结构式　　D．方程式

6. 由 1 个 s 轨道和 1 个 p 轨道进行组合，形成的 2 个能量介于 s 轨道和 p 轨道之间的、能量完全相同的是：（　）

A．sp^3 杂化轨道　　B．sp^2 杂化轨道　　C．sp 杂化轨道　　D．p 轨道

7. sp^3 杂化轨道的空间分布呈：（　）

A．正四面体　　B．等边三角形　　C．八面体　　D．正方形

【问答题】

1. 有机化合物中碳原子有几种杂化方式？各种杂化方式的特点是什么？形成共价键后的键角有何不同？

2. 写出下列化合物的同分异构体：

(1) C_6H_{14}　(2) C_5H_{10}　(3) C_5H_8　(4) C_8H_{10}

3. 命名下列各化合物：

(1) $(CH_3)_3C—C(CH_3)_3$　(2) $(CH_3CH_2)_3CH$　(3) $CH_3CHCHCH_3$（第二个碳上连 CH_3，第三个碳上连 CH_2CH_3）

（4） 　（5） 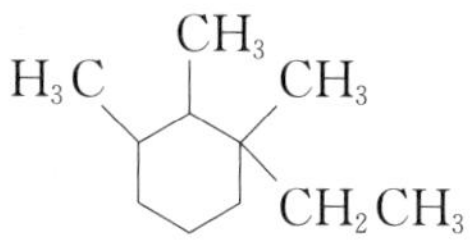　（6） 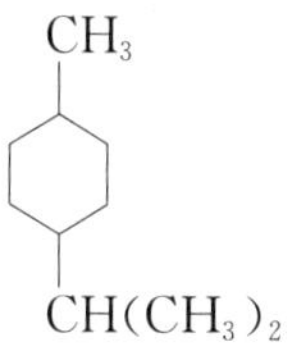

（7） 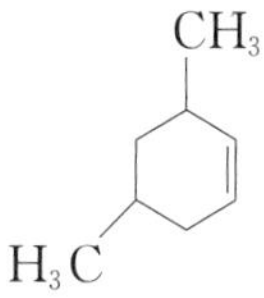　（8） 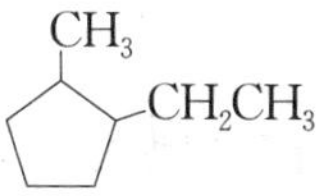

4. 写出下列化合物或取代基的结构式：

（1）仲丁基　（2）2,3-二甲基丁烷　（3）2-甲基-3,3-二乙基己烷

（4）新戊烷　（5）1-甲基环己烯

5. 命名下面化合物，并指出结构式中的伯、仲、叔、季碳原子。

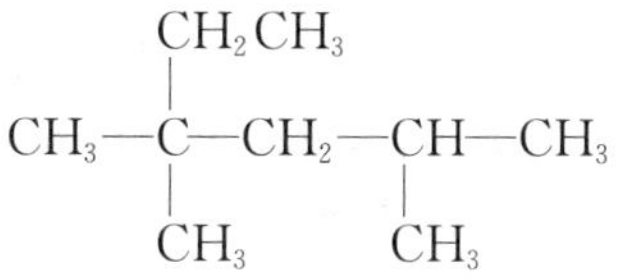

6. 完成下列各反应式：

（1） 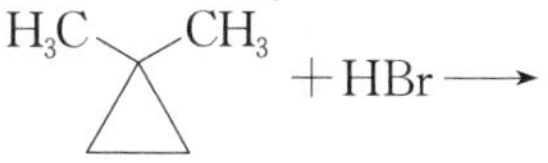

（2） 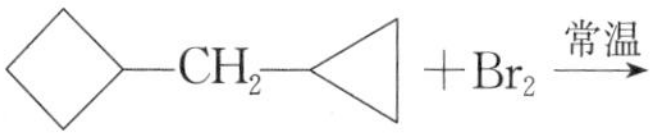

7. 用简单的化学方法鉴别下列化合物：丙烷、环丙烷、丙烯、丙炔。

第三章

烯烃和炔烃(不饱和烃)

导学

内容及要求

本章介绍的主要内容有：不饱和烃的结构；不饱和烃的命名法；不饱和烃的化学性质；亲电加成反应机制；诱导效应与马氏规则加成；二烯烃的结构和共轭效应。

要求掌握烯烃的命名、异构现象及构型标记；掌握烯烃的化学性质：加成反应、氧化反应，马尔可夫尼可夫规则；掌握炔烃的命名方法及主要化学反应。

重点、难点

本章的重点内容是不饱和烃的结构、命名和化学性质。难点是亲电加成的反应机制，诱导效应和共轭效应。

专科生的要求

主要掌握烯烃和炔烃的命名、结构及化学性质。亲电加成的化学反应机制、诱导效应和共轭效应等电子效应及二烯烃的结构等内容对专科学生不作要求。

不饱和烃包括烯烃和炔烃。烯烃是指分子中含碳-碳双键(C═C)的链烃。碳-碳双键是烯烃的官能团。烯烃分子组成的通式为 C_nH_{2n}。所有的烯烃也构成同一系列，同系物彼此间分子组成相差一个或 n 个 CH_2。例如：

$CH_2{=}CH_2$	$CH_3{-}CH{=}CH_2$	$CH_3{-}CH_2{-}CH{=}CH_2$
乙烯	丙烯	1-丁烯

炔烃是指分子中含有碳-碳叁键（C≡C）的链烃。碳-碳叁键为炔烃的官能团。炔烃分子组成的通式为 C_nH_{2n-2}。所有炔烃也构成同一系列，同系物彼此间分子组成相差一个或 n 个 CH_2。例如：

$CH{\equiv}CH$	$CH_3{-}C{\equiv}CH$	$CH_3{-}C{\equiv}C{-}CH_3$
乙炔	丙炔	2-丁炔

从烯烃和炔烃的通式可以看出，烯烃比同碳原子数的烷烃少 2 个氢原子，而炔烃比同碳原子数的烷烃少 4 个氢原子，所以把烯烃和炔烃称为不饱和烃。

第一节 烯烃和炔烃

经X射线衍射等方法测定乙烯的碳原子与氢原子均位于同一平面内，碳-碳键与碳-氢键及碳-氢键与碳-氢键间约为120°角。乙炔的碳原子与氢原子都位于一条直线上。烯烃和炔烃的键角与碳原子的原子轨道角度分布明显不同，这说明在形成有机化合物时，碳原子的原子轨道发生了杂化。

一、烯烃和炔烃的结构

1. 烯烃的结构

烯烃是分子中含有碳-碳双键(烯键)的烃，碳-碳双键是烯烃的官能团。在分子中只有一个碳-碳双键的单烯烃中，构成双键的碳原子都是 sp^2 杂化，而非双键的饱和碳原子则都是 sp^3 杂化。乙烯分子中的两个碳原子均为 sp^2 杂化。乙烯分子形成的示意图如图 3-1 所示。

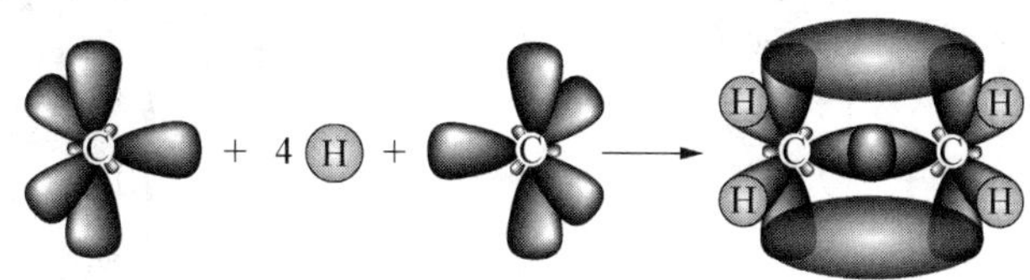

图 3-1 乙烯分子形成示意图

乙烯分子中的两个碳原子各以一个 sp^2 杂化轨道互相“头碰头”重叠形成一个碳-碳 σ 键，每个碳原子的另外两个 sp^2 杂化轨道则分别与氢原子的 s 轨道重叠，形成四个碳-氢 σ 键，所有的 σ 键都处于同一平面内，两个碳原子上未参与杂化的 p 轨道都垂直于该平面，且其 p 轨道的对称轴互相平行，可以侧面“肩并肩”重叠，形成一个 π 键，π 电子云对称地分布在平面上、下两侧，如图 3-2 所示。

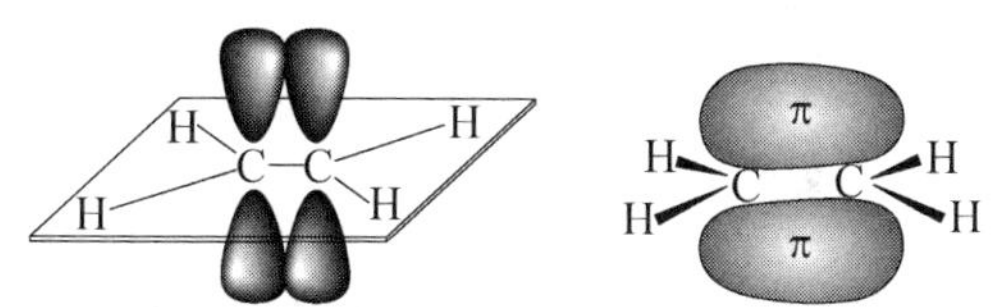

图 3-2 乙烯分子的 π 键

(a) p 轨道重叠示意；(b) 电子云分布示意

由此可见，烯烃中的碳-碳双键并不是等同的，一个是 σ 键，一个是 π 键。由于 π 键的重叠程度较 σ 键小，所以 π 键没有 σ 键牢固，容易断裂。碳-碳双键的平均键能为 610.28 kJ/mol，比碳-碳单键的平均键能(345.6 kJ/mol)的 2 倍小很多，说明 π 键的键能比 σ 键键能小。除此之外，π 电子云距核较远，受核的约束力较小，流动性较大，易受外界因素的影响而发生极化。因此，烯烃比烷烃活泼，烯烃的许多化学反应都发生在碳-碳双键上。碳-碳双键的键长为 134 pm，比碳-碳单键的键长(154 pm)短。另外，由于 π 键的存在，使得成键的两个碳原子不能自由旋转，因为旋转将破坏两个 p 轨道的平行关系。因此，双键碳原子上所连接的原子和基团在空间排列上就有一定的方向性，从而产生了顺反异构现象。表 3-1 对 σ 键和 π 键的主要特点进行了比较。

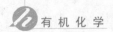

表 3-1　σ 和 π 键的主要特点比较

	σ 键	π 键
存在	可以单独存在，存在于任何共价键中	不能单独存在，只能与 σ 键同时存在于双键和叁键中
形成	成键轨道沿键轴重叠，重叠程度较大	成键 p 轨道平行重叠，重叠程度较小
性质	1. 键能较大，键较稳定 2. 电子云受核约束大，不易被极化 3. 成键的两个原子可沿键轴自由旋转	1. 键能较小，键较不稳定 2. 电子云受核约束小，易被极化 3. 成键的两个原子不能沿键轴自由旋转

2. 炔烃的结构

分子中含有碳-碳叁键的烃称为炔烃。碳-碳叁键为炔烃的官能团。构成叁键的碳原子是采取 sp 杂化。乙炔分子形成如图 3-3 所示。

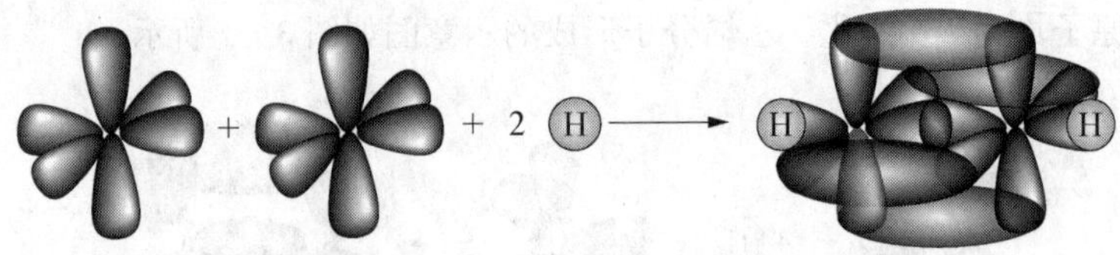

图 3-3　乙炔分子形成示意图

乙炔分子中的两个碳原子各以 1 个 sp 杂化轨道互相“头碰头”地重叠形成 1 个碳-碳 σ 键，每个碳原子的另外一个 sp 杂化轨道则分别与氢原子的 s 轨道重叠，形成 2 个碳-氢 σ 键，所有的 σ 键都在同一条直线上，键角为 180°。每个碳原子上的 2 个未参与杂化的 p 轨道互相垂直，且都垂直于该直线。两个碳上 p 轨道的对称轴两两互相平行，因此可以侧面“肩并肩”的重叠形成互相垂直的两个 π 键。这两个 π 键都与碳-碳 σ 键的键轴垂直相交，在空间上呈圆柱形对称地分布在 σ 键的周围(图 3-4)。

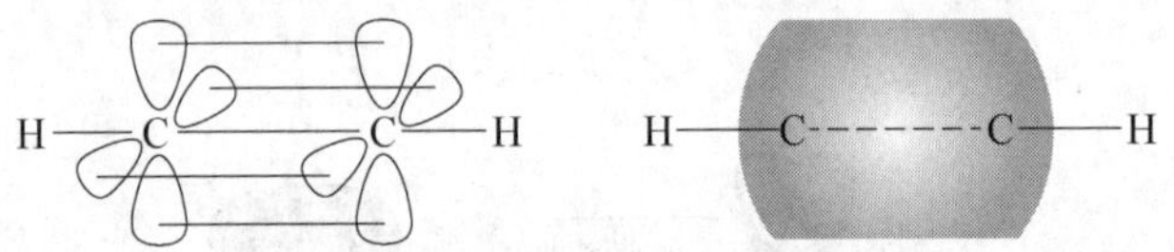

图 3-4　乙炔分子中 π 键示意图

与烷烃和烯烃相比，炔烃的碳-碳键和碳-氢的键长都更短，仅为 120 pm，而碳-碳叁键键能比碳-碳双键键能大，但也小于碳-碳 σ 键键能的 3 倍，为 836 kJ/mol。这说明炔烃中每个 π 键的键能都小于 σ 键的键能。因此，炔烃也比烷烃活泼，与烯烃的碳-碳双键类似，炔烃的碳-碳叁键上也能发生许多化学反应。但是，碳-碳叁键比碳-碳双键的键长短，叁键上的 π 电子比双键上的 π 电子结合得更紧密，流动性差，难以极化。因此，炔烃的 π 键不如烯烃的 π 键活泼。

二、链烃的同分异构现象

分子式相同而结构式不同的现象称为同分异构现象，简称异构现象。具有相同分子式而不同结构式的化合物互称为同分异构体，简称异构体。在烷、烯、炔的同系列中，四个碳原子以上的化合物都有异构现象。

(一) 碳链异构

同烷烃一样，烯烃和炔烃也存在碳链异构现象。

（二）位置异构

由于双键的存在，烯烃还有位置异构（双键在碳链中的位置不同）现象。例如，丁烯有三个异构体：

$CH_3—CH_2—CH{=}CH_2$　　　$CH_3—CH{=}CH—CH_3$　　　$CH_3—C(CH_3){=}CH_2$

1-丁烯　　　2-丁烯　　　异丁烯

1-丁烯与异丁烯及2-丁烯与异丁烯的碳链都不同，它们之间是碳链异构体；而1-丁烯与2-丁烯的碳链一样，区别在于双键在碳链中的位置不同，它们之间是位置异构。

烯烃除了碳链异构和位置异构外，还有顺反异构（属于立体异构，见第十一章）。由此可见，烯烃比同碳数烷烃的异构体数目多，异构现象复杂。

炔烃也有碳链异构和位置异构。由于叁键碳原子上不能连接支链，故炔烃的碳链异构数目较同碳数的烯烃少。另外，叁键碳原子是sp杂化，碳-碳叁键的碳原子上直接连接的原子或基团与其处于一条直线上，因此，不能出现顺反异构现象。例如，丁炔只有两个位置异构体，无碳链异构体。

$CH_3—CH_2—C{\equiv}CH$　　　$CH_3—C{\equiv}C—CH_3$

1-丁炔　　　2-丁炔

三、烯烃和炔烃的命名

烯烃和炔烃的命名规则与烷烃相似，不同之处有以下几点：

（1）选主链　选择含有双键或叁键的最长碳链为主链，按主链所含碳原子数将其命名为某烯或某炔。

（2）编号　主链碳原子编号应使双键或叁键具有最低位次，其次再考虑取代基具有最低位次；主链上同时有双键或叁键且位次相同时，应使双键的编号最小；用阿拉伯数字标明双键或叁键的位次（取不饱和键中编号小的），写于母体名称之前。

$\overset{9}{C}H_3—\overset{8}{C}H(CH_3)—\overset{7}{C}H_2—\overset{6}{C}H_2—\overset{5}{C}H_2—\overset{4}{C}(CH_2—CH_2—CH_2—CH_3){=}\overset{3}{C}H—\overset{2}{C}H_2—\overset{1}{C}H_3$

8-甲基-4-丁基-3-壬烯

$CH_3—CH{=}CH—C{\equiv}CH$　　　$CH_3—CH{=}CH—C{\equiv}C—CH_3$

3-戊烯-1-炔　　　2-己烯-4-炔

烯烃和炔烃命名时，也常遇到一些不饱和烃基。例如：

$CH_2{=}CH—$　　$CH_3—CH{=}CH—$　　$CH_2{=}CH—CH_2—$　　$HC{\equiv}C—$

乙烯基　　丙烯基　　烯丙基　　乙炔基

四、烯烃和炔烃的性质

（一）物理性质

烯烃和炔烃的物理性质与烷烃相似。

（二）化学性质

烯烃的化学性质比烷烃活泼，易发生化学反应。烯烃的化学反应主要发生在碳-碳双键上。由烯烃的结构可知，碳-碳双键是由1个σ键和1个π键组成。π键的键能较小且π电子流动性大，所以，π键极为活泼，在一些试剂的作用下易被极化和断裂。烯烃的化学反应主要是碳-碳双键上发生加成反应(加氢、加卤素、加卤化氢等)及氧化反应。炔烃的碳-碳叁键官能团也比较活泼，其性质与烯烃类似，不同的是炔烃的π键比烯烃牢固，其流动性也稍小些，稍难极化，所以炔烃的加成反应比烯烃慢。另外，炔烃碳-碳叁键上的氢具有一定的活泼性，可与一些金属离子反应，生成金属炔化物。

1. 加氢反应

烯烃碳-碳双键的π键在试剂的作用下发生断裂，试剂中的两个原子或原子团分别加到双键的两个碳原子上形成两个新的σ键，将这种反应称为加成反应。烯烃与氢在适当的催化剂(Pt、Pd、Ni)存在下可以与氢发生加成反应生成烷烃，此反应又称催化加氢反应。例如：

$$CH_2{=\!=}CH_2 + H{-}H \xrightarrow{Pt} CH_3{-}CH_3$$

因为催化加氢反应可以定量进行，所以常用来测定有机化合物中碳-碳双键的数目。

炔烃加氢常用铂作催化剂，加氢生成相应的烯烃并进一步加氢生成烷烃。

$$HC{\equiv}CH \xrightarrow[H_2]{Pt} CH_2{=\!=}CH_2 \xrightarrow[H_2]{Pt} CH_3{-}CH_3$$

2. 加卤素

烯烃与氯(Cl_2)、溴(Br_2)在室温条件下就能加成。例如，将乙烯通入含有少量水的溴的四氯化碳溶液，溴的红棕色会立即褪去，反应生成了无色的1,2-二溴乙烷。

$$CH_2{=\!=}CH_2 + Br_2 \longrightarrow \underset{\text{1,2-二溴乙烷}}{BrCH_2{-}CH_2Br}$$

其他烯烃或含有碳-碳双键的有机化合物都能与溴的四氯化碳溶液发生加成反应。由于烯烃与溴的四氯化碳溶液反应有明显的颜色变化，因此可用来鉴别烯烃或含有碳-碳双键的化合物。

卤素的加成反应活泼性顺序为：氟＞氯＞溴＞碘。氟与烯烃反应过于猛烈，往往使碳链断裂；而碘与烯烃的反应太慢，通常不能直接进行加成。

烯烃与卤素加成的反应机制：当乙烯与溴的氯化钠水溶液进行加成反应时，不仅生成1,2-二溴乙烷，还生成1-氯-2-溴乙烷($ClCH_2{-}CH_2Br$)，这一现象说明：乙烯加Br_2的过程中，并不是Br_2中的两个溴原子同时加到乙烯的两个双键碳原子上，而应该是分步进行的。实验证明，乙烯加溴的反应机制如下：

首先烯烃中的π键在极性条件下(极性物质、极性溶剂或极性器皿等)发生变形，使π电子云向双键碳原子的一端偏移，碳-碳双键形成偶极(δ是有机化学中常用的符号，它表示带部分电荷)。Br_2在极性条件下或烯烃π键作用下也可被极化成极性分子。

$$\overset{\delta^+}{CH_2}{=\!=}\overset{\delta^-}{CH_2} \qquad \overset{\delta^+}{Br}{-}\overset{\delta^-}{Br}$$

极化了的Br_2中带正电荷的一端接近烯烃分子的π电子云并使其进一步极化，结果是π键断裂和溴分子发生异裂(共价键断裂时，成键的电子为一个原子或基团所占有)。溴分子带正电荷的一端与双键碳原子结合形成环状的中间体，而带负电荷的一端形成溴负离子离去。

$$\overset{\delta^+}{CH_2}{=\!=}\overset{\delta^-}{CH_2} + \overset{\delta^+}{Br}{-}\overset{\delta^-}{Br} \longrightarrow \underset{}{CH{-}CH_2}\ (\text{环状 }Br^+\text{ 桥}) + Br^-$$

第二步是溴负离子从远离溴的方向进攻环状中间体的碳原子并与之结合生成加成产物。

$$\underset{\text{(环状溴鎓离子,}\ \overset{+}{Br}\ \text{桥连两个碳)}}{CH—CH_2} + Br^- \longrightarrow \underset{Br}{CH_2}—\underset{Br}{CH_2}$$

上述反应过程中,共价键都是采取异裂方式断裂的,共价键断裂生成了正、负离子,这样的反应称为离子型反应。由于反应的第一步是溴分子中带正电荷的一端首先进攻烯烃 π 电子云密度较大部位,所以将此类反应称为亲电加成反应。Br_2 称为亲电试剂。

炔烃与卤素的反应与烯烃类似,但反应活性比烯烃小。

$$CH\equiv CH \xrightarrow{Br_2} \underset{1,2-二溴乙烯}{BrCH=CHBr} \xrightarrow{Br_2} \underset{1,1,2,2-四溴乙烷}{Br_2CH—CHBr_2}$$

3. 加卤化氢

烯烃与卤化氢也可以进行加成。例如:

$$CH_2=CH_2 + HI \longrightarrow \underset{碘乙烷}{CH_3—CH_2I}$$

卤化氢的活泼顺序为:HI > HBr > HCl。

烯烃与卤化氢的加成反应也是亲电加成反应,反应也是分步进行的。试剂 HX 解离出的 H^+(亲电部分)首先进攻双键电子云密度较大的碳原子并与之结合生成碳正离子中间体,然后试剂中带负电荷的部分(X^-)再与碳正离子结合。

当不对称烯烃(如丙烯)与卤化氢(不对称试剂)发生加成反应时,有可能生成两种不同的产物。

$$CH_3—CH=CH_2 + HBr \longrightarrow \begin{cases} CH_3—\underset{Br}{CH}—\underset{H}{CH_2} & 2-溴丙烷 \\ CH_3—\underset{H}{CH}—\underset{Br}{CH_2} & 1-溴丙烷 \end{cases}$$

实验证明:主产物是 2-溴丙烷。1869 年,俄国化学家 Markovnikov 根据大量实验事实总结了不对称烯烃与不对称试剂的加成规律:不对称试剂中带正电的部分(如卤化氢中氢)主要加在含氢较多的双键碳原子上,而带负电部分(如卤化氢中的卤素)则加到含氢较少的双键碳原子上。这一经验规律称为马尔可夫尼可夫规则,简称"马氏规则"。

与加卤化氢类似的还有加硫酸(H_2SO_4)、次卤酸(HOX)、水(H_2O)等,这些都可作为亲电试剂,其加成反应的机制与加卤化氢相似,并且都是不对称试剂,当与不对称烯烃加成时都遵循马氏规则。

马氏规则可用诱导效应(I)来解释。诱导效应是一种电子效应,用来说明分子中电子云密度分布对性质的影响。在多原子分子体系中,某个共价键的极性可以沿着碳链传递下去,使整个分子的电子云密度发生改变,将这种原子间的互相影响叫做诱导效应。诱导效应中电子转移的方向是以有机化合物中最多的 C—H 键中的氢作为比较标准的。

$$\underset{-I\ 效应}{—\overset{|}{\underset{|}{C}}\rightarrow X} \qquad \underset{比较标准}{—\overset{|}{\underset{|}{C}}—H} \qquad \underset{+I\ 效应}{—\overset{|}{\underset{|}{C}}\leftarrow Y}$$

X的电负性比氢大，当取代C—H键中的氢生成的C—X键后，其电子云偏向X一方，称X为吸电子基团，具有−I效应；Y的电负性比氢小，取代C—H键中的氢生成的C—Y键后，其电子云偏向C，就称Y为斥电子基团，具有+I效应。在有机化合物中，无论是X，还是Y基团取代了C—H键中的氢，都使共价键的极性发生变化，共价键极性的变化可以沿着碳链传递，使整个分子的电子云密度分布也发生一定程度的改变。例如，1-氯丙烷中存在诱导效应：

$$H\rightarrow \overset{\alpha}{C}H_2 \rightarrow \overset{\beta}{C}H_2 \rightarrow \overset{\gamma}{C}H_2 \rightarrow Cl$$

这种由分子中某原子或原子团电负性不同，通过静电吸引，使分子中相邻的成键电子云沿着碳链由近及远地向着一个方向偏移，致使分子发生极化的效应即为诱导效应。这种诱导效应随着传递距离的增加而迅速减弱，传递到第三碳（γ碳）以后就可忽略不计。

根据实验结果，一些常见取代基的电负性的大小次序如下：

$$—F > —Cl > —Br > —I > —OCH > —NHCOCH_3 > —C_6H_5 >$$
$$—CH{=}CH_2 > —H > —CH_3 > —C_2H_5 > —CH(CH_3)_2 > —C(CH_3)_3$$

位于H前面的是吸电子基团，位于H后面的是斥电子基团。

前面例子中丙烯与HBr加成的主产物之所以是2-溴丙烷，而不是1-溴丙烷，可用诱导效应解释如下：

$$\underset{3}{CH_3}—\overset{\delta^+}{\underset{2}{CH}}{=}\overset{\delta^-}{\underset{1}{CH_2}} + H^+ \longrightarrow CH_3—\overset{+}{C}H—CH_3$$

$$CH_3—\overset{+}{C}H—CH_3 + Br^- \longrightarrow CH_3—\underset{Br}{\underset{|}{C}H}—CH_3$$

由于甲基具有斥电子的诱导效应，使丙烯的π键在发生极化的时候，π电子云向C_1的方向转移，这样使C_1的电子云密度比C_2高，所以，HBr中的H^+应优先加到π电子云密度较高的C_1上，然后溴负离子（Br^-）再与所形成的碳正离子中间体结合，生成主产物2-溴丙烷。

另外，也可以从碳正离子中间体的稳定性来解释。碳正离子是缺电子的结构，而烷基是斥电子的基团，因此，碳正离子的碳上连接的烷基越多，碳正离子就越稳定。各种烷基碳正离子的稳定性如下：

叔碳正离子 > 仲碳正离子 > 伯碳正离子 > 甲基碳正离子

例如：$(CH_3)_3\overset{+}{C} > (CH_3)_2\overset{+}{C}H > CH_3\overset{+}{C}H_2 > \overset{+}{C}H_3$

在上面的例子中，按马氏规则进行加成时，其中间体是一个仲碳正离子，反之，则是一个伯碳正离子。

炔烃与卤化氢的加成反应和烯烃类似，只是炔烃的反应活性小些。反应先生成卤代烯烃，然后继续加成生成卤代烷烃。

$$HC{\equiv}CH + HBr \longrightarrow CH_2{=}CHBr$$
$$CH_2{=}CHBr + HBr \longrightarrow CH_3—CHBr_2$$

不对称炔烃加卤化氢时也遵守马氏规则，例如：

$$CH_3CH_2CH_2CH_2C\equiv CH + HBr \longrightarrow CH_3CH_2CH_2CH_2\underset{\displaystyle Br}{\underset{|}{C}}=CH_2$$

$$CH_3CH_2CH_2CH_2\underset{\displaystyle Br}{\underset{|}{C}}=CH_2 + HBr \longrightarrow CH_3CH_2CH_2CH_2\overset{\displaystyle Br}{\overset{|}{\underset{\displaystyle Br}{\underset{|}{C}}}}CH_3$$

4. 氧化反应

烯烃的不饱和键可被许多氧化剂所氧化。常用的氧化剂有高锰酸钾($KMnO_4$)。室温下烯烃在碱性或中性 $KMnO_4$ 溶液中氧化时,碳-碳双键不发生断裂,氧化产物为邻二醇,而在酸性 $KMnO_4$ 中氧化时,碳-碳双键发生断裂,不同结构的烯烃其氧化产物不同,可根据烯烃氧化产物推测烯烃的结构。例如:

$$3H_2C=CH_2 + 2KMnO_4 + 4H_2O \xrightarrow{室温} 3H_2\underset{\displaystyle OH}{\underset{|}{C}}-\underset{\displaystyle OH}{\underset{|}{C}}H_2 + 2KOH + 2MnO_2\downarrow$$

$$CH_3CH_2CH=CH_2 \xrightarrow[H^+]{KMnO_4} CH_3CH_2COOH + CO_2\uparrow + H_2O$$

$$CH_3CH=CHCH_3 \xrightarrow[H^+]{KMnO_4} CH_3COOH + CH_3COOH$$

$$(CH_3)_2C=CH_2 \xrightarrow[H^+]{KMnO_4} (CH_3)_2CO + CO_2\uparrow + H_2O$$

炔烃的叁键在 $KMnO_4$ 等氧化剂的作用下也发生断裂。例如:

$$3HC\equiv CH + 10KMnO_4 + 2H_2O \longrightarrow 6CO_2\uparrow + 10KOH + 10MnO_2\downarrow$$

在上述氧化反应中,若反应条件为碱性或中性 $KMnO_4$,其反应现象为 $KMnO_4$ 的紫红色褪去,生成褐色的二氧化锰沉淀;若为酸性 $KMnO_4$,紫红色溶液褪色变为无色溶液。因此,可通过 $KMnO_4$ 溶液颜色的变化来检查不饱和键的存在,鉴别烯烃或炔烃。

5. 炔化物生成

与烯烃双键上的氢相比,炔烃叁键碳上的氢相对比较活泼,能被一些金属离子取代,生成金属炔化物(又称炔淦)。例如:将乙炔通入硝酸银的氨溶液或氯化亚铜的氨溶液中,可生成白色的乙炔银或红棕色的乙炔亚铜沉淀。

$$HC\equiv CH + 2[Ag(NH_3)_2]NO_3 \longrightarrow \underset{乙炔银}{AgC\equiv CAg\downarrow} + 2NH_3\uparrow + 2NH_4NO_3$$

$$HC\equiv CH + 2[Cu(NH_3)_2]Cl \longrightarrow \underset{乙炔亚铜}{CuC\equiv CCu\downarrow} + 2NH_3\uparrow + 2NH_4Cl$$

上述反应的现象明显且灵敏度较高,常用来鉴定具有 $R-C\equiv C-H$ 结构特征的炔烃,而 $R-C\equiv C-R'$ 型炔烃不发生炔淦反应。这些金属炔化物很容易被盐酸或硝酸分解,因此,还可利用此反应从混合物中分离具有末端叁键的炔烃。金属炔化物在溶液中比较安全,但在干燥的条件下受热或受震动易爆炸,所以实验结束后应及时用硝酸将其分解。

第二节 二 烯 烃

二烯烃是分子中含有两个碳-碳双键的烯烃,其通式为 C_nH_{2n-2}。

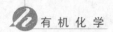

一、二烯烃的分类

根据两个双键位置的不同可把二烯烃分为三类：

(1) 聚集二烯烃　两个双键连在同一碳上原子，如：$H_2C═C═CH_2$（丙二烯）。

(2) 隔离二烯烃　又称孤立二烯烃，两个双键被两个或两个以上单键隔开，如：$H_2C═CH—CH_2—CH═CH_2$(1,4-戊二烯)。

(3) 共轭二烯烃　两个双键之间隔一个单键，如：$H_2C═CH—CH═CH_2$（1,3-丁二烯）。

隔离二烯烃的两个双键距离较远，互相影响不大，其性质与单烯烃基本相同；聚集二烯烃的数量较少，不太常见；而共轭二烯烃的两个双键距离较近，互相影响较大，其结构上和性质上都具有一定的特殊性，有较重要的意义。下面以最简单的共轭二烯烃——1,3-丁二烯为例来讨论共轭二烯烃的结构和性质。

二、1,3-丁二烯的结构

在1,3-丁二烯分子结构中，碳-碳双键和碳-碳单键有键长平均化的趋势。其中，两个碳-碳双键的键长为137 pm，比单烯烃的双键(134 pm)略长；而碳-碳单键的键长为146 pm，比烷烃中的碳-碳单键154 pm明显变短。共轭烯烃之所以出现键长的平均化趋势，与其特殊的分子结构性有关。1,3-丁二烯分子中，四个碳原子都是 sp^2 杂化。四个碳原子用 sp^2 杂化轨道彼此之间形成三个碳-碳 σ 键，又分别与氢原子形成六个碳-氢 σ 键，所有的 σ 键都在同一平面上。每个碳原子上未杂化的 p 轨道都分别垂直于 σ 键所在的平面，且它们之间彼此互相平行，可以互相重叠成键(图3-5)。

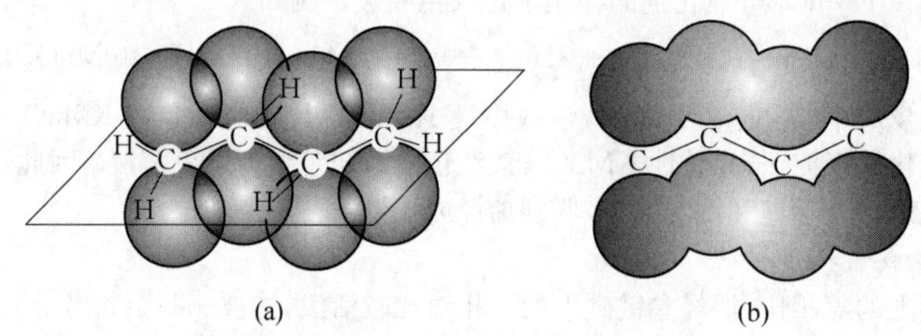

图3-5　1,3-丁二烯分子中的化学键

(a) 1,3-丁二烯分子中 p 轨道重叠示意图；(b) 1,3-丁二烯中 π 键

从图3-5可以看出：不仅 $C_1—C_2$、$C_3—C_4$ 之间可重叠形成 π 键，$C_2—C_3$ 之间的也可发生 p 轨道重叠。虽然 $C_2—C_3$ 之间 p 轨道重叠的程度相对小些，但已具有部分双键的性质。我们将这样的 π 键体系称为共轭 π 键，又称大 π 键。将具有共轭 π 键的体系称为共轭体系。在共轭体系中，π 电子的运动范围已不局限在某两个碳原子之间，而是扩展到整个体系中，这种现象称为 π 电子的离域。在共轭体系中，除了 π-π 共轭体系外，后面还将遇到 p-π 共轭体系，即 p 轨道与 π 键形成离域大 π 键。不仅1,3-丁二烯具有 π-π 共轭体系，凡是结构中具有单、双键交替排列特征的化合物都存在 π-π 共轭体系。例如：

$$—CH═CH—CH═CH—CH═CH—$$

$$—CH═CH—CH═CH—\overset{|}{C}═O$$

构成 π-π 共轭体系的条件可归纳如下：参与共轭的原子必须在同一平面上；有互相平行、可重叠的 p 轨道；有一定数量可供离域的电子。

共轭体系的特点：单、双键键长有平均化倾向；体系的能量较低，体系较稳定；在外电场的作用下，共轭链上发生交替极化现象。共轭体系中原子间的这种互相影响与作用称为共轭效应。

三、1,3-丁二烯的加成反应

共轭烯烃除了具有单烯烃的一般性质外，还有其特殊的性质。共轭烯烃的特殊性质主要体现在亲电加成反应上。例如：1,3-丁二烯与一分子亲电试剂加成时，可以生成两种不同的加成产物，即1,2-加成产物和1,4-加成产物：

$$H_2C{=}CH{-}CH{=}CH_2 + Br_2 \xrightarrow{\text{1,2-加成}} H_2C(Br){-}CH(Br){-}CH{=}CH_2$$

$$H_2C{=}CH{-}CH{=}CH_2 + Br_2 \xrightarrow{\text{1,4-加成}} H_2C(Br){-}CH{=}CH{-}CH_2(Br)$$

1,2 加成产物与单烯烃的加成方式相似，而 1,4 加成产物与共轭体系中原子之间的互相影响密切相关。

在进行加成反应时，1,3-丁二烯的 π-π 共轭体系受亲电试剂 Br^+ 的进攻，π 电子云发生一定程度的转移，使共轭双键产生交替极化现象。

$$Br^+ \longrightarrow \overset{\delta^-}{\underset{1}{H_2C}}{=}\overset{\delta^+}{\underset{2}{CH}}{-}\overset{\delta^-}{\underset{3}{CH}}{=}\overset{\delta^+}{\underset{4}{CH_2}}$$

Br^+ 加到带负电荷的一端 C_1 上，同时形成一个碳正离子中间体。在这个中间体中，C_2 为 sp^2 杂化，正电荷位于空的 p 轨道上，该 p 轨道可与形成 π 键的 p 轨道互相重叠，形成 p-π 共轭体系，从而使 C_2 的正电荷分散到 C_4 上，使 C_4 带有部分正电荷，这种效应称为 p-π 共轭效应。

$$\underset{|\atop Br}{H_2C}{-}\overset{\delta^+}{\underset{2}{CH}}\cdots\underset{3}{CH}\cdots\overset{\delta^+}{\underset{4}{CH_2}}$$

当 Br^- 与正碳离子中间体结合时，既可与 C_2 结合生成 1,2-加成产物，也可与 C_4 结合生成 1,4-加成产物。1,4-加成又称共轭加成，是共轭烯烃特有的反应。1，2-加成产物和 1,4-加成产物的比例随着反应条件的不同而不同。

复习题

【A 型题】

1. 下列化合物用 $KMnO_4/H^+$ 氧化只得到一种产物的是：（　　）

A. 2-甲基-2-丁烯　　B. 2-己烯

C. 异丁烯　　D. 环己烯

2. 下列化合物中，所有碳原子共平面的是：（　　）

A. 2,3-二甲基-2-丁烯　　B. 3-己炔

C. 叔丁基苯　　D. 1-丁烯

【问答题】

1. 指出下列化合物中各碳原子的杂化方式：

(1) $(CH_3)_2C{=}CH_2$　(2) $CH_2{=}CH{-}CH{=}CH_2$　(3) $CH_3{-}C{\equiv}C{-}CH_3$

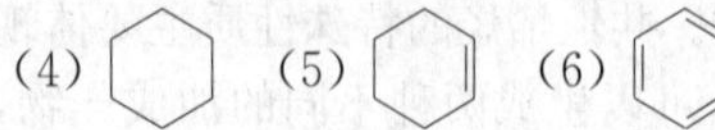
(4)　(5)　(6)

2. 命名下列各化合物：

(1) $CH_3\underset{|}{\overset{}{C}}HCH{=}\underset{|}{C}CH_2CH_3$（两个支链均为 CH_3）

$\quad\;CH_3\qquad\quad CH_3$

(2) $CH_3CH{=}CHCHCH_3$

$\qquad\qquad\quad\;\; |$

$\qquad\qquad\quad CH_3$

(3) $CH_2{=}CH{-}C{=}CH_2$

$\qquad\qquad\quad |$

$\qquad\qquad CH_3$

(4) $CH{\equiv}C{-}CH{-}CH_3$

$\qquad\qquad\;\; |$

$\qquad\qquad CH_3$

(5) $CH_3{-}C{=}CH{-}C{\equiv}CH$

$\qquad\quad\;\; |$

$\qquad\quad CH_3$

(6) $CH_3CH{=}CH{-}C{\equiv}CCH_3$

3. 写出下列化合物或取代基的结构式：

(1) 烯丙基　(2) 2,3 -二甲基- 2 -丁烯　(3) 3 -甲基- 1 -丁烯　(4) 2,5 -二甲基- 3 -己炔

(5) 2,4 -己二烯　(6) 乙烯基乙炔　(7) 1 -甲基环己烯

4. 完成下列各反应式：

(1) $CH_3CH_2C{=}CH_2 + HBr \longrightarrow$

$\qquad\qquad\quad |$

$\qquad\qquad CH_3$

(2) $Cl_3C{-}CH{=}CH_2 + HCl \longrightarrow$

(3) $CH_3CH_2C{\equiv}CH + AgNO_3$（氨溶液）$\longrightarrow$

(4) $CH_3C{\equiv}CH \xrightarrow{HBr} \xrightarrow{HBr}$

(5) $CH_2{=}CH{-}CH{=}CH_2 + HBr \longrightarrow$

(6) $(CH_3)_2C{=}CH{-}CH_3 + KMnO_4 \xrightarrow{H^+}$

(7) CH_3

$\qquad + HBr \longrightarrow$

5. 用简单的化学方法鉴别下列化合物：己烷、1 -己烯、1 -己炔。

6. 试写出 1,3 -丁二烯被酸性高锰酸钾氧化的产物。

7. 某烯烃加 HBr 后得到$(CH_3)_2CHCHBrCH_3$，试推测该烯烃的结构式。

8. 某烯烃经高锰酸钾溶液氧化后，得到的氧化产物为 CH_3CH_2COOH 和 CH_3COOH，试推测该烯烃的结构式。

9. 分子式为 C_5H_8 的化合物，能使高锰酸钾溶液褪色，但不能与硝酸银的氨溶液反应，试写出其可能的结构式。

10. 具有相同分子式的两种异构体，催化加氢后都能生成 2 -甲基丁烷，1 mol 两种异构体都可与 2 mol 溴加成，但其中一种能与硝酸银氨溶液作用生成白色沉淀，而另一种则不能，试推测这两个异构体的结构式。

第四章

芳　香　烃

导学

内容及要求

本章介绍的主要内容有：苯分子结构的凯库勒式及苯结构的现代解释，π电子离域与闭合大π键的稳定性；苯及其同系物的性质——易发生亲电取代反应，不容易发生加成反应和氧化反应；亲电取代反应机制及苯环取代的定位效应，邻、对位定位基和间位定位基；苯环侧链上的卤代反应及侧链氧化。

要求熟悉芳烃的类别，了解芳香烃的结构特点、命名及同分异构现象。掌握芳烃的亲电取代反应及其定位规律。

重点、难点

本章的重点内容是芳香烃的结构、命名和化学性质。难点是亲电取代的反应机制，取代定位效应。

专科生的要求

主要掌握芳烃的类别，了解芳香烃的结构特点、命名及同分异构现象，芳香烃的化学性质。亲电取代的化学反应机制等内容对专科学生不作要求。

第一节　苯及其同系物

芳香烃简称芳烃，是芳香类化合物的母体。其中苯是芳香烃中最有代表性的一个化合物。通过对苯的结构特点和性质的探讨，可以帮助我们认识和掌握其他芳香烃的结构和性质。

一、苯的分子结构

苯的分子式 C_6H_6，是一个高度不饱和的化合物，但苯的化学性质与不饱和烃截然不同。苯是一个很稳定的化合物，不易发生加氢和亲电加成反应，也不易被高锰酸钾等氧化剂所氧化。说明苯的结构不同于不饱和烃，一定具有比较特殊的结构。

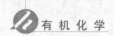

1865 年，凯库勒(Kekulé)提出了苯的环状结构式( )，后来被称为凯库勒结构式。此环状结构式可以反映苯的部分性质，如苯可以在加热和有催化剂的条件下加三分子氢生成环己烷。但此结构式不能解释：为什么苯不易进行亲电加成反应以及苯的邻位二元取代物只有一种，而不是两种？

经 X 射线衍射等近代物理学方法证明，苯分子是平面正六边形结构。六个碳原子及六个氢原子都处于同一平面内，碳-碳键之间及碳-碳键与碳-氢键的键角均为 120°，所有的碳-碳键长均为 139 pm，与碳-碳单键及碳-碳双键的键长均不相同。

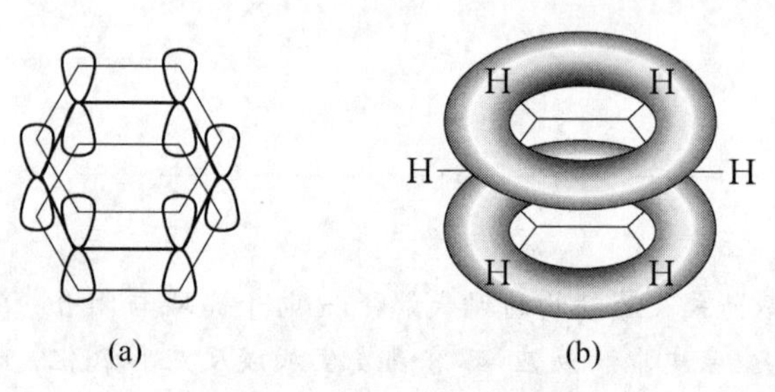

图 4－1　苯分子中的化学键

(a) 苯分子的 p 轨道重叠示意图；(b) 苯分子中的大 π 键

对苯分子结构的现代解释为：苯分子中的六个碳原子均为 sp^2 杂化，碳原子之间以 sp^2 杂化轨道互相重叠形成 6 个 C—C σ 键，每个碳原子的 sp^2 杂化轨道又分别与氢原子的 s 轨道重叠形成六 6 个 C—H σ 键，所有的 σ 键都在同一平面上。每个碳原子还有 1 个未参与杂化的 p 轨道，其对称轴都垂直于 σ 键所在的平面，它们之间互相平行，可以侧面进行重叠形成了一个包含 6 个碳原子的闭合大 π 键。π 电子云对称地分布在苯环平面的上下，如图 4－1 所示。

由此可见，苯分子中的 π 电子是高度离域的，即 π 电子云完全平均化了，苯环上的碳-碳键并不存单键和双键之分，键长也完全平均化了，均为 139 pm。苯环的离域大 π 键体系的能量较低，具有特殊的稳定性，所以，它不像烯烃的 π 键那样容易加成，其邻位二元取代物也不会出现两种。

为了更恰当地反映苯环的结构特点，人们还有用正六边形的中间加一圆圈的方式表示苯环的结构( )，中间的圆圈表示离域大 π 键。由于苯环的凯库勒结构式书写和应用比较方便，至今仍被广泛应用。苯环结构的这两种表示方法都是系统命名法所推荐的。

二、苯同系物的异构和命名

苯同系物是指苯环上的氢原子被烃基所取代的一系列衍生物，其通式为式为 C_nH_{2n-6}。这里所指苯的异构现象主要指苯环上取代基的数目以及位置不同而引起的异构现象。苯的同系物有一元取代物、二元取代物和三元取代物等。

苯的一烃基取代物只有一种(不包括侧链异构)。烷基苯的命名是以苯为母体，烷基为取代基；不饱和烃基苯则以不饱和烃为母体。例如：

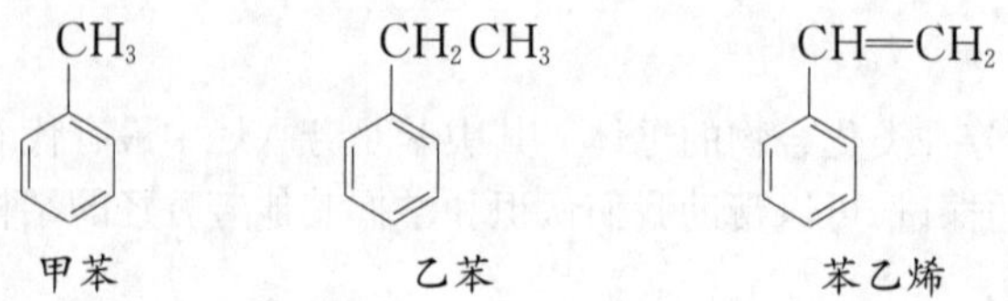

二烃基苯的烃基在苯环上的位置不同可有三种异构体，即 1,2－位取代或称邻位取代(ortho-，简写 *o*－)、1,3 位取代或称间位取代(meta-，简写 *m*－)、1,4 位取代或称对位取代(para-，简写 *p*－)。例如：

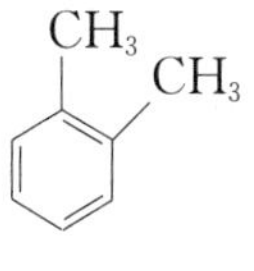

邻二甲苯
(1,2-二甲苯)
(*o*-二甲苯)

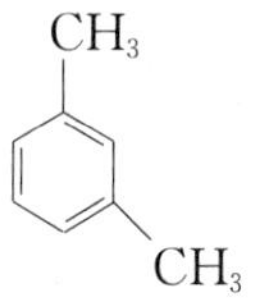

间二甲苯
(1,3-二甲苯)
(*m*-二甲苯)

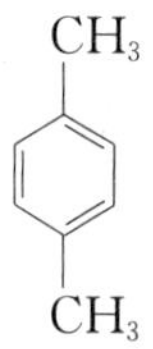

对二甲苯
(1,4-二甲苯)
(*p*-二甲苯)

三烃基苯的烃基在苯环上的位置不同,也有三种异构体。命名时可用阿拉伯数字编号,当三个取代基相同时,还可用“连”“偏”“均”来表示取代的相对位置。例如:

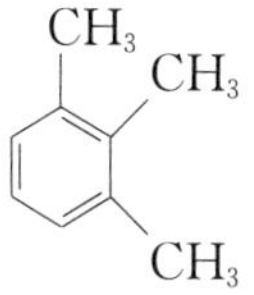

1,2,3-三甲苯
连三甲苯

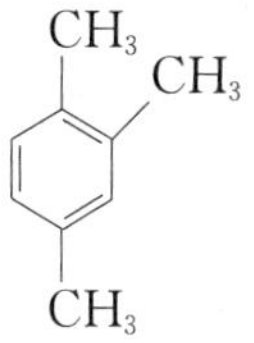

1,2,4-三甲苯
偏三甲苯

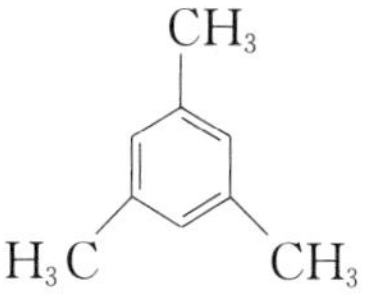

1,3,5-三甲苯
均三甲苯

若苯环上连有不同的烃基时,烃基的排列次序和链烃类似,编号应按“次序规则”的原则从次序最小的取代基开始,并使取代基的总编号最小。例如:

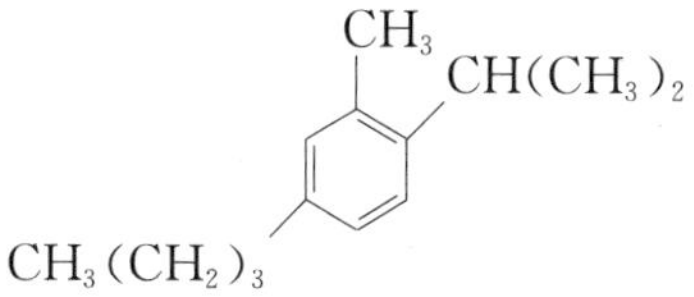

1-甲基-5-丁基-2-异丙基苯(不叫1-甲基-2-异丙基-5-丁基苯)

芳烃的芳环上去掉一个氢所余下的部分称为芳香烃基(简称芳基),用Ar-表示;其中,苯环上去掉一个氢所得到的芳香烃基称为苯基,常用Ph-或φ-表示。

三、苯及其同系物的性质

苯及其低级同系物都是具有特殊气味的无色液体,密度比水小,但比链烃、脂环烃稍大,均不溶于水,本身可以作为有机化合物的良好溶剂。苯及其同系物都有毒,长期吸入苯的蒸气会损坏造血器官及神经系统等。

由于苯环具有闭合的共轭体系结构,性质非常稳定,其化学性质与烯烃有显著区别,主要表现在苯容易发生亲电取代反应,不容易发生加成反应和氧化反应。苯环的这种特性被称为“芳香性”。

(一) 苯环上的亲电取代反应

亲电取代反应是苯及其衍生物最重要的反应,苯主要的亲电取代反应有苯环上的卤代、硝化、磺化、烷基化等。

1. 卤代反应

在卤化铁或铁粉等催化剂的存在下,苯与卤素(通常为氯或溴)作用可以生成卤代苯:

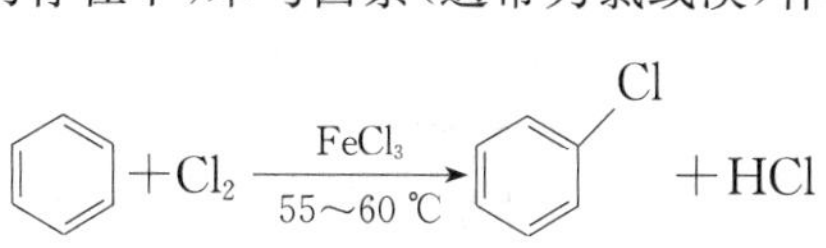

$$C_6H_6 + Cl_2 \xrightarrow[55\sim60\ ^\circ C]{FeCl_3} C_6H_5Cl + HCl$$

氯苯

2. 硝化反应

苯与浓硫酸和浓硝酸的混酸作用，苯环上的氢可被硝酸产生的硝基所取代，生成硝基苯：

$$C_6H_6 + 浓\ HONO_2 \xrightarrow[55\sim60\ ℃]{浓\ H_2SO_4} C_6H_5NO_2 + H_2O$$

硝基苯

3. 磺化反应

发烟硫酸或在加热条件下与浓硫酸可以发生磺化反应，苯环上的氢被磺酸基取代生成苯磺酸。此反应是可逆的，即反应中生成的水可使苯磺酸水解成苯。

$$C_6H_6 + 浓\ HOSO_3H \rightleftharpoons C_6H_5SO_3H + H_2O$$

苯磺酸

由于苯磺酸易溶于水，因此，许多含芳环的药物分子中常常引入磺酸基以增加其水溶性。

4. 烷基化反应

在无水三氯化铝等催化作用下，苯与卤代烷反应可生成烷基苯，此反应称为 Fridel-Crafts 反应(称傅-克反应)：

$$C_6H_6 + C_2H_5Cl \xrightarrow{无水\ AlCl_3} C_6H_5C_2H_5 + HCl$$

氯乙烷　　乙苯

当苯环上有硝基、磺酸基、羧基等吸电子基团时，此类反应不能进行。

苯环的亲电取代反应机制：从苯环的结构可知，苯环是一个平面结构，π 电子云分布于平面的上、下方，这样的结构有利于缺电子或带正电荷的亲电试剂的进攻，因此，苯环上很容易发生亲电取代反应。下述反应的亲电试剂(E^+)分别是：Cl^+(Br^+)、NO_2^+、SO_3 及 R^+，其产生过程分别为：

$$Br_2 + FeCl_3 \longrightarrow Br^+ + [FeCl_3Br]^-$$

$$2H_2SO_4 + HONO_2 \rightleftharpoons NO_2^+ + H_3O^+ + 2HSO_4^-$$

$$2H_2SO_4 \rightleftharpoons SO_3 + H_3O^+ + HSO_4^-$$

$$R{-}Cl + AlCl_3 \rightleftharpoons R^+ + [AlCl_4]^-$$

苯环上的亲电取代反应机制：首先是亲电试剂(E^+)进攻苯环的离域大 π 键，生成带正电核的中间体(σ 配合物)，然后是 σ 配合物脱去 H^+ 生成取代产物：

$$C_6H_6 + E^+ \underset{}{\overset{慢}{\rightleftharpoons}} [C_6H_6E]^+ \xrightarrow{快} C_6H_5E + H^+$$

σ-配合物　　取代产物

由于中间体 σ 配合物的结构中已不存在苯环的封闭大 π 键结构，很不稳定，生成这样的中间体需要较大的活化能，所以，反应的第一步进行较慢，它是决定整个取代反应速度的关键性步骤。接下来的是由一个很不稳定的 σ 配合物失去 H^+ 生成取代产物，又恢复了苯环大 π 键结构，这一步反应不需要多大的能量即可顺利进行。

苯环取代的定位效应：当苯环上已经有取代基，再引入新的取代基时，新引入的取代基在苯环上的位置将受到原有取代基的影响。根据原有取代基的种类不同，新引入的取代基在苯环的位置分为两种情况，即原取代基的邻位、对位或原取代基的间位。苯环上原有的取代基称为定位基。定位基不仅对新引入的取代基的位置起到定位作用，还对取代反应的难易程度起主导作用，将这两种作用称为定位效应。例如：

$$C_6H_5CH_3 + HNO_3 \xrightarrow[30\ ℃]{H_2SO_4} o\text{-}CH_3C_6H_4NO_2 + p\text{-}CH_3C_6H_4NO_2 + H_2O$$

邻硝基甲苯　对硝基甲苯

$$C_6H_5NO_2 + \text{发烟 } HNO_3 \xrightarrow[95\ ℃]{\text{浓 } H_2SO_4} m\text{-}C_6H_4(NO_2)_2 + H_2O$$

间二硝基苯

从上面反应中可以看出：甲苯比苯容易硝化，且硝基主要进入甲基的邻位和对位；硝基苯比苯难硝化，且取代基主要进入原硝基的间位。新引入取代基进入苯环的位置取决于苯环上原有取代基的种类和性质，与新引入取代基的种类和性质无关。将甲苯中甲基称为邻、对位定位基，将硝基苯中的硝基称为间位定位基。常见的邻、对位定位基有：

$$—N(R)_2、—NH_2、—NHR、—OH、—OR、—OCOR、—R、—X。$$

邻、对位定位基的特点是与苯环直接相连的原子上不含重键(双、叁键)，大多数有孤对电子。这类定位基除了使新引入的取代基进入其邻位或对位外，大多数能使苯环活化，使亲电取代反应比苯容易进行(除卤素外)。因为大多数邻、对位定位基都能使苯环电子云密度增高，尤其是定位基的邻位和对位电子云密度增加更为显著，更有利于亲电试剂进攻电子云密度较高的邻、对位碳原子。例如，苯酚与溴水反应很容易，生成2,4,6-三溴苯酚：

$$C_6H_5OH + Br_2(\text{水}) \longrightarrow 2,4,6\text{-}Br_3C_6H_2OH \downarrow$$

常见的间位定位基的有：

$$—N^+(R)_3、—NO_2、—CN、—SO_3H、—CHO、—COOH$$

间位定位基的共同特点是与苯环直接连接的原子上一般有重键或带正电荷。取代基使苯环上的电子云密度总体上降低，从而使苯环钝化，且电子云密度降低最多的是取代基的邻、对位，而定位基间位的电子云密度相对高些。因此，苯环上有间位定位基使亲电取代反应难度增加，亲电取代反应主要发生在电子云密度相对较高的间位上。因此，硝基苯进行亲电取代反应比苯难，且主产物为间位取代物。

(二) 烷基苯侧链的反应

1. 苯环侧链上的卤代反应

烷基苯在日光照射下还可发生支链的卤代。例如：将氯气通入沸腾的甲苯中，甲基上的氢原子可被氯原子取代。此反应的机制与苯环上卤代的反应机制不同，而与烷烃的卤代反应机制相同，都属于游离基取代反应。

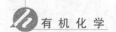

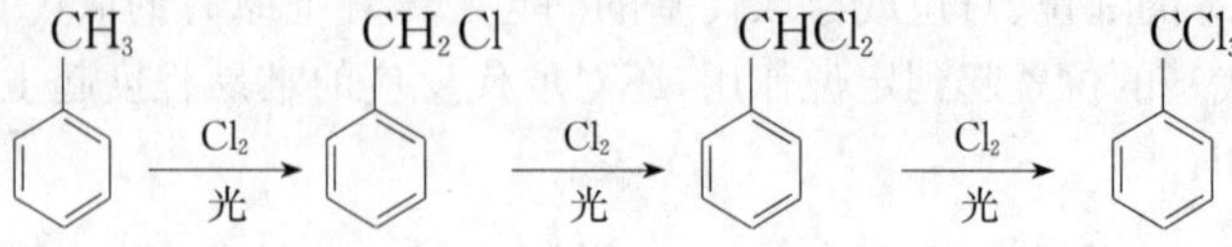

CH_3 甲苯 $\xrightarrow[光]{Cl_2}$ CH_2Cl 苯氯甲烷 $\xrightarrow[光]{Cl_2}$ $CHCl_2$ 苯二氯甲烷 $\xrightarrow[光]{Cl_2}$ CCl_3 苯三氯甲烷

2. 烃基苯的侧链氧化反应

苯环非常稳定，通常条件下难以氧化。但烷基苯的侧链在氧化剂的作用下可被氧化断裂。无论侧链多长总是在与苯环直接相连的碳（α－C）上氧化，将侧链氧化成羧基（—COOH），但 α－C 上无氢的侧链不能氧化。常用的氧化剂有高锰酸钾、重铬酸钾等，使用这样一些常用的氧化剂氧化经常用[O]符号表示。

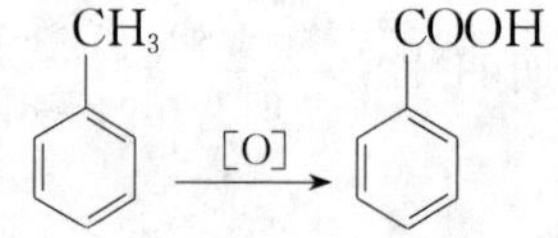

CH_3 甲苯 $\xrightarrow{[O]}$ COOH 苯甲酸

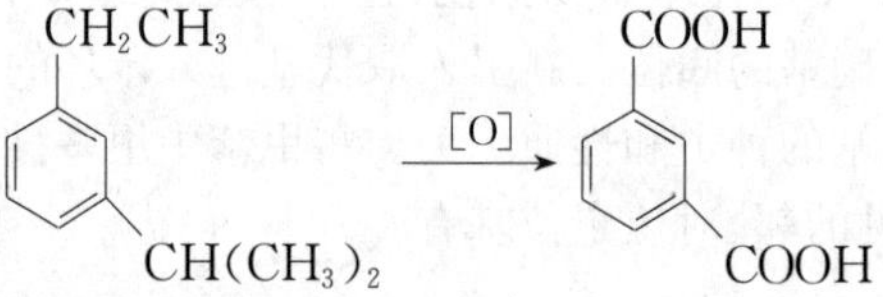

CH_2CH_3, $CH(CH_3)_2$ 1－乙基－3－异丙基苯 $\xrightarrow{[O]}$ COOH, COOH 间苯二甲酸

第二节　稠环芳烃

稠环芳烃是两个或两个以上苯环通过共用相邻两个碳原子稠合而成多环芳烃，比较重要的有萘、蒽、菲等，它们均存在于煤焦油的高温分馏产物中。

（一）萘

萘为白色片状晶体，其熔点为 80 ℃，沸点为 215 ℃，不溶于水，可溶于乙醇、乙醚、苯等有机溶剂，易升华。

萘的分子式为 $C_{10}H_8$，是由两个苯环稠合而成的稠环芳烃，其结构如下：

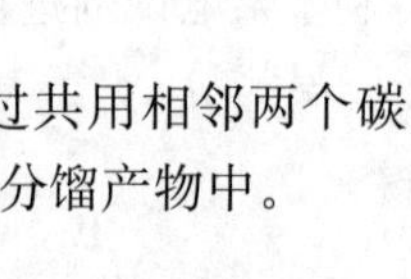

(α) (α)
8 1
(β)7 2(β)
(β)6 3(β)
5 4
(α) (α)

萘

从萘的结构式中可以看出：它的 C_1、C_4、C_5、C_8 等四个碳原子所处的位置完全等同，称为 α 位；它的 C_2、C_3、C_6、C_7 等四个碳原子也完全等同，称为 β 位。由此可见，萘的一元取代物只有 α 和 β 两种异构体。一元取代物命名时常用阿拉伯数字或 α、β 等区别取代基的位置，二元以上的取代物则

用阿拉伯数字表示。例如：

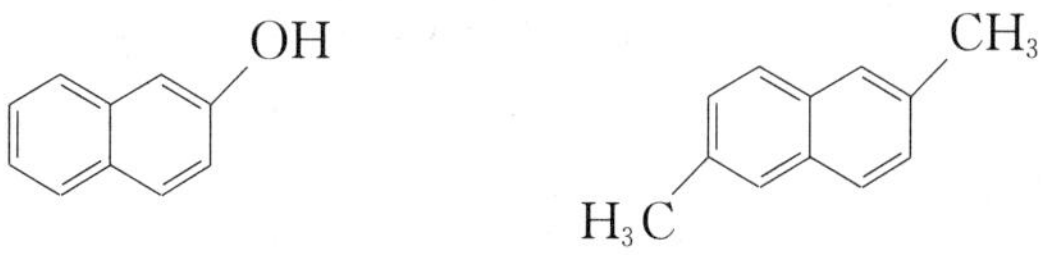

β-萘酚 2,6-二甲基萘

在萘的分子中，每个碳原子都是 sp^2 杂化，碳原子之间以 sp^2 杂化轨道互成 σ 键后，各碳原子未杂化的 p 轨道之间互相重叠形成大 π 键。但萘的大 π 键与苯不同，其电子云的分布并不均匀，其 α 位碳原子上的电子云密度比 β 位碳原子大。因此，萘的亲电取代反应容易发生在 α-位碳上。例如：

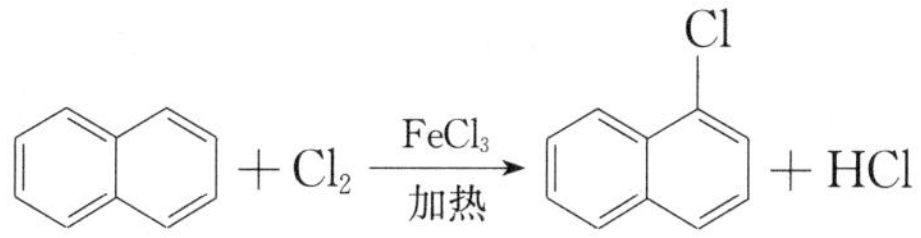

$$\text{萘} + Cl_2 \xrightarrow[\text{加热}]{FeCl_3} \text{α-氯萘} + HCl$$

(二) 蒽和菲

蒽为无色片状晶体，熔点 216 ℃，沸点 340 ℃。菲为具有光泽的无色结晶，熔点 101 ℃，沸点 340 ℃。蒽和菲的分子式皆为 $C_{14}H_{10}$，两者互为同分异构体，蒽的结构式和碳原子编号如下：

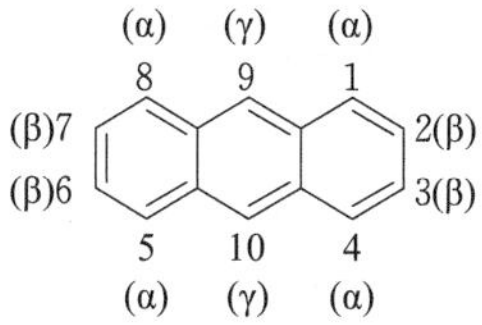

蒽

其中的 1、4、5、8 碳原子的位置是等同的，称为 α 位；2、3、6、7 碳原子的位置等同，称为 β 位；9、10 碳原子的位置等同，称为 γ 位。

菲的结构中也有三个苯环，但苯环的稠合方式与蒽不同，其结构式和碳原子编号如下：

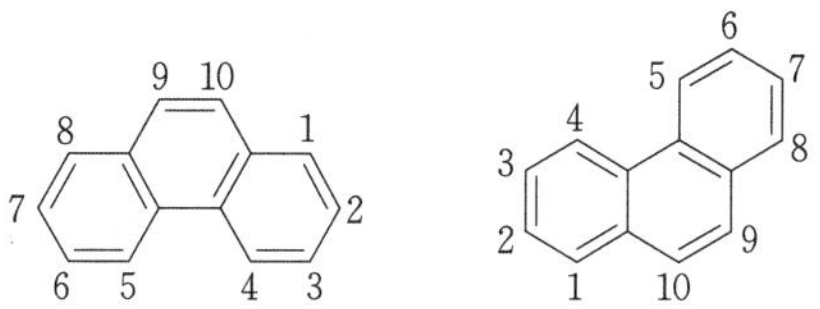

菲

医学上比较重要的甾族化合物的基本结构——环戊烷多氢菲可以看作是由氢化菲和环戊烷所组成的。甾族化合物是广泛存在于动植物体内，具有重要的生理作用的一大类多环化合物，如胆固醇、胆酸、性激素、维生素 D、强心苷等都是甾族化合物。环戊烷多氢菲的结构如下：

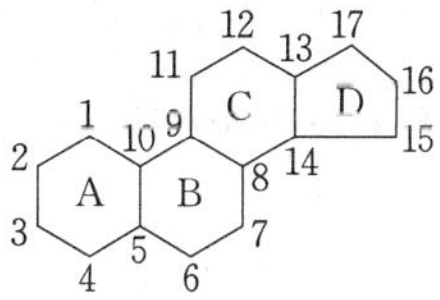

环戊烷多氢菲

复习题

【A型题】

甲苯与氯气在光照下进行反应的反应机制是：（　　）

A．亲电取代　　B．亲核取代　　C．游离基取代　　D．亲电加成

【问答题】

1. 命名下列各化合物：

（1）（邻硝基甲苯结构：苯环上 CH_3 与 NO_2 相邻）　（2）（萘环1位连 SO_3H）　（3）（蒽9,10位各连 Br）

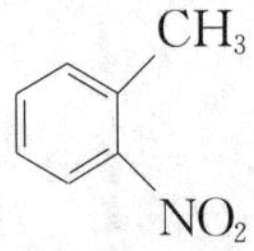

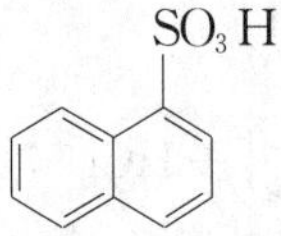

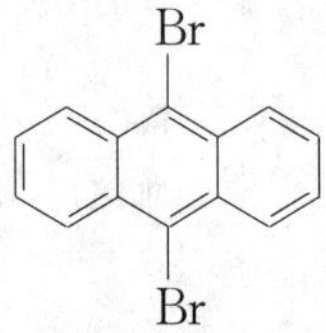

2. 写出下列化合物或取代基的结构式：

（1）1-甲基-2-乙基-4-异丙基苯　（2）2,4-二硝基甲苯　（3）2,6-二甲基萘　（4）9,10-二氯蒽　（5）环戊烷多氢菲

3. 完成下列各反应式：

（1）$C_6H_5CH_3 + Cl_2 \xrightarrow{日光}$

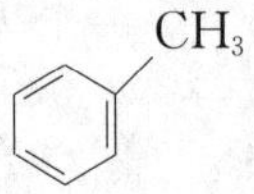

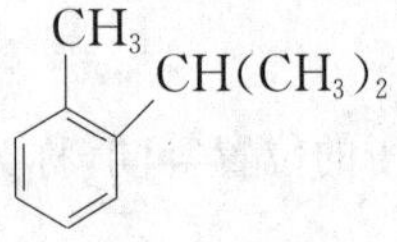

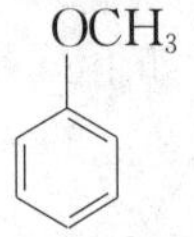

（2）（邻位 CH_3、$CH(CH_3)_2$ 取代苯）$+ KMnO_4 \xrightarrow{H^+}$

（3）$C_6H_5OCH_3 + Br_2 \xrightarrow{Fe粉}$

（4）$C_6H_5CH_3 + HNO_3 \xrightarrow{H_2SO_4}$

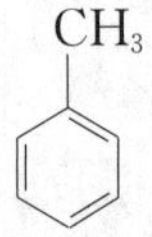

（5）$C_6H_5NO_2 + Cl_2 \xrightarrow{Fe粉}$

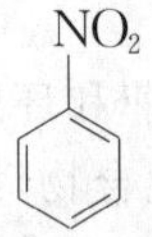

4. 用简单的化学方法鉴别：苯、甲苯、环己烯。

5. 写出三甲苯的同分异构体，指出各异构体进行硝化可分别得到几种产物？

6. 某芳香烃的分子式为 C_9H_{12}，用高锰酸钾氧化后得到一种二元酸，将该芳香烃进行硝化可得两种单硝化产物，试推测该芳香烃的结构式。

7. 根据苯环取代的定位法则，指出下列化合物的合成路线：

（1）由甲苯合成邻硝基苯甲酸和间硝基苯甲酸；

（2）由苯分别合成对硝基氯苯和间硝基氯苯。

第五章

立体异构

导学

内容及要求

本章介绍的主要内容有：手性、手性分子和对映体的概念，费歇尔投影式，物质的旋光性，外消旋体，非对映体和内消旋化合物，构型标记法。

要求掌握手性、手性分子和对映体的概念，费歇尔投影式，构型标记法；熟悉物质的旋光性，外消旋体；了解非对映体和内消旋化合物。

重点、难点

本章的重点内容是手性、手性分子和对映体的概念，费歇尔投影式。难点是构型标记法。

专科生的要求

主要掌握手性、手性分子和对映体的概念，费歇尔投影式。构型标记法等内容对专科学生不作要求。

第一节　物质的旋光性

同分异构现象在有机化合物中十分普遍，包括构造异构和立体异构两大类。构造异构是指分子中由于原子或官能团相互连接的方式或次序不同而产生的同分异构现象，如酮式-烯醇式互变异构等。立体异构是指分子的构造相同，但分子中的原子在空间的排列方式不同而引起的同分异构现象，其中对映异构是立体异构中的一类，表现在两个对映异构体对平面偏振光的作用不同。

一、偏振光和偏振光的振动面

光波是电磁波，是一种横波。其特点之一是光的振动方向垂直于其传播方向。普通光源所产生的光线是由多种波长的光波组成，它们都在垂直于其传播方向的各个不同的平面上振动。图 5 - 1(a)表示普通的单色光束朝我们的眼睛直射过来时的横截面。光波的振动平面可以有无数，但都与其前进方向相垂直。

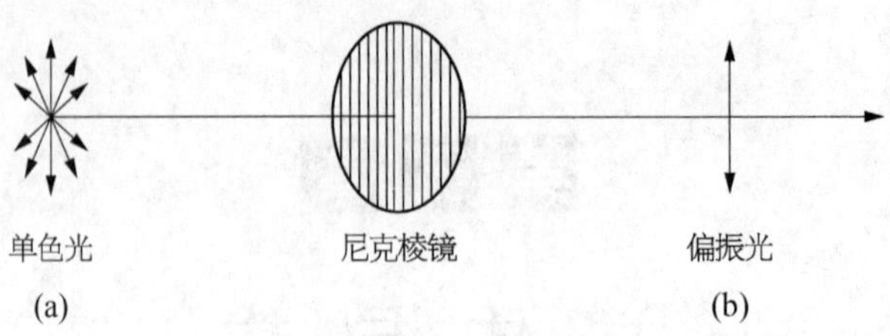

图5-1　平面偏振光的形成

当一束单色光通过尼克棱镜(由方解石晶体加工制成,图 5-1 中)时,由于尼克棱镜只能使与其晶轴相平行的平面内振动的光线通过,因而通过尼克棱镜的光线,就只在一个平面上振动。这种光线叫做平面偏振光,简称偏振光[图 5-1(b)]。偏振光的振动方向与其传播方向所构成的平面,叫做偏振光的振动面。

当普通光线通过尼克棱镜成为偏振光后,再使偏振光通过另一个尼克棱镜时,如果两个尼克棱镜平行放置(晶轴相互平行)时,光线的亮度最大;如果两个棱镜成其他角度时,则光线的亮度发生不同程度的减弱,90°时最暗。

二、旋光性物质和物质的旋光性

自然界中有许多物质对偏振光的振动面不发生影响,例如水、乙醇、丙酮、甘油及氯化钠等;而另外一些物质却能使偏振光的振动面发生偏转,如某种乳酸及葡萄糖的溶液。能使偏振光的振动面发生偏转的物质具有旋光性,叫做旋光性物质;不能使偏振光的振动面发生偏转的物质叫做非旋光性物质,它们没有旋光性。

当偏振光通过旋光性物质的溶液时,可以观察到有些物质能使偏振光的振动面发生旋转(图 5-2),如果该物质能使偏振光向左旋转(逆时针方向)一定的角度,则该物质叫做左旋体,具有左旋性,以“-”表示;如果该物质使偏振光的振动面向右旋转(顺时针方向)一定的角度,则该物质叫做右旋体,它们具有右旋性,以“+”表示。

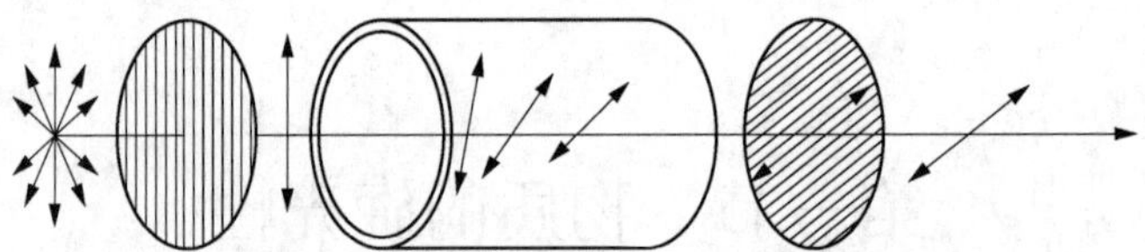

图5-2　旋光性物质使偏振光的振动面发生旋转

三、旋光度和比旋光度

如将两个尼克棱镜平行放置,并在两个棱镜之间放一种溶液(图 5-2),在第一个棱镜(起偏振器)前放置单色可见光源,并在第二个棱镜(检偏振器)后进行观察。可以发现,如在管中放置水、乙醇或丙醇时,并不影响光的亮度。但如果把葡萄糖或某种乳酸的溶液放于管内,则光的亮度就减弱以至变暗。这是由于水、乙醇等是非旋光性物质,不影响偏振光的振动面;而葡萄糖等是旋光性物质,它们能使偏振光的振动面向右或左偏转一定的角度。要达到最大的亮度,必须把检偏振器向右或向左转动同一角度。旋光性物质的溶液使偏振光的振动面旋转的角度,叫做旋光度,以 α 表示。

旋光性物质的旋光度的大小决定于该物质的分子结构,并与测定时溶液的浓度、盛液管的长度、测定温度、所用光源波长等因素有关。一般以比旋光度来表示物质的旋光性，比旋光度与从旋光仪中读到的旋光度关系如下：

$$[\alpha]_\lambda^t = \frac{\alpha}{l \cdot c}$$

式中 λ——测定时所用单色光的波长，通常用钠光的 D 线（λ=589 nm）

t——测定时的温度

c——溶液浓度(g/ml)

l——盛液管的长度(dm)

当 c 和 l 都等于 1 时，则[α]=α。因此，物质的比旋光度就是浓度为 1 g/ml 的溶液，放在 1 dm 长的管中测得的旋光度。所用溶剂须写在比旋光度值后面的括号中，因为即使在其他条件都相同时，改变溶剂也会使[α]发生变化。

比旋光度是旋光性物质的一种物理常数。如每种物质都有一定的熔点、沸点、折射率、密度一样，各种旋光性物质都有其比旋光度。

第二节 对映异构体

一、化合物的旋光性与结构的关系

自然界中有许多种旋光性物质。例如，人体中肌肉剧烈运动时可产生乳酸，其$[\alpha]_D^{20}$ 为+3.82°(水)；由左旋乳酸杆菌发酵得另一种乳酸，$[\alpha]_D^{20}$ 为-3.82°(水)。这两种乳酸的结构式相同，它们的性质除旋光性不同（旋光方向相反，比旋光度的绝对值相同）外，其他物理、化学性质都一样。这两种乳酸的分子结构如下：

COOH / HO / H / CH_3 | COOH / H / OH / CH_3

可以看出，(+)-乳酸与(-)-乳酸的结构式相同而构型不同，所以属于立体异构中的构型异构。这两个构型异构体互成物体与其镜像关系，能对映而不能重合，故把它们叫做对映异构体(enantiomer)，这种立体异构称为对映异构。

(+)-乳酸及(-)-乳酸分子结构之间的关系好比人的左手与右手的关系，因此把这种分子叫做手性分子，它们具有手性。凡是手性分子都有旋光性。如果一个分子与其镜像等同，即能重合，则叫做非手性分子，非手性分子没有旋光性。分子是否具有手性，与分子本身的对称性有关，通常可以通过对分子是否具有对称面或对称中心的分析来判断分子是否是手性分子。

二、判断手性分子

1. 对称轴

对称轴用符号 C_n 表示。若在分子内可以找到一个轴，当分子沿着这个轴转动 2π/n，分子中每一个原子都与未转动前分子中的等价原子相叠合，也就是说分子通过对称轴的操作，即转动 $2\pi/n$ 后得到的新构型与原来的构型是等价的，该分子具有 n 阶对称轴。

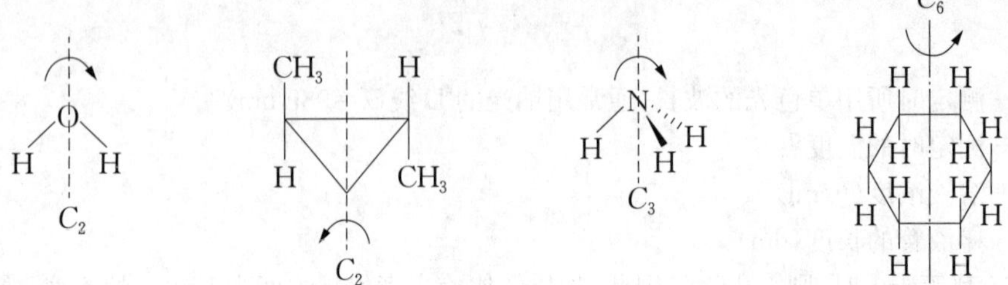

水分子和反-1,2 二甲基环丙烷具有二阶对称轴(C_2)，氨分子具有三阶对称轴(C_3)，环己烷具有六阶对称轴(C_6)。

2. 对称面

对称面可以用符号 σ 表示。若在分子内可以找到这样一个平面，这平面相当于一个镜面，把分子切割成互为实体与镜像的两部分，则该平面称为该分子的对称面。通过对称面的操作称为反映。二氯甲烷是具有一个对称面的分子，分子中各原子通过对称面的对映操作后得到的新构型与原来的构型是等价的，即分子与它的镜像能叠合，所以，凡具有对称面的分子是非手性分子。分子中除手性基团外，其余的原子或基团（如—CH_3、—CH_2CH_3、—OH、—OR、—C_6H_5、—NO_2、—COR、—CHO、—NHR、—NRR′等）都可以被看作是一个球，而能被对称面切割为等价的两半。

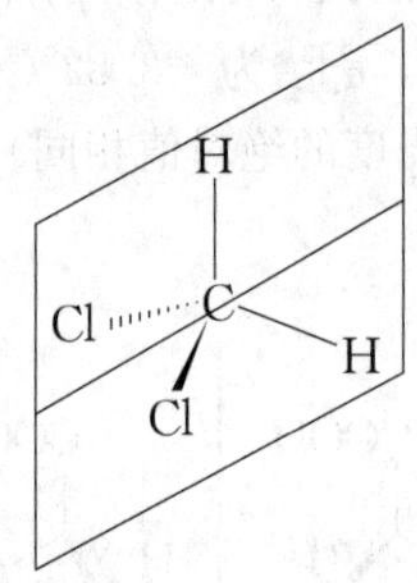

3. 对称中心

对称中心用符号 i 表示。若在分子内可以找到这样一个点，再从分子中任何一个原子或基团开始，向该中心连线并将其延长，如能在等距离处会遇到相同的原子或基团，则这个点就称该分子的对称中心。通过对称中心的操作称为反演。分子中各原子或基团通过反演操作后得到的新构型与原来的构型是等价的。例如：

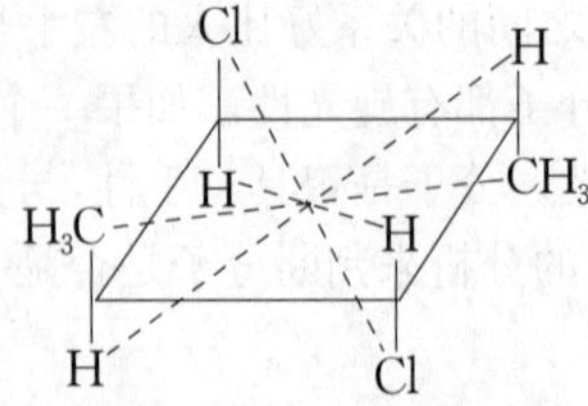

对称中心的反演操作相当于对称面的反映操作加上对称轴的 C_2 操作。

一般来说，如果一个分子既没有对称面，又没有对称中心，就可以初步判断该分子是手性分子。

而对称轴却不能作为判断分子是否具有手性的依据。例如：反-1,2二甲基环丙烷没有对称面和对称中心，是手性分子，但它可以有对称轴(C_2)。

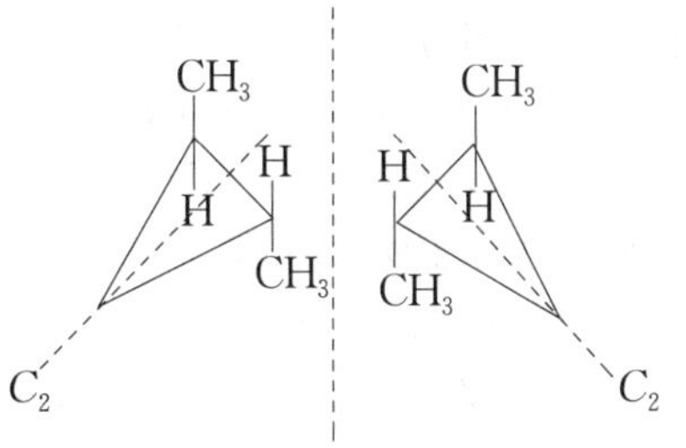

4. 含一个手性碳原子化合物的对映异构体

一个物质的分子是否具有手性是由它的分子结构决定的。最常见的手性分子是含手性碳原子的分子。所谓手性碳原子(chiral carbon atom)是指连有四个不同的原子或原子团的碳原子，即不对称碳原子，这种碳原子常以星号“＊”标示。例如乳酸分子中有三个碳，但只有C-2才是手性碳原子。

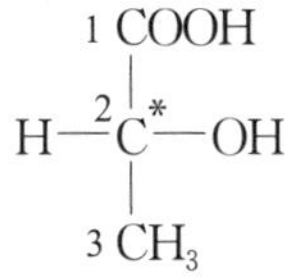

凡是含有手性碳原子的分子都有对映异构体，但是含手性碳原子的分子不一定都是手性分子。判断所含多个手性碳原子的化合物是否有手性，必须从分子整体的对称性来考虑，即没有对称因素(对称中心、对称轴、对称面等)的分子才可能是手性分子。分子中含不同的手性碳原子越多，构型异构体也越多，其关系为：

构型异构体数 $= 2^n$(n 为不相同手性碳原子个数)

乳酸是含有一个手性碳原子的分子，其对映异构体的构型可以用透视式表示如下：

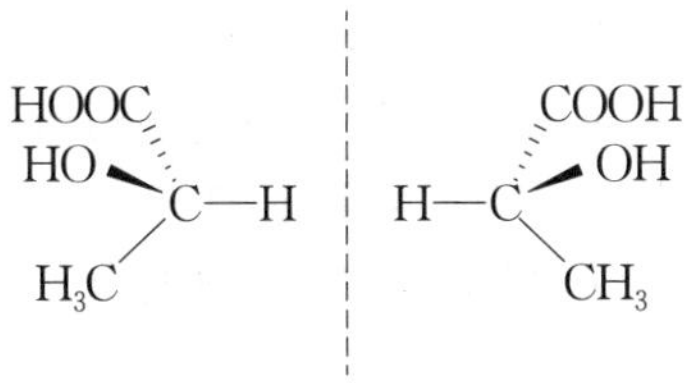

肌肉在运动中产生的乳酸具有右旋的性质，是右旋体，即(+)-乳酸，$[\alpha]_D^{20} = +3.82°(H_2O)$，而由糖发酵得到的乳酸具有左旋的性质，是左旋体，即(−)-乳酸，$[\alpha]_D^{20} =\ 3.82°(H_2O)$，右旋乳酸和左旋乳酸的比旋光度数值相等，方向相反。右旋乳酸和左旋乳酸的关系是物体与镜像的关系，相似而不能叠合，互为对映体。它们的熔点相同，都是53 ℃。等量的左旋体与等量的右旋体混合，它们的旋光性恰好互相抵消，得到不旋光的混合物，也称外消旋体，用(±)表示。外消旋乳酸的熔点为18 ℃。

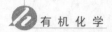

三、对映异构体的构型

1. 费歇尔投影式

方便起见，对映异构体的构型通常采用费歇尔(Fischer)投影式来表示，即把手性碳原子所连的四个原子或原子团按规定的方法投影到纸上。这种方法包括：①先将主链垂直(竖向)排列，并把命名时编号最小的碳原子放在上端；②手性碳原子写在纸平面上，或用一个"+"字形的交叉点代表这个手性碳，四端分别连四个不同的原子或原子团；③以垂直线(竖键)与手性碳相连的是伸向纸平面后方的两个原子或原子团，以水平线(横键)与手性碳相连的是伸向纸平面前方的两个原子或原子团。费歇尔投影式是以二维式来表示含手性碳原子的分子的三维结构。

2. 相对构型与绝对构型

物质分子中各原子或原子团在空间的实际排布叫做这种分子的绝对构型。现在已用 X 射线衍射等方法测定了许多化合物分子的绝对构型，但在 1951 年以前还没有解决这个问题。1906 年，罗沙诺夫(Rosanoff)建议把(+)-甘油醛及(-)-甘油醛作为其他旋光性异构体物质的构型的参比标准，并人为地规定，在 Fischer 投影式中，手性碳上的—OH 排在右边的为右旋甘油醛，作为 D 型，手性碳上的—OH 排在左边的为左旋甘油醛，作为 L 型。应注意，D 及 L 仅表示其构型，与其旋光性(+)、(-)无关。如果某物质与 D 型甘油醛相联系时，其分子的构型即为 D 型；如与 L 型甘油醛相关联时，它的分子构型则属于 L 型。用这种方法确定的构型是相对于标准物质甘油醛而来的，所以叫做相对构型。

镜子

CHO H—C—OH CH_2OH	CHO OH—C—H CH_2OH
D-(+)-甘油醛	L-(-)-甘油醛

现在认为，构型与旋光性之间没有必然的联系，物质的旋光性仍须通过实验测定。IUPAC 根据物质分子的绝对构型(R/S)来命名。含一个手性碳的分子命名时，首先把手性碳所连的四个原子或原子团按优先次序规则从大到小排列，如 a>b>c>d；其次，将此排列次序中排在最后的原子或原子团(即 d)放在距观察者最远的地方，这时，其他三个原子或原子团向着观察者(图 5-3)；然后，再观察从最优先原子团 a 开始到 b 再到 c 的次序，如果是顺时针方向排列的[图 5-3(a)]，这个分子的构型即用"R"标示(R 取自拉丁语 Rectus，右)；如果 a→b→c 是逆时针方向排列的[图 5-3(b)]，则此分子的构型用"S"标示(S 取自拉丁语 Sinister，左)。

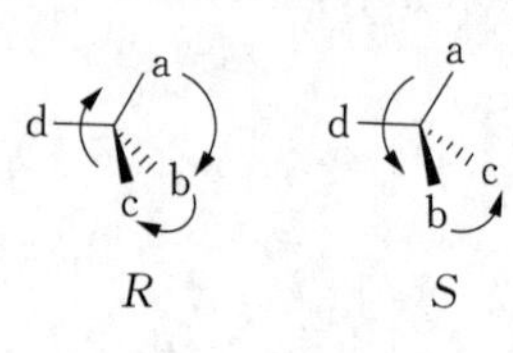

图 5-3 R 及 S 构型

用构型的费歇尔投影式，同样可以确定一个分子是 R 还是 S 构型。先要确定分子中 a、b、c 及 d 的优先顺序，如 a > b > c > d；在费歇尔投影式中，如果最小基团 d 连在垂直方向，即 C^*—d 键伸向纸平面的后方，则当 a→b→c 为顺时针方向时，此分子为 R 型，反之为 S 型；如果最小基团 d 连在水平方向，即 C^*—d 键伸向纸平面的前方，则当 a→b→c 为顺时针方向时，此分子为 S 型，反之为 R 型。

这里要注意把 R/S 构型与 D/L 构型分开，不能认为 D 型的分子即 R 型的，或 L 型的分子即 S 型的。

对于含两个不同的手性碳原子的分子，有四种具有旋光性的异构体，即两对对映体。2,3,4-三羟基丁醛是含有两个不相同手性碳原子的分子，用 Fischer 投影式可表示如下：

$$\begin{array}{rcl} & \mathrm{CHO} & \\ \mathrm{HO} & + & \mathrm{H} \\ \mathrm{H} & + & \mathrm{OH} \\ & \mathrm{CH_2OH} & \\ & (\mathrm{I}) & \end{array} \qquad \begin{array}{rcl} & \mathrm{CHO} & \\ \mathrm{H} & + & \mathrm{OH} \\ \mathrm{HO} & + & \mathrm{H} \\ & \mathrm{CH_2OH} & \\ & (\mathrm{II}) & \end{array} \qquad \begin{array}{rcl} & \mathrm{CHO} & \\ \mathrm{HO} & + & \mathrm{H} \\ \mathrm{HO} & + & \mathrm{H} \\ & \mathrm{CH_2OH} & \\ & (\mathrm{III}) & \end{array} \qquad \begin{array}{rcl} & \mathrm{CHO} & \\ \mathrm{H} & + & \mathrm{OH} \\ \mathrm{H} & + & \mathrm{OH} \\ & \mathrm{CH_2OH} & \\ & (\mathrm{IV}) & \end{array}$$

其中，(Ⅰ)和(Ⅱ)式，(Ⅲ)和(Ⅳ)式互为对映异构体，并各分别组成一对外消旋体。而(Ⅰ)与(Ⅲ)、(Ⅳ)之间和(Ⅱ)与(Ⅲ)、(Ⅳ)之间并没有对映关系，它们彼此称为非对映体。它们不仅旋光能力不同，物理性质和化学性质也不相同。

含两个相同的手性碳原子的分子，2，3－二羟基丁二酸(酒石酸)是具有两个相同手性碳原子的化合物，按一般写法可以写出 4 个异构体：

$$\begin{array}{rcl} & \mathrm{COOH} & \\ \mathrm{H} & + & \mathrm{OH} \\ \mathrm{HO} & + & \mathrm{H} \\ & \mathrm{COOH} & \\ & (\mathrm{I}) & \end{array} \qquad \begin{array}{rcl} & \mathrm{COOH} & \\ \mathrm{HO} & + & \mathrm{H} \\ \mathrm{H} & + & \mathrm{OH} \\ & \mathrm{COOH} & \\ & (\mathrm{II}) & \end{array} \qquad \begin{array}{rcl} & \mathrm{COOH} & \\ \mathrm{H} & + & \mathrm{OH} \\ \mathrm{H} & + & \mathrm{OH} \\ & \mathrm{COOH} & \\ & (\mathrm{III}) & \end{array} \qquad \begin{array}{rcl} & \mathrm{COOH} & \\ \mathrm{HO} & + & \mathrm{H} \\ \mathrm{HO} & + & \mathrm{H} \\ & \mathrm{COOH} & \\ & (\mathrm{IV}) & \end{array}$$

其中(Ⅰ)与(Ⅱ)互为对映体，它们之间不能叠合。尽管(Ⅲ)与(Ⅳ)是实物与镜像的关系，但把(Ⅳ)在纸平面内旋转 180°后，其构型应保持不变，然而与(Ⅲ)却能重叠，所以(Ⅲ)与(Ⅳ)为同一化合物。实际上(Ⅲ)与(Ⅳ)中都有一个对称面，它们不可能有对映异构体。凡分子中含有相同手性碳原子的化合物，其对映异构体的数目要少于 2^n 个。

若分子内存在对称结构，则不具旋光性，这种异构体叫做内消旋体，如(Ⅲ)和(Ⅳ)。

四、光学活性物质在医学上的意义

在生物体中存在的许多化合物都是手性的。例如，从天然产物中得到的单糖多为 D 型，在生物体中普遍存在的 α-氨基酸主要是 L 型。生物体对某一物质的要求常严格地限定为某个单一的构型。所以与生物物质有关的合成物质，如果有旋光性的异构体，也往往只有其中之一具较强的生理效应，其对映体或是无活性或活性很小，有些甚至产生相反的生理作用。例如，作为血浆代用品的葡萄糖酐一定要用右旋糖酐，而其左旋体会给病人带来较大的危害；右旋的维生素 C 具有抗坏血病作用，而其对映体无效；左旋肾上腺素的升高血压作用是右旋体的 20 倍；左旋氯霉素是抗生素，但右旋氯霉素几乎无药理作用；左旋多巴胺用于治疗帕金森病，右旋多巴胺无生理效应。

拓展阅读：生物体内有机酸的代谢

有机酸是指一些具有酸性的有机化合物，最常见的有机酸是羧酸及取代羧酸，重要的取代羧酸有卤代酸、酮酸和氨基酸等。这些化合物中的一部分参与动植物代谢，有些是代谢的中间产物，有些则具有显著的生物活性。生物体内主要的供能营养物为糖、脂肪、蛋白质，它们在分解代谢过程中都会产生一些有机酸，如糖代谢过程中会产生丙酮酸，如果是无氧运动，丙酮酸就会被还原成乳酸，使肌肉产生酸痛的感觉。又如当糖供能不足时，机体主要靠脂肪供能，当脂肪酸分解过多时会产生乙酰乙酸，乙酰乙酸既可还原成β-羟基丁酸，也可以脱酸成为丙酮，故而把乙酰乙酸、β-羟基丁酸和丙酮合称为酮体。当酮体产生的量超过机体的利用时，由于乙酰乙酸和β-羟基丁酸都是中等强度的酸，会造成机体出现酮症酸中毒。

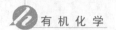

氨基酸在代谢过程中也会产生有机酸，例如天冬氨酸可以转变成草酰乙酸，谷氨酸可以转变为α-酮戊二酸，丙氨酸可以转变成丙酮酸。机体中这些常见的有机酸都参与了机体供能的主要途径——三羧酸循环的代谢。因此有机酸是生物体内代谢的重要中间物质。

复习题

【问答题】

1. 命名下列化合物：

(1) 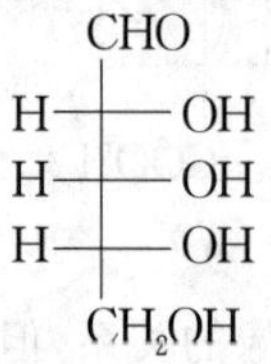 CHO; H—OH; H—OH; H—OH; CH_2OH　(2) 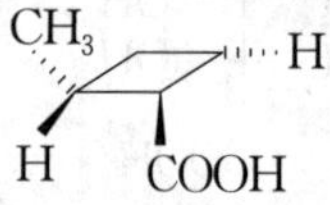 CH_3, H, H, COOH　(3) H, Br, H, Cl　(4) 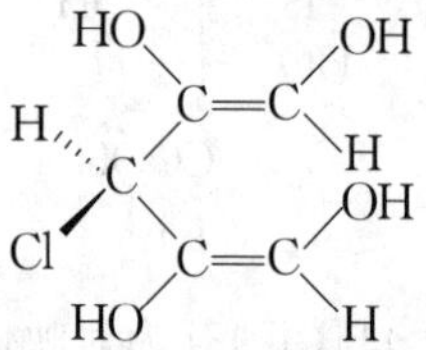 HO, OH, C=C, H, H, C, Cl, OH, C=C, HO, H

2. 正确判断下列各组化合物之间的关系：构造异构、顺反异构、对映异构、非对映体、同一化合物等。

(1) 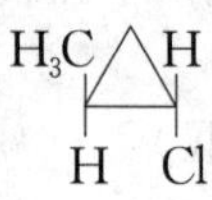 H_3C, H, H, Cl 与 Cl, H_3C, H, H　(2) 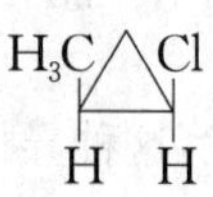 H_3C, Cl, H, H 与 Cl, H_3C, H, H

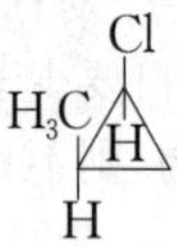

(3) 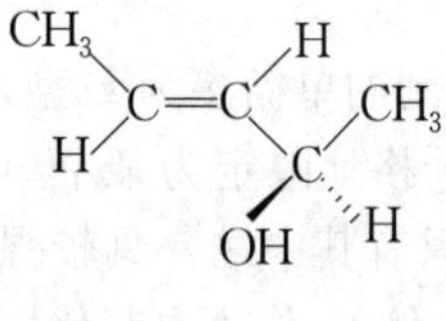 CH_3, H, C=C, H, CH_3, C, OH, H 与 CH_3, H, C=C, H, CH_3, C, H, OH

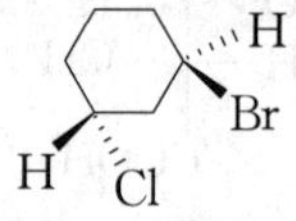

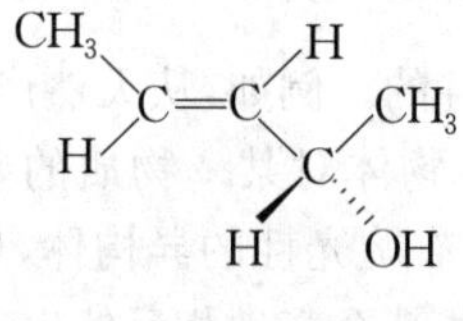

(4) 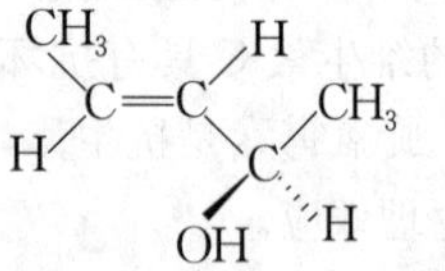 CH_3, H, C=C, H, CH_3, C, OH, H 与 H, OH, C, H, C=C, CH_3, CH_3, H

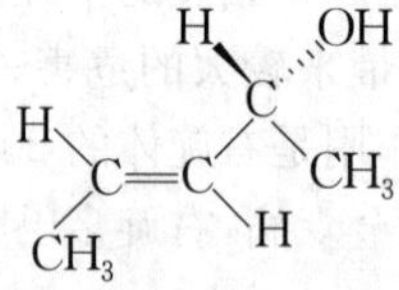

(5) 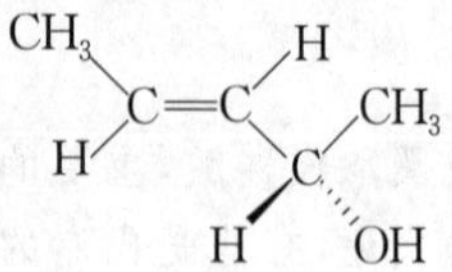 CH_3, H, C=C, H, CH_3, C, H, OH 与 H, H, C=C, CH_3, CH_3, C, OH, H

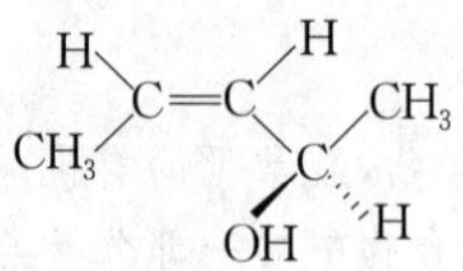

(6) 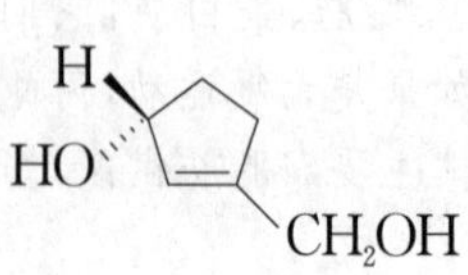 H, HO, CH_2OH 与 H, OH, CH_2OH

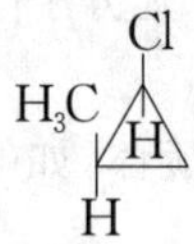

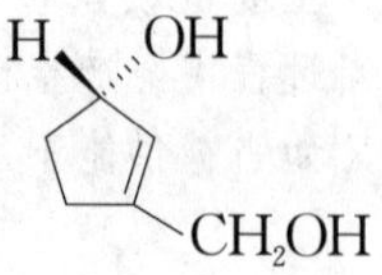

(7) 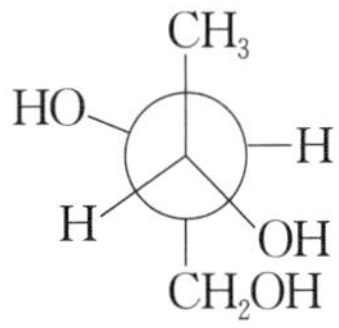 CH$_3$ HO H H OH CH$_2$OH 与 CH$_3$ H OH C C HO H CH$_2$OH

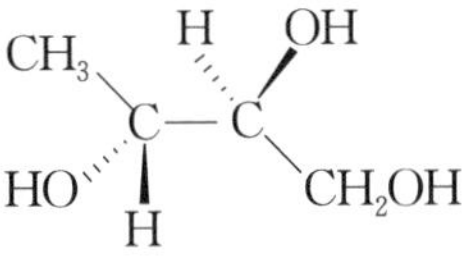

(8) 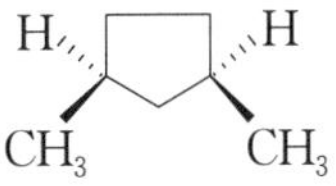 H H CH$_3$ CH$_3$ 与 CH$_3$ CH$_3$ H H

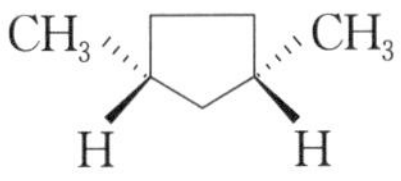

(9) 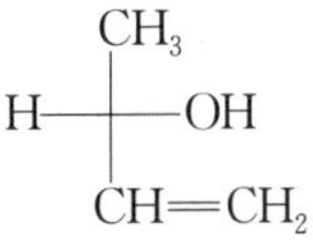 CH$_3$ H OH CH=CH$_2$ 与 CH=CH$_2$ CH$_3$ OH H

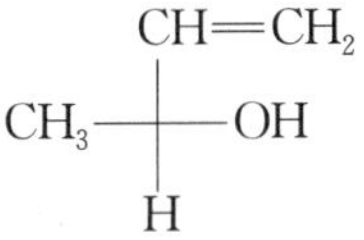

(10) 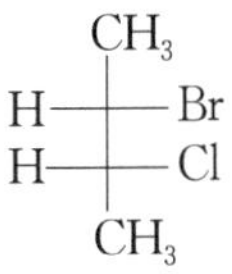 CH$_3$ H Br H Cl CH$_3$ 与 Cl H CH$_3$ H Br CH$_3$

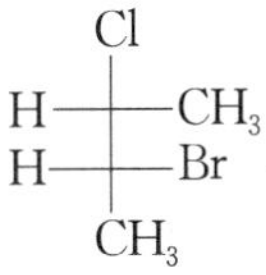

3. 指出下述指定化合物与其他化合物之间的关系(对映体、非对映体或同一化合物):

(1) 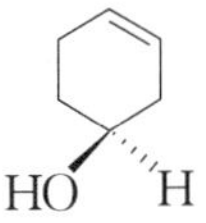 HO H 与 H OH H OH HO H

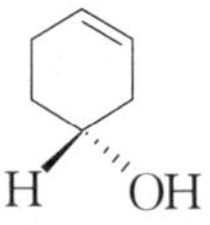

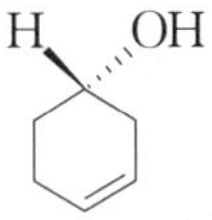

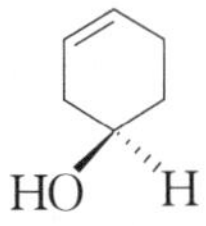

(a) (b) (c) (d)

(2) 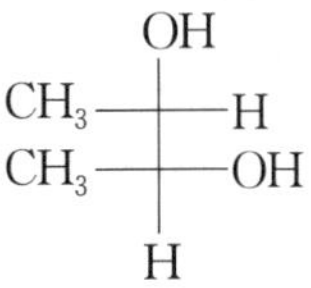 OH CH$_3$ H CH$_3$ OH H 与 OH H CH$_3$ HO H CH$_3$ CH$_3$ H OH HO CH$_3$ H OH H CH$_3$ H OH CH$_3$ OH H CH$_3$ HO CH$_3$ H

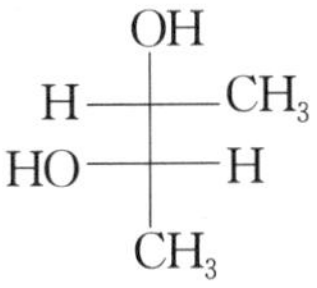

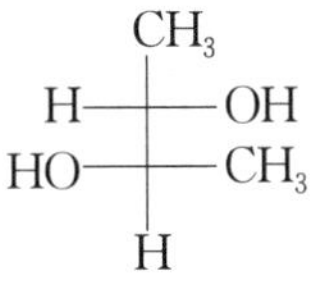

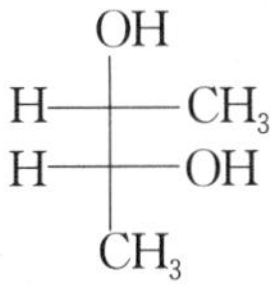

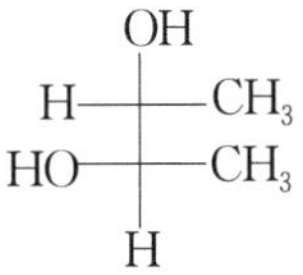

(a) (b) (c) (d) (e)

4. 写出下列化合物的三维结构式:

(1) (S)-2-羟基丙酸

(2) (S)-2-氯四氢呋喃

(3) (2R, 3R)-2,3-二氯丁烷

(4) (R)-4-甲基-3-氯-1-戊烯

(5) (1S, 2R)-2-氯环戊醇

(6) (R)-3-氰基环戊酮

(7) (R)-3-甲基-3-甲氧基-4-己烯-2-酮

(8) (2E, 4S)-4-氘代-2-氟-3-氯-2-戊烯

(9) (2R, 3R)-2-溴-3-戊醇

(10) (2S, 4R)-4-氨基-2-氯戊酸

5. 用 Fisher 投影式完成下列题目:

(1) 用 Fisher 投影式写出 3-氯-2-戊醇的所有异构体,并用 R/S 标记其构型。

(2) 用 Fisher 投影式写出 2,3-丁二醇的所有异构体,并用 R/S 标记其构型。

(3) 用 Fisher 投影式写出 2,3,4,5-四羟基己二酸的所有异构体,并用 R/S 标记其构型。

(4) 用 Fisher 投影式写出 5-甲基-2-异丙基环己醇的所有异构体,并用 R/S 标记其构型。

6. 用 R/S 标记下列化合物中手性碳原子的构型:

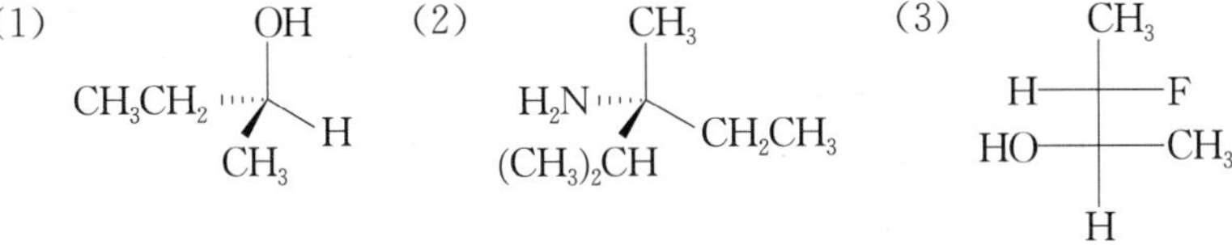

(4) 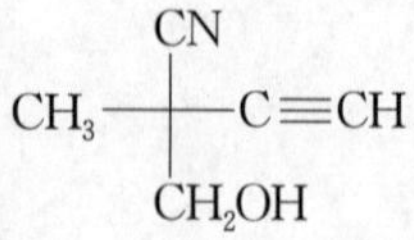 $CH_3-C(CN)(CH_2OH)-C\equiv CH$

(5) 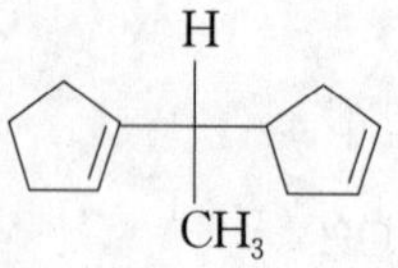 H—C(CH$_3$)—（两个环戊烯基）

7. 画出下列各物的对映体(假如有的话)，并用 R/S 标定：

(1) 3-氯-1-戊烯

(2) 3-氯-4-甲基-1-戊烯

(3) $HOOCCH_2CHOHCOOH$

(4) $C_6H_5CH(CH_3)NH_2$

(5) $CH_3CH(NH_2)COOH$

8. 用适当的立体式表示下列化合物的结构，并指出其中哪些是内消旋体？

(1) (R)-2-戊醇

(2) $(2R, 3R, 4S)$-4-氯-2,3-二溴己烷

(3) (S)—CH_2OH—$CHOH$—CH_2NH_2

(4) $(2S, 3R)$-1,2,3,4-四羟基丁烷

(5) (S)-2-溴代乙苯

(6) (R)-甲基仲丁基醚

9. 写出3-甲基戊烷进行氯化反应时可能生成一氯代物的费歇尔投影式，指出其中哪些是对映体，哪些是非对映体？

10. 写出下列化合物的费歇尔投影式，并对每个手性碳原子的构型标以(R)或(S)。

(1) 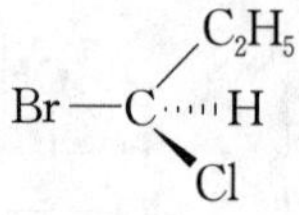 C_2H_5, Br, H, Cl 连于 C

(2) H, Cl, F, Br 连于 C

(3) C_2H_5, H, D 连于 C；Br, CH_3, CH_3 连于 C

(4) CH_3, NH_2, H, 苯基 连于 C

(5) Cl, H, CH_3；CH_3, Cl, H

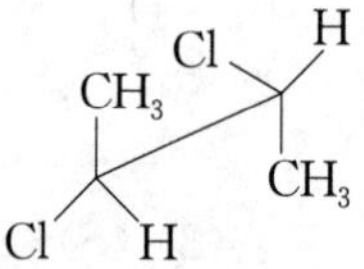

(6) 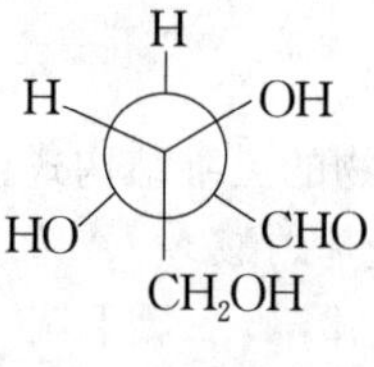 H, OH, H, HO, CHO, CH_2OH（纽曼投影式）

11. 下列各化合物中有无手性碳原子(用 * 表示手性碳)？

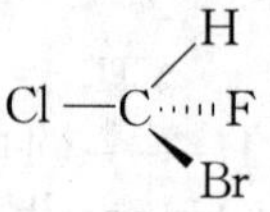

(1) $CH_3CHDC_2H_5$　　(2) $CH_2BrCH_2CH_2Cl$　　(3) $BrCH_2CHDCH_2Br$

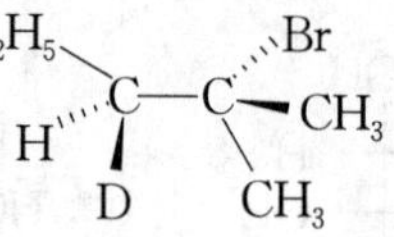

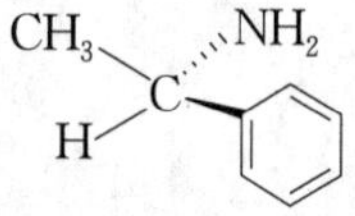

(4) 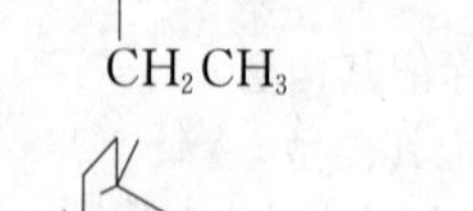 $CH_3CH(CH_2CH_3)CH_2CH_2CH_3$　　(5) $CH_3CHClCHClCHClCH_3$　　(6) 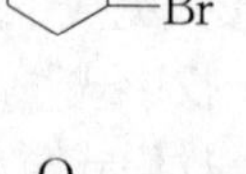 环己烷（-OH，-Br）

(7) 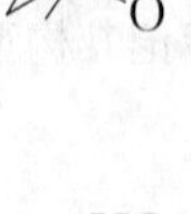　　(8) 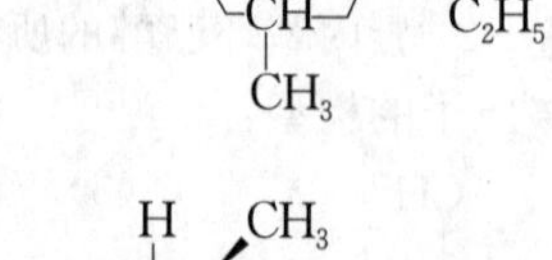 H_5C_2—CH=CH—CH(CH_3)—CH=CH—C_2H_5　　(9) 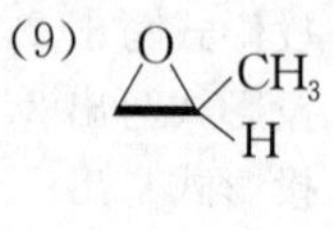

(10) 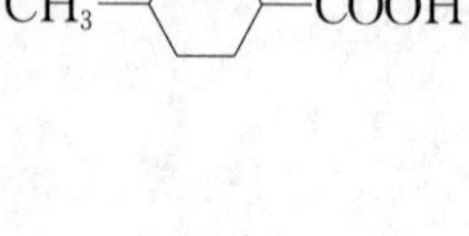 CH_3—（环己烷，HO）—COOH　　(11) 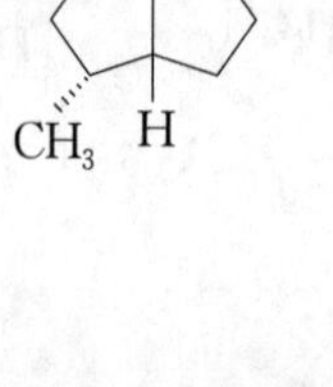 H, CH_3；CH_3, H（双环）　　(12) 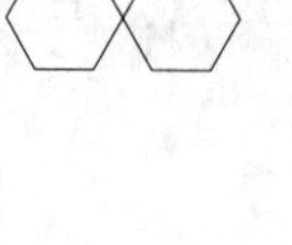 （螺环酮，O）

(13)

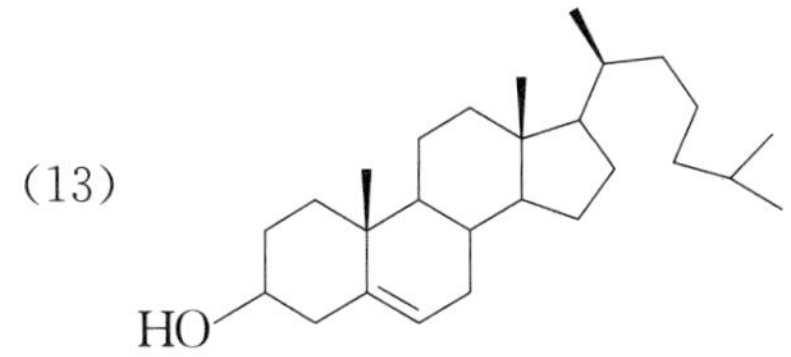

12. 下列化合物哪些是手性的?

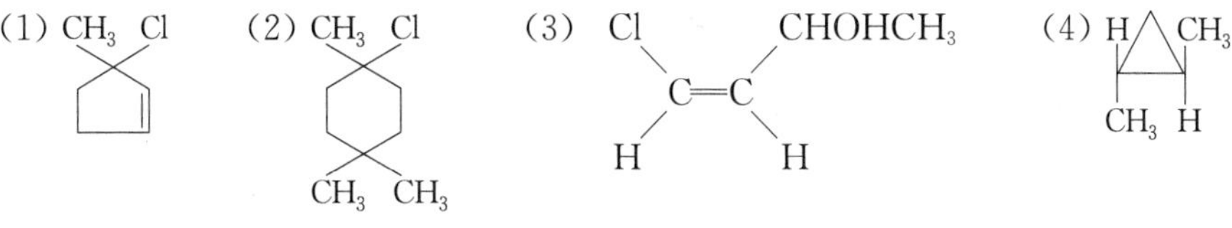

13. 判断下列叙述是否正确,为什么?

(1) 一对对映异构体总是物体与镜像的关系。

(2) 物体和镜像分子在任何情况下都是对映异构体。

(3) 非手性的化合物可以有手性中心。

(4) 具有 S 构型的化合物是具左旋(—)的对映体。

(5) 所有手性化合物都有非对映异构体。

(6) 非光学活性的物质一定是非手性的化合物。

(7) 如果一个化合物有一个对映体,它必须是手性的。

(8) 所有具有不对称碳原子的化合物都是手性的。

(9) 某些手性化合物可以是非光学活性的。

(10) 某些非对映异构体可以是物体与镜像的关系。

(11) 当非手性的分子经反应得到的产物是手性分子,则必定是外消旋体。

(12) 如果一个化合物没有对称面,则必定是手性化合物。

14. 回答下列各题:

(1) 产生手性化合物的充分必要条件是什么?

(2) 旋光方向与 R、S 构型之间有什么关系?

(3) 内消旋体和外消旋体之间有什么本质区别?

(4) 手性(旋光)异构体是否一定有旋光性?

15. 现有某旋光性物质 9.2%(g/ml)的溶液一份:

(1) 将一部分该溶液放在 5 cm 长的测试管中,测得旋光度为+3.45°,试计算该物质的比旋光度。

(2) 若将该溶液放在 10 cm 长的测试管中测定,你观察到的旋光度应是多少?

16. 某醇 $C_5H_{10}O$(A)具有旋光性,催化加氢后生成的醇 $C_5H_{12}O$(B)没有旋光性,试写出(A)、(B)的结构式。

第六章

卤代烃

导学

内容及要求

本章介绍的主要内容有：卤代烃的分类和命名法，卤代烷烃的亲核取代反应和消除反应，两种反应的影响因素以及两者的竞争性等。

要求掌握卤代烃的分类、命名和化学性质，熟悉亲核取代反应的机制，了解消除反应的机制及二者的竞争性。

重点、难点

本章的重点内容是卤代烃的结构、命名和化学性质。难点是卤代烃的亲核取代反应机制。

专科生的要求

主要掌握卤代烃的命名、结构及化学性质。对卤代烃的亲核取代反应机制等内容不作要求。

烃分子中的氢原子被卤素原子取代生成的化合物称为卤代烃(halohydrocarbon)。其结构通式为 R—X，卤原子是卤代烃的官能团。天然卤代烃的种类不多，主要存在于海洋生物中，绝大多数卤代烃是人工合成产物，卤代烃作为溶剂和有机合成的原料，在工业和实验室中得到广泛的应用。卤代烃的亲核取代反应、消除反应以及这两类反应的机制，在有机化学中占有重要位置。

第一节 卤代烃的分类和命名

一、卤代烃的分类

卤代烃按卤原子的不同，分为氟代烃、氯代烃、溴代烃和碘代烃。

按卤原子数目的不同，分为一卤代烃和多卤代烃。按卤原子连接碳原子类型不同，分为伯卤代烃、仲卤代烃和叔卤代烃，伯、仲、叔卤代烃也相应称为一级、二级、三级卤代烃。例如：

RCH_2X	R_2CHX	R_3CX
伯卤代烃	仲卤代烃	叔卤代烃

一级(1°)卤代烃　　二级(2°)卤代烃　　三级(3°)卤代烃

根据烃基的不同，卤代烃又可分为卤代烷烃、卤代烯烃和卤代芳烃。例如：

RCH_2X 卤代烷烃　　$RCH{=}CHX$ 卤代烯烃　　C_6H_5—X 卤代芳烃

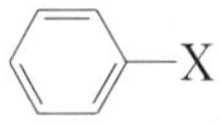

二、卤代烃的命名

简单的卤代烃采用习惯命名法命名，根据卤素名称一般称为“卤(代)某烃”，例如：

C_2H_5Br 溴乙烷　　$CH_2{=}CHCl$ 氯乙烯　　C_6H_5—Br 溴苯

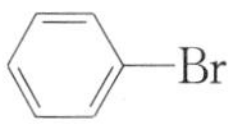

也可根据与卤原子相连的烃基称为“某基卤”，例如：

$CH_3CH_2CH_2I$ (正)丙基碘　　$CH_2{=}CHCH_2Br$ 烯丙基溴　　$(H_3C)_2CHCH_2Cl$ 异丁基氯　　C_6H_5—CH_2Cl 苄基氯

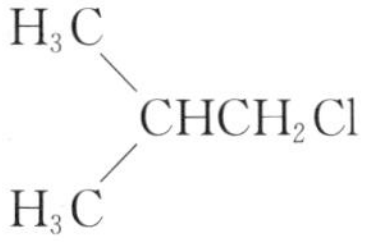

比较复杂的卤代烃一般用系统命名法，将连有卤原子的最长碳链作为主链，编号由距离取代基最近的一端开始，卤素和支链作为取代基，按“次序规则”排列，较“优先基团”后列出，确定它们的编号，卤代烯烃应使双键编号最小，若卤素和烃基有相同的编号，使烃基的编号最小，例如：

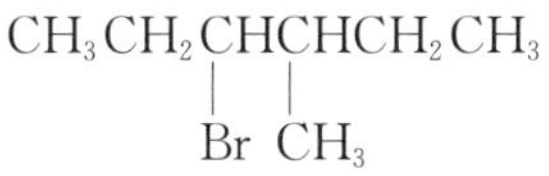

$CH_3CH_2CH(Br)CH(CH_3)CH_2CH_3$ 3-甲基-4-溴己烷

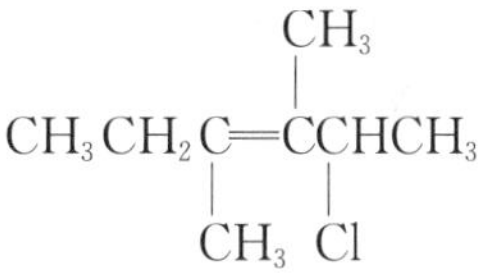

$CH_3CH_2C(CH_3){=}C(CH_3)CH(Cl)CH_3$ 3,4-二甲基-2-氯-3-己烯

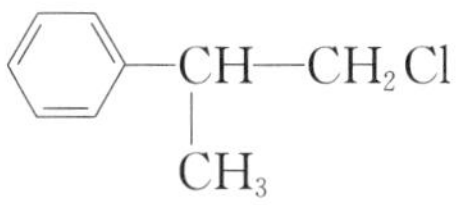

C_6H_5—$CH(CH_3)$—CH_2Cl 2-苯基-1-氯丙烷

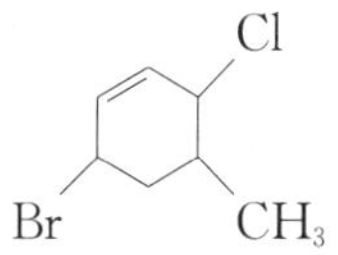

4-甲基-3-氯-6-溴环己烯

某些多卤代烃常使用俗名，例如，三氯甲烷 $CHCl_3$ 常称为氯仿(chloroform)。

第二节 卤代烃的性质

一、卤代烃的物理性质

室温下，大多数卤代烃为液体，C_3 及 C_3 以下的氟卤代烃，氯甲烷、氯乙烷、氯乙烯和溴甲烷等少数卤代烃为气体，除一些一氟代烃、一氯代烃比水轻，其余卤代烃都比水重。常见卤代烃的沸点和密度见表 6-1。

表 6-1　常见卤代烃的沸点和密度

名称	英文名称	结构式	沸点(℃)	密度(g/cm^3)
氟甲烷	fluoromethane	CH_3F	−78.4	0.84^{-60}
氯甲烷	chloromethane	CH_3Cl	−23.8	0.92^{20}
溴甲烷	bromomethane	CH_3Br	3.6	1.73^{0}
碘甲烷	iodomethane	CH_3I	42.5	2.28^{20}
氟乙烷	fluoroethane	CH_3CH_2F	−37.7	0.72^{20}
氯乙烷	chloroethane	CH_3CH_2Cl	13.1	0.91^{15}
溴乙烷	bromoethane	CH_3CH_2Br	38.4	1.46^{20}
碘乙烷	iodoethane	CH_3CH_2I	72.3	1.95^{20}
1-氟丙烷	1-fluoropropane	$CH_3CH_2CH_2F$	−2.5	0.78^{-3}
1-氯丙烷	1-chloropropane	$CH_3CH_2CH_2Cl$	46.6	0.89^{20}
1-溴丙烷	1-bromopropane	$CH_3CH_2CH_2Br$	70.8	1.35^{20}
1-碘丙烷	1-iodopropane	$CH_3CH_2CH_2I$	102.5	1.74^{20}
氟乙烯	fluoroethylene	$CH_2=CHF$	−72	0.68^{26}
氯乙烯	chloroethylene	$CH_2=CHCl$	−13.9	0.91^{20}
溴乙烯	bromoethylene	$CH_2=CHBr$	15.6	1.52^{14}
碘乙烯	iodoethylene	$CH_2=CHI$	56	2.04^{20}
3-氯-1-丙烯	3-chloro-1-propene	$CH_2=CHCH_2Cl$	45	0.94^{20}
3-溴-1-丙烯	3-bromo-1-propene	$CH_2=CHCH_2Br$	70	1.40^{20}
3-碘-1-丙烯	3-iodo-1-propene	$CH_2=CHCH_2I$	102	1.84^{22}
氟苯	fluorobenzene	C_6H_5F	85	1.02^{20}
氯苯	chlorobenzene	C_6H_5Cl	132	1.10^{20}
溴苯	bromobenzene	C_6H_5Br	155.5	1.52^{20}
碘苯	iodobenzene	C_6H_5I	188.5	1.82^{20}
二氯甲烷	dichloromethane	CH_2Cl_2	40	1.34^{20}
三氯甲烷	chloroform	CH_3Cl	61	1.49^{20}
四氯甲烷	tetrachloromethane	CCl_4	77	1.60^{20}

卤代烃难溶于水，可溶于苯、乙醚、醇、乙酸乙酯和烃类等有机溶剂，卤代烃能溶解许多有机化合物，所以氯仿、二氯甲烷等是常用的有机溶剂，可用作从水溶液中提取有机物的萃取溶剂，以及用作层析展开剂，但是包括氯仿、四氯化碳在内的许多氯代烃会引起慢性中毒，被认为是致癌物，使用时应注意通风保护。

二、卤代烃的化学性质

(一) 亲核取代反应

卤原子作为卤代烃的官能团，许多化学性质是由卤原子引起的。卤素原子的电负性比碳原子大，因此碳卤键之间的共用电子对偏向卤原子，从而使碳原子带部分正电荷，卤素带部分负电荷

($C^{\delta+}$—$X^{\delta-}$)。带部分正电荷的碳原子称为中心碳原子，是卤代烃亲核取代反应的活性中心。带有负电荷或带有未共用电子对的亲核试剂(nucleophilic reagent)进攻卤代烃中带部分正电荷的碳原子，并提供未共用电子对与碳原子成键，而卤原子带着碳卤键中的一对价电子离去。这种由亲核试剂进攻带部分正电荷的碳原子引起的取代反应，称为亲核取代反应(nucleophilic substitution)，以 S_N 表示，其中 S 代表取代，N 代表亲核，其通式为：

$$Nu^-{:} + R—C^{\delta+} \rightarrow X^{\delta-} \longrightarrow R—C—Nu + X^-$$

式中，Nu^- ：为亲核试剂，X^- 为反应中被取代的基团，称为离去基团，卤代烃在反应中受亲核试剂的进攻，称为底物。

亲核取代反应是很重要的反应，卤代烃(haloalkane)能与许多试剂作用，分子中的卤原子被其他原子或基团所取代，用于制备各种化合物。例如：

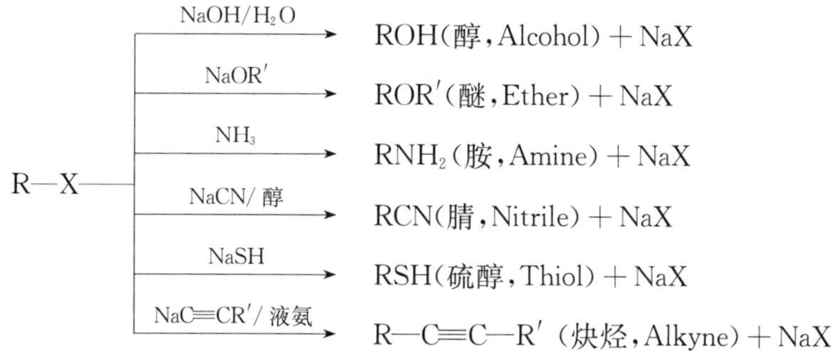

卤代烷与氢氧化钠(钾)水溶液共热，卤原子被羟基(—OH)取代生成醇，可用于制备醇类。

卤代烷与醇钠作用，卤原子被烷氧基(R′O—)取代而生成醚，这是制备醚类的方法，称为 Williamson 合成法。卤代烷与氨作用，卤原子被氨基($—NH_2$)取代生成胺。卤代烷与氰化钠(钾)在醇溶液中共热，卤原子被氰基(—CN)取代而生成腈，生成的腈比反应物 RX 多一个碳原子，在有机合成中常用以增长碳链，腈在酸性条件下水解，得到羧酸。因此，可用卤代烃制备多一个碳原子的羧酸。

$$R—CN \xrightarrow[H_2O]{H^+} R—\overset{\overset{\displaystyle O}{\|}}{C}—OH$$

卤代烷与硫氢化钠或炔化钠反应，可制备硫醇或炔烃。

(二) 亲核取代反应的历程

1937 年，英国化学家 C. Ingold 和 E. D. Hughes 系统研究了卤代烃水解反应的动力学、立体化学和影响反应的各种因素，提出了两种亲核取代反应历程：单分子亲核取代反应历程(简称 S_N1 历程)和双分子亲核取代反应历程(简称 S_N2 历程)。

1. 单分子亲核取代反应历程

经实验证明，叔丁基溴在碱性溶液中的水解反应速率只与卤代烷的浓度成正比而与亲核试剂 OH^- 浓度无关，在动力学上称为一级反应。

$$(CH_3)_3C—Br + {}^-OH \longrightarrow (CH_3)_3C—OH + Br^-$$

$$v = K[(CH_3)_3CBr]$$

式中，K 为速率常数，反应分两步进行。

$$\text{第一步}\quad (CH_3)_3C{-}Br \xrightarrow{\text{慢}} [(CH_3)_3\overset{\delta+}{C}\cdots\overset{\delta-}{Br}] \longrightarrow (CH_3)_3C^+ + Br^-$$

过渡态 A

$$\text{第二步}\quad (CH_3)_3C^+ + {}^-OH \xrightarrow{\text{快}} [(CH_3)_3\overset{\delta+}{C}\cdots\overset{\delta-}{O}H] \longrightarrow (CH_3)_3C{-}OH$$

过渡态 B

反应的第一步叔丁基溴异裂成叔丁基碳正离子中间体和溴离子，这一步较慢；第二步是碳正离子与亲核试剂 OH^- 迅速结合生成叔丁醇，这一步较快。

第一步活化能大于第二步的活化能，所以第一步反应较慢，决定整个反应的速度，整个反应速率只与叔丁基溴的浓度有关。

碳正离子的能量很高，反应性很强而极不稳定，人们一直试图证实它的存在。直到 1962 年，G. A. Olah 在特定的条件下，通过光谱技术证实了碳正离子的存在，为此他获得 1994 年 Nobel 化学奖。

S_N1 反应常有重排产物生成，碳正离子的存在也可以从中获得间接证明。例如：

$$CH_3\overset{\overset{\large CH_3}{|}}{\underset{\underset{\large CH_3}{|}}{C}}{-}\underset{\underset{\large Br}{|}}{C}HCH_3 \xrightarrow[-Br^-]{S_N1\text{反应}} CH_3\overset{\overset{\large CH_3}{|}}{\underset{\underset{\large CH_3}{|}}{C}}{-}\overset{+}{C}HCH_3 \xrightarrow{1,2\text{-甲基迁移}}$$

仲碳正离子

$$CH_3\overset{\overset{\large CH_3}{|}}{\overset{+}{C}}{-}\underset{\underset{\large CH_3}{|}}{C}HCH_3 \xrightarrow{H_2O} CH_3\overset{\overset{\large CH_3}{|}}{\underset{\underset{\large {}^+OH_2}{|}}{C}}{-}\underset{\underset{\large CH_3}{|}}{C}HCH_3 \xrightarrow{-H^+} CH_3\overset{\overset{\large CH_3}{|}}{\underset{\underset{\large OH}{|}}{C}}{-}\underset{\underset{\large CH_3}{|}}{C}HCH_3$$

叔碳正离子　　　　　　　　　　　　　　　　重排产物

在上面 S_N1 反应中，稳定性较小的仲碳正离子通过 1，2－甲基迁移，重排成更稳定的叔碳正离子，再水解得到重排产物叔醇。

在 S_N1 反应中，当卤代烷异裂为碳正离子和卤离子后，手性的中心碳原子由 sp^3 杂化的四面体结构转变为 sp^2 杂化的平面型三角形结构，中心碳原子还有一未杂化的 2p 空轨道可用于成键，这个 2p 空轨道垂直于 sp^2 杂化平面。亲核试剂带着一对电子与碳正离子成键时，可以从平面的任何一面进攻，成键后，中心碳原子又转为 sp^3 杂化状态，生成两种不同构型的产物。

若亲核试剂从正面进攻碳正离子，所得产物的构型与底物的构型相同，这一过程的立体化学表现为“构型保持”；如果亲核试剂从反面进攻碳正离子，则产物与底物构型相反，这一过程的立体化学表现为“构型翻转”；如果亲核试剂从平面两侧进攻的机会均等，则生成的两种对映体是等量的，得到外消旋体。

单分子亲核取代反应历程的特点是：①单分子反应，反应速率只与卤代烷的浓度有关；②反应分两步进行，生成碳正离子活性中间体；③常伴有重排产物生成；④一般生成构型保持和构型翻转两种产物。

2. 双分子亲核取代反应历程

溴甲烷碱性水解时，反应速率不仅与卤代烷的浓度成正比，也与碱的浓度成正比，在动力学上称为二级反应。

$$CH_3Br + HO\!:^- \longrightarrow CH_3OH + Br^-$$

$$v = K[CH_3Br][HO^-]$$

式中，K 为反应速率常数，反应是一步进行。

$$HO:^- + \overset{\delta^+}{C}H_3-\overset{\delta^-}{Br} \xrightarrow{\text{慢}} \left[\overset{\delta^-}{HO}\cdots CH_3 \cdots \overset{\delta^-}{Br} \right] \xrightarrow{\text{快}} HO-CH_3 + Br^-$$

在 S_N2 反应过程中，亲核试剂 OH^- 从离去基团 Br^- 的背面进攻中心碳原子。当 OH^- 与中心碳原子接近时，C—OH 之间的化学键逐渐形成，而 C—Br 键逐渐变弱，反应体系的能量逐渐升高；当中心碳原子与 OH 和 Br 都部分成键时，氧、碳、溴三个原子处于同一直线上，形成反应的过渡态(transition state)。此时，中心碳原子由 sp^3 杂化状态转变到 sp^2 杂化状态，体系的能量达到最大值，随着 OH^- 继续接近中心碳原子，溴远离中心碳原子，体系能量逐渐降低，最后 OH^- 和中心碳原子形成 O—C 键而生成甲醇，溴则带着一对电子离去。

从 S_N2 反应历程可以得知，亲核试剂从离去基团的背面进攻中心碳原子，如果中心碳原子是手性碳，则中心碳原子的构型发生了翻转，测定产物和底物的比旋光度可以证实这一机制。

$$HO:^- + \overset{\delta^+}{C}H(CH_3)(C_6H_{13})-\overset{\delta^-}{Br} \longrightarrow \left[\overset{\delta^-}{HO}\cdots CH(CH_3)(C_6H_{13}) \cdots \overset{\delta^-}{Br} \right] \longrightarrow HO-CH(CH_3)(C_6H_{13}) + Br^-$$

双分子亲核取代反应历程的特点是：①双分子反应，反应速率与卤代烷和亲核试剂的浓度有关；②反应一步完成，旧键的断裂与新键的形成同时进行；③产物构型全部转化。

(三) 影响亲核取代反应的因素

1. 烃基结构的影响

烃基影响亲核取代反应速率的因素有两个：电子效应和空间效应。

对 S_N1 反应，生成的碳正离子越稳定，越有利于提高 S_N1 反应的速率。从电子效应方面看，烷基对碳正离子有稳定作用，碳正离子上的烷基愈多，碳正离子越稳定。从空间效应方面看，中心碳原子连有多个烷基时，由于比较拥挤，彼此排斥力也大，当中心碳上的卤原子离解后，转变为平面结构的碳正离子，降低了拥挤程度，因此空间效应作用的结果与电子效应作用的结果是一致的，中心碳上的烷基越多，对 S_N1 越有利。不同烷基的卤代烷进行 S_N1 反应的相对速率为：

叔卤代烷 > 仲卤代烷 > 伯卤代烷 > CH_3X

对 S_N2 反应，亲核试剂从离去基团的背后进攻，因此中心碳原子上烷基越多，体积越大，亲核试剂进攻中心碳原子的空间位阻越大，反应速率也就越慢，所以不同烷基卤代烷进行 S_N2 反应的相对速率正好与进行 S_N1 反应的相对速率相反，其次序为：

CH_3X > 伯卤代烷 > 仲卤代烷 > 叔卤代烷

叔卤代烷的亲核取代反应一般按 S_N1 反应机制进行，卤代甲烷和伯卤代烷则按 S_N2 反应，仲卤代烷既可按 S_N1，也可按 S_N2 反应机制进行，或者二者都有，取决于反应条件。

对烯丙基型卤代烃(allylic halide)和苄基型卤代烃(benzyl halide)，其伯卤代烃亲核取代反应按 S_N2 反应机制进行，但是也可按 S_N1 反应机制进行。这是因为碳卤键异裂后生成烯丙基或苄基碳正离子，由于碳正离子的中心碳原子上空的 p 轨道与相邻双键或苯环形成 p－π 共轭体系，使正电荷得以分散，体系能量降低，碳正离子相对稳定，因此很容易进行 S_N1 反应。

$$RCH{=}CH-\overset{+}{C}H_2 \longleftrightarrow R\overset{+}{C}H-CH{=}CH_2$$

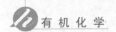

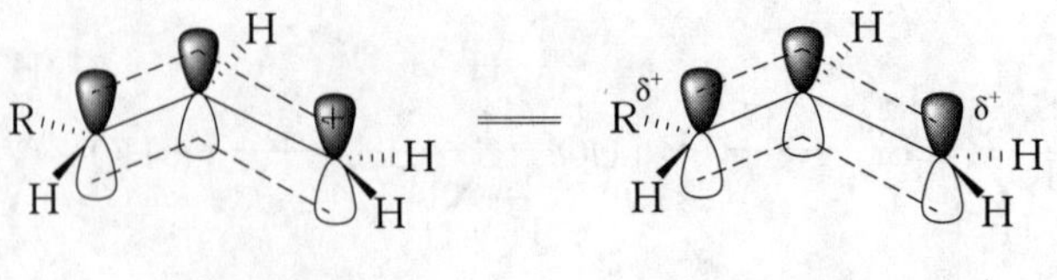

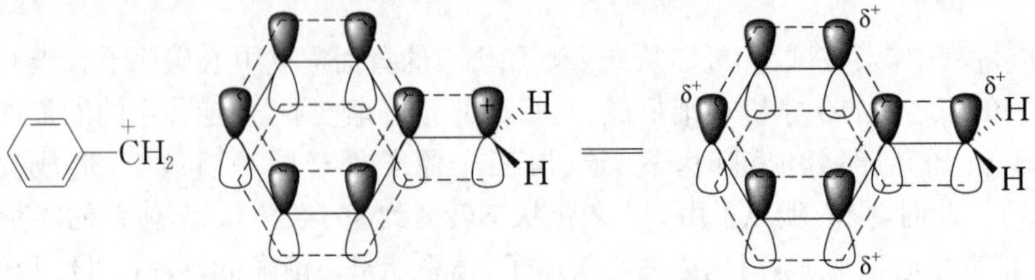

对乙烯基型(vinylic halide)和苯基型卤代烃(phenyl halide)，卤素直接与双键或苯环的碳原子相连，卤素的 p 轨道与相邻的双键或苯环发生 p－π 共轭，使卤素 p 轨道上的一对电子离域，因而C—X键具有部分双键的性质，键能高，卤素离子不易离去，另外，与卤原子直接相连的是 sp^2 杂化的碳原子，电负性大于 sp^3 杂化的碳原子，因此卤原子相对更不易从碳原子那里获得电子成为阴离子而离去。因此这类卤代烃不易发生亲核取代反应。

p-π共轭

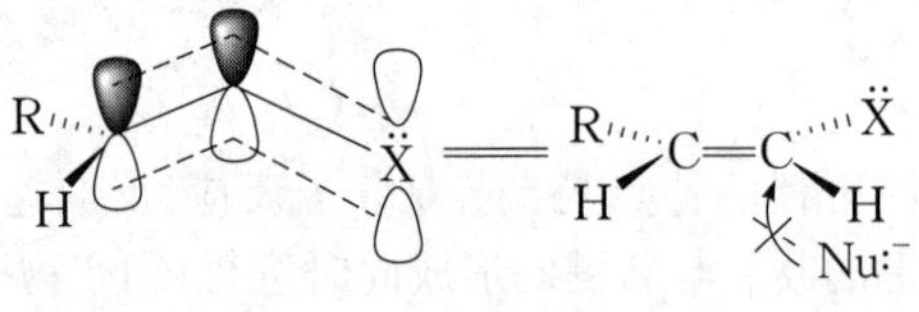

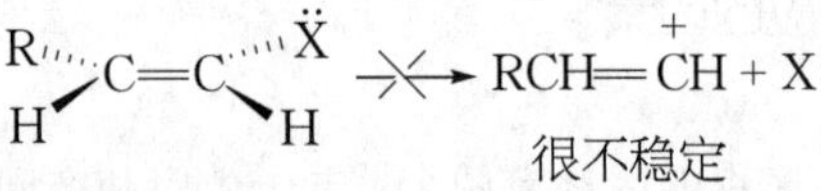

很不稳定

p-π共轭

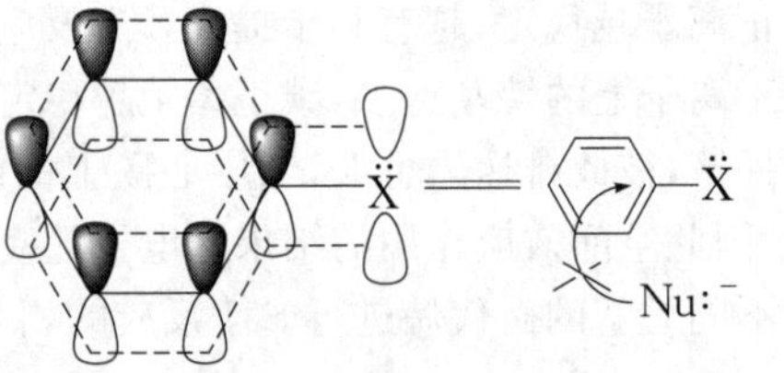

很不稳定

对孤立型卤代烯烃，通式为 $RCH=CH(CH_2)_n—X$ 或 $C_6H_5(CH_2)_n—X(n\geqslant 2)$，由于卤原子与双键(或苯环)相隔两个或两个以上饱和碳原子，卤原子与双键或苯环相隔较远，相互影响很小，所以其烃基对亲核取代反应的影响与卤代烷中的烷基相似。上述几类卤代烃进行亲核取代反应活性次序为：

烯丙基型卤代烃、苄基型卤代烃＞孤立型卤代烯烃＞乙烯型卤代烃、苯基型卤代烃

这种活性的差别可以通过它们与硝酸银的作用来鉴别，卤代烃与硝酸银的乙醇溶液作用，卤原子被硝酸根取代，生成硝酸酯和卤化银沉淀。

$$RX + AgONO_2 \xrightarrow{\text{乙醇}} RONO_2 + AgX\downarrow$$

烯丙基型卤代烃，苄基卤代烃与硝酸银的乙醇溶液在室温就能产生卤化银沉淀，孤立型卤代烯

烃在加热的条件下才能反应，而乙烯型、苯基型卤代烃即使在加热的情况下也不能和硝酸银作用。

问题 1 下列各组卤代烃起 S_N2 反应时，哪个卤代烃活性更强，起 S_N1 反应呢？

(1) a $CH_3CH_2CH_2CH(CH_3)Br$　　b $CH_3CH_2CH(CH_3)CH_2Br$

(2) a C_6H_5—CH_2CH_2Br　　b C_6H_5—$CH_2CH(Br)CH_3$

(3) a C_6H_5—CH_2Br　　b C_6H_5—Br

(4) a $CH_3CH{=}CHCH(Br)CH_3$　　b $CH_3CH{=}C(Br)CH_3$

问题 2 将下列卤代烃按与硝酸银醇溶液的反应活性排列成序。

(1) 1 -溴丙烯　(2) 1 -苯基- 2 -溴丁烷　(3) 3 -溴- 1 -庚烯

---

2. 亲核试剂的影响

亲核试剂的亲核性强弱对 S_N1 反应速率影响不大，因为决定反应速率的步骤是碳正离子的生成，亲核试剂没有参加这步反应；对 S_N2 反应，亲核试剂参加了决定反应速率的步骤。因此，试剂的亲核性越强，反应速度越快。

亲核试剂的亲核性是指试剂对带部分正电荷的碳原子的结合能力，亲核性强的试剂不但具有强的给电子能力，还应具有较大的可极化性。极化是指原子的外层电子云在外界电场的作用下发生变形，亲核原子的极化性越大，在进攻中心碳原子时，它的外层电子云(轨道)就越易变形而伸向中心碳原子与其成键。亲核试剂的碱性一般是指其对质子的结合能力，对同周期的原子而言，其亲核性大小顺序与碱性大小顺序是一致的。

对同族元素而言，原子半径大的原子碱性低，但因其可极化性大，所以亲核性大。

溶剂也影响亲核试剂的亲核性，在醇、水等质子溶剂中，亲核试剂与溶剂之间形成氢键，即发生了溶剂化作用，消弱了亲核试剂的亲核性。在质子溶剂中，一些常见亲核试剂的亲核性排列顺序如下：

$$RS^- > CN^- > I^- > NH_3(RNH_2) > RO^- > {}^-OH > Br^- > CH_3CO_2^- > Cl^- > H_2O > F^-$$

亲核试剂的空间因素也会影响其亲核性，亲核试剂的空间位阻大，就难以从背面接近中心碳原子，因此亲核性降低。例如：

$$CH_3O^- > CH_3CH_2O^- > (CH_3)_2CHO^- > (CH_3)_3CO^-$$

←亲核性增加，碱性降低

与氧相邻碳上的烷基越多，空间位阻越大，亲核性下降，而由于烷基的给电子诱导效应，使氧上负电荷更集中，碱性增大。

3. 离去基团和溶剂的影响

无论 S_N1 还是 S_N2 反应，都要发生 C—X 键的异裂，离去基团的性质一般决定异裂的难易程度，离去基团 X^- 越稳定，C—X 键弱，X^- 越容易离去，由于离去基团 X^- 的稳定性与它的碱性成反比，所以 X^- 的碱性越弱，X^- 越容易离去，HX 的酸性强弱顺序为：HI > HBr > HCl > HF，I^-、Br^-、Cl^- 和 F^- 分别是它们的共轭碱，所以其碱性强弱顺序为：$F^- > Cl^- > Br^- > I^-$，因此烃基相同而卤素不同的卤代烃在亲核取代反应中的活性次序为：RI > RBr > RCl > RF。

磺酸根负离子($^-OSO_2R$)的负电荷可以离域在整个酸根上,形成比较稳定的负离子,因此是与I^-一样好的离去基团。OH^-、RO^-、NH_2^-、CN^-等都是强碱,不是好的离去基团,一般难以被直接取代。例如,卤离子不易取代醇中的OH^-,需加催化剂催化,硫酸使醇形成ROH_2^+、离去基团是中性水分子,反应顺利进行。

溶剂除了影响亲核试剂的亲核性以外,增加溶剂的极性能够加速卤代烷的解离,有利于反应按S_N1进行,而一般S_N2反应过渡态的电荷分散(与亲核试剂 Nu：$^-$比较),所以增加溶剂的极性一般不利于S_N2反应。例如,$C_6H_5CH_2Cl$的水解反应,以水为溶剂时,反应按S_N1历程进行,而以极性比较小的丙酮为溶剂时,则反应按S_N2历程进行。

(四) 消除反应

卤代烃在碱的醇溶液中加热脱去一分子卤化氢,而生成烯烃,这类从分子中失去一简单分子生成不饱和键的反应称为消除反应(elimination reaction),由于脱去卤原子和β-C上的氢,通常也称为β-消除反应,在有机合成中常作为在分子中引入碳碳双键的方法。

卤代烷脱卤化氢的难易与烃基的结构有关,一般条件下,叔卤代烷最易进行消除反应,仲卤代烷次之,伯卤代烷最难。仲和叔卤代烷有n个β-H可以被消除,反应在碳链的不同方向进行,产生多种烯烃,例如:

$$H_3C-\underset{H}{\overset{H}{C}}-\underset{Br}{\overset{H}{C}}-\underset{H}{CH_2} \xrightarrow[\triangle]{KOH,\ C_2H_5OH} \underset{\text{2-丁烯,81\%}}{CH_3CH{=}CHCH_3} + \underset{\text{1-丁烯,19\%}}{CH_3CH_2CH{=}CH_2}$$

(E, Z混合物,E型为主)

$$H_3C-\underset{H}{\overset{H}{C}}-\underset{Br}{\overset{CH_3}{C}}-\underset{H}{CH_2} \xrightarrow[\triangle]{KOH,\ C_2H_5OH} \underset{\text{2-甲基-2-丁烯,71\%}}{CH_3CH{=}\overset{CH_3}{C}HCH_3} + \underset{\text{2-甲基-1-丁烯,29\%}}{CH_3CH_2\overset{CH_3}{C}{=}CH_2}$$

实验证明,卤代烷脱卤化氢时,氢原子主要从含氢最少的β-C上脱去,生成双键碳原子上取代基最多的烯烃,这类烯烃能量低,相对最稳定,这一经验规律称为 Zaitsev 规则(1875 年由扎伊采夫提出,也译作查依采夫)。

在上面第一个反应中,主要产物 2-丁烯是E, Z构型混合物,由于E型相对稳定,所以混合物中E-2-丁烯占多数。

1. 消除反应的历程

与亲核取代反应相似,消除反应有单分子历程和双分子历程,分别用 E1 和 E2 表示。

(1) E1 历程　单分子消除反应(E1)分两步进行。第一步卤代烷离解成碳正离子和卤素负离子,第二步是碱B^-夺取β-C上的氢原子,生成烯烃。

$$-\overset{H}{\underset{|}{\overset{|}{C}}}{}_{\beta}-\overset{H}{\underset{X}{\overset{|}{C}}}{}_{\alpha}- \xrightarrow{\text{慢}} -\overset{H}{\underset{|}{\overset{|}{C}}}{}_{\beta}-\overset{H}{\underset{+}{\overset{|}{C}}}{}_{\alpha}- + X^-$$

$$B^- \curvearrowright -\overset{H}{\underset{|}{\overset{|}{C}}}{}_{\beta}-\overset{H}{\underset{+}{\overset{|}{C}}}{}_{\alpha}- \xrightarrow{\text{快}} \gt C{=}C\overset{H}{\lt} + HB$$

第一步反应速率慢,决定反应速率,第二步反应速率快,对反应速率影响不大,因此和 S_N1 反应类似,E1 反应速率只与底物的浓度有关,而与碱试剂的浓度无关。卤代烷的结构和反应活性关系也和 S_N1 反应类似,卤代烷 E1 反应的相对速率为:

叔卤代烷 > 仲卤代烷 > 伯卤代烷

(2) E2 历程　双分子消除反应(E2)是一步完成。碱试剂 B^- 进攻卤代烷分子中的 β-H,形成一个能量较高的过渡态,之后 C—X 和 C—H 键的断裂和 π 键的形成同时进行,生成烯烃。和 S_N2 反应类似,E2 反应的速率与卤代烷和碱的浓度都有关。

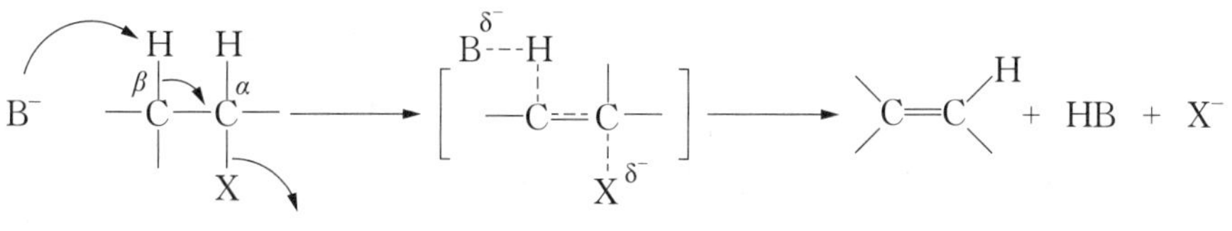

过渡态

E2 反应中的碱性试剂进攻 β-C 上的氢原子,而不是进攻带部分正电荷的中心碳原子,这点与 S_N2 反应不同,由于 C═C 上烷基越多的烯烃越稳定,因此对 E2 反应来说,由叔卤代烷生成的烯烃稳定性大,由仲卤代烷生成的烯烃稳定性次之,由伯卤代烷生成的烯烃稳定性最差,产物的稳定性越大,越容易生成,产物的稳定性越小,越难以生成,所以卤代烷 E2 反应的相对速率为:

叔卤代烷 > 仲卤代烷 > 伯卤代烷。

在 E2 反应的过渡态中,π 键已部分形成,因此 H—C—C—X 四个原子在同一平面上,若 X 与 β-H 在这一平面上的同侧消除,称为顺式消除,若 X 与 β-H 在这一平面上的异侧消除,称为反式消除。

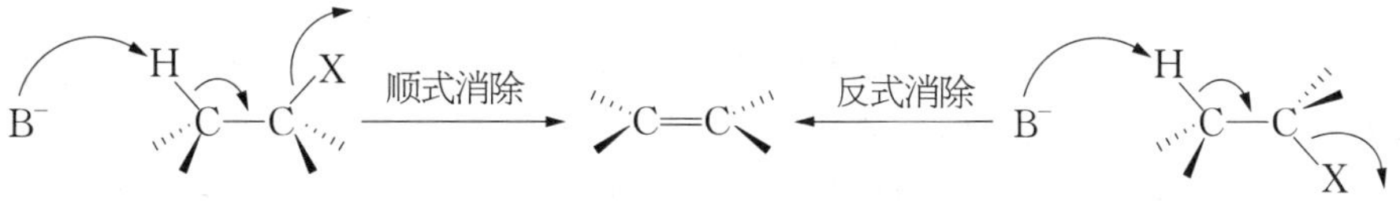

顺式消除　　反式消除

实验证明,E2 消除反应一般是反式消除。例如,(2*S*, 3*S*)-2-苯基-3-溴丁烷在强碱 CH_3ONa 作用下消除 HBr,只得到 *E* 型烯烃,而(2*R*, 3*S*)-2-苯基-3-溴丁烷消除 HBr,只得到 *Z* 型烯烃。

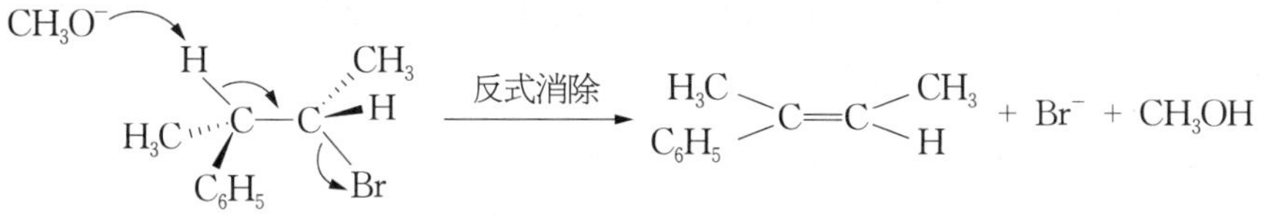

反式消除

(2*S*, 3*S*)-2-苯基-3-溴丁烷　　(*E*)-2-苯基-2-丁烯

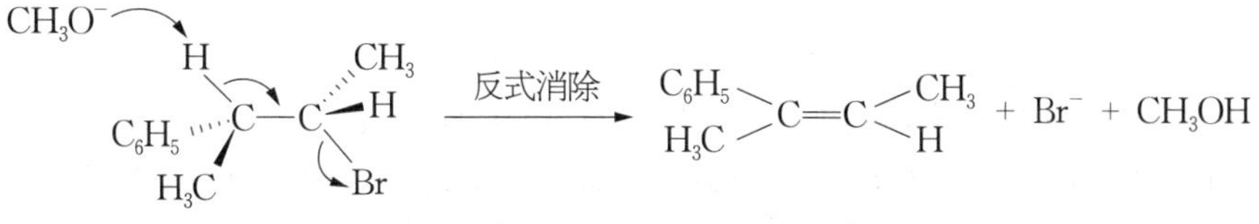

反式消除

(2*R*, 3*S*)-2-苯基-3-溴丁烷　　(*Z*)-2-苯基-2-丁烯

2. 消除反应与亲核取代反应的竞争

消除反应与亲核取代反应都是由同一试剂进攻引起的，进攻底物的α-C引起取代反应，进攻β-H就引起消除反应，所以在多数情况下，这两种反应同时发生，相互竞争。消除产物和取代产物的比例受反应底物的结构、试剂、溶剂和温度等多种因素的影响。

(1) 卤代烃结构的影响　无支链的伯卤代烷的S_N2反应很快，主要起S_N2反应，仲卤代烷和β-C上有支链的伯卤代烷，因空间位阻增加，试剂难以从后面接近进攻α-C，而较易进攻β-H，所以不利于S_N2反应而有利于E2反应，例如：

$$CH_3CH_2CH_2Br + CH_3ONa \xrightarrow{CH_3OH} \underset{90\%}{CH_3CH_2CH_2OCH_3} + \underset{10\%}{CH_3CH{=}CH_2} + CH_3OH + NaBr$$

$$CH_3\overset{\displaystyle CH_3}{\overset{|}{C}}HCH_2Br + CH_3ONa \xrightarrow{CH_3OH} \underset{40\%}{CH_3\overset{\displaystyle CH_3}{\overset{|}{C}}HCH_2OCH_3} + \underset{60\%}{CH_3\overset{\displaystyle CH_3}{\overset{|}{C}}{=}CH_2} + CH_3OH + NaBr$$

$$CH_3\overset{\displaystyle Br}{\overset{|}{C}}HCH_3 + CH_3CH_2ONa \xrightarrow{C_2H_5OH} \underset{21\%}{CH_3\overset{\displaystyle OCH_2CH_3}{\overset{|}{C}}HCH_3} + \underset{79\%}{CH_3CH{=}CH_2} + NaBr + CH_3CH_2OH$$

叔卤代烷一般有利于单分子反应，常得到S_N1取代产物和E1消除产物的混合物，但是叔卤代烷同样也有利于双分子的E2反应，所以在强碱存在时，叔卤代烷主要发生E2反应，得到消除产物，例如：

$$CH_3-\underset{\displaystyle CH_3}{\underset{|}{\overset{\displaystyle CH_3}{\overset{|}{C}}}}-Br + CH_3ONa \xrightarrow{CH_3OH} \underset{\sim 100\%}{CH_3\overset{\displaystyle CH_3}{\overset{|}{C}}{=}CH_2} + CH_3OH + NaBr$$

(2) 试剂的影响　试剂的碱性强，浓度大，有利于消除反应，试剂的亲核性强，碱性弱，有利于取代反应，亲核试剂一般都具有未共用电子对，所以也表现为碱性，下面负离子都是亲核试剂，其碱性大小次序为：$NH_2^- > RO^- > OH^- > CH_3COO^- > I^-$。例如，当仲卤代烷用NaOH水解时，一般得到取代和消除两种产物，因为OH^-既是亲核试剂又是强碱，而在KOH的醇溶液中反应时，由于醇溶液中存在碱性更强的烷氧基负离子RO^-，主要产物为烯烃，当反应用I^-或CH_3COO^-试剂时，由于试剂的碱性很弱，只起取代反应。

试剂的体积对取代和消除反应影响也很大，试剂的体积越大，越不易接近α-C，而容易接近β-C上的氢，有利于E2消除反应。例如：

$$CH_3O^- + n\text{-}C_{18}H_{37}Br \xrightarrow{CH_3OH} \underset{1\%}{CH_3(CH_2)_{15}CH{=}CH_2} + \underset{99\%}{n\text{-}C_{18}H_{37}OCH_3}$$

$$(CH_3)_3CO^- + n\text{-}C_{18}H_{37}Br \xrightarrow{(CH_3)_3COH} \underset{85\%}{CH_3(CH_2)_{15}CH{=}CH_2} + \underset{15\%}{n\text{-}C_{18}H_{37}OC(CH_3)_3}$$

(3) 溶剂和温度的影响　溶剂的极性对反应有明显的影响，极性大的溶剂对单分子反应(S_N1和E1)有利，而对双分子反应(S_N2和E2)却不利，因为极性大的溶剂有利于电荷集中而不利于过渡态电荷的分散。由于E2反应过渡态的电荷比S_N2反应过渡态的电荷分散，极性溶剂对E2反应更不利

$$\overset{\delta^-}{HO}\cdots H\cdots \overset{|}{\underset{|}{C}}\!=\!\overset{|}{\underset{|}{C}}\cdots \overset{\delta^-}{X}$$

E2

$$\overset{\delta^-}{HO}\cdots C\cdots \overset{\delta^-}{X}$$

S_N2

消除反应的活化过程中需要拉长 C—H 键，而在亲核取代反应中没有这一过程，所以消除反应的活化能要比取代反应大，因此升高温度更有利于消除反应。

（五）卤代烃与活泼金属反应

卤代烃与金属反应是一类非常重要的反应，它能与 Li、Na、Mg、Al、Cd 等多种金属作用生成有机金属化合物(organometallic compound)。卤代烃与金属镁，在无水乙醚中反应，生成有机镁化合物，用 R—MgX 表示，它溶于乙醚溶剂中，这一金属试剂是法国化学家 Grignard 发现的，故又称 Grignard 试剂(简称格氏试剂)，Grignard 为此获得 1921 年 Nobel 化学奖。

$$RX + Mg \xrightarrow{\text{无水乙醚}} RMgX$$

例如：$CH_3CH_2Br + Mg \xrightarrow{\text{无水乙醚}} CH_3CH_2MgBr$

Grignard 试剂由于 $C^{\delta-}$—$Mg^{\delta+}$ 键具有很强的极性，所以试剂非常活泼，遇有活泼氢的化合物，如水、醇、氨、末端炔烃等，分解为烃。与二氧化碳作用生成羧酸，这一反应常被用来制备比卤代烃多一个碳原子的羧酸。

$$RMgX \xrightarrow{H_2O} RH + Mg(OH)X$$

$$RMgX \xrightarrow{R'OH} RH + Mg(OR')X$$

$$RMgX \xrightarrow{NH_3} RH + Mg(NH_2)X$$

$$RMgX \xrightarrow{HC\equiv CR'} RH + R'C\equiv CMgX$$

$$RMgX \xrightarrow{CO_2} RCOOMgX \xrightarrow[H_2O]{H^+} RCOOH$$

复 习 题

【问答题】

1. 下列反应的产物不同，请用相应的反应历程解释。

(1) $CH_3CH{=}CHCH_2Br + CH_3O^- \xrightarrow{CH_3OH} CH_3CH{=}CHCH_2OCH_3$

反应速率：$v = K[CH_3CH{=}CHCH_2Br][CH_3O^-]$

(2) $CH_3CH{=}CHCH_2Br \xrightarrow{CH_3OH} CH_3CH{=}CHCH_2OCH_3 + CH_3\underset{\underset{OCH_3}{|}}{C}HCH{=}CH_2$

反应速率：$v = K[CH_3CH{=}CHCH_2Br]$

2. 将下列化合物按照消除难易次序排列，并写出产物的结构式。

(1) $CH_3\overset{\overset{CH_3}{|}}{C}H\underset{\underset{Br}{|}}{C}HCH_3$ (2) $CH_3\overset{\overset{CH_3}{|}}{C}HCH_2CH_2Br$ (3) $CH_3\overset{\overset{CH_3}{|}}{\underset{\underset{Br}{|}}{C}}CH_2CH_3$

3. 某化合物 A 与溴作用生成含有三个卤原子的化合物 B，A 能使稀、冷 $KMnO_4$ 溶液褪色，生成含有一个溴原子的 1,2-二醇，A 很容易与 NaOH 作用，生成 C 和 D，C 和 D 氢化后分别给出两种互为异构体的饱和一元醇 E 和 F，E 比 F 更容易脱水，E 脱水后产生两个互为异构体的化合物，F 脱水后仅产生一个化合物，这些脱水产物都能被还原成正丁烷。写出 A—F 的结构式及各步反应式。

第七章

醇、酚、醚

导学

内容及要求

本章介绍的主要内容有：醇、酚、醚的命名、结构及重要化学性质。

要求掌握醇、酚的命名、结构及重要化学性质。熟悉诱导效应；醚的命名、结构。了解醇、酚、醚的分类；醚的化学性质。

重点、难点

本章的重点内容是醇、酚的命名、结构及重要化学性质。难点是诱导效应。

专科生的要求

诱导效应及相关内容对专科生不作要求。

醇、酚、醚均属于烃的含氧衍生物。醇(alcohol)是烃分子的氢被羟基取代的化合物，一般以通式 R—OH 表示；酚(phenol)是芳环上的氢被羟基取代的化合物，一般以通式 Ar—OH 表示。一般把醇类羟基称为醇式羟基，酚类羟基称为酚式羟基，酚中羟基与芳环的直接相连使其性质与醇不完全相同。醚(ether)是醇或酚的衍生物，可看作是醇式或酚式羟基上的氢被烃基取代的化合物。

第一节　醇

一、醇的分类

醇可根据烃基类型、羟基所连碳原子的类型、羟基数目等方法进行分类。

(1) 根据醇分子中烃基的不同，分为脂肪醇、脂环醇及芳香醇等：

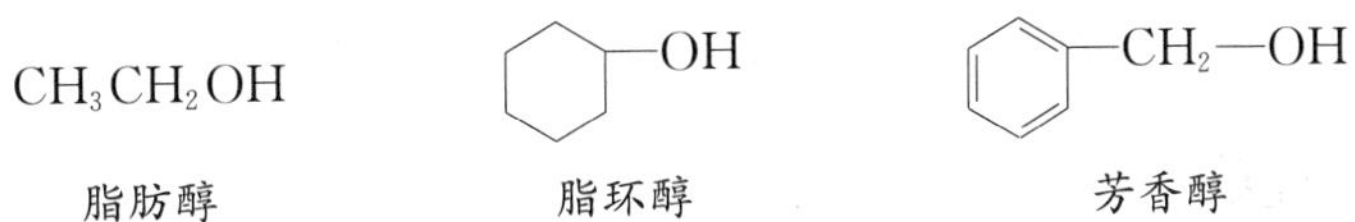

脂肪醇　　脂环醇　　芳香醇

(2) 根据羟基所连接碳原子种类不同，分为伯醇(1°醇)、仲醇(2°醇)和叔醇(3°醇)：

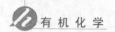

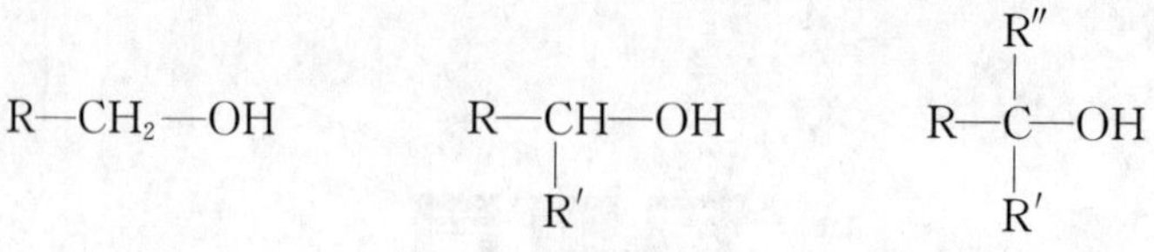

$$R-CH_2-OH \qquad R-\underset{\underset{R'}{|}}{CH}-OH \qquad R-\overset{\overset{R''}{|}}{\underset{\underset{R'}{|}}{C}}-OH$$

伯醇　　仲醇　　叔醇

(3) 根据羟基数目的不同,分为一元醇、二元醇、三元醇等,含两个或两个以上羟基的醇又称为多元醇:

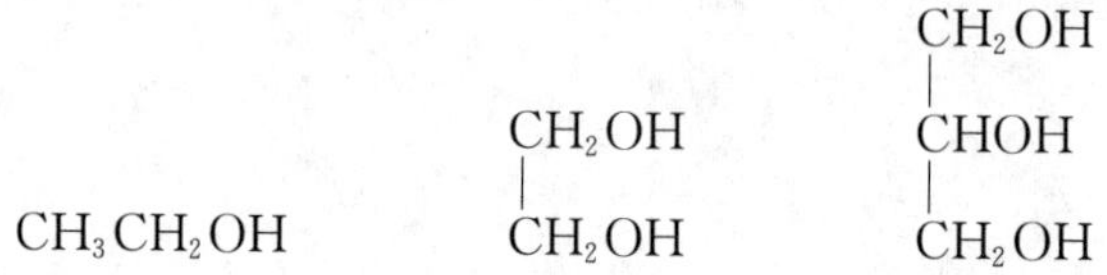

$$CH_3CH_2OH \qquad \begin{array}{l}CH_2OH\\|\\CH_2OH\end{array} \qquad \begin{array}{l}CH_2OH\\|\\CHOH\\|\\CH_2OH\end{array}$$

一元醇　　二元醇　　三元醇

多元醇中羟基一般连在不同的碳原子上。醇分子中的每一个碳原子只与一个羟基相连,如当碳原子上同时连有两个或三个羟基时,易发生分子内失水而形成醛、酮或羧酸。

二、醇的命名

(1) 选择连有羟基碳原子在内的最长碳链为主链,从靠近羟基的一端开始编号,根据主链碳原子数称某醇。羟基位次用阿拉伯数字标明。支链或其他取代基按"次序规则"列出。如:

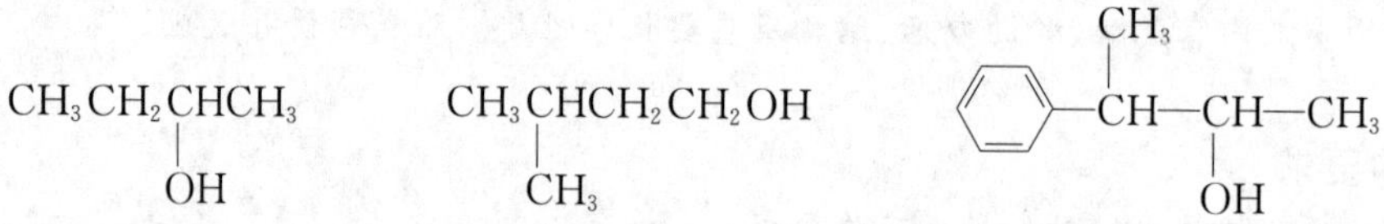

$$CH_3CH_2\underset{\underset{OH}{|}}{CH}CH_3 \qquad CH_3\underset{\underset{CH_3}{|}}{CH}CH_2CH_2OH \qquad C_6H_5-\overset{\overset{CH_3}{|}}{CH}-\underset{\underset{OH}{|}}{CH}-CH_3$$

2-丁醇　　3-甲基-1-丁醇　　3-苯基-2-丁醇

(2) 不饱和醇的命名,应选择连有羟基同时含有双键或叁键碳原子在内的碳链为主链,编号时应使羟基位次为最小,根据主链上碳原子数目称为某烯醇或某炔醇,表示双键或叁键位置的数字放在烯字或炔字的前面,表示羟基位次的阿拉伯数字放在醇字的前面。例如:

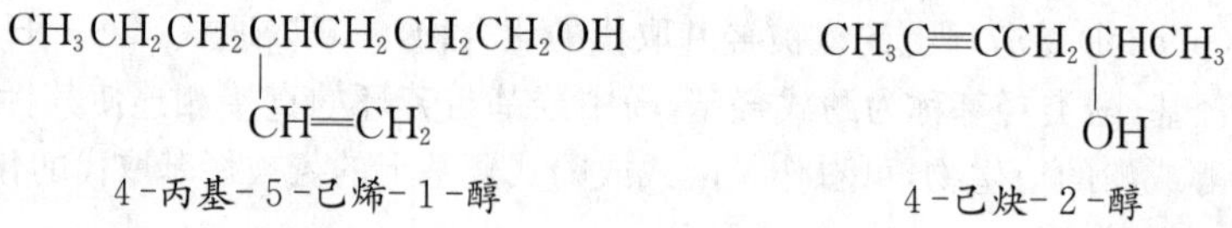

$$CH_3CH_2CH_2\underset{\underset{CH=CH_2}{|}}{CH}CH_2CH_2CH_2OH \qquad CH_3C\equiv CCH_2\underset{\underset{OH}{|}}{CH}CH_3$$

4-丙基-5-己烯-1-醇　　4-己炔-2-醇

(3) 多元醇的命名是选择包括连有尽可能多的羟基的最长碳链作主链,依羟基数目称某二醇、某三醇等。因为羟基是连在不同碳原子上的,所以当羟基数与主链碳原子数相同时可以不必标明羟基位次。例如:

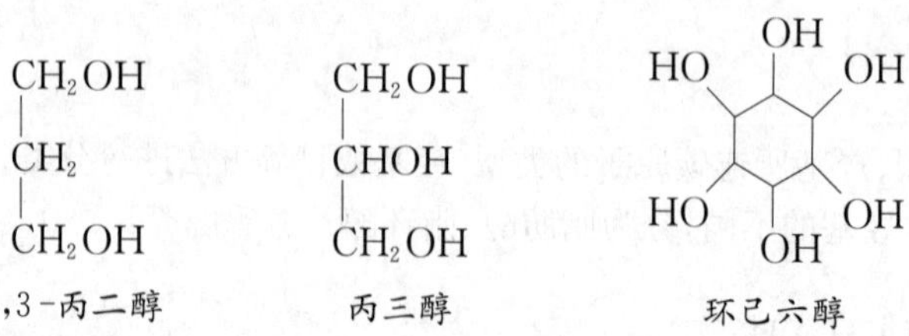

$$\begin{array}{l}CH_2OH\\|\\CH_2\\|\\CH_2OH\end{array} \qquad \begin{array}{l}CH_2OH\\|\\CHOH\\|\\CH_2OH\end{array} \qquad C_6H_6(OH)_6$$

1,3-丙二醇　　丙三醇　　环己六醇

三、醇的化学性质

低级醇是易挥发的液体,较高级的醇为黏稠的液体。饱和直链一元醇的沸点随着碳原子数的增加而上升；碳原子数目相同的醇，支链越多，沸点越低。醇的沸点比分子量相当的烷烃高得多，醇之所以具有较高的沸点，是因为醇分子中的氢氧键的高度极化使羟基上带部分负电荷的氧和另一分子羟基上带部分正电荷的氢，通过静电引力互相吸引形成氢键。醇分子中的羟基与水分子间也可以通过氢键缔合，使低级醇能以任意比例与水混溶。随着烃基的增大，烃基的位阻作用阻碍羟基与水分子间缔合，因而随分子量增加，醇在水中的溶解度越来越小。

醇的官能团是由氢氧两原子构成的羟基。氧原子的电负性较大，吸电子的能力较强，所以醇分子中的 C—O 键和 O—H 键都有明显的极性。键的极性有利于异裂反应的发生，所以 C—O 键和 O—H 键都比较活泼，多数反应都发生在这两个部位。

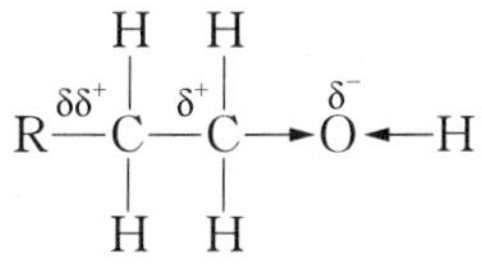

$$\mathrm{R}-\overset{\delta\delta^{+}}{\mathrm{CH_2}}-\overset{\delta^{+}}{\mathrm{CH_2}}\rightarrow\overset{\delta^{-}}{\mathrm{O}}\leftarrow\mathrm{H}$$

由于羟基吸电子的能力强，使 C—OH 共用电子对的电子云偏向羟基方向，于是 OH 带 δ^-，C 带 δ^+，形成极性共价键。这种吸电子性并不到此为止，C 的正电性又可吸引相邻 C 的共用电子对发生偏移，使部分电子云偏向该 C，从而使相邻 C 电子云密度下降。这种由于存在有电负性不同的原子或基团，使电子云沿着分子链向某一方向偏移（向电负性强的一侧偏移）的现象称为诱导效应(inductive effect)。σ 键电子云偏移（诱导效应）一般沿分子链传递 3 个碳原子，以后可忽略不计。

对于一个具体的分子，其诱导方向一般选择 C—H 为标准，比较电负性大小而定。如果某原子或原子团的电负性大于 C—H 中的氢原子，常为吸电基或亲电基，例如 F、Cl、Br、I、—OH 等；如果某原子或原子团的电负性小于 C—H 中的 H 原子，则为斥电子基或供电基，例如—CH_3，—C_2H_5，—$CH(CH_3)_2$ 等。由吸电基引起的诱导效应，称为吸电效应或亲电效应，用“$-I$”表示；由斥电基引起的诱导效应，称为斥电子效应或供电效应，用“$+I$”表示。由于诱导效应，醇中与羟基邻近的碳原子上的氢也参与某些反应。

1. 与碱金属的反应

醇与水相似，羟基里的氢可被活泼金属取代生成醇化物和氢气。例如：

$$2CH_3-CH_2-OH+2Na\longrightarrow 2\underset{\text{乙醇钠}}{CH_3-CH_2-ONa}+H_2\uparrow$$

醇与金属钠的反应不如水与金属钠反应时那样剧烈。这是由于烃基的斥电子作用，使羟基中氧原子上的电子云密度增加，减弱了氧吸引氢氧间电子对的能力，即降低了羟基的极性，故醇的酸性比水还要弱。

醇与钠反应的速度和醇中烃基有关。烃基斥电子能力愈强，醇羟基中氢原子活泼性愈低，与金属钠的反应就愈缓慢。故不同类型醇与钠反应的活性顺序为伯醇＞仲醇＞叔醇。

2. 氧化反应

醇分子中的 α-C（即与—OH 相连的 C）上若有氢原子时，该氢原子受羟基的影响，比较活泼，易被氧化。例如，伯醇氧化生成醛，醛继续氧化生成羧酸；仲醇氧化生成酮。醇的氧化实质上是脱去两个氢原子，一个是羟基上的氢，一个是 α-C 上的氢。因叔醇 α-C 上不连氢，所以在一般条件下不起氧化反应。

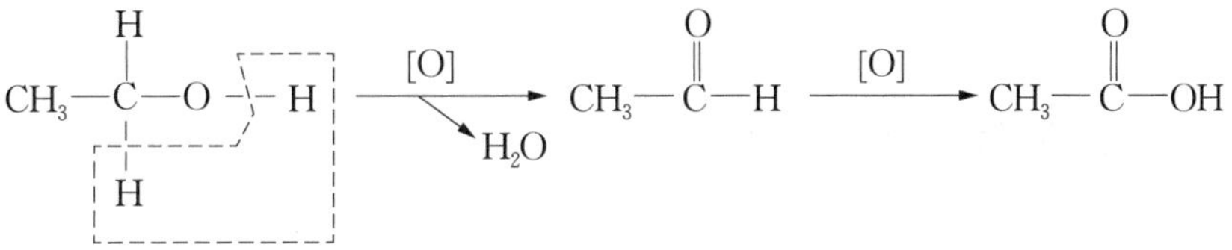

$$CH_3-CH_2-OH\xrightarrow[-H_2O]{[O]}CH_3-\overset{O}{\overset{\|}{C}}-H\xrightarrow{[O]}CH_3-\overset{O}{\overset{\|}{C}}-OH$$

$$CH_3-\underset{\underset{H}{|}}{\overset{\overset{CH_3}{|}}{C}}-O-H \xrightarrow[-H_2O]{[O]} CH_3-\overset{\overset{O}{\|}}{C}-CH_3$$

氧化性很强的铬酸试剂在实验室可用于醇的鉴别。伯醇和仲醇在数秒内即起反应，可使澄清的橙色铬酸试剂很快变为浑浊的蓝绿色，而叔醇无此反应。检查是否酒后驾车的一种呼吸分析仪即应用了这一原理。

生物体内也能发生醇的氧化，与体外反应的差别在于这类生物氧化需要酶的参与。人体之所以可以承受适量酒精，在于肝脏存在醇脱氢酶，能催化酒精氧化成乙醛，乙醛进一步氧化成可被机体细胞所吸收的乙酸。临床上酒精中毒就是因为摄入酒精的速度大大超过其氧化的速度而造成酒精在血内潴留。

3. 与氢卤酸的反应

醇与氢卤酸作用时，醇中的羟基可被卤素取代，生成卤代烃和水。

$$R-OH + HX \longrightarrow R-X + H_2O$$

该反应速度与氢卤酸的结构及醇的类型有关。氢卤酸的活性顺序是：HI > HBr > HCl。盐酸与醇反应较困难，需加入无水氯化锌作催化剂，这种浓盐酸与无水氯化锌配成的试剂叫做卢卡斯(Lucas)试剂。该试剂在室温下可与叔醇立即反应，生成的卤代烃因不溶于反应试剂而呈混浊；如与仲醇反应，需几分钟才呈混浊；如与伯醇反应，则几小时也不见混浊。因此利用上述不同的反应速率，可作为区别伯、仲、叔醇的一种化学方法。

4. 脱水反应

醇与浓硫酸共热发生脱水反应，产物与反应条件及醇的类型有关。在较高温度下，主要发生分子内的脱水(消除反应)生成烯烃；而在稍低温度下，则发生分子间脱水生成醚。

$$\underset{H}{\underset{|}{CH_2}}-\underset{OH}{\underset{|}{CH_2}} \xrightarrow[170\ ℃]{浓硫酸} CH_2=CH_2 + H_2O$$

$$C_2H_5OH + HOC_2H_5 \xrightarrow[140\ ℃]{浓硫酸} C_2H_5OC_2H_5 + H_2O$$

人体代谢过程中，某些含羟基的化合物在酶催化下也会发生分子内脱水生成含有双键的化合物。如糖酵解中的烯醇化酶，柠檬酸循环中的延胡索酸酶都可参与催化此类消除反应。

有些仲醇及叔醇的脱水可能生成两种以上烯烃：

$$CH_3CH_2\underset{OH}{\underset{|}{C}}HCH_3 \xrightarrow[H_2SO_4(1:1)]{-H_2O} \begin{cases} CH_2=CH-CH_2-CH_3 & (19\%) \\ CH_3-CH=CH-CH_3 & (81\%) \end{cases}$$

实验证明醇脱水生成烯的反应主要产物是碳碳双键上连烷基最多的烯烃，该规律称为 Zaitsev 规则。

5. 酯化反应

醇与酸脱水生成酯的反应叫做酯化反应。醇与羧酸的酯化反应是可逆的，而且反应速率很慢，需用酸作催化剂。

$$R'O{-}H + HO{-}\overset{\overset{\large O}{\|}}{C}{-}R \overset{H^+}{\rightleftharpoons} R{-}\overset{\overset{\large O}{\|}}{C}{-}OR' + H_2O$$

醇也可与无机含氧酸如硝酸、亚硝酸、硫酸和磷酸等作用，脱水而生成无机酸酯。例如：

$$\begin{array}{l} CH_2OH \\ | \\ CHOH \\ | \\ CH_2OH \end{array} + 3HONO_2 \longrightarrow \begin{array}{l} CH_2ONO_2 \\ | \\ CHONO_2 \\ | \\ CH_2ONO_2 \end{array} + 3H_2O$$

甘油三硝酸酯

（硝酸甘油）

$$RCH_2CH_2{-}OH + HO{-}PO_3H_2 \longrightarrow RCH_2CH_2{-}O{-}PO_3H_2 + H_2O$$

甘油三硝酸酯（硝酸甘油）在临床上可用作血管舒张药，缓解心绞痛。含有无机酸酯的物质广泛存在于人体内。如存在于软骨中的硫酸软骨素就具有硫酸酯结构；组成细胞的重要成分如核酸和磷脂中都含有磷酸酯的结构，DNA 和 RNA 均属于多聚的磷酸二酯；体内某些物质代谢过程也往往通过形成磷酸酯作为中间产物。

四、重要的醇

1. 甲醇

甲醇最初由木材干馏制得，故俗名木精。甲醇为无色透明液体，能与水及多数有机溶剂混溶。甲醇有毒，内服少量能使双目失明，过多则中毒致死。甲醇可作溶剂，是一种重要的化工原料。

2. 乙醇

乙醇(ethanol)是酒的主要成分，故俗名酒精(alcohol)。乙醇用途广泛，是一种重要的有机合成原料和溶剂。因 70%～75%乙醇水溶液能使细菌蛋白质脱水变性，临床上将其作为外用消毒剂。

3. 丙三醇

丙三醇俗名甘油(glycerol)，为无色有甜味的黏稠液体。甘油吸湿性强，有润肤作用；在医药上甘油可用作溶剂，如酚甘油、碘甘油等；对便秘患者，常用 50%甘油溶液灌肠。

4. 山梨醇和甘露醇

山梨醇和甘露醇都是六元醇，两者是异构体，分别由葡萄糖和甘露糖加氢还原生成。均为白色结晶粉末，味甜，广泛存在于植物如水果及蔬菜中。山梨醇和甘露醇均易溶于水，它们的 20%或 25%的溶液，在临床上用作渗透性利尿药，能使周围组织及脑组织的水分进入血中随尿排出，从而降低颅内压，消除水肿，对治疗脑水肿与循环衰竭有效。

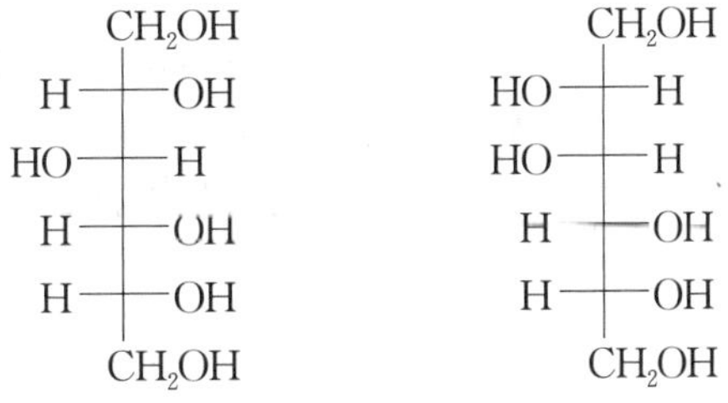

$$\begin{array}{rcl} & CH_2OH & \\ H & - & OH \\ HO & - & H \\ H & - & OH \\ H & - & OH \\ & CH_2OH & \end{array} \qquad \begin{array}{rcl} & CH_2OH & \\ HO & - & H \\ HO & - & H \\ H & - & OH \\ H & - & OH \\ & CH_2OH & \end{array}$$

山梨醇　　　甘露醇

5. 苯甲醇

苯甲醇又名苄醇，常以酯的形式存在于植物香精油中。它是无色液体，有芳香味，微溶于水，可与乙醇、乙醚混溶。苯甲醇具有微弱麻醉作用和防腐作用，也可作为局部止痒剂。

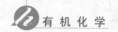

6. 龙脑

龙脑又名冰片或2-莰烷醇。它是透明或半透明片状结晶，有特异香气。它具有止痛消肿的作用，是人丹、冰硼散等中成药的成分之一。

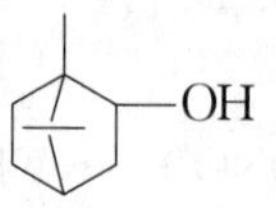

7. 硫醇

R—OH中若—OH被—SH(巯基)取代，生成R—SH，称为硫醇。硫醇因氢硫键比氢氧键长，氢离子易解离而表现出比醇强的酸性；硫醇易被氧化生成二硫化物；硫醇还能和重金属离子或其氧化物作用，生成不溶性的盐，因此可用于重金属中毒的解毒剂。

第二节　酚

一、酚的分类和命名

酚可以根据分子中所含羟基数目的不同分为一元酚、二元酚、三元酚等，二元以上的酚又称为多元酚。

酚的命名通常是在酚字前加上芳环名称，以此作母体再冠以取代基的位次、数目和名称。对于含有其他取代基的多元酚，则以芳烃为母体，酚式羟基作为取代基来命名。例如：

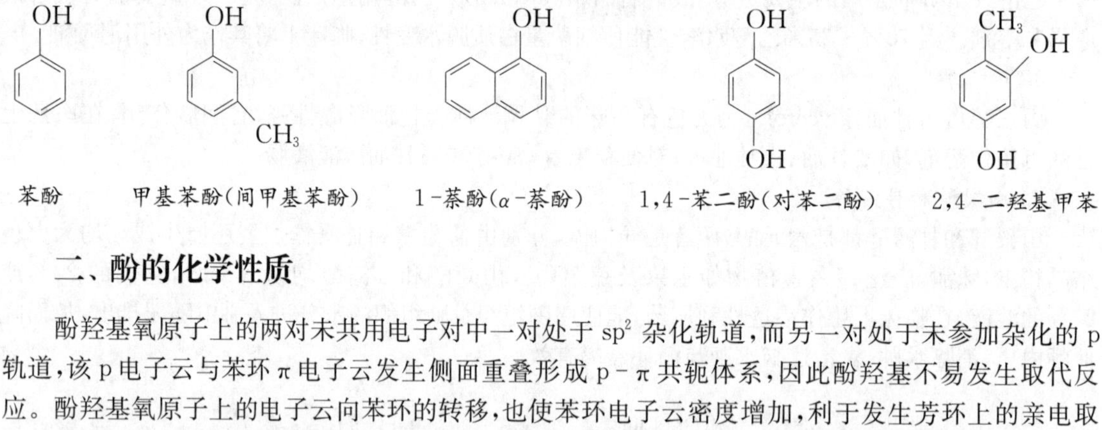

苯酚　　甲基苯酚(间甲基苯酚)　　1-萘酚(α-萘酚)　　1,4-苯二酚(对苯二酚)　　2,4-二羟基甲苯

二、酚的化学性质

酚羟基氧原子上的两对未共用电子对中一对处于 sp^2 杂化轨道，而另一对处于未参加杂化的p轨道，该p电子云与苯环π电子云发生侧面重叠形成p-π共轭体系，因此酚羟基不易发生取代反应。酚羟基氧原子上的电子云向苯环的转移，也使苯环电子云密度增加，利于发生芳环上的亲电取代反应，同时p-π共轭也增加了酚羟基的极性，有利于酚羟基氢的解离而使酚羟基酸性增加。

(1) 酸性　酚比醇的酸性强，是由于酚羟基的O—H键易断裂，生成的苯氧基负离子比较稳定，使苯酚的解离平衡趋向右侧，而表现出酸性。酚羟基的氢除能被金属取代外，还能与强碱溶液生成盐(如酚钠)和水。

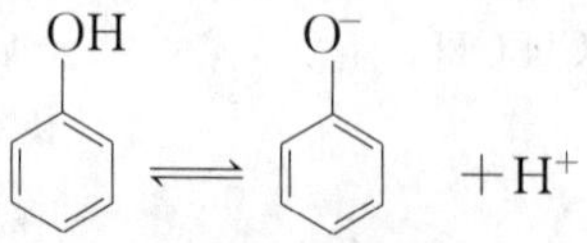

$$C_6H_5OH \rightleftharpoons C_6H_5O^- + H^+$$

苯氧基负离子

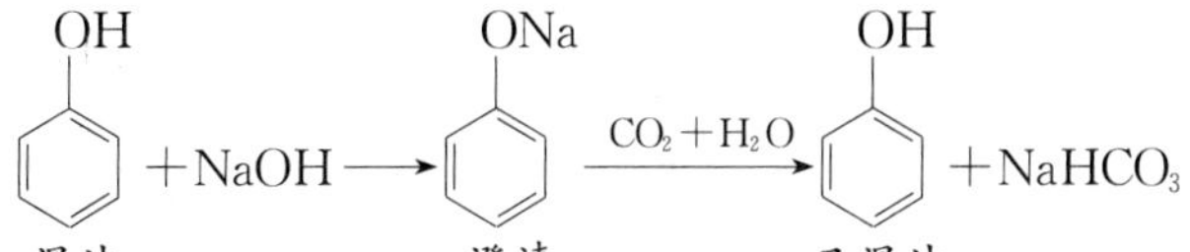

$$C_6H_5OH + NaOH \longrightarrow C_6H_5ONa \xrightarrow{CO_2+H_2O} C_6H_5OH + NaHCO_3$$

混浊 澄清 又混浊

若在苯酚钠的水溶液中通入 CO_2，即有游离苯酚析出，表明苯酚的酸性弱于碳酸。实验室里常利用这一特性区别酚与羧酸，也可用这种方法对中草药中酚类成分与羧酸类成分进行分离。

(2) 与三氯化铁反应　大多数的酚能与三氯化铁($FeCl_3$)的稀水溶液发生显色反应。不同的酚与 $FeCl_3$ 反应呈现不同的颜色。例如，苯酚、间苯二酚、1,3,5-苯三酚与 $FeCl_3$ 溶液作用，均显紫色；甲基苯酚呈蓝色；邻苯二酚、对苯二酚呈绿色；1,2,3-苯三酚呈红色；α-萘酚为紫色沉淀，β-萘酚则为绿色沉淀等。

研究表明，凡具有 $\gt C{=}C{-}OH$ 结构的烯醇型化合物大多能使 $FeCl_3$ 溶液显色。因此，此显色反应可用来鉴定酚类或烯醇式结构的存在。

(3) 苯环上氢原子的取代反应　苯环连有羟基后，环活泼性就增加，易与卤素、硝酸、硫酸等起取代反应，取代基一般进入酚羟基的邻位和对位。例如溴水加入苯酚中，立即生成 2,4,6-三溴苯酚的白色沉淀。此反应较灵敏，可用于酚类化合物的定性和定量测定。

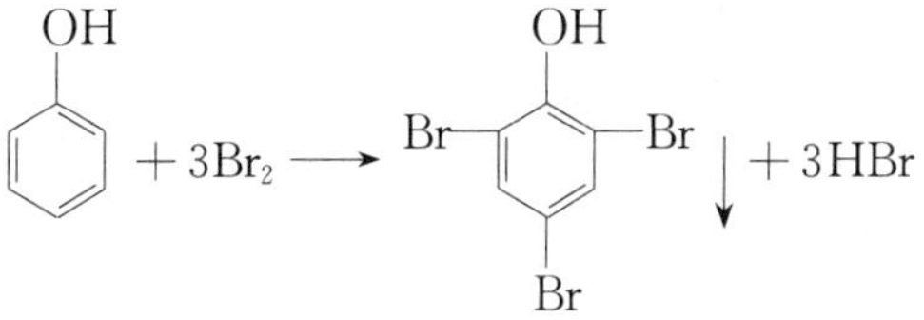

$$C_6H_5OH + 3Br_2 \longrightarrow 2,4,6\text{-}Br_3C_6H_2OH\downarrow + 3HBr$$

(4) 氧化反应　酚类易被氧化，不仅可被氧化剂如重铬酸钾氧化，在空气中长久放置后也会被逐渐氧化使颜色加深。苯酚被氧化时，不仅羟基被氧化，羟基对位的碳氢键也被氧化，生成对苯醌。

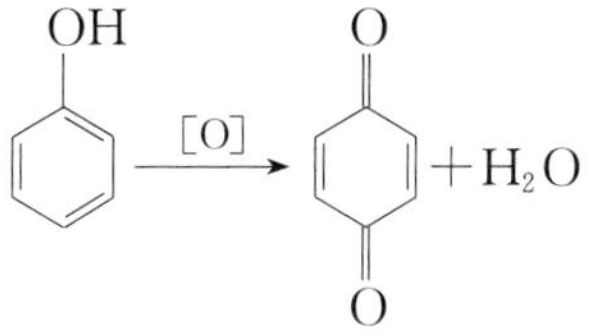

$$C_6H_5OH \xrightarrow{[O]} O{=}C_6H_4{=}O + H_2O$$

对苯醌

三、重要的酚

1. 苯酚

苯酚(phenol)最初从煤焦油中得到，也称石炭酸，无色结晶，有特殊气味。常温下微溶于水，68 ℃以上则可完全溶解；易溶于乙醇、乙醚、苯等有机溶剂。苯酚能凝固蛋白质，有杀菌能力，医药上用作消毒剂。

2. 甲酚

甲酚可由煤焦油得到，又称煤酚，其邻、间、对三种异构体都有苯酚气味，但杀菌力比苯酚强。医药上常用消毒剂煤酚皂液为含 50%左右的三种甲酚混合物的肥皂水溶液，又称来苏尔，其稀溶液常用于消毒。

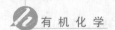

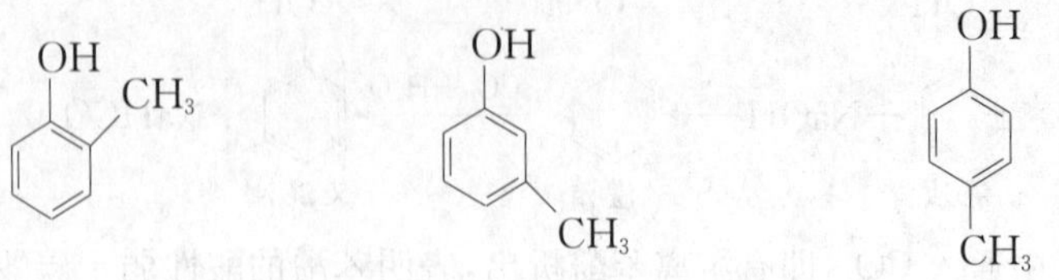

2-甲酚(邻甲酚)　　3-甲酚(间甲酚)　　4-甲酚(对甲酚)

3. 硝基酚

硝基酚酸性较苯酚强,因有鲜艳的黄色,常被用于作为染料。2,4,6-三硝基苯酚俗名苦味酸,其乙醇溶液涂于动物皮毛上不易褪色,常用于给动物编号;2,4-二硝基苯酚是氧化磷酸化解偶联剂。

2,4,6-三硝基苯酚(苦味酸)　　2,4-二硝基苯酚

4. 苯二酚

苯二酚的邻、间、对三种异构体都是无色结晶。邻苯二酚和间苯二酚易溶于水,对苯二酚在水中的溶解度小。邻苯二酚(俗称儿茶酚)存在于儿茶酚胺类神经递质或激素(如肾上腺素)分子中;间苯二酚具有抗细菌和真菌作用,强度仅为苯酚的 1/3,但刺激性小,可用于治疗皮肤病如湿疹和癣症等;对苯二酚常用作显影剂。

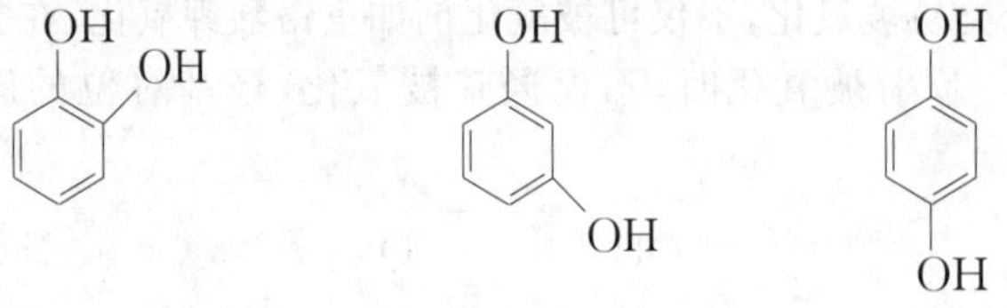

邻苯二酚(儿茶酚)　　间苯二酚　　对苯二酚

5. 萘酚

萘酚有 α-和 β-两种异构体,α-萘酚为黄色结晶,β-萘酚为无色结晶。这两种化合物都是合成染料的原料,β-萘酚还具有抗细菌、霉菌和寄生虫的作用。

α-萘酚　　β-萘酚

第三节　醚

一、醚的分类和命名

醚分为单醚和混醚。如果两个烃基相同时为单醚,两个烃基不同时为混醚。

简单的醚采用与氧原子相连的两上烃基的名称来命名。单醚命名是烃基的名称后面加上“醚”字，省略“二”字即可；混醚的命名是将较小的烃基名称放在前面；如果有一个烃基是链状的，另一个是芳香烃基时，则把芳香烃基名称放在前面。例如：

$CH_3—CH_2—O—CH_2—CH_3$ 乙醚

$CH_3—CH_2—O—CH_3$ 甲乙醚

$C_6H_5—O—C_6H_5$ 苯醚　　$C_6H_5—O—CH_3$ 苯甲醚

结构比较复杂的醚可用系统命名法命名。将较小基团烷氧基作为取代基命名。例如：

$$CH_3CH_2CH_2CH(CH_2CH_3)CH(OCH_3)CH_3$$

3-乙基-2-甲氧基己烷

二、醚的化学性质

醚的化学性质与醇或酚有很大的不同。醚是比较稳定的化合物。醚与金属钠无反应，对碱及还原剂相当稳定。因此，常用一些醚作为有机反应中的溶剂。

含有 α-H 的烷基醚由于受烃氧基的影响，在空气中放置时会被氧气氧化，生成过氧化物。过氧化物性质不稳定，温度较高时能迅速分解而发生爆炸。因此，在使用醚类时，应尽量避免将它们暴露在空气中。贮存时，宜放入棕色瓶中，并可加入少量抗氧化剂（如对苯二酚）以防止过氧化物的生成。

三、重要的醚

乙醚是一种应用很广泛的有机溶剂，在提取中草药中某些脂溶性的有效成分时，常使用乙醚作溶剂。纯净乙醚在外科手术中是一种吸入式全身麻醉剂。乙醚为无色液体，沸点为 34.5 ℃，极易挥发、燃烧，故使用时要特别小心，防止接近明火。

拓展阅读：质谱在化学中的应用

质谱（Mass Spectrum, MS）是将待测样品破坏后所得的结构碎片按质量数与所带电荷数之比（即质荷比，m/z）大小排列而得到的图谱。质谱技术是目前唯一可以方便地直接给出分子量信息、确定分子式的谱学方法，而分子式的确定对于推测结构至关重要。此外，质谱所需药品量少、灵敏度高、分析速度快，1 ng 甚至数 pg 的样品，通过数秒时间即可完成质谱测试。而随着技术的发展，质谱技术与其他分析手段的联用如气质联用（GC/MS）、液质联用（LC/MS）等，已使其成为分析鉴定复杂生物样品中微量成分的一种非常重要的手段。

质谱仪主要由离子源、质量分析器和检测器三大部分组成。以传统的电子轰击电离（electron impact ionization, EI）为例，在离子源部分，待测样品的蒸气分子 M 在高真空下被电离失去一个电子变成分子离子。处于激发态的分子离子可进一步裂解成许多碎片，碎片可以是正离子、自由基型正离子、自由基及中性分子。其中正离子碎片经高压电场加速后即进入质量分析器，质量分析器将正离子按质荷比（m/z）的不同分开，使其依次进入检测器，然后被检出而记录下来，形成质谱图。

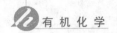

质谱图是由不同 m/z 的正离子的尖峰组成，常以条图(bar graphy)的形式表示，图 7－1 为丁酮 $CH_3COCH_2CH_3$ 的质谱图，谱中横坐标为 m/z，由于大多数碎片只带单位正电荷，即 $z=1$，因而 m/z 就是碎片的质量。纵坐标为相对丰度，此值是把谱中最强的离子峰定为基峰(base peak)，其高度作为 100%，其他各峰则以对基峰高度的相对百分值表示。例如在丁酮的质谱图中基峰为质荷比 m/z 为 43 的峰。

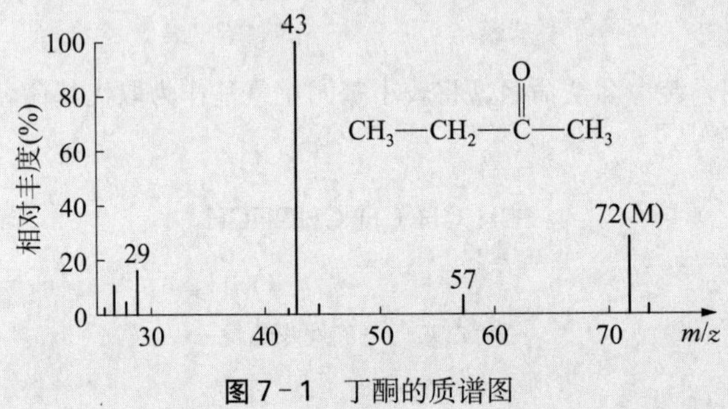

图 7－1　丁酮的质谱图

质谱中最常用的峰有分子离子峰、碎片离子峰和同位素离子峰三种。由样品分子失去一个电子后所产生的峰称分子离子峰，一般位于质谱图中 m/z 最高的一端，通常分子离子峰的 m/z 即代表样品的分子量，如图 5－1 中最右端的 m/z 为 72 的峰就是丁酮的分子离子峰。碎片离子峰是由分子离子开裂产生，也可由碎片离子进一步开裂生成。所谓开裂就是键的断裂，即成键电子发生转移，开裂方式主要分为单纯开裂和重排开裂两类。以丁酮为例，m/z 57 和 m/z 43 为分子离子经单纯开裂分别脱去甲基和乙基游离基后的碎片离子峰，m/z 29 则为 m/z 57 进一步脱去 CO 中性分子后的碎片离子峰。各类有机化合物的分子离子裂解成碎片是遵循一定规律的，根据碎片峰质荷比可以推测化合物结构。许多有机化合物的质谱已经测定，将未知样品的图谱与标准图谱对照也可以确认样品是哪一种化合物。有机分子中的 C、H、O、N、S、Cl、Br 等元素均有同位素，因此在质谱中除分子离子峰(M^+)外，还会出现 M^{+1} 和 M^{+2} 等同位素峰。同位素峰的强度是与分子中含该元素原子的数目以及该种同位素的天然丰度有关。

目前使用的质谱仪，除了传统的 EI 和化学(CI)源，离子化方式还有大气压电离(API)与基质辅助激光解析电离(matrix-assisted laser desorption-ionization, MALDI)。前者常采用四级杆或离子阱作质量分析器，统称 API－MS；后者常采用飞行时间作质量分析器，所构成的仪器统称为 MALDI－TOF－MS。API－MS 的特点是可以和液相色谱、毛细管电泳等分离手段联用，扩展了应用范围，包括药物代谢、临床和法医学、环境分析、食品检验、组合化学、有机化学的应用等；MALDI－TOF－MS 的特点是对盐和添加物的耐受能力高，灵敏度高，操作简单，能快速测定生物大分子分子量，已广泛应用于多肽、蛋白质、糖类等生物大分子研究。质谱技术不仅可以进行小分子的分析，而且可以直接分析大分子，在生命科学和医药学领域获得了广泛应用。

复习题

【问答题】

1. 命名下列化合物：

(1) $CH_3CH_2CH(CH_3)CH_2OH$

(2) $CH_3CH_2OCH_3$

(3) 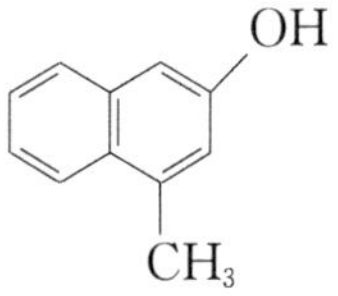 [naphthalene ring structure with OH and CH_3 substituents]

(4) 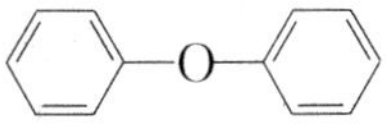 [two benzene rings joined by —O—]

(5) $CH_3CH{=}CHCH_2CHCH_2OH$

2. 写出下列化合物的结构式：

(1) 苯甲醇

(2) 2-甲基环己醇

(3) 丙三醇

(4) 3-硝基苯酚

(5) 3-甲氧基己烷

3. 将下列化合物按与卢卡斯试剂反应的活性大小次序进行排列：

① 1-戊醇

② 3-戊醇

③ 2-甲基-2-戊醇

4. 用化学方法区别下列各组化合物：

(1) 苯酚、环己醇

(2) 叔丁醇、2-丁醇、2-丁烯-1-醇

5. 完成下列化学反应：

(1) $CH_3CH(CH_3)CH_2CH_2—OH \xrightarrow[-H_2O]{[O]}$

(2) 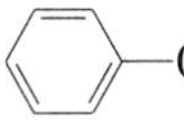 [benzene ring]—OH + NaOH $\xrightarrow[-H_2O]{}$

(3) $CH_3CH_2CH_2OH + CH_3COOH \xrightarrow[-H_2O]{}$

(4) $CH_3—CH_2—OH \xrightarrow[170℃]{浓\ H_2SO_4}$ （↗ H_2O）

6. 化合物 A(C_3H_8O)与浓 HBr 反应得到 B(C_3H_7Br)，A 用浓 H_2SO_4 处理时得化合物 C(C_3H_6)，C 与浓 HBr 反应得到 D(C_3H_7Br)，D 是 B 的异构体。试推断 A、B、C、D 的结构，并写出各步反应式。

第八章

醛 和 酮

导 学

内容及要求

本章主要介绍醛、酮的结构、命名、物理及化学性质。化学性质包括醛、酮与亲核试剂如氢氰酸、醇及格氏试剂等发生的亲核加成反应；受羰基吸电子诱导效应(-I)的影响，α-H很活泼，在碱性条件下容易发生一些α-H的反应，如卤仿反应、醇醛缩合反应等；另外，醛、酮在有机化合物中属于中等氧化态的化合物，容易发生氧化、还原反应。

要求掌握醛、酮的化学性质；熟悉醛、酮的结构和命名及醛、酮的鉴别方法。

重点、难点

本章重点是醛、酮的化学性质，包括亲核加成反应、α-H的反应及氧化、还原反应。难点是醇醛缩合反应。学习时应了解和把握机制，从机制入手进行学习。

专科生的要求

专科生要求掌握醛、酮的结构、命名和醛、酮的部分化学性质。对醛、酮的物理性质，化学性质中与饱和亚硫酸氢钠、氨的衍生物的亲核加成反应，α-H反应中酮式-烯醇式互变异构，重要醛、酮以及机制部分不作要求。

一、分类和命名

醛(aldehyde)和酮(ketone)是分子中含有羰基(carbonyl group)的有机化合物，羰基与氢和烃基相连时称为醛，其官能团为醛基，可用RCHO或—CHO表示；羰基与两个烃基相连时称为酮，官能团为酮羰基。羰基的化学性质活泼，很多羰基化合物是生物体代谢过程中的重要中间体，同时也是重要的医药中间体。

(一) 醛、酮的分类

醛、酮可根据烃基种类的不同分为脂肪醛、酮和芳香醛、酮。芳香醛和芳香酮的苯环是直接连在羰基碳上的。

通式如下：

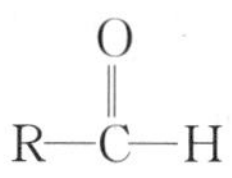

$$R-\overset{O}{\overset{\|}{C}}-H \quad Ar-\overset{O}{\overset{\|}{C}}-H \quad R-\overset{O}{\overset{\|}{C}}-R' \quad Ar-\overset{O}{\overset{\|}{C}}-R \text{或} Ar-\overset{O}{\overset{\|}{C}}-Ar'$$

脂肪醛 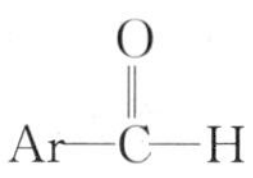　　芳香醛 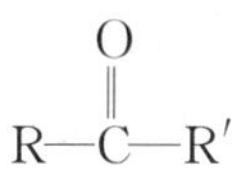　　脂肪酮 　　芳香酮

醛、酮还可以根据分子中所含羰基的数目分为一元或二元醛、酮等。例如：

$C_6H_5-CH_2CH_2CH_2CHO$　　$CH_3CH_2\overset{O}{\overset{\|}{C}}CH_2\overset{O}{\overset{\|}{C}}CH_3$

一元醛 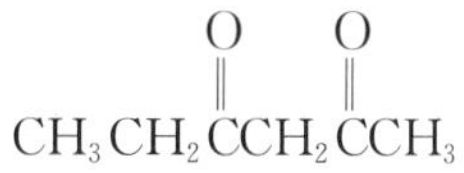　　二元酮

在酮分子中可根据羰基两边连接的烃基是否相同，将酮分为单酮和混酮。例如：

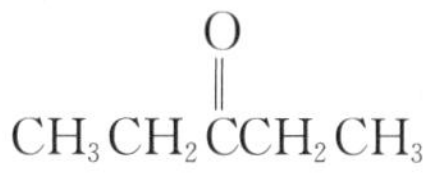

$CH_3CH_2\overset{O}{\overset{\|}{C}}CH_2CH_3$　　$CH_3CH_2\overset{O}{\overset{\|}{C}}CH_2CH_2CH_3$

单酮 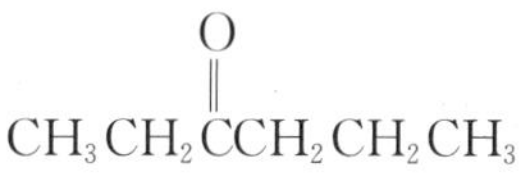　　混酮

（二）醛、酮的命名

简单的醛、酮可采用普通命名法。简单的醛按照烃基命名成“某醛”；简单的酮按照羰基两边所连接的烃基，优先基团后列出来，命名成“某某酮”。例如：

C_6H_5-CHO　　$CH_3-\overset{O}{\overset{\|}{C}}-CH_2CH_3$　　$C_6H_{11}-\overset{O}{\overset{\|}{C}}-CH_3$

苯甲醛 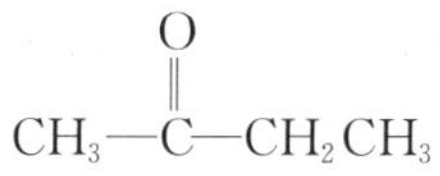　　甲(基)乙(基)酮 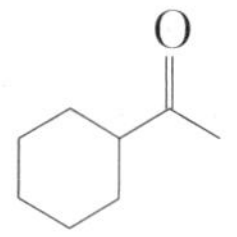　　甲基环己基酮

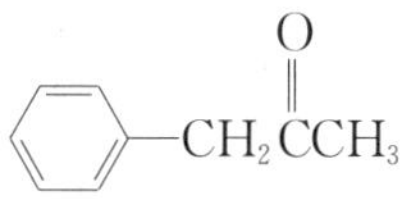

$C_6H_5-CH_2\overset{O}{\overset{\|}{C}}CH_3$　　$C_6H_5-\overset{O}{\overset{\|}{C}}-C_6H_5$

甲基苄基酮 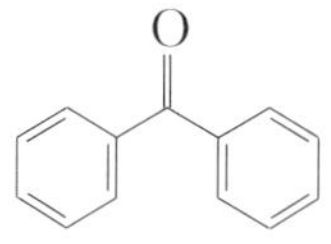　　二苯酮

结构比较复杂的醛、酮多采用系统命名法。系统命名法中，首先选择包含羰基碳在内的最长碳链作为主碳链，称为某醛或某酮；从靠近羰基碳的一端对主碳链进行编号，由于醛基总是在主碳链的一端，所以不用标出醛基的位置；最后将取代基的位次、个数及名称按“次序规则”，优先基团后列出来的原则，写在母体名称之前。主碳链中的碳原子位次除了用阿拉伯数字表示外，还可以用希腊字母表示，与羰基相连的碳为 α - C，其次是 β -、γ -…

例如：

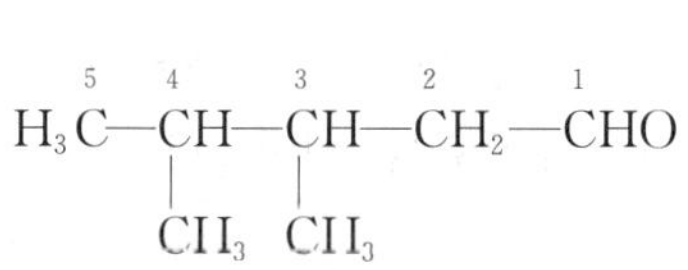

$\overset{5}{H_3C}-\underset{CH_3}{\overset{4}{CH}}-\underset{CH_3}{\overset{3}{CH}}-\overset{2}{CH_2}-\overset{1}{CHO}$　　$\overset{6}{H_3C}-\overset{5}{CH_2}-\underset{CH_3}{\overset{4}{CH}}-\overset{3}{CH_2}-\overset{O}{\overset{\|}{\overset{2}{C}}}-\overset{1}{CH_3}$

3,4-二甲基戊醛(β, γ-二甲基戊醛) 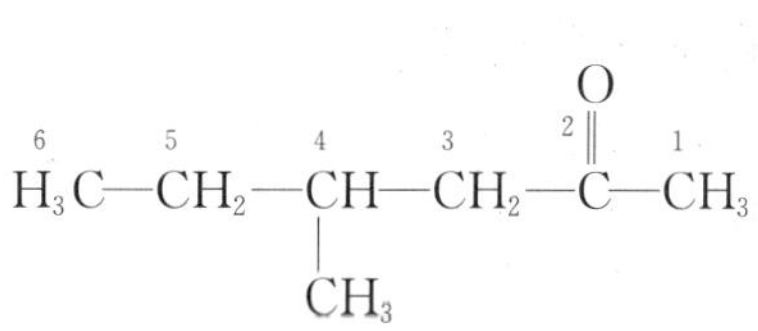　　4-甲基-2-己酮(β-甲基-2-己酮)

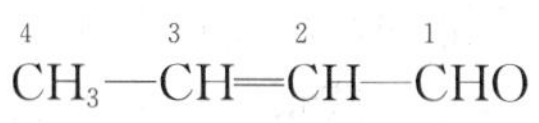

$\overset{4}{CH_3}-\overset{3}{CH}=\overset{2}{CH}-\overset{1}{CHO}$　　$C_6H_5-\underset{CH_3}{CH}\overset{O}{\overset{\|}{C}}CH_2CH_3$　　$(H_3C)(H)C=C(H)(COCH_3)$

2-丁烯醛 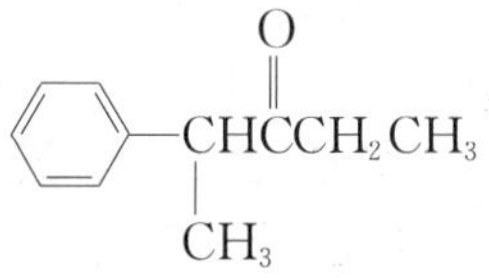　　2-苯基-3-戊酮 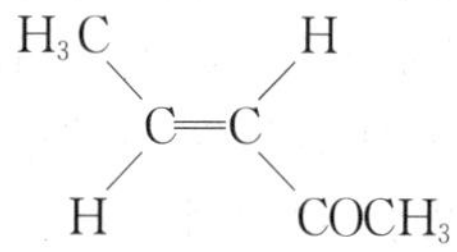　　反-3-戊稀-2-酮

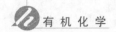

多元醛、酮命名时，应标明羰基的位置和数目。环酮命名时，从羰基碳开始编号，根据成环碳原子个数称环某酮。芳香醛、酮的命名，以脂肪醛、酮为母体，芳基作为取代基进行命名。例如：

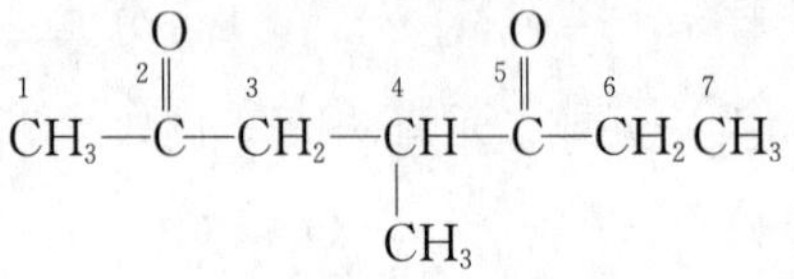

$$\overset{1}{CH_3}-\overset{2}{\underset{}{C}}(=O)-\overset{3}{CH_2}-\overset{4}{CH}(CH_3)-\overset{5}{C}(=O)-\overset{6}{CH_2}\overset{7}{CH_3}$$

4-甲基-2,5-庚二酮

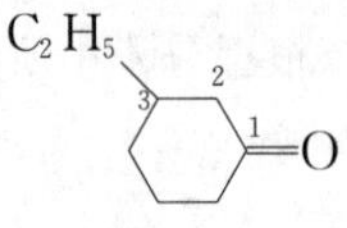

C_2H_5（3位）环己酮（1位 C=O）

3-乙基环己酮

$$C_6H_5-\overset{3}{CH}=\overset{2}{CH}-\overset{1}{CHO}$$

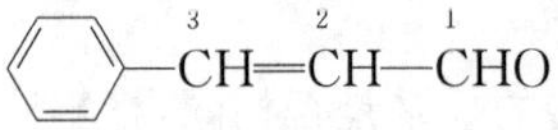

3-苯基-2-丙烯醛(肉桂醛)

二、结构和物理性质

(一) 醛、酮的结构

羰基是醛和酮的官能团，羰基是碳原子和氧原子通过双键相互连接而成的。碳原子和氧原子都是 sp^2 杂化，其中碳原子的三个 sp^2 杂化轨道分别与氧原子及其他两个原子形成 σ 键，三个 σ 键共平面，键角接近 120°。碳原子上还有一个未参与杂化的 p 轨道，垂直于三个 σ 键构成的平面，碳原子的 p 轨道与氧原子的一个 p 轨道相互平行，从侧面重叠形成 π 键。羰基氧的另外两个 sp^2 杂化轨道被两对孤对电子占据着。因此，羰基的碳氧双键是由一个 σ 键和一个 π 键组成的。如甲醛的结构：

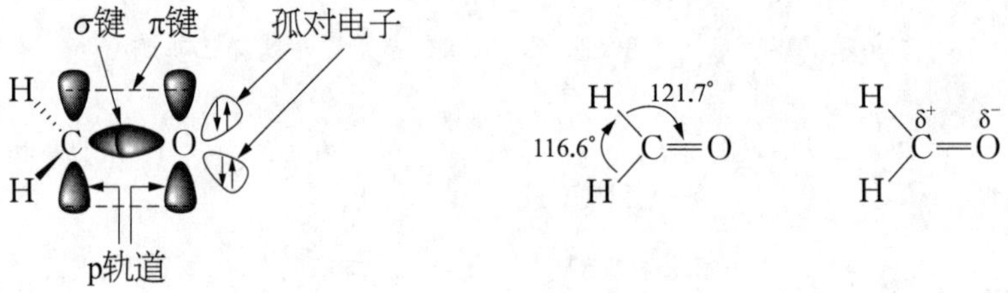

σ键　π键　孤对电子

H　C　O　H

p轨道

H　121.7°　116.6°　C=O　H

H　δ^+　δ^-　C=O　H

羰基的碳氧双键与烯烃的碳碳双键结构类似，但它们的化学性质有很大差别。烯烃的碳碳双键没有极性，由于碳原子的电负性较小，烯烃双键的 π 电子云流动性较大，容易受到亲电试剂的进攻，同时 π 键断裂，发生亲电加成反应。而醛、酮羰基的碳氧双键是极性双键，氧原子的电负性比碳原子大，所以 π 电子云偏向电负性大的氧原子，使氧原子带部分负电荷，而碳原子带部分正电荷，这是羰基性质活泼的主要原因。

(二) 醛、酮的物理性质

常温下，除甲醛是气体外，其他 12 个碳以下的脂肪族醛、酮都为液体，高级脂肪族醛、酮和芳香酮一般为固体。许多低级醛有刺鼻气味，某些天然醛、酮有特殊的香味，可作为香料用于化妆品和食品添加剂。

由于醛、酮分子中的羰基的氧原子上没有氢原子，分子间不能形成氢键，所以其沸点比相对分子质量相近的醇和羧酸要低。醛、酮分子有较强的极性，分子间有较强的偶极-偶极作用力，因此沸点高于相对分子质量相近的醚类。羰基的氧原子可以与水形成分子间氢键，所以低级醛、酮，如甲醛、乙醛和丙酮等都能与水混溶；随着分子中烃基比例增大，醛、酮的水溶性迅速降低。含 6 个碳以上的醛、酮几乎不溶于水。所有醛、酮都溶于乙醚、苯等有机溶剂。丙酮为无色液体，极易溶于水，并能与各种有机溶剂混溶，是常用的有机溶剂，在医学检验中还可用作组织脱水剂。

表 8-1 常见醛、酮的物理参数

名称	英文名	结构式	熔点(℃)	沸点(℃)
甲醛	methanal	HCHO	−117	−19
乙醛	ethanal	CH_3CHO	−123	21
丙醛	propanal	CH_3CH_2CHO	−81	49
丁醛	butanal	$CH_3CH_2CH_2CHO$	−99	76
丙烯醛	propenal	$CH_2=CHCHO$	−87	53
苯甲醛	benzaldehyde	C_6H_5CHO	−56	179
丙酮	acetone	CH_3COCH_3	−95	56
环己酮	cyclohexanone	(环己烷)=O	−47	155
苯乙酮	acetophenone	$C_6H_5COCH_3$	20	202

三、醛、酮的化学性质

醛、酮的化学性质非常活泼，反应主要发生在官能团羰基上。由于羰基是极性双键，带正电荷的羰基碳原子容易受到亲核试剂的进攻，同时 π 键断裂，发生亲核加成反应。另外，受到羰基吸电子诱导效应($-I$)的影响，与羰基相连的 α-C 上的氢，即 α-H 很活泼，容易受到碱的进攻，发生一些 α-H 的反应。醛、酮在有机化学中属于中等氧化态的化合物，因此还发生氧化、还原反应。

α-H的反应 → H

δ^- O

R—C—C—H(R′)

δ^+

H

亲核试剂

(一) 亲核加成反应

醛、酮的官能团羰基是个极性双键，由于带部分负电荷的氧原子比带部分正电荷的碳原子更稳定，所以当羰基发生加成反应时，首先是羰基碳受到亲核试剂的进攻，同时 π 键断裂，进而形成两个稳定的 σ 键，即亲核加成反应(nucleophilic addition reaction)。醛、酮能与 HCN、醇和氨的衍生物等很多试剂发生亲核加成反应，反应机制如下：

$$\underset{R'}{\overset{R}{}}\overset{\delta^+}{C}=\overset{\delta^-}{O} + :Nu^- \underset{慢}{\rightleftharpoons} R(R')C(O^-)(Nu) \underset{快}{\overset{A^+}{\rightleftharpoons}} R(R')C(OA)(Nu)$$

负氧离子中间体

由于羰基具有极性，使羰基形成两个反应中心——带部分正电荷的羰基碳原子和带部分负电荷的羰基氧原子。首先，亲核试剂 $:Nu^-$ 进攻带正电荷的羰基碳原子，同时，π 电子云转移到氧上，形成负氧离子中间体，即亲核。反应第二步，亲核试剂中，带正电荷的部分 A^+ 迅速与负氧离子中间体结合，即加成，形成最终的亲核加成产物。

在上述反应机制中，第一步亲核是速控步，决定整个反应进程。在亲核过程中，羰基碳原子由 sp^2 杂化转变成 sp^3 杂化，$:Nu^-$ 在进攻羰基时会受到羰基所连基团空间位阻(即立体效应)的影响，也会受到羰基碳的正电性(即电子效应)的影响。一般来说，当羰基碳上连有像烷基这样的斥电子基团时，羰基碳原子的正电性降低，不利于亲核试剂的进攻。空间位阻对亲核加成反应的影响也很大，当羰基碳原子连接的基团空间位阻比较大时，会妨碍亲核试剂的进攻，对反应不利。

1. 与氢氰酸的加成

醛和一些活泼的酮可以与氢氰酸(HCN)发生亲核加成反应，生成 α-羟基腈，又称氰醇(cyanohydrin)。反应通式如下：

$$\mathrm{RR'C{=}O} + \mathrm{HCN} \longrightarrow \mathrm{RR'C(OH)CN}$$

氰醇

反应溶液的酸碱度直接影响反应速率，实验证明，加成反应在碱催化条件下反应速率很快，产率也高；相反，在酸催化条件下反应速率大大降低。说明反应的关键步骤是 CN^- 对羰基的亲核进攻。因为氢氰酸是弱酸，碱催化增加了反应体系中 CN^- 浓度；相反，酸催化使亲核试剂 CN^- 浓度降低，加成反应难以进行。反应机制如下：

$$\mathrm{HCN} + \mathrm{OH^-} \longrightarrow \mathrm{CN^-} + \mathrm{H_2O}$$

$$\mathrm{RR'C{=}O} + \mathrm{CN^-} \rightleftharpoons \mathrm{RR'C(O^-)CN} \xrightarrow{\mathrm{H^+}} \mathrm{RR'C(OH)CN}$$

醛、酮与 HCN 的亲核加成反应中，除了受亲核试剂影响以外，还受到电子效应及空间效应的影响。如果与羰基相连基团空间位阻很大时，产率将大大降低。例如羰基上连有苯基，苯基除具有很大的空间位阻外，还能与羰基形成 π-π 共轭体系，使苯环的电子云向羰基转移，降低羰基碳的正电性。因此不是所有的醛、酮都能与 HCN 反应的，它有一定的适用范围，适用于醛、脂肪族的甲基酮和 8 个碳以下的环酮。

氢氰酸与醛、酮的亲核加成反应在有机合成中有着广泛应用，因为产物比反应物多了一个碳原子，所以可用作增长碳链。氰醇是一类活泼的中间体，可用来制备 α-羟基酸和 α，β-不饱和腈等。

$$\mathrm{CH_3COCH_3} + \mathrm{HCN} \longrightarrow \mathrm{H_3C{-}C(CH_3)(OH){-}C{\equiv}N}$$

$$\xrightarrow{-\mathrm{H_2O}} \mathrm{H_2C{=}C(CH_3){-}CN} \quad \alpha,\beta\text{-不饱和腈}$$

$$\xrightarrow{\mathrm{H_3O^+}} \mathrm{H_3C{-}C(CH_3)(OH){-}COOH} \quad \alpha\text{-羟基酸}$$

$$\xrightarrow{[\mathrm{H}]} \mathrm{H_3C{-}C(CH_3)(OH){-}CH_2NH_2} \quad \beta\text{-羟基胺}$$

2. 与亚硫酸氢钠的加成

醛、脂肪族甲基酮和8个碳以下环酮与亚硫酸氢钠($NaSO_3H$)发生亲核加成反应,生成α-羟基磺酸钠

$$\text{R(H)C=O} + {}^{+}\text{Na}^{-}\text{O}-\overset{\text{O}}{\overset{\|}{\text{S}}}-\text{OH} \rightleftharpoons \text{R(H)C(O}^{-}\text{Na}^{+})\text{SO}_3\text{H} \longrightarrow \text{R(H)C(OH)SO}_3\text{Na}$$

α-羟基磺酸钠

首先带负电的亚硫酸氢根作为亲核试剂进攻羰基碳,同时π电子云转移到氧上,形成负氧离子中间体,带正电荷的钠离子与带负电荷的氧原子结合成中间产物。在中间产物中,磺酸是强酸,醇钠是强碱,会发生分子内的酸碱中和反应,得到终产物α-羟基磺酸钠。

产物α-羟基磺酸钠易溶于水,不溶于饱和的亚硫酸氢钠,会以晶体的形式析出,因此饱和的亚硫酸氢钠可以用于醛、脂肪族甲基酮和8个碳以下的环酮的鉴别。另外,反应为可逆反应,把亚硫酸氢钠用酸或者碱除去,反应向逆反应方向进行,又重新生成原来的醛、酮。因此亚硫酸氢钠还可用作分离、提纯这类醛、酮。

3. 与醇和水的加成

将醛溶解于无水醇中,通入干燥氯化氢气体或加入其他无水强酸,醇很容易与醛的羰基发生亲核加成反应,生成半缩醛(hemiacetal)。半缩醛上的羟基称为半缩醛羟基,它的性质很活泼,能够与另外一分子的醇继续反应,失去一分子的水,生成稳定的缩醛(acetal)。

$$\text{R}-\overset{\text{O}}{\overset{\|}{\text{C}}}-\text{H} + \text{HOR}' \xrightleftharpoons{\text{干燥HCl}} \text{R}-\underset{\text{OR}'}{\overset{\boxed{\text{OH}}}{\text{C}}}-\text{H} \xrightleftharpoons[\text{干燥HCl}]{\text{HOR}'} \text{R}-\underset{\text{OR}'}{\overset{\text{OR}'}{\text{C}}}-\text{H}$$

半缩醛羟基　　半缩醛　　缩醛

例如:

$$\text{CH}_3\text{CH}_2\text{CHO} \xrightarrow[\text{HCl(g)}]{\text{C}_2\text{H}_5\text{OH}} \text{CH}_3\text{CH}_2\underset{\text{OH}}{\text{CH}}\text{OC}_2\text{H}_5 \xrightarrow[\text{HCl(g)}]{\text{C}_2\text{H}_5\text{OH}} \text{CH}_3\text{CH}_2\text{CH(OC}_2\text{H}_5)_2$$

与醛相比,酮与醇的反应比较困难,但在特殊条件下,可以与乙二醇反应,生成具有五元环结构的缩酮。

$$\text{RR}'\text{C=O} + \text{HOCH}_2\text{CH}_2\text{OH} \xrightarrow{\text{干燥HCl}} \text{RR}'\text{C(OCH}_2\text{CH}_2\text{O)} + \text{H}_2\text{O}$$

缩酮

缩醛和缩酮性质相似,对碱、氧化剂及还原剂都很稳定,缩醛和缩酮对酸敏感,遇稀酸可以水解成原来的醛、酮和醇。在有机合成中通常用醇来保护醛基。醛基的性质很活泼,当含有醛基的分子进行其他基团的氧化等反应时,醛基也会被氧化。如果想要醛基不反应,可以先将醛基用醇保护起来,转化成缩醛,然后再进行其他基团的转化,最后再将缩醛水解成原来的醛。例如:

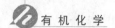

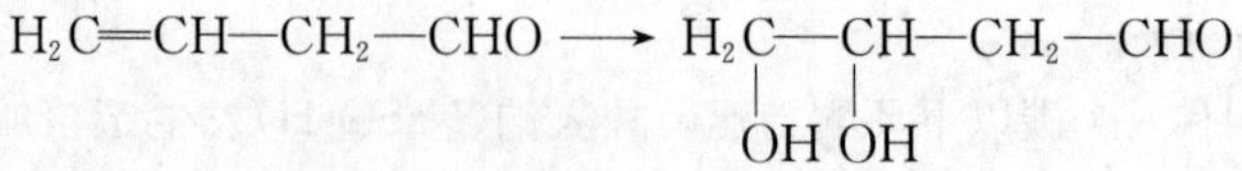

$$H_2C{=}CH{-}CH_2{-}CHO \longrightarrow H_2C(OH){-}CH(OH){-}CH_2{-}CHO$$

烯烃氧化反应中学过，碱性高锰酸钾能将双键氧化成邻二醇的结构，但是碱性高锰酸钾具有氧化性，很容易将分子中的醛基氧化成羧基，为了避免醛基被氧化，可以先将醛基用醇保护起来，转化成缩醛，再进行氧化，最后加酸水解成原来的醛即可。

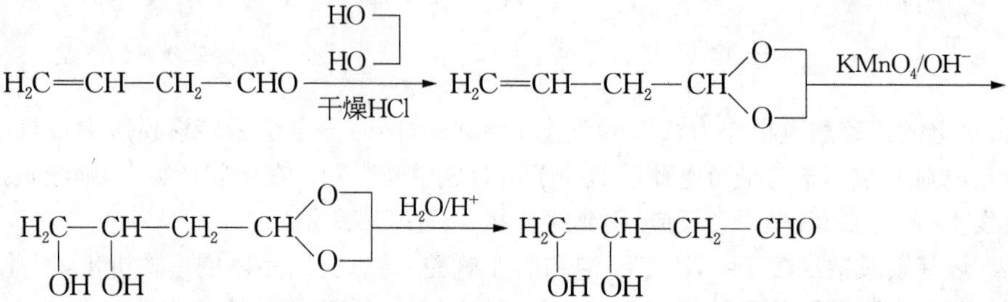

$$H_2C{=}CH{-}CH_2{-}CHO \xrightarrow[\text{干燥HCl}]{HOCH_2CH_2OH} H_2C{=}CH{-}CH_2{-}CH\langle O{-}CH_2CH_2{-}O\rangle \xrightarrow{KMnO_4/OH^-}$$

$$H_2C(OH){-}CH(OH){-}CH_2{-}CH\langle O{-}CH_2CH_2{-}O\rangle \xrightarrow{H_2O/H^+} H_2C(OH){-}CH(OH){-}CH_2{-}CHO$$

如果分子中既含有羟基，又含有羰基时，可以发生分子内的亲核加成反应，生成稳定的环状半缩醛，许多单糖都是以环状半缩醛的形式存在的。例如：

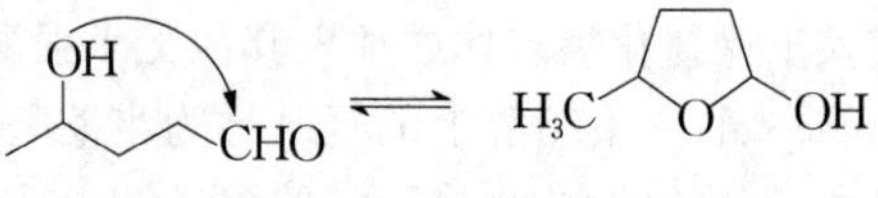

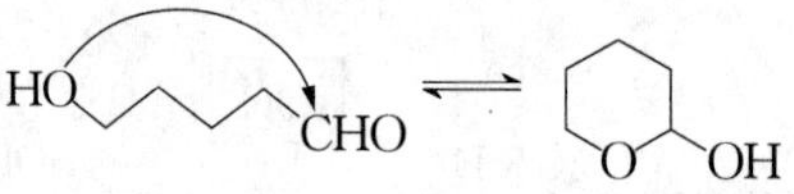

$$\underset{11\%}{CH_3CH(OH)CH_2CH_2CHO} \rightleftharpoons \underset{89\%}{\text{2-甲基-5-羟基四氢呋喃}}$$

$$\underset{6\%}{HOCH_2CH_2CH_2CH_2CHO} \rightleftharpoons \underset{94\%}{\text{2-羟基四氢吡喃}}$$

在酸性条件下，水也能和醛、酮发生亲核加成反应，生成的加成产物称为醛或酮的水合物，又称偕二醇(geminaldiol)。但水是一种较弱的亲核试剂，生成的偕二醇不稳定，容易失水，反应平衡向反应物一方进行，生成原来的醛、酮。

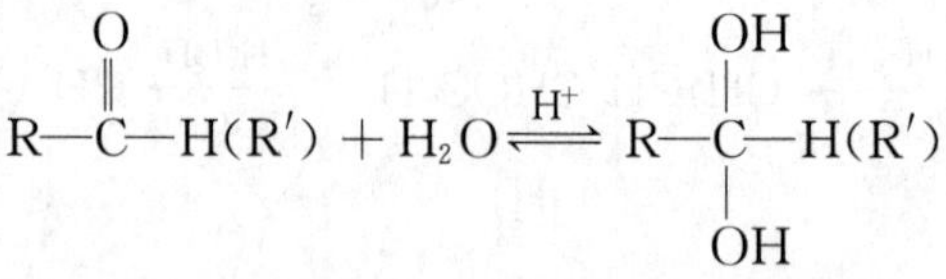

$$R{-}\overset{O}{\overset{\|}{C}}{-}H(R') + H_2O \overset{H^+}{\rightleftharpoons} R{-}C(OH)_2{-}H(R')$$

醛、酮水合物

当羰基碳上连有强吸电子基团时，羰基的正电性增大，可以生成稳定的水合物。例如，三氯乙醛由于 3 个氯原子的吸电子诱导作用，羰基的正电性增强，可与水形成稳定的水合氯醛(chloralhydrate)。100 g/L 三氯乙醛水溶液在临床上曾用作镇静催眠药。水合茚三酮(ninhydrin)是氨基酸和蛋白质分析中重要的显色剂。

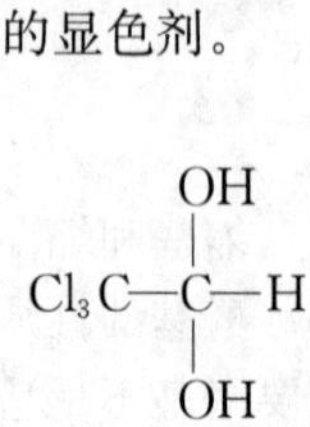

$$Cl_3C{-}C(OH)_2{-}H$$

水合氯醛

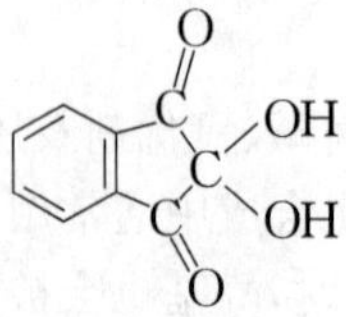

水合茚三酮

4. 与格氏试剂的加成

格氏试剂(Grignard reagent) $R—H_2\overset{\delta^-}{C}—\overset{\delta^+}{Mg}X$ 是一个极性试剂，碳镁键高度极化，Mg 带部分正电荷，而与 Mg 相连的碳负离子(：R^-)带部分负电荷，因此格氏试剂具有很强的亲核性，能与醛、酮发生亲核加成反应。

$$R-\overset{O}{\overset{\|}{C}}-H + CH_3\overset{\delta^-}{C}H_2\overset{\delta^+}{Mg}X \xrightarrow{\text{乙醚}} R-\underset{CH_2CH_3}{\underset{|}{\overset{OMgX}{\overset{|}{C}}}}-H \xrightarrow{H_2O} R-\underset{CH_2CH_3}{\underset{|}{\overset{OH}{\overset{|}{C}}}}-H$$

格氏试剂与醛、酮的亲核加成反应是不可逆的，加成产物不经分离直接水解可以制备各种类型的醇。因此醛、酮与格氏试剂的亲核加成反应可以用来制备醇。利用格氏试剂与不同醛、酮反应，可以制备不同种类的醇。甲醛与格氏试剂作用，生成的伯醇比原料格氏试剂增加 1 个碳原子。其他醛与格氏试剂作用，可制备仲醇，酮与格氏试剂反应则可得到叔醇。

$$H-\overset{O}{\overset{\|}{C}}-H \xrightarrow[2)\ H_3O^+]{1)\ RMgX} H-\overset{OH}{\overset{|}{C}H}-R \quad \text{伯醇}$$

$$R'-\overset{O}{\overset{\|}{C}}-H \xrightarrow[2)\ H_3O^+]{1)\ RMgX} R'-\overset{OH}{\overset{|}{C}H}-R \quad \text{仲醇}$$

$$R''-\overset{O}{\overset{\|}{C}}-R' \xrightarrow[2)\ H_3O^+]{1)\ RMgX} R''-\underset{R'}{\underset{|}{\overset{OH}{\overset{|}{C}}}}-R \quad \text{叔醇}$$

例如：

$$\begin{matrix}H\\ \ \ \diagdown\\ \ \ \ C=O\\ \ \ \diagup\\ H\end{matrix} + \text{环己基}-MgBr \xrightarrow[2)\ H_3O^+]{1)\ \text{乙醚}} \text{环己基}-CH_2OH$$

$$CH_3CH_2CHO + (CH_3)_2CHMgBr \xrightarrow[2)\ H_3O^+]{1)\ \text{乙醚}} (CH_3)_2CH\overset{OH}{\overset{|}{C}H}CH_2CH_3$$

$$CH_3\overset{O}{\overset{\|}{C}}CH_2CH_3 + C_6H_5-MgBr \xrightarrow[2)\ H_3O^+]{1)\ \text{乙醚}} C_6H_5-\underset{CH_3}{\underset{|}{\overset{OH}{\overset{|}{C}}}}CH_2CH_3$$

5. 与氨的衍生物的加成

氨的衍生物即氨分子中的氢原子被其他基团取代的产物，可以用通式 $H_2N—G$ 表示。常见的氨的衍生物有羟胺、肼、苯肼等。氨的衍生物能与所有醛、酮发生亲核加成反应，反应通式如下：

$$R-\overset{O}{\overset{\|}{C}}-R' + H\overset{H}{\overset{|}{\ddot{N}}}-G \overset{H^+}{\rightleftharpoons} R-\overset{OH}{\overset{|}{\underset{R'}{\underset{|}{C}}}}-NH-G \overset{-H_2O}{\rightleftharpoons} R-\underset{R'}{\underset{|}{C}}=N-G$$

N-取代亚胺

氨的衍生物与醛、酮发生亲核加成反应，但加成产物不稳定，随即失去一分子的水，得到 N-取代亚胺类物质。表 8-2 中列出了一些氨的衍生物及 N-取代亚胺类物质的结构和名称。上述反应需要在弱酸的条件下进行，不能用强酸，如果用强酸，氨的衍生物会质子化成铵盐，从而失去亲核性。

$$NH_2-G + H^+ \rightleftharpoons \overset{+}{N}H_3-G$$

表 8-2　氨衍生物与醛、酮反应的产物

氨衍生物	氨衍生物结构式	N-取代亚胺结构式	N-取代亚胺名称
伯胺	NH_2-R''	$(R)(R')C=N-R''$	希夫碱
羟胺	NH_2-OH	$(R)(R')C=N-OH$	肟
肼	NH_2-NH_2	$(R)(R')C=N-NH_2$	腙
苯肼	$NH_2-NH-C_6H_5$	$(R)(R')C=N-NHC_6H_5$	苯腙
2,4-二硝基苯肼	$NH_2NH-C_6H_3(2-NO_2)(4-NO_2)$	$(R)(R')C=N-NH-C_6H_3(2-NO_2)(4-NO_2)$	2,4-二硝基苯腙

由于 N-取代亚胺类物质大多是不溶于水的沉淀，并且均为具有固定熔点的晶体，因此，可以根据晶体的颜色和熔点的不同，来鉴别醛、酮。例如 2,4-二硝基苯肼(2,4-dinitrophenylhydrazine)与醛、酮亲核加成的产物 2,4-二硝基苯腙(2,4-dinitrophenylhydrazone)，是橙黄色或橙红色结晶，应用较为广泛。由于氨的衍生物常用作醛、酮的鉴别，因此，氨的衍生物，尤其是苯肼和 2,4-二硝基苯肼常称为羰基试剂(carbonyl reagent)。另外，醛、酮与氨的衍生物生成的沉淀分离后，又可在稀酸的作用下水解出原来的醛、酮。因此，该性质又可用来分离、提纯醛和酮。

(二) α-H的反应

受羰基吸电子诱导效应(—I)的影响，羰基 α-C 上的电子云密度降低，α-H 比较活泼，酸性增加。在碱性条件下容易发生一些 α-H 的反应。

1. 卤代反应

醛、酮在酸或碱的催化作用下，分子中的 α-H 容易被卤原子取代，生成 α-单卤代或多卤代醛、酮，该反应称为 α-H 的卤代反应。

$$-\overset{\overset{O}{\|}}{C}-\overset{\overset{H}{|}}{\underset{|}{C}}- + X_2 \xrightarrow{H^+ 或 OH^-} -\overset{\overset{O}{\|}}{C}-\overset{\overset{X}{|}}{\underset{|}{C}}- + HX$$

例如：

$$CH_3\overset{\overset{O}{\|}}{C}CH_3 + Br_2 \xrightarrow[\triangle]{H_2O, HOAc} CH_3\overset{\overset{O}{\|}}{C}CH_2Br$$

卤代反应的酸催化的反应机制为：

$$-\underset{\underset{O}{\|}}{\overset{|}{C}}-\overset{\overset{H}{|}}{\underset{|}{C}}- \underset{}{\overset{H^+}{\rightleftharpoons}} -\underset{\underset{^+OH}{\|}}{\overset{|}{C}}-\overset{\overset{H}{|}}{\underset{|}{C}}- \overset{慢}{\rightleftharpoons} -\underset{\underset{:OH}{|}}{C}=\underset{|}{C}- \overset{X-X}{\rightleftharpoons} -\underset{\underset{^+OH}{\|}}{\overset{|}{C}}-\overset{\overset{X}{|}}{\underset{|}{C}}- \overset{-H^+}{\rightleftharpoons} -\underset{\underset{O}{\|}}{\overset{|}{C}}-\overset{\overset{X}{|}}{\underset{|}{C}}-$$

首先醛、酮的羰基氧原子在酸性条件下进行质子化，电子云转移形成烯醇式，这是反应的速控步，而酸的催化加速了烯醇式的生成。然后烯醇式与卤素加成，最后失去一个质子，得到卤代产物。

卤代反应的碱催化的反应机制为：

$$-\underset{\underset{O}{\|}}{\overset{|}{C}}-\overset{\overset{H}{|}}{\underset{|}{C}}- \overset{OH^-}{\rightleftharpoons} \left[-\underset{\underset{O}{\|}}{\overset{|}{C}}-\overset{-}{\underset{|}{C}}- \longleftrightarrow -\underset{\underset{O^-}{|}}{C}=\underset{|}{C}- \right] \xrightarrow{X-X} -\underset{\underset{O}{\|}}{\overset{|}{C}}-\overset{\overset{X}{|}}{\underset{|}{C}}-$$

碱催化首先是 OH^- 结合活泼的 α-H，形成烯醇负离子中间体，再与卤素发生加成反应，得到卤代产物。当羰基的一个 α-H 被卤素取代后，卤素是一个吸电子基团，在它的吸电子诱导作用下，使它所连的其他的 α-H 更加活泼，更容易被卤代。因此，像甲基酮这样具有三个 α-H 的化合物，在碱性条件下可以被卤素取代生成三卤代的产物。例如：

$$C_6H_5-\overset{\overset{O}{\|}}{C}-CH_3 \xrightarrow[\triangle]{Br_2, NaOH} C_6H_5-\overset{\overset{O}{\|}}{C}-CBr_3$$

α-三卤代醛、酮在碱性条件下不稳定，易发生三卤甲基和羰基碳之间键的断裂，分解成羧酸盐和三卤甲烷。三卤甲烷又称卤仿，因此该反应称为卤仿反应(haloform reaction)。

$$R-\overset{\overset{O}{\|}}{C}-CH_3 + X_2 \xrightarrow{NaOH} R-\overset{\overset{O}{\|}}{C}-CX_3 \xrightarrow{NaOH} RCOONa + \underset{卤仿}{CHX_3}\downarrow$$

如果用碘的碱溶液，则生成碘仿，这个反应称为碘仿反应(iodoform reaction)，碘仿不溶于碱，以黄色晶体析出，具有特殊气味。所以可以用碘仿反应作为 CH_3CO—结构醛、酮的鉴别。由于卤素与碱反应能生成次卤酸盐，它具有氧化性，可将 $R-\overset{\overset{OH}{|}}{C}H-CH_3$ 结构的醇氧化成 CH_3CO—结构醛、酮，

所以这样的仲醇也可以发生碘仿反应。

卤仿反应是制备羧酸的一种方法，而且产物比反应物少一个碳，在有机合成中常用作缩短碳链，制备少一个碳的化合物。例如：

$$C_6H_5-CH_2CH_2\overset{\overset{O}{\|}}{C}CH_3 \xrightarrow[\triangle]{I_2,NaOH} C_6H_5-CH_2CH_2\overset{\overset{O}{\|}}{C}ONa + CHI_3\downarrow$$

2. 醇醛缩合反应

在稀碱溶液中，醛、酮分子中的 α-H 容易失去，形成负碳离子中间体后与另外一分子的醛、酮发生亲核加成反应，生成 β-羟基醛、酮类化合物，该反应称为醇醛缩合或羟醛缩合（aldol condensation）反应。

反应机制如下：

$$RCH_2-\overset{\overset{O}{\|}}{C}-H \xrightleftharpoons{OH^-,\,-H_2O} \left[R\overset{-}{C}H-\overset{\overset{O}{\|}}{C}-H \longleftrightarrow RCH=\overset{\overset{O^-}{|}}{C}-H \right]$$

$$RCH_2-\overset{\overset{O}{\|}}{C}-H + R\overset{-}{C}H-\overset{\overset{O}{\|}}{C}-H \rightleftharpoons RCH_2-\overset{\overset{O^-}{|}}{C}H-\underset{\underset{R}{|}}{C}H-\overset{\overset{O}{\|}}{C}-H \xrightleftharpoons{H_2O} RCH_2-\overset{\overset{OH}{|}}{C}H-\underset{\underset{R}{|}}{C}H-\overset{\overset{O}{\|}}{C}-H + OH^-$$

首先是醛分子中 α-H 在碱性条件下失去，形成负碳离子中间体，它是烯醇负离子和负碳离子的共振杂化体。负碳离子中间体作为亲核试剂与另外一分子的醛的羰基发生亲核加成反应，生成负氧离子中间体。负氧离子中间体迅速质子化得到 β-羟基醛类物质。

通过醇醛缩合反应可以增加分子中的碳原子个数，在有机合成中是一个非常重要的增长碳链的方法，可使碳链加倍。随着碳原子数目的增加，一般需要提高温度才能实现，因此产物往往是 α, β-不饱和醛，例如：

$$CH_3-\overset{\overset{O}{\|}}{C}-H + \overset{\overset{H}{|}}{C}H_2-\overset{\overset{O}{\|}}{C}-H \xrightarrow{稀OH^-} CH_3-\overset{\overset{OH}{|}}{C}H-CH_2-\overset{\overset{O}{\|}}{C}-H \xrightarrow[\triangle]{} CH_3-CH=CH-\overset{\overset{O}{\|}}{C}-H$$

$$2CH_3CH_2CH_2CHO \xrightarrow{稀OH^-} CH_3CH_2CH_2\overset{\overset{OH}{|}}{C}H\underset{\underset{CH_2CH_3}{|}}{C}HCHO \xrightarrow{\triangle} CH_3CH_2CH_2CH=\underset{\underset{CH_2CH_3}{|}}{C}CHO$$

含有 α-H 的酮也能发生类似反应，生成 α, β-不饱和酮，但反应的平衡偏向于反应物，反应不容易进行。

3. 酮式-烯醇式互变异构

受羰基吸电子诱导效应的影响，α-H 很活泼，在酸或碱的催化作用下，可以以质子的形式离解，电子云转移到电负性较强的羰基氧原子上，形成烯醇式结构。在酸的催化作用下，羰基氧原子首先质子化，增加了羰基的吸电子诱导效应，有助于 α-H 的离解形成烯醇式结构。在碱的催化作用下，α-H 直接与碱结合，形成负碳离子中间体，然后电子云转移到氧原子上，形成负氧离子中间体，最后质子化成烯醇式。

$$R-\overset{O}{\overset{\|}{C}}-CH_2-H \underset{}{\overset{H^+}{\rightleftharpoons}} R-\overset{\overset{+}{O}H}{\overset{\|}{C}}-CH_2-H \overset{-H^+}{\rightleftharpoons} R-\overset{OH}{\overset{|}{C}}=CH_2$$

$$R-\overset{O}{\overset{\|}{C}}-CH_2-H \overset{OH^-}{\rightleftharpoons} R-\overset{O}{\overset{\|}{C}}-\overset{-}{C}H_2 \overset{H^+}{\rightleftharpoons} R-\overset{OH}{\overset{|}{C}}=CH_2$$

形成烯醇式的主要原因：一是由于羰基的吸电子诱导效应的影响，使得 α - H 比较活泼；二是羰基 α - C 上的碳氢 σ 键能与羰基的 π 键形成 σ - π 超共轭，使得 α - H 容易离去，形成碳负离子中间体，再异构化成烯醇式。根据共振理论，碳负离子中间体和烯醇负离子是共振杂化体。

$$R-\overset{O}{\overset{\|}{C}}-\overset{-}{C}H_2 \longleftrightarrow R-\overset{O^-}{\overset{|}{C}}=CH_2$$

负碳离子　　　　烯醇负离子

酮式(keto form)和烯醇(enol form)式在酸或碱的催化作用下达到动态平衡。这种异构体通过动态平衡互相转化的现象称为互变异构(tautomerism)。参与互变的异构体称为互变异构体(tautomer)。酮式-烯醇式互变异构(enol-keto tautomerism)只是互变异构中的一种。

对一般的醛、酮而言，在酮式和烯醇式的互变异构中，由于烯醇式结构中的羟基氢原子比酮式 α - H更活泼，平衡偏向酮式一方，烯醇式含量极少。比如丙酮，烯醇式的含量只有 0.000 25%，几乎所有丙酮都是以酮式结构存在的。

$$CH_3-\overset{O}{\overset{\|}{C}}-CH_3 \rightleftharpoons CH_2=\overset{OH}{\overset{|}{C}}-CH_3$$

酮式(keto form)　　烯醇式(enol form)

99.999 75%　　　　0.000 25%

若分子中存在吸电子的基团，使 α - H 更活泼，那么烯醇式的含量会增加。如 2,4 -戊二酮，3 位上亚甲基的氢受到相邻两个羰基吸电子诱导效应的影响，非常活泼，具有弱酸性($pK_a=9$)，能转移一个亚甲基质子到羰基氧上，重排成烯醇式。而且烯醇式结构中含有一个较大的共轭体系，π 电子离域，体系能量降低，稳定性增强。另外，烯醇式通过分子内氢键形成六元螯环，更增加了它的稳定性。

$$H_3C-\overset{O}{\overset{\|}{C}}-CH_2-\overset{O}{\overset{\|}{C}}-CH_3 \rightleftharpoons \text{(六元螯环烯醇式：}H_3C, CH_3\text{)}$$

酮式（20%）　　　　烯醇式（80%）

由于存在酮式-烯醇式互变异构现象，因此在化学性质上，2,4 -戊二酮既可以发生甲基酮的典型反应，比如能与 HCN、羰基试剂发生亲核加成反应以及碘仿反应等。它又具有烯醇式的性质，如

与 $FeCl_3$ 的显色反应，能使溴水褪色等。这些性质都充分说明了 2,4-戊二酮是酮式和烯醇式的互变异构体。

烯醇式的含量除与化合物的结构有关外，还随溶剂、浓度及温度等条件而改变。在水或其他含质子的极性溶剂中，烯醇式含量较少，而在非极性溶剂中，烯醇式含量较多。这可能由于酮式能与含质子的极性溶剂分子形成氢键，使分子内氢键难以形成而降低了烯醇式的稳定性。

（三）氧化还原反应

1. 醛、酮的氧化反应

由于醛和酮结构上的差异，使得它们在氧化反应中有很大差别。醛的羰基碳上连有一个氢原子，因此醛比较活泼，容易被氧化成羧酸。而酮的性质相对来说比较稳定，不容易被氧化，即使在高锰酸钾的中性溶液中也不发生氧化反应。但是在强氧化剂的作用下，酮可被氧化，发生碳链断裂，生成小分子的羧酸。这是醛、酮化学性质的主要差别。这里我们主要介绍醛被一些弱氧化剂氧化的反应。

醛可与碱性弱氧化剂，如 Tollens 试剂、Fehling 试剂反应，醛被氧化成羧酸。

Tollens 试剂是硝酸银的氨溶液，与醛反应时，醛被氧化成羧酸，Tollens 试剂中的银离子被还原成单质银，沉积在试管壁上，形成银镜，因此这个反应又称为银镜反应。

$$RCHO + 2[Ag(NH_3)_2]OH \longrightarrow RCOONH_4 + 2Ag\downarrow + 3NH_3\uparrow + H_2O$$

Fehling 试剂是硫酸铜与酒石酸钾钠的碱溶液，与醛反应时，醛被氧化成羧酸的同时，Fehling 试剂中的 Cu^{2+} 被还原成氧化亚铜砖红色沉淀。

$$RCHO + Cu^{2+} \xrightarrow{OH^-} RCOO^- + Cu_2O\downarrow$$

醛与这些弱氧化剂反应时，有明显的颜色变化和沉淀的生成，而酮却没有这些现象，因此常用这些碱性弱氧化剂来鉴别、区分醛和酮。另外 Fehling 试剂只能与脂肪醛反应，与芳香醛不反应，因此可用 Fehling 试剂鉴别、区分脂肪醛与芳香醛。

2. 醛、酮的还原反应

醛、酮可以发生还原反应，用不同的还原方法可将羰基还原成羟基或亚甲基。

（1）催化加氢　醛、酮分子中的羰基可用催化氢化的方法还原，即在金属铂、钯、镍等催化剂的作用下，加氢还原，羰基的碳原子和氧原子分别加上一个氢原子，醛、酮分别被还原成相应的伯醇和仲醇。例如：

$$R-\overset{\overset{\displaystyle O}{\|}}{C}-H + H_2 \xrightarrow{Ni} RCH_2OH$$

$$R-\overset{\overset{\displaystyle O}{\|}}{C}-R' + H_2 \xrightarrow{Ni} R-\overset{\overset{\displaystyle OH}{|}}{CH}-R'$$

用催化加氢的方法还原羰基化合物时，如果分子中有其他不饱和键时，如碳-碳双键，氰基等，这些基团也将被还原。例如：

$$\underset{\text{2-丁烯醛}}{CH_3CH{=\!=}CHCHO} + H_2 \xrightarrow{Pt} \underset{\text{正丁醇}}{CH_3CH_2CH_2CH_2OH}$$

（2）金属氢化物还原　金属氢化物也能将醛、酮还原成伯醇和仲醇。常用的金属氢化物有氢化铝锂（$LiAlH_4$）、硼氢化钠（$NaBH_4$）等。

$$CH_3-\overset{\overset{O}{\|}}{C}-CH_2CH_3 \xrightarrow[\text{乙醚}]{LiAlH_4} CH_3-\overset{\overset{OH}{|}}{C}H-CH_2CH_3$$

金属氢化物(M^+H^-)的还原反应的机制是，金属氢化物中负氢离子作为亲核试剂，进攻羰基碳，形成醇盐，水解后生成相应的醇。

$$M^+H^- + R-\overset{\overset{O}{\|}}{C}-R' \longrightarrow R-\overset{\overset{O^-M^+}{|}}{C}H-R' \xrightarrow{H_2O} R-\overset{\overset{OH}{|}}{C}H-R' + M^+OH^-$$

硼氢化钠是一种较缓和的还原剂，可选择性的还原醛、酮，不还原其他的不饱和键。而氢化铝锂的还原性比较强，除还原羰基外，还可以还原羧基等高氧化态的基团。例如：

$$CH_3CH_2CH=CHCH_2CHO \xrightarrow[\text{乙醇}]{NaBH_4} CH_3CH_2CH=CHCH_2CH_2OH$$

(3) Clemmensen 还原法　醛、酮与锌汞齐和浓盐酸一起回流反应，羰基被还原成亚甲基，这种还原方法叫 Clemmensen 还原法。这个方法特别适合芳香酮的还原，将芳香酮还原成烃。例如：

$$Ph-\overset{\overset{O}{\|}}{C}-CH_3 \xrightarrow[\triangle]{Zn-Hg,HCl} Ph-CH_2-CH_3$$

四、重要的醛和酮

1. 甲醛

甲醛(formaldehyde)又叫蚁醛，是一种无色，具有强烈刺激气味的气体，易溶于水。工业上制得的含 40%的甲醛，10%甲醇的水溶液称作福尔马林(formalin)，福尔马林中的甲醛与蛋白质中的氨基结合，使蛋白质变性，福尔马林也溶解脂质，具有强大的杀菌作用，对细菌、真菌、病毒都有效。临床上，福尔马林是一种有效的消毒剂和防腐剂。

甲醛的毒性较高，也是潜在的强致癌物，对人体健康有负面影响。用甲醛超标的不合格板材进行室内装修，危害巨大，长期处于这种环境，接触不断释放的低剂量甲醛，易导致各类癌症的发生。如果误食用甲醛污染的食品或被非法添加甲醛防腐的食品，不仅会产生直接中毒反应，还会损伤肝、肾功能，甚至致癌。

2. 丙酮

丙酮是最简单的酮，它是无色透明液体，易挥发，易燃，有芳香气味，极易溶于水，能与有机溶剂混溶，也能溶解油脂、树脂和塑料等，是一种常用的有机溶剂。

复习题

【A 型题】

1. 下列化合物中能发生碘仿反应的是：（　　）

A. CH_3CH_2CHO　　B. $CH_3CH_2COCH_2CH_3$

C. $C_6H_5CH(OH)CH_3$　　D. $(CH_3)_2CHCHO$

2. 下列化合物中，在稀碱条件下两个分子间能发生醇醛缩合的是：（　）

A．HCHO　B．CH_3CH_2CHO

C．C_6H_5—CHO　D．Cl_3C—CHO

3. 常用于保护醛基的反应是：（　）

A．Cannizzaro 反应　B．缩醛的生成

C．Clemmensen 反应　D．醇醛缩合反应

4. 能把 >C=O 还原成—CH_2—的试剂是：（　）

A．H_2/Pt　B．Zn—Hg/HCl　C．$LiAlH_4$　D．$KMnO_4/H^+$

5. 区别 C_6H_5—CHO 和 $CH_3CH_2COCH_3$ 可选用的试剂是：（　）

A．Fehling 试剂　B．饱和 $NaHSO_3$　C．HCN　D．I_2＋NaOH

6. 既可以发生醇醛缩合反应，又可与 Fehing 试剂作用的是：（　）

A．$CH_3\overset{O}{\overset{\|}{C}}CH_3$　B．环己酮（环己基=O）　C．苯基—CHO　D．环己基—CHO

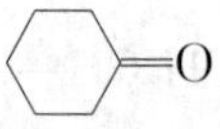

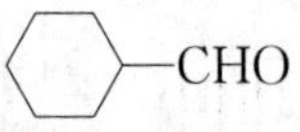

7. 下列物质能与 HCN 酸反应的是：（　）

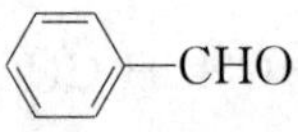

A．$C_6H_5\overset{O}{\overset{\|}{C}}CH_3$　B．环戊酮（环戊基=O）

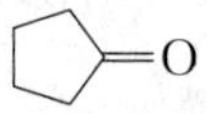

C．$C(CH_3)_3—\overset{O}{\overset{\|}{C}}—C(CH_3)_3$　D．$CH_3CH_2—\overset{O}{\overset{\|}{C}}—C_6H_5$

8. 羰基试剂指的是：（　）

A．含羰基的醛酮　B．芳香族类化合物

C．氨的衍生物　D．羧酸及其衍生物

9. 使碳链缩短的方法有：（　）

A．醇醛缩合　B．格氏试剂与环氧乙烷的加成

C．碘仿反应　D．卤代烃的氰解

10. 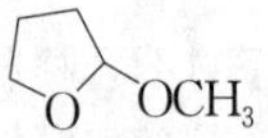 （四氢呋喃环2-位连 OCH_3）属于哪类物质：（　）

A．内酯　B．酸酐　C．缩醛　D．环醚

11. 下列化合物发生亲核加成反应活性最高的是：（　）

A．$CH_3\overset{O}{\overset{\|}{C}}CH_2CH_3$　B．$CH_3\overset{O}{\overset{\|}{C}}H$　C．$CF_3\overset{O}{\overset{\|}{C}}H$　D．$CH_3—\overset{O}{\overset{\|}{C}}—C_6H_5$

12. 醛与 HCN 的反应机制是：（　）

A．亲电加成　B．亲核加成　C．亲电取代　D．亲核取代

【问答题】

1. 命名下列各化合物：

（1）（环己-2-烯酮，3-位甲基，5-位乙基）　（2）苯基—$CH_2\overset{O}{\overset{\|}{C}}\underset{CH_3}{\underset{|}{C}}HCH_3$

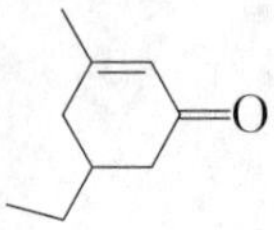

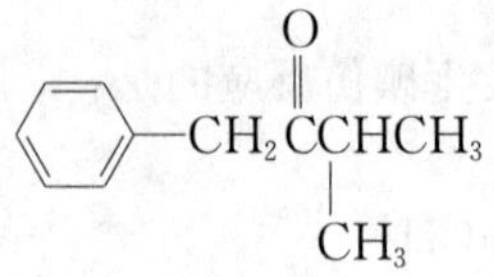

(3) 3-甲氧基苯甲醛结构式（H_3CO 取代苯环，-CHO）

(4) CH_3CHCH_2CHO（CH 上连 CH_2CH_3）

(5) 结构式：H_3C、H_3C、O、CH_3、CH_3

(6) $CH_3\overset{O}{\overset{\|}{C}}CH_2\overset{O}{\overset{\|}{C}}CH_3$

(7) 结构式：CHO

(8) 结构式：O、O、CH_3

(9) 结构式：O、O

(10) 环戊基$-CH_2\overset{O}{\overset{\|}{C}}CH_3$

2. 写出下列化合物的结构：

(1) α-溴代丙醛　(2) 邻羟基苯甲醛　(3) 2,2-二甲基环戊酮

(4) 1,4 环己二酮　(5) 戊二醛　(6) 对甲氧基苯乙酮

(7) 3-异丙基-2-庚酮　(8) 5-甲基-2-异丙基环己酮　(9) 1-甲基-2,6-萘醌

(10) *E*-2-丁烯醛

3. 完成下列各反应式：

(1) $CH_3CH_2\overset{O}{\overset{\|}{C}}H \xrightarrow{OH^-}$

(2) 苯基$-CHO + CH_3CH_2CH_2MgBr \longrightarrow$

(3) H_3C、O、O、CH_3 $\xrightarrow[H^+]{I_2+NaOH}$

(4) $CH_3COCH_3 + H_2NHN-$（2,4-二硝基苯基，NO_2、NO_2）$\longrightarrow$

(5) $CH_3CH_2CH{=}CH_2CH_2CHO \xrightarrow[(2)\ H_3O^+]{(1)\ LiAlH_4}$

(6) 环己基$=O + HCN \xrightarrow{H_3O^+}$

(7) 苯基$-COCH_3 \xrightarrow{Zn-Hg,HCl}$

(8) （亚甲二氧基苯基，O、O）$-CHO \xrightarrow{[Ag(NH_3)_2]OH} \quad \xrightarrow{H_3O^+}$

(9) 环己基$=O +$ HO—、HO—（乙二醇）$\xrightarrow{干燥\ HCl}$

(10) $CH_3CHCH_2CHCH_2CHO \xrightarrow{干燥\ HCl}$（第一个 CH 上连 OH，第二个 CH 上连 CH_3）

(11) $\overset{O}{\overset{\|}{HC}}CH_2CH_2CH_2CH_2\overset{O}{\overset{\|}{C}}H \xrightarrow{OH^-}$

(12) 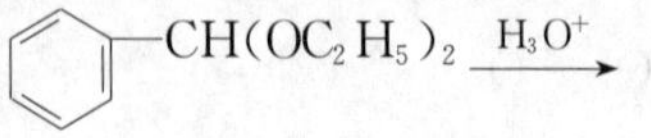 C_6H_5—$CH(OC_2H_5)_2 \xrightarrow{H_3O^+}$

(13) $HCHO + C_6H_5CHO \xrightarrow{浓\ OH^-}$

(14) 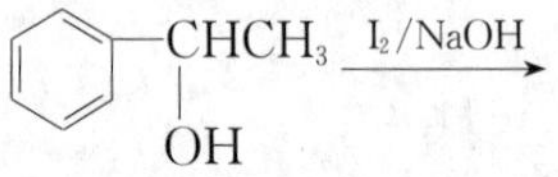 C_6H_5—$\underset{OH}{\underset{|}{C}}HCH_3 \xrightarrow{I_2/NaOH}$

4. 用简单的化学方法鉴别下列各组化合物：

(1) 苯乙酮、3-戊酮和丙酮

(2) 邻羟基苯甲醛和邻羟基苯乙酮

(3) 苯甲醛、乙醛和丙醛

(4) 2-戊醇和 2-戊酮

(5) 苯乙酮和苯甲醛

5. 合成：

(1) $CH_3\overset{O}{\overset{\|}{C}}CH_3 \longrightarrow CH_3\underset{CH_3}{\underset{|}{C}}{=}CHCOOH$

(2) $CH_3CH_2OH \longrightarrow CH_2{=}CHCOOH$

(3) 环己烷，$CH_2:CH_2 \longrightarrow$ 1-乙基环己烯（环己烯—CH_2CH_3）

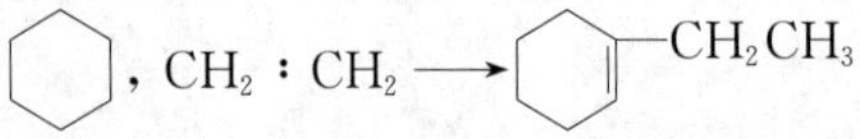

(4) $CH_3(CH_2)_2CHO \longrightarrow CH_3(CH_2)_4CHO$

(5) $HC{\equiv}CCH_2CH_2CH_2OH \longrightarrow CH_3\overset{O}{\overset{\|}{C}}CH_2CH_2\overset{O}{\overset{\|}{C}}(CH_2)_4CH_3$

6. 推结构：

(1) 某化合物 A，与 Tollens 试剂反应有银镜生成，A 与乙基溴化镁反应，随即加稀酸得到分子式 $C_6H_{14}O$ 的化合物 B，B 经浓盐酸处理得到分子式为 C_6H_{12} 的化合物 C。C 与臭氧反应并在锌存在下与水作用，得到丙醛和丙酮两种产物，试写出各化合物的结构式。

(2) 某化合物 A，分子式为 $C_{10}H_{12}O_2$，不溶于氢氧化钠溶液，能与 2,4-二硝基苯肼反应，但不能与 Tollens 试剂反应。A 经 $LiAlH_4$ 还原得到化合物 B($C_{10}H_{14}O_2$)。A 和 B 都能发生碘仿反应。A 与 HI 作用得到化合物 C($C_9H_{10}O_2$)。C 可溶于 NaOH，但不溶于 $NaHCO_3$ 溶液。C 经 Clemmensen 还原生成化合物 D($C_9H_{12}O$)。A 经 $KMnO_4$ 氧化得到间甲氧基苯甲酸。试写出化合物 A、B、C、D 可能的结构式。

第九章

羧酸和取代羧酸

导学

内容及要求

本章主要介绍羧酸及取代羧酸的结构、分类、命名及性质。

要求掌握羧酸和取代羧酸的命名及化学性质，特别是羧酸的酸性及其影响因素、羧酸衍生物的生成、醇酸的受热脱水和酮酸的脱羧反应；熟悉羧酸及取代羧酸的分类和结构；一些重要羧酸和取代羧酸的俗名；酯化反应的机制等。

重点、难点

本章重点是羧酸和取代羧酸的结构、命名及化学性质，包括羧酸的酸性及影响因素，羧酸衍生物的合成方法及羧酸的脱羧、脱水反应；取代羧酸中醇酸的脱水反应和酮酸的脱羧反应等。

难点：酯化反应的机制和影响因素。

专科生的要求

专科生需掌握羧酸及取代羧酸的分类、命名，物理性质不作要求。化学性质中掌握羧酸的酸性，其中结构对酸性的影响因素不作要求；掌握羧酸衍生物的合成方法，其中酯化反应的反应机制不作要求；掌握二元酸的脱水、脱羧反应；取代羧酸的化学性质一般了解。

羧酸(RCOOH)是一类有机酸，它可以看作烃分子中的氢原子被羧基(—COOH)取代的化合物，羧基是它的官能团。羧酸性质比较活泼，能与许多试剂发生反应。羧酸分子中烃基上的氢原子被其他原子或基团取代的化合物叫取代羧酸，如卤代酸、羟基酸、羰基酸和氨基酸等。羧酸和取代羧酸广泛存在于自然界中，有些是动植物代谢的中间体，许多羧酸和取代羧酸具有显著的生物活性，参与动植物的生命活动。羧酸和取代羧酸是有机合成及医药工业的重要原料。

第一节 羧　　酸

羧酸(carboxylic acid)是分子中含有羧基(—COOH，carboxyl group)的化合物，是一类重要的有机酸，其通式为 RCOOH，羧基是它的官能团。羧酸广泛地存在于自然界中，是有机合成及医药工业的重要原料。

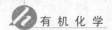

一、羧酸的分类和命名

羧酸可根据分子中烃基种类的不同，分为脂肪酸(fatty acid)和芳香酸(aromatic acid)；还可以根据烃基是否饱和，分为饱和羧酸(saturated fatty acid)和不饱和羧酸(unsaturated fatty acid)；另外，还可以根据分子中羧基的数目分为一元酸(monocarboxylic acid)、二元酸(dicarboxylic acid)和多元酸(polycarboxylic acid)等。

CH_3CH_2COOH	HOOC—COOH	C_6H_5—COOH	HOOC(H)C=C(H)COOH
脂肪酸 一元酸	脂肪酸 二元酸	芳香酸 一元酸	不饱和脂肪酸 二元酸

许多羧酸是从天然产物中得到的，因此常见的羧酸多用俗名，如蚁酸(甲酸)、醋酸(乙酸)、草酸(乙二酸)等。一些常见的俗名见表 9-1。

羧酸的系统命名与醛相似，命名时选择含羧基在内的最长碳链作为主链，根据主碳链上碳原子数目称为某酸。从羧基碳原子开始编号，用阿拉伯数字或希腊字母 α、β、γ、$\delta\cdots\omega$ 等标明取代基的位次，最后将取代基的位次、名称按“次序规则”由小到大写到母体名称之前。例如：

$CH_3CH_2CH(CH_3)—CH(CH_3)CH_2COOH$

3,4-二甲基己酸(β, γ-二甲基己酸)

$CH_3—C(CH_3)=CH—COOH$

3-甲基-2-丁烯酸

$HOOC—CH_2CH(CH_3)CH_2CH(CH_2CH_3)COOH$

4-甲基-2-乙基己二酸

$C_6H_5—CH_2COOH$

苯乙酸

脂环酸和芳香酸命名时，以脂肪酸为母体，把脂环和芳基作为取代基，例如：

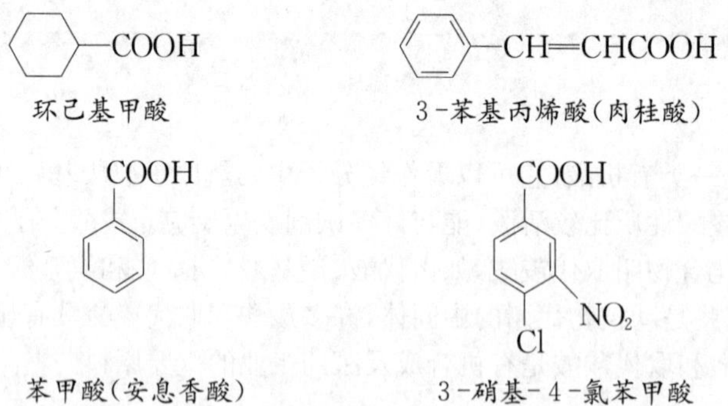

环己基甲酸　　3-苯基丙烯酸(肉桂酸)

苯甲酸(安息香酸)　　3-硝基-4-氯苯甲酸

二元酸命名时，选择含有两个羧基在内的最长碳链作为主链，称为某二酸，例如：

COOH—COOH	$CH_2COOH—CH_2COOH$	$C_6H_4(COOH)_2$
乙二酸(草酸)	丁二酸(琥珀酸)	邻-苯二甲酸

羧酸中去掉羟基剩下的基团称为酰基，其命名将相应羧酸的“酸”字去掉，换成“酰基”，称为“某

酰基”。例如：

CH_3COOH	乙酸	$CH_3CO—$	乙酰基
HOOC—COOH	草酸	HOOC—CO—	草酰基

二、结构和物理性质

(一) 羧酸的结构

羧基的碳原子是 sp^2 杂化类型，三个 sp^2 杂化轨道分别与羰基氧原子、羟基氧原子和烃基碳原子或氢原子形成 σ 键，三个 σ 键共平面，键角接近 120°。羧基碳原子还有一个未参与杂化的 p 轨道与羰基氧原子的 p 轨道相互平行，从侧面重叠形成 π 键。羟基氧原子上孤对电子的 p 轨道与 π 键的 p 轨道也相互平行，形成 p－π 共轭体系。羧酸的结构如下：

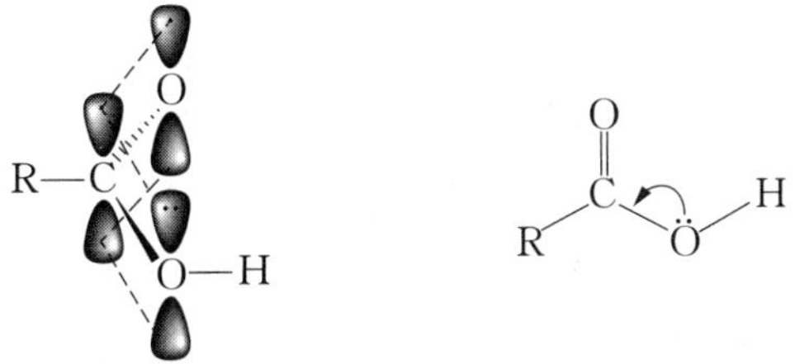

X 射线衍射表明，在甲酸中，C═O 的键长为 123 pm，比醛、酮羰基的键长(122 pm) 长；C—O 键长为 136 pm，比醇中的碳氧键长(143 pm) 短，键长趋于平均化。这是 p－π 共轭、电子云平均化的结果，反映在键长上，就是键长平均化。经 X 光衍射对甲酸钠的测定表明，两个 C—O 键的键长相等，都是 127 pm，键长完全平均化，没有单双键之分。当羧基的氢原子离解后，羧酸根负离子中的 p－π 共轭作用更明显，负电荷平均分配在两个氧原子上，两个碳氧键的键长完全平均化。甲酸和甲酸根负离子的结构如下：

(二) 羧酸的物理性质

常温下，10 个碳以下的饱和一元羧酸为液体，随着碳原子数的增加，高级饱和脂肪酸为蜡状固体，脂肪族二元酸和芳香酸均为晶体。

由于羧基是亲水基团，可与水形成氢键，因此含 1～4 个碳原子的羧酸易溶于水。水溶性随碳原子数的增加而降低，5～10 个碳原子的脂肪酸在水中的溶解度很小(表 9－1)。高级一元酸溶于乙醇、氯仿等有机溶剂。

饱和一元羧酸的沸点随着相对分子质量的增加而升高。羧酸的沸点比相对分子质量相近的醇的沸点要高。例如，乙酸和丙醇的相对分子质量均为 60，乙酸的沸点是 118 ℃，而正丙醇的沸点仅为 97.2 ℃。这是因为两个羧酸分子之间能通过两个氢键相互结合，形成二聚体。羧酸分子间的这种氢键比醇分子间的氢键牢固，所以羧酸为固态或液态时，主要以二聚体的形式存在。

羧酸二聚体

饱和脂肪酸熔点随着分子中碳原子数的增加呈锯齿形上升曲线。含偶数碳原子的羧酸的熔点比相邻两个含奇数碳原子的羧酸的熔点高，这可能因为含偶数碳原子的羧酸分子较为对称，在晶体中排列更紧密的缘故。一些常见羧酸的理化性质见表 9-1。

表 9-1　一些羧酸的理化常数

名称(俗名)	英文名称	结构式	熔点(℃)	沸点(℃)	溶解度 (g/100 ml 水)	pK_a
甲酸(蚁酸)	methanoic acid	HCOOH	8.4	100.5	∞	3.77
乙酸(醋酸)	ethanoic acid	CH_3COOH	16.6	118	∞	4.76
丙酸(初油酸)	propanoic acid	CH_3CH_2COOH	−22	141	∞	4.88
丁酸(酪酸)	butanoic acid	$CH_3(CH_2)_2COOH$	−7.9	162.5	∞	4.82
戊酸(缬草酸)	pentanoic acid	$CH_3(CH_2)_3COOH$	−34.5	187	3.7	4.85
己酸(羊油酸)	hexanoic acid	$CH_3(CH_2)_4COOH$	−3.9	205	1.0	4.85
乙二酸(草酸)	ethanedioic acid	HOOCCOOH	189	>100 升华	10	1.46
丙二酸	propanedioic acid	$HOOCCH_2COOH$	135	140 分解	140	2.80
丁二酸(琥珀酸)	butanedioic acid	$HOOC(CH_2)_2COOH$	185	235 失水	6.8	4.17
戊二酸	pentanedioic acid	$HOOC(CH_2)_3COOH$	98		63.9	4.34
己二酸	hexanedioic acid	$HOOC(CH_2)_4COOH$	151		2	4.33
苯甲酸	benzoic acid	C_6H_5COOH	121.7	249	0.34	4.17

三、羧酸的化学性质

羧基是羧酸的官能团，是发生化学反应的主要部位。羧基中羰基的 π 键与羟基氧上的孤对电子形成 p-π 共轭，使得羰基碳原子的正电性降低，不利于亲核试剂的进攻。同时 p-π 共轭的影响降低了羰基的极性，使羧酸的 α-H 没有醛、酮的 α-H 活泼。另外由于 p-π 共轭，使羟基氧原子上的电子云向羰基转移，使得 O—H 键之间的电子云更靠近氧原子，增加了 O—H 键的极性，有利于氢原子的离解，因而羧酸表现出明显的酸性。此外，羧基是吸电子基团，在羧基吸电子诱导的作用下，羧基与 α-C 之间的碳碳键容易断裂，发生脱羧反应。

R—C(=O)—O—H

(一) 酸性与成盐反应

羧酸在水中能够离解出质子而显酸性。

$$RCOOH + H_2O \longrightarrow RCOO^- + H_3O^+$$

羧酸离解出质子后，羧酸根的负电荷通过 p-π 共轭体系，平均分布在羧酸根的两个氧原子上，使电荷分散，体系内能降低，分子更加稳定。

常见的一元羧酸 pK_a 为 3～5，属弱酸，其酸性比 HCl、H_2SO_4 等无机酸弱，但比碳酸(pK_a=6.5)和苯酚(pK_a=10)强。因此羧酸不仅能与 NaOH 反应，也能与碳酸盐反应，放出 CO_2。

$$RCOOH + NaOH \longrightarrow RCOONa + H_2O$$
$$RCOOH + NaHCO_3 \longrightarrow RCOONa + H_2O + CO_2\uparrow$$
$$2RCOOH + Na_2CO_3 \longrightarrow 2RCOONa + H_2O + CO_2\uparrow$$

酚不能与碳酸氢钠反应，因此实验室中常用5%碳酸氢钠的水溶液来区别羧酸和酚。

羧酸的钠盐、钾盐易溶于水，利用这一性质，医药上常将一些含有羧基的、水溶性较差的药物转变成可溶性的羧酸盐，以便制成水剂或注射剂使用。如含有羧基的青霉素和氨苄青霉素临床使用的就是其钠盐或钾盐。许多羧酸盐在工业、农业、医药卫生领域里被广泛应用，如表面活性剂（硬脂酸的钠盐或钾盐等）、杀虫剂和防霉剂（琥珀酸铜、苯甲酸钠等）。

羧酸的酸性强弱，受羧基的电子效应、立体效应和溶剂化效应的影响。就电子效应来讲，像硝基、卤素这样的吸电子基团取代羧酸烃基上的氢原子后，在这些吸电子基团的吸电子诱导（$-I$效应）作用下，使羧基电子云密度降低，有利于分散羧基上的负电荷，使羧酸根负离子稳定性增强，羧酸电离变得容易，酸性增强；反之，羧基上连有供电子基时，由于斥电子诱导（$+I$效应），羧酸根负电荷增加，负离子稳定性降低，酸性减弱。取代基对酸性的影响与取代基的性质、数目以及取代基与羧基的相对位置有关。例如：

	FCH_2COOH	$ClCH_2COOH$	$BrCH_2COOH$	ICH_2COOH
pK_a	2.67	2.87	2.90	3.16

	Cl_3CCOOH	$Cl_2CHCOOH$	$ClCH_2COOH$	HCH_2COOH
pK_a	0.63	1.36	2.87	4.76

	$CH_3CH_2CH(Cl)COOH$	$CH_3CH(Cl)CH_2COOH$	$CH_2(Cl)CH_2CH_2COOH$
pK_a	2.86	4.06	4.52

在苯甲酸分子中，受苯基吸电子诱导效应影响，酸性应该增强，但由于苯环的大π键能与羧基的π键形成π-π共轭体系，在羰基氧原子的吸电子诱导作用下，使苯环π电子云向羧基方向转移，即斥电子（$+C$效应）共轭效应，苯环的斥电子共轭效应与吸电子诱导效应恰好相反。两种电子效应综合作用的结果，斥电子共轭效应大于吸电子诱导效应，因此，苯甲酸的酸性比甲酸弱，比其他脂肪族一元羧酸的酸性要强。

	苯甲酸（C_6H_5COOH）	邻硝基苯甲酸（$COOH$, NO_2）	间硝基苯甲酸（$COOH$, NO_2）	对硝基苯甲酸（$COOH$, NO_2）
pK_a	4.20	2.21	3.49	3.42

	苯甲酸（C_6H_5COOH）	邻羟基苯甲酸（$COOH$, OH）	间羟基苯甲酸（$COOH$, OH）	对羟基苯甲酸（$COOH$, OH）
pK_a	4.20	3.00	4.12	4.54

苯甲酸中苯环上不同位置的氢原子被取代后，对酸性的影响也不同。例如，邻、间、对三个硝基苯甲酸的酸性较苯甲酸都有所增强。因为硝基无论是从诱导效应还是共轭效应都是吸电子基团，增加了羧基氢离子的电离。但邻位异构体的酸性最强，这是因为硝基与羧基两个基团距离很近，又都是较

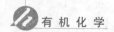

大的基团，受空间位阻的影响，羧基上的π键与苯环的大π键不能共平面，共轭效应减弱，苯基的吸电子诱导效应相对增强，因此邻位异构体的酸性最强。邻位取代基的这一影响称为邻位效应(*ortho*-effect)。

邻羟基苯甲酸的邻位效应还可以通过分子内氢键来解释。羧基与羟基处于邻位，分子内可以形成氢键，增加了羧基中氢氧键的极性，有利于氢离子的离解。离解后氢键的存在也有利于分散羧基的负电荷，使羧基负离子更加稳定。

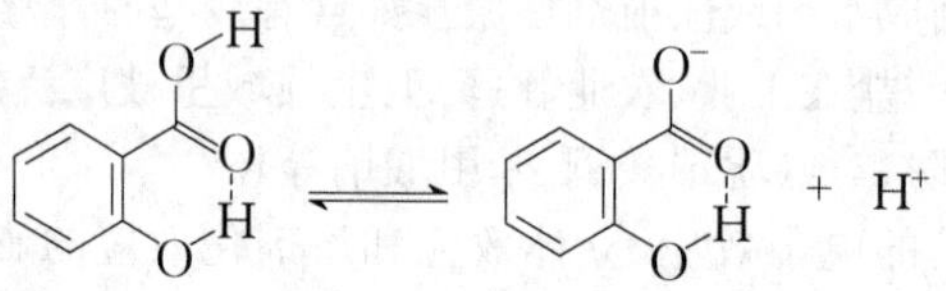

$$\rightleftharpoons \quad + \ H^+$$

对羟基苯甲酸和间羟基苯甲酸的酸性差异，是由于对位羟基氧上的电子对可与苯环形成 p-π 共轭，使羟基氧上电子云通过苯环向羧基转移，使羧基质子不易离解，因此酸性较间位的弱。

二元羧酸的酸性比相应的一元羧酸的酸性强。二元羧酸的酸性强弱与两个羧基的相对位置有关。因为二元羧酸的离解是分两步进行的，第一步电离受到另一个羧基强的吸电子诱导效应的影响，两个羧基距离越近，影响越大。

(二) 羧酸衍生物的生成

羧酸分子中的羟基可以被其他原子或基团取代，生成羧酸衍生物(carboxylic acid derivative)。酰卤、酸酐、酯和酰胺是常见的羧酸衍生物。

1. 酰卤的生成

羧基中的羟基被卤素取代后生成的化合物称为酰卤(acyl halide)。酰卤中以酰氯最为重要。酰氯是由羧酸与三氯化磷、五氯化磷或氯化亚砜等试剂催化得到。例如：

$$CH_3\overset{\overset{O}{\|}}{C}OH + PCl_3 \xrightarrow[\triangle]{} CH_3\overset{\overset{O}{\|}}{C}Cl + H_3PO_3$$

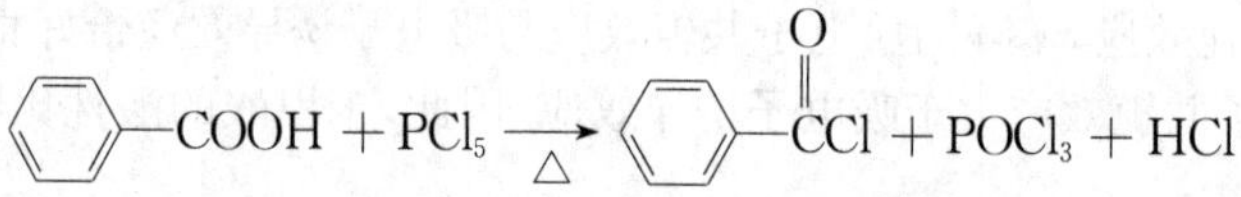

$$C_6H_5\text{—}COOH + PCl_5 \xrightarrow[\triangle]{} C_6H_5\text{—}\overset{\overset{O}{\|}}{C}Cl + POCl_3 + HCl$$

$$(CH_3)_2CHCH_2COOH + SOCl_2 \xrightarrow[\triangle]{} (CH_3)_2CHCH_2\overset{\overset{O}{\|}}{C}Cl + SO_2\uparrow + HCl\uparrow$$

催化剂的选择主要取决于主产物酰卤与反应物、副产物的分离难易。有机合成中常采用氯化亚砜作催化剂制备酰氯，因为除产物酰氯以外，副产物(SO_2、HCl)都是气体，很容易从反应体系中分离出来，过量的 $SOCl_2$ 沸点低，可通过蒸馏除去。

酰卤是一类非常活泼的化合物，广泛应用于药物和有机合成中。

2. 酸酐的生成

羧酸在脱水剂如 P_2O_5 的作用下加热，两个羧基之间失去一分子水，形成酸酐(acid anhydride)。

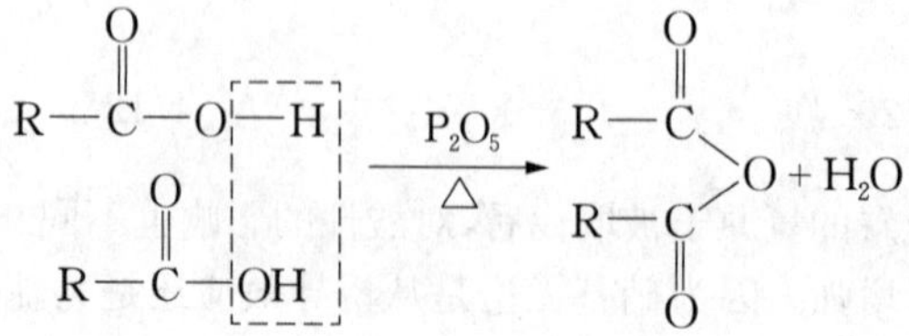

$$\begin{matrix} R\text{—}\overset{\overset{O}{\|}}{C}\text{—}O\text{—}H \\ R\text{—}\overset{\overset{O}{\|}}{C}\text{—}OH \end{matrix} \xrightarrow[\triangle]{P_2O_5} \begin{matrix} R\text{—}\overset{\overset{O}{\|}}{C} \\ R\text{—}\underset{\underset{O}{\|}}{C} \end{matrix}\!\!>O + H_2O$$

具有五元环或六元环的环酐可由相应的二元羧酸加热，分子内脱水得到。

例如：

$$\begin{array}{l}CH_2-COOH \\ | \\ CH_2-COOH\end{array} \xrightarrow{\triangle} \begin{array}{l}CH_2-CO \\ | \qquad\quad \rangle O \\ CH_2-CO\end{array} + H_2O$$

丁二酸酐

$$C_6H_4(COOH)_2 \xrightarrow{\triangle} C_6H_4(CO)_2O$$

邻苯二甲酸酐

3．酯的生成

羧酸与醇在酸的催化作用下，脱水生成酯(ester)的反应称为酯化反应(esterification)。酯化反应速度很慢，而且反应可逆，需在强酸如硫酸、盐酸或苯磺酸的催化作用下加热进行。制备酯时，为了提高酯的产率，一种方法是加入过量的廉价的羧酸或醇，促使反应向生成酯的方向进行；另一种方法是用共沸混合物将水带走，或加入合适的除水剂将反应产生的水除去。

$$RCOOH + R'OH \xrightleftharpoons{H^+} RCOOR' + H_2O$$

$$CH_3COOH + C_2H_5OH \xrightleftharpoons[\triangle]{H_2SO_4} CH_3COOC_2H_5 + H_2O$$

通常，酯化反应是由羧酸分子中的羟基与醇羟基的氢脱水，成酯，具体机制如下：

$$R-\overset{O}{\overset{\|}{C}}-\boxed{OH + H}-OR' \xrightleftharpoons{H^+} R-\overset{O}{\overset{\|}{C}}-OR' + H_2O$$

$$R-\overset{O}{\overset{\|}{C}}-OH \xrightleftharpoons{H^+} R-\overset{\overset{+}{O}H}{\overset{\|}{C}}-OH \xrightleftharpoons{HOR'} R-\underset{R'\underset{+}{O}-H}{\overset{OH}{C}}-OH \rightleftharpoons R-\underset{OR'}{\overset{OH}{C}}-\overset{+}{O}H_2$$

$$\xrightleftharpoons{-H_2O} R-\overset{\overset{+}{O}H}{\overset{\|}{C}}-OR' \xrightleftharpoons{-H^+} R-\overset{O}{\overset{\|}{C}}-OR'$$

首先在酸的催化作用下，羰基质子化，使羰基碳带有更多的正电荷，容易受到醇羟基的亲核进攻，形成一个四面体中间体，然后中间体进行质子转移，消除一分子水，再消除质子，形成酯。整个反应过程是，羰基发生亲核加成，再消除的过程，所以称为加成-消除机制，总的结果是亲核试剂取代了羰基上的羟基。因此反应机制可以缩写成下列形式：

$$\mathrm{R-\overset{\overset{\displaystyle O}{\|}}{C}-OH + H-OR' \xrightleftharpoons{H^+} \left[R-\underset{\underset{\displaystyle OR'}{|}}{\overset{\overset{\displaystyle OH}{|}}{C}}-OH \right] \rightleftharpoons R-\overset{\overset{\displaystyle O}{\|}}{C}-OR' + H_2O}$$

羧酸与一级醇、二级醇酯化时，绝大多数属于这个反应机制。由于反应的中间体是四面体结构，比较拥挤，如果羧酸和醇的 α－C 上连接的基团空间位阻比较大，或个数多，那么这些中间体就不稳定，酯化反应难以进行。因此空间位阻对酯化反应的速度影响很大，反应活性顺序如下：

酸：$HCOOH > CH_3COOH > RCH_2COOH > R_2CHCOOH > R_3CCOOH$

醇：$CH_3OH > RCH_2OH > R_2CHOH$

4. 酰胺的生成

羧酸与氨或胺反应首先形成铵盐，铵盐加热脱水得到酰胺(amide)，反应可逆。

$$\mathrm{RCOOH + NH_3 \rightleftharpoons RCOONH_4 \underset{\triangle}{\rightleftharpoons} RCONH_2 + H_2O}$$

$$\mathrm{RCOOH + NH_2R' \rightleftharpoons RCOONH_3R' \underset{\triangle}{\rightleftharpoons} \underset{酰胺}{RCONHR'} + H_2O}$$

例如：

$$\mathrm{C_6H_5-COOH + NH_3 \underset{\triangle}{\rightleftharpoons} \underset{苯甲酰胺}{C_6H_5-CONH_2} + H_2O}$$

许多药物分子中都含有酰胺结构，例如：氨苄青霉素(ampicillin)。

$$\mathrm{C_6H_5-\overset{\overset{\displaystyle NH_2}{|}}{CH}-\overset{\overset{\displaystyle O}{\|}}{C}-NH-}\text{(β-内酰胺-噻唑烷环，含 S、N、O、2个 }CH_3\text{、COONa)}$$

氨苄青霉素

(三) 脱羧反应

在合适的条件下，羧酸分子一般都能脱去羧基放出二氧化碳，该反应称为脱羧反应(decarboxylation)。

$$\mathrm{RCOOH \xrightarrow[\triangle]{碱} RH + CO_2\uparrow}$$

除甲酸外，一元羧酸较稳定，直接加热很难脱羧，只有在特殊条件下才能够发生脱羧反应。若脂肪酸的 α－C 上连有强吸电子基，如硝基、卤素、羟基、羧基等，脱羧反应容易进行。例如：

$$\mathrm{Cl_3CCOOH \xrightarrow{\triangle} CHCl_3 + CO_2\uparrow}$$

$$\mathrm{HOOCCH_2COOH \xrightarrow{\triangle} CH_3COOH + CO_2\uparrow}$$

芳香酸比较容易脱羧，因为苯基是一个吸电子基团，有利于羧基与苯环间碳碳键的断裂。在邻、对位有吸电子基团的芳香酸，脱羧反应更加容易进行，例如：

$$2,4,6\text{-}(NO_2)_3C_6H_2COOH \xrightarrow{\triangle} 1,3,5\text{-}(NO_2)_3C_6H_3 + CO_2\uparrow$$

生物体内发生许多重要的脱羧反应是在脱羧酶的作用下进行的。

一些二元酸对热不稳定，在加热或与脱水剂共热的条件下，由于两个羧基位置不同，会发生脱羧或脱水反应。

(1) 脱羧反应　乙二酸、丙二酸加热脱羧，生成少一个碳的一元羧酸。

$$\underset{\text{乙二酸}}{HOOC\text{—}COOH} \xrightarrow{\triangle} \underset{\text{甲酸}}{HCOOH} + CO_2\uparrow$$

$$\underset{\text{丙二酸}}{H_2C(COOH)_2} \xrightarrow{\triangle} \underset{\text{乙酸}}{CH_3COOH} + CO_2\uparrow$$

(2) 脱水反应　丁二酸、戊二酸受热发生脱水反应，生成环酐。

$$\underset{\text{丁二酸}}{\begin{matrix}CH_2COOH\\|\\CH_2COOH\end{matrix}} \xrightarrow{\triangle} \underset{\text{丁二酸酐}}{\text{(环状酸酐)}} + H_2O$$

$$\underset{\text{戊二酸}}{H_2C(CH_2COOH)_2} \xrightarrow{\triangle} \underset{\text{戊二酸酐}}{\text{(环状酸酐)}} + H_2O$$

(3) 脱羧脱水反应　己二酸、庚二酸与氢氧化钡共热，发生分子内脱水和脱羧反应，生成少一个碳的环酮。

$$\underset{\text{己二酸}}{\begin{matrix}CH_2CH_2COOH\\|\\CH_2CH_2COOH\end{matrix}} \xrightarrow[Ba(OH)_2]{\triangle} \underset{\text{环戊酮}}{\text{(环戊酮)}} + H_2O + CO_2\uparrow$$

$$\underset{\text{庚二酸}}{H_2C(CH_2CH_2COOH)_2} \xrightarrow[Ba(OH)_2]{\triangle} \underset{\text{环己酮}}{\text{(环己酮)}} + H_2O + CO_2\uparrow$$

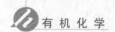

(四) 羧酸的还原

羧酸很难用催化氢化法还原，但氢化锂铝能顺利地把羧酸直接还原为伯醇。例如：

$$CH_2{=}CHCH_2COOH \xrightarrow{LiAlH_4} \xrightarrow{H_2O} CH_2{=}CHCH_2CH_2OH$$

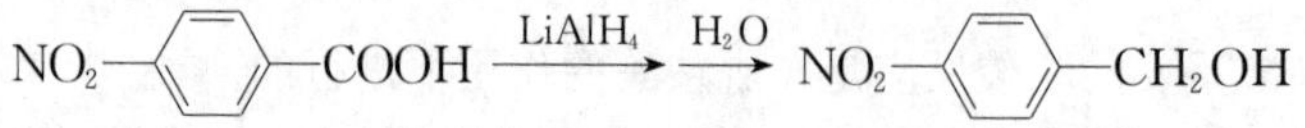

$$NO_2-C_6H_4-COOH \xrightarrow{LiAlH_4} \xrightarrow{H_2O} NO_2-C_6H_4-CH_2OH$$

氢化锂铝能还原很多具有羰基结构的化合物，但不能还原双键，因此具有一定的选择性。由于其还原性强，收率高，广泛用于有机合成。

四、重要的羧酸

1. 甲酸

甲酸(HCOOH)最初是从红蚂蚁体内发现的，所以俗称蚁酸。它是无色有刺激性气味的液体，沸点为100.5 ℃，易溶于水。甲酸的腐蚀性很强。

甲酸的构造比较特殊，分子中的羧基与氢原子相连，既具有羧基的结构，又具有醛基的结构，因而既有酸性又有还原性，能发生银镜反应或使高锰酸钾溶液褪色。

2. 乙酸

乙酸(CH_3COOH)俗名醋酸，是食醋的主要成分。乙酸为无色有刺激气味的液体，熔点为16.6 ℃，沸点为118 ℃。由于乙酸在16.6 ℃以下能凝结成冰状固体，所以常把无水乙酸称作冰醋酸。乙酸易溶于水，也能溶于许多有机溶剂。乙酸还是重要的工业原料。

3. 乙二酸

乙二酸(HOOC—COOH)俗名草酸，在大部分植物，尤其是草本植物中常以盐的形式存在，草酸是无色晶体。常见的草酸含有两分子结晶水。无水草酸熔点为189 ℃，加热到150 ℃以上就开始分解生成甲酸及二氧化碳，甲酸再分解成一氧化碳和水。草酸具有还原性，在分析化学中常用来标定$KMnO_4$溶液的浓度。

4. 苯甲酸

苯甲酸(C_6H_5COOH)俗名安息香酸。它与苄醇形成的酯存在于天然树脂与安息香胶内。苯甲酸是白色固体，熔点为121 ℃，微溶于水，受热易升华。苯甲酸有抑菌、防腐的作用，可作为防腐剂。

第二节　取代羧酸

羧酸分子中烃基上的氢原子被其他原子或者基团取代后的化合物称为取代羧酸。常见的取代羧酸有卤代酸、羟基酸、羰基酸以及氨基酸等。例如：

卤代酸

$$\underset{\displaystyle Br}{\underset{|}{CH_2}}COOH \qquad CH_3\underset{\displaystyle Cl}{\underset{|}{CH}}COOH$$

溴乙酸　　　2-氯丙酸

羟基酸

$$CH_3\underset{\displaystyle OH}{\underset{|}{CH}}COOH \qquad C_6H_4(OH)COOH$$

α-羟基丙酸（乳酸）　　　邻羟基苯甲酸（水杨酸）

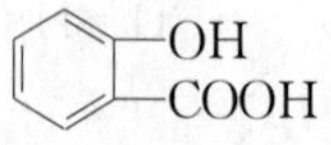

羰基酸

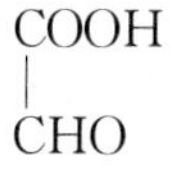

$$\begin{matrix}COOH\\|\\CHO\end{matrix}$$

乙醛酸

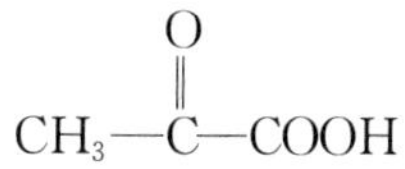

$$CH_3-\overset{\overset{\displaystyle O}{\|}}{C}-COOH$$

丙酮酸

氨基酸

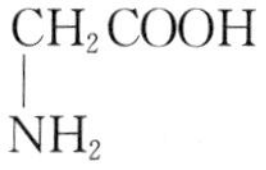

$$\begin{matrix}CH_2COOH\\|\\NH_2\end{matrix}$$

氨基乙酸
（甘氨酸）

$$C_6H_5-\underset{\underset{\displaystyle NH_2}{|}}{CH_2CHCOOH}$$

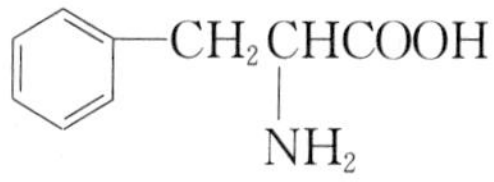

2-氨基-3-苯基丙酸
（苯丙氨酸）

本节主要介绍羟基酸和羰基酸，氨基酸将在第十五章介绍。

取代羧酸分子中既有羧基，又有羟基、氨基、羰基等其他官能团。所以，取代羧酸具有羧酸和其他官能团的性质，由于羧基和其他基团之间的相互影响，取代羧酸还具有一些特殊性质。

一、羟基酸

羟基酸是羧酸分子中烃基上的氢原子被羟基取代后生成的化合物。可根据羟基连接烃基种类的不同分为醇酸和酚酸。羟基连在脂肪族烃基上的称为醇酸；羟基连在苯环上的称为酚酸。

(一) 命名

醇酸的命名以羧酸为母体，羟基为取代基，并用阿拉伯数字或希腊字母等标出羟基的位置。许多醇酸还有俗名，例如：

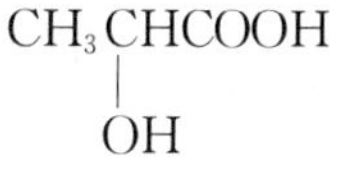

$$CH_3\underset{\underset{\displaystyle OH}{|}}{C}HCOOH$$

α-羟基丙酸（乳酸）

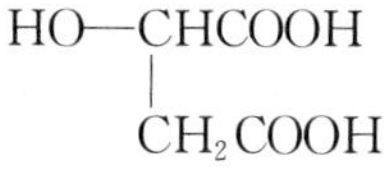

$$\begin{matrix}HO-CHCOOH\\|\\CH_2COOH\end{matrix}$$

羟基丁二酸（苹果酸）

$$\begin{matrix}HO-CHCOOH\\|\\HO-CHCOOH\end{matrix}$$

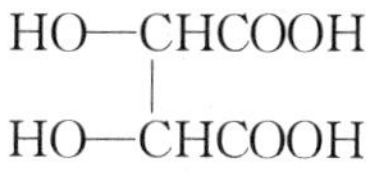

2,3-二羟基丁二酸（酒石酸）

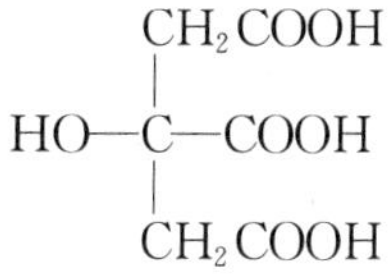

$$HO-\overset{\overset{\displaystyle CH_2COOH}{|}}{\underset{\underset{\displaystyle CH_2COOH}{|}}{C}}-COOH$$

3-羧基-3-羟基戊二酸（柠檬酸）

酚酸的命名，以芳香酸为母体，酚羟基作为取代基，取代基的位次根据它与羧基的相对位置，用邻、间、对或阿拉伯数字表示。例如：

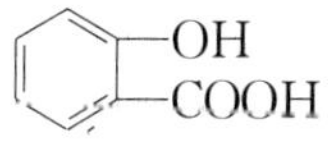

邻羟基苯甲酸（水杨酸）

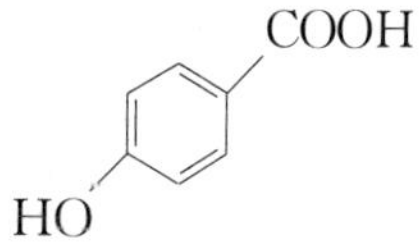

对羟基苯甲酸

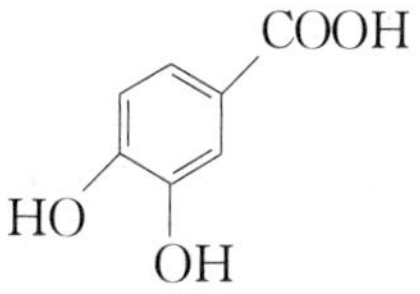

3,4-二羟基苯甲酸

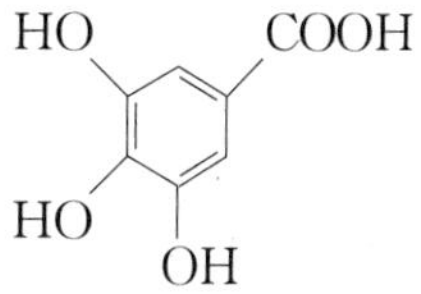

3,4,5-三羟基苯甲酸（没食子酸）

(二) 物理性质

醇酸一般为黏稠状液体或晶体。由于分子中的羟基和羧基两个极性基团都能与水形成分子间氢键,因此醇酸比相应的羧酸或醇更易溶于水。醇酸不易挥发,在常压下蒸馏时容易分解。

酚酸大多为晶体,多以盐和酯等形式存在于植物中,其熔点比相应的芳酸高。有些酚酸易溶于水,如没食子酸;有些微溶于水,如水杨酸。一些常见羟基酸的理化性质,见表 9-2。

表 9-2 常见羟基酸的理化性质

名称	m. p. (℃)	溶解度(g/100 ml 水)	pK_a (25 ℃)
乳酸	26	∞	3.76
(±)-乳酸	18	∞	3.76
苹果酸	100	∞	3.40(pK_{a1})
(±)-苹果酸	128.5	144	3.40(pK_{a1})
酒石酸	170	133	3.04(pK_{a1})
(±)-酒石酸	206	20.6	
meso-酒石酸	140	125	
柠檬酸	153	133	3.15
水杨酸	159	微溶于冷水,易溶于热水	2.98
没食子酸	253	溶	

(三) 化学性质

羟基酸分子中含有羧基和羟基两种官能团,因此羟基酸具有各官能团的基本化学性质,例如,醇酸中醇羟基可以被氧化、酯化;酚酸中酚羟基可以与 $FeCl_3$ 显色;羧基具有酸性,可以与醇发生酯化反应及脱羧反应等。由于羟基和羧基之间相互影响,羟基酸还有一些特殊的性质,而且这些特殊的性质因羟基和羧基的相对位置不同而有明显差异。

由于羟基是吸电子基团,在它吸电子诱导的作用下,可以使羧酸的酸性增强,即醇酸的酸性比相应的羧酸的酸性要强。而且羟基距离羧基越近,对羧基的影响越大,酸性也越强。

酚酸中的酚羟基也是吸电子基团,当它处于羧基邻位或对位时,受热更容易脱羧。

例如:

$$\text{(邻羟基苯甲酸: COOH, OH)} \xrightarrow{\triangle} \text{(苯酚: OH)} + CO_2\uparrow$$

$$\text{(3,4,5-三羟基苯甲酸: COOH; HO, OH, OH)} \xrightarrow{\triangle} \text{(1,2,3-苯三酚: HO, OH, OH)} + CO_2\uparrow$$

同样醇酸分子中的羟基受到羧基吸电子诱导效应的影响,比醇分子中的羟基更容易被氧化。一些弱氧化剂如稀硝酸、Tollens 试剂一般不能氧化醇羟基,却能将醇酸氧化成醛酸、酮酸或二元酸。例如:

$$CH_3-\underset{\displaystyle OH}{\underset{|}{CH}}-CH_2COOH \xrightarrow{\text{稀 }HNO_3} CH_3-\underset{\displaystyle O}{\underset{\|}{C}}-CH_2COOH$$

$$CH_3-\underset{\displaystyle OH}{\underset{|}{CH}}-COOH \xrightarrow{\text{Tollens 试剂}} CH_3-\underset{\displaystyle O}{\underset{\|}{C}}-COOH + Ag\downarrow$$

这里主要介绍醇酸的脱水反应。醇酸分子中，由于羟基和羧基两种官能团之间的相互影响，使得醇酸的热稳定性较差，而且羟基和羧基之间可以相互反应，因此醇酸可以发生分子间或分子内的脱水反应，脱水方式因羟基和羧基的相对位置不同而异。

(1) α-醇酸受热时，发生两分子间的羟基和羧基的交叉脱水反应，生成交酯(lactide)。

$$2\,CH_3-\underset{\displaystyle OH}{\underset{|}{CH}}-COOH \xrightarrow{\triangle} \text{丙交酯（六元环：}-O-CH(CH_3)-C(=O)-O-CH(CH_3)-C(=O)-\text{）} + 2H_2O$$

α-羟基丙酸　　　　丙交酯

交酯与其他酯类一样，在酸或碱的催化作用下，易水解生成原来的醇酸。

(2) β-醇酸中的α-氢原子，受羧基和羟基的共同影响，比较活泼，受热时容易发生β-消除反应，与β-羟基一起脱去一分子水，生成α，β-不饱和羧酸。

$$CH_3\underset{\displaystyle OH}{\underset{|}{CH}}-\underset{\displaystyle H}{\underset{|}{CH}}COOH \xrightarrow{\triangle} CH_3CH=CHCOOH + H_2O$$

β-羟基丁酸　　　　2-丁烯酸

苹果酸既是α-醇酸，又是β-醇酸，受热时按β-醇酸发生分子内脱水反应，生成α，β-不饱和二元酸。

$$HOOCCH_2-\underset{\displaystyle OH}{\underset{|}{CH}}COOH \xrightarrow{\triangle} HOOCCH=CHCOOH + H_2O$$

苹果酸　　　　丁烯二酸

再如柠檬酸加热脱水：

$$HO-\overset{\displaystyle CH_2COOH}{\overset{|}{\underset{\displaystyle CH_2COOH}{\underset{|}{C}}}}-COOH \xrightarrow{\triangle} \underset{HOOC}{\overset{H}{}}\!\!>C=C<\!\!\underset{COOH}{\overset{CH_2COOH}{}} + H_2O$$

柠檬酸　　　　顺-乌头酸

(3) γ-醇酸和δ-醇酸中羟基和羧基的距离较远，易发生分子内脱水，形成五元环或六元环的内酯(lactone)。

$$\underset{\displaystyle CH_2-OH}{\underset{|}{\underset{\displaystyle CH_2}{\underset{|}{CH_2-\overset{\displaystyle O}{\overset{\|}{C}}-OH}}}} \xrightarrow{\triangle} \gamma\text{-丁内酯（五元环内酯）} + H_2O$$

γ-羟基丁酸　　　　γ-丁内酯

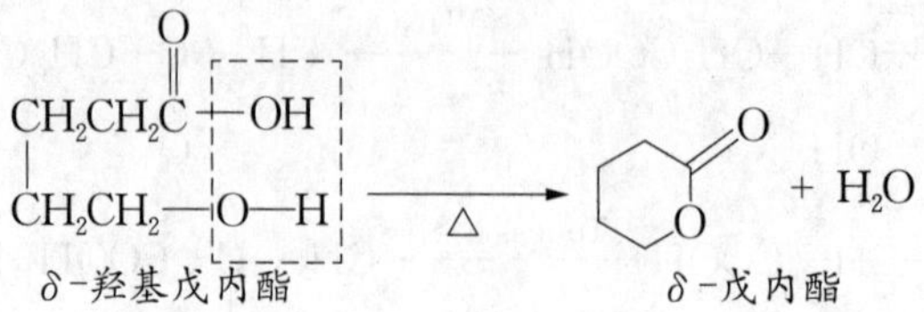

$$CH_2CH_2C(=O)-OH,\ CH_2CH_2-O-H \xrightarrow{\triangle} \text{(δ-戊内酯)} + H_2O$$

δ-羟基戊内酯　　　　δ-戊内酯

γ-醇酸比δ-醇酸更易形成内酯，室温下，游离的γ-醇酸很难存在，只有变成盐后才是稳定的。

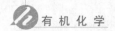

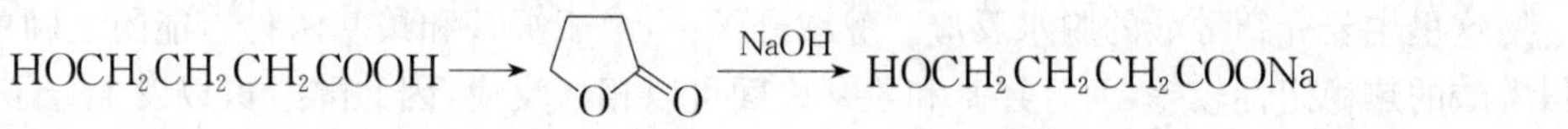

$$HOCH_2CH_2CH_2COOH \longrightarrow \text{(γ-丁内酯)} \xrightarrow{NaOH} HOCH_2CH_2CH_2COONa$$

γ-羟基丁酸钠

γ-羟基丁酸钠具有麻醉作用及术后苏醒快的优点，适用于呼吸功能不全患者的麻醉。

(四) 重要的羟基酸

1. 乳酸

乳酸($CH_3CHOHCOOH$)存在于酸牛奶中，它也是肌肉中糖原的代谢产物。纯净的乳酸是无色黏稠液体，熔点为 18 ℃，有强吸水性，溶于水、乙醇、乙醚。乳酸的用途广泛，在医药上可用于空气消毒，其钙盐用作治疗佝偻病等缺钙症，钠盐用作解除酸中毒的药物。乳酸还广泛用于食品、饮料以及皮革工业中。

2. β-羟基丁酸

β-羟基丁酸($CH_3CHOHCH_2COOH$)是无色晶体，熔点为 49～50 ℃，吸湿性强，一般为糖浆状；易溶于水、乙醇、乙醚，不溶于苯。它是人体脂肪酸代谢的中间产物，易氧化为乙酰乙酸。受热时脱水为 2-丁烯酸。

3. 酒石酸

酒石酸(HO—CHCOOH / HO—CHCOOH)存在于各种水果中，葡萄中含量最多。从自然界得到的酒石酸是无色晶体，熔点为 170 ℃，易溶于水。酒石酸的盐——酒石酸锑钾用于治疗血吸虫病，酒石酸钾钠用于配制 Fehling 试剂。

4. 柠檬酸

柠檬酸($HO-C(CH_2COOH)_2-COOH$)也叫枸橼酸，存在于柑橘类果实中。它是无色透明晶体，熔点为 137 ℃，易溶于水、乙醇、乙醚。柠檬酸是糖代谢的中间产物。它常用于配制饮料。它的钠盐为抗血凝药，铁铵盐可用于儿童缺铁性贫血。

5. 水杨酸

水杨酸(邻羟基苯甲酸，—OH，—COOH)的钠盐(PAS—Na)有抑制结核菌的作用。

二、酮酸

羰基酸是指羧酸分子中含有羰基的化合物。包括醛酸和酮酸两类。最简单的醛酸是乙醛酸，最简单的酮酸是丙酮酸。本章节主要讨论酮酸。

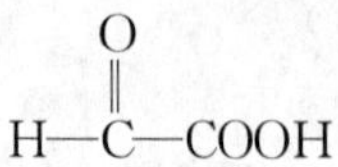

$$H-C(=O)-COOH \qquad H_3C-C(=O)-COOH$$

乙醛酸 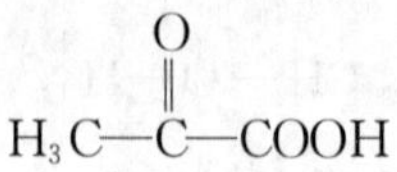　　　　α-丙酮酸

醇酸可氧化生成酮酸。

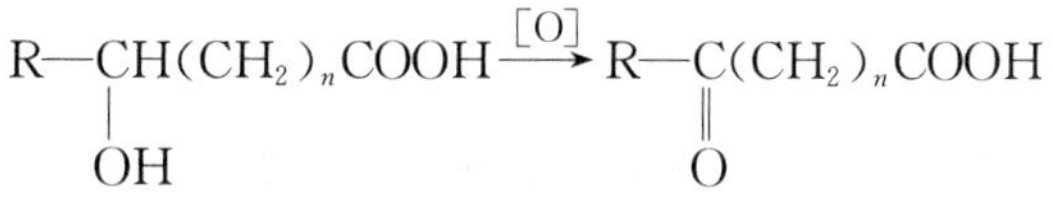

$$\underset{\text{醇酸}}{\mathrm{R-\underset{\displaystyle OH}{\underset{|}{C}H}(CH_2)_nCOOH}} \xrightarrow{[O]} \underset{\text{酮酸}}{\mathrm{R-\underset{\displaystyle O}{\underset{\|}{C}}(CH_2)_nCOOH}}$$

α-酮酸和β-酮酸是较为重要的酮酸，有些也是人体内糖、脂肪和蛋白质等代谢的中间产物。

（一）酮酸的命名

根据羰基和羧基的相对位置，酮酸可以分为α-、β-、γ-酮酸。

酮酸的系统命名法，选择包含羧基和羰基碳原子在内的最长碳链做主链，以羧酸为母体，称为某酸，羰基作为取代基，它的位置用阿拉伯数字或希腊字母标出。例如：

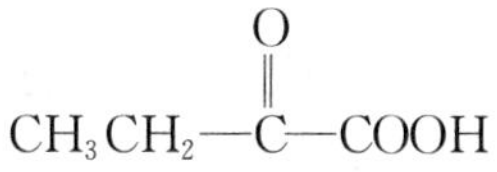

$$\underset{\alpha\text{-丁酮酸}}{\mathrm{CH_3CH_2-\overset{\displaystyle O}{\overset{\|}{C}}-COOH}} \qquad \underset{\beta\text{-丁酮酸}}{\mathrm{H_3C-\overset{\displaystyle O}{\overset{\|}{C}}-CH_2COOH}}$$

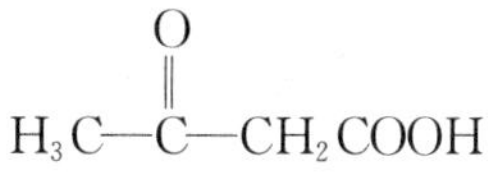

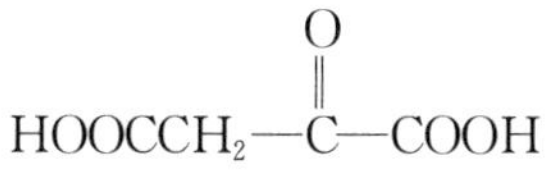

$$\underset{\text{丁酮二酸（草酰乙酸）}}{\mathrm{HOOCCH_2-\overset{\displaystyle O}{\overset{\|}{C}}-COOH}} \qquad \underset{\alpha\text{-酮戊二酸}}{\mathrm{HOOCCH_2CH_2-\overset{\displaystyle O}{\overset{\|}{C}}-COOH}}$$

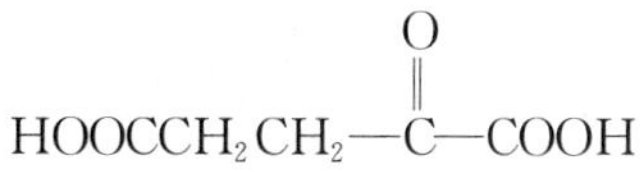

（二）化学性质

酮酸分子中有羰基和羧基两种官能团，因此酮酸具有酮的性质，可以被还原成羟基，可以与HCN、羰基试剂等发生亲核加成反应。酮酸也具有酸的性质，具有酸性、遇碱成盐、与醇发生酯化反应等。另外，由于羰基和羧基的相互影响及相对位置不同，酮酸又具有一些特殊的性质。

羰基是吸电子基团，它的吸电子诱导效应比羟基要强，因此酮酸的酸性比相应的醇酸和羧酸都要强。例如：

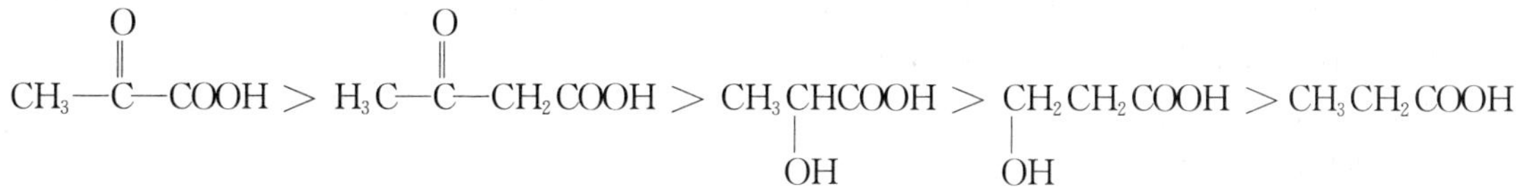

$$\mathrm{CH_3-\overset{\displaystyle O}{\overset{\|}{C}}-COOH > H_3C-\overset{\displaystyle O}{\overset{\|}{C}}-CH_2COOH > CH_3\underset{\displaystyle OH}{\underset{|}{C}H}COOH > \underset{\displaystyle OH}{\underset{|}{C}H_2}CH_2COOH > CH_3CH_2COOH}$$

pK_a　2.49　3.51　3.86　4.51　4.88

1. α-酮酸的分解反应

α-酮酸分子中，酮基与羧基直接相连，由于氧原子的电负性较大，使得羰基碳原子与羧基碳原子之间的电子云密度较低，容易发生碳碳键的断裂。例如，与稀硫酸共热，发生脱羧反应，生成少一个碳的醛。

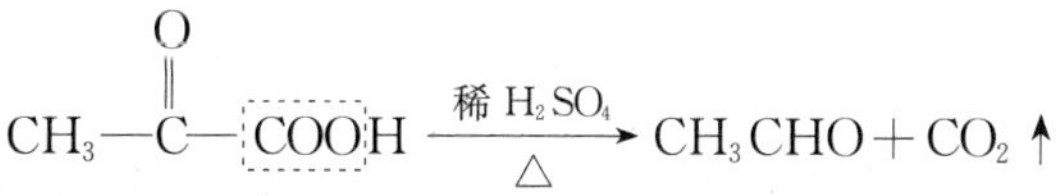

$$\mathrm{CH_3-\overset{\displaystyle O}{\overset{\|}{C}}-\boxed{COO}H \xrightarrow[\triangle]{\text{稀 } H_2SO_4} CH_3CHO + CO_2\uparrow}$$

2. β-酮酸的分解反应

β-酮酸分子中，α-C与羧基和羰基两个极性基团相连，使α-C两边的碳碳键均容易发生断裂，在不同条件下发生不同的分解反应。

β-酮酸只有在低温下稳定，稍稍加热就容易脱羧生成酮，由于β-酮酸的脱羧产物为少一个碳原子的酮，因此这一反应也称为β-酮酸的酮式分解（ketonic cleavage）。

$$R-\overset{O}{\overset{\|}{C}}-CH_2COOH \xrightarrow[\triangle]{} R-\overset{O}{\overset{\|}{C}}-CH_3 + CO_2\uparrow$$

β-酮酸受热时比α-酮酸更易脱羧。这是由于羰基氧原子与羧基氢原子可形成分子内氢键，发生电子转移，使脱羧容易进行。

$$H_3C-C(=O\cdots H-O)-CH_2-C=O \longrightarrow [\ \ ] \xrightarrow[\triangle]{-CO_2} \left[H_3C-\overset{OH}{\overset{|}{C}}=CH_2\right] \rightleftharpoons H_3C-\overset{O}{\overset{\|}{C}}-CH_3$$

β-丁酮酸　　　　　　　　　　　　　　　烯醇式

脂肪酸的代谢过程中，存在β-酮酸的酮式分解。例如：β-丁酮酸在脱羧酶的作用下，脱羧生成丙酮。β-丁酮酸也可以在还原酶的作用下，还原成β-羟基丁酸。

$$CH_3\overset{O}{\overset{\|}{C}}CH_2COOH \xrightarrow{\text{脱羧酶}} CH_3\overset{O}{\overset{\|}{C}}CH_3 + CO_2\uparrow$$

β-丁酮酸

↓还原酶

$$CH_3\underset{OH}{\underset{|}{C}}HCH_2COOH$$

β-羟基丁酸

β-丁酮酸、丙酮和β-羟基丁酸三者统称为酮体(ketone body)。酮体是脂肪酸在人体内不能完全氧化的中间产物。一般情况下，健康人100 ml血液中酮体含量在0.8～5 mg之间，一昼夜随尿液排出的酮体约为40 mg左右。而糖尿病患者由于糖代谢发生了障碍，脂肪酸分解代谢加速，其代谢产物酮体在体内大量蓄积，100 ml血液中酮体含量可增加到300～400 mg以上。因此检查患者是否患有糖尿病时，除检查尿中的葡萄糖含量外，还要检查是否有酮体存在。严重的糖尿病患者血液中酮体含量明显增加，血液酸性很强，可能引起酸中毒。

β-酮酸与浓碱共热，α-和β-碳原子间碳碳σ键发生断裂，生成两分子羧酸盐。因产物为羧酸盐，因此该反应称为酮酸的酸式分解(acid cleavage)。

$$R-\overset{O}{\overset{\|}{C}}\vdots CH_2COOH + NaOH \xrightarrow[\triangle]{} RCOONa + CH_3COONa + H_2O$$

(三) 重要的酮酸

1. 丙酮酸

丙酮酸($CH_3COCOOH$)是无色具有刺激性气味的液体，沸点167 ℃，能与水混溶。其酸性强于丙酸及乳酸。丙酮酸及其烯醇式是人体糖代谢的重要中间产物。在酶的作用下，丙酮酸可还原为乳酸，也可以脱羧为乙醛。

2. 乙酰乙酸

乙酰乙酸(CH_3COCH_2COOH)是无色黏稠液体，不稳定，很容易脱羧为丙酮，也能还原成β-羟基丁酸。

3. 草酰乙酸

草酰乙酸($HOOCCH_2COCOOH$)是能溶于水的晶体，具有一般二元酸及酮的性质，也有酮式-烯醇式互变异构现象，它也是人体糖代谢的中间产物。

4. α-酮戊二酸

α-酮戊二酸($HOOCCOCH_2CH_2COOH$)是晶体，熔点 109～111 ℃，溶于水。它具有 α-酮酸的一般性质，也是人体内糖代谢的中间产物。

复习题

【A 型题】

1. 乙醇与下列羧酸在酸催化条件下生成酯，哪个反应速率最快：（　　）

A. $(CH_3)_3CCOOH$　　B. CH_3CH_2COOH

C. $(CH_3)_2CHCOOH$　　D. CH_3COOH

2. 下列化合物酸性最强的是：（　　）

A. $CH_3—CH(OH)—COOH$　　B. $CH_3—C(=O)—COOH$

C. CH_3CH_2COOH　　D. $CH_3CH_2—C(=O)—COOH$

3. 下列化合物最容易发生脱羧反应的是：（　　）

A.  环戊基—COOH　　B. $(CH_3)_3CCOOH$

C. $CH_3—C(=O)—CH_2COOH$　　D. $CH_3—CH(OH)—CH_2COOH$

4. 下列醇酸或酮酸中，加热能生成交酯的是：（　　）

A. $CH_3—CH(OH)—CH_2COOH$　　B. $CH_3CH_2—CH(OH)—COOH$

C. $CH_3CH_2—C(=O)—COOH$　　D. 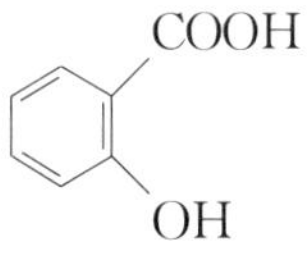 邻羟基苯甲酸（苯环上邻位连 COOH 与 OH）

5. 下列化合物中可能存在内消旋体的是：（　　）

A. 柠檬酸　　B. 苹果酸

C. 酒石酸　　D. 乳酸

【问答题】

1. 命名下列化合物：

(1) 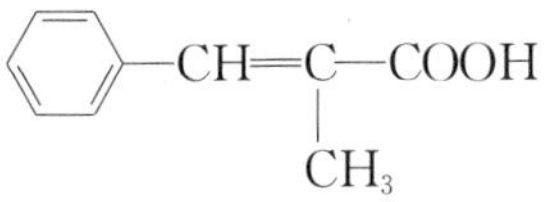 $C_6H_5—CH=C(CH_3)—COOH$　　(2) $CH_3CH_2CH(COOH)COOH$

(3) 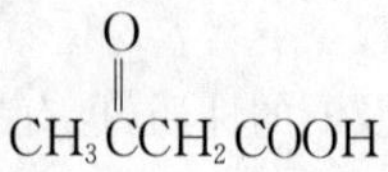 $CH_3\overset{\overset{O}{\|}}{C}CH_2COOH$

(4) 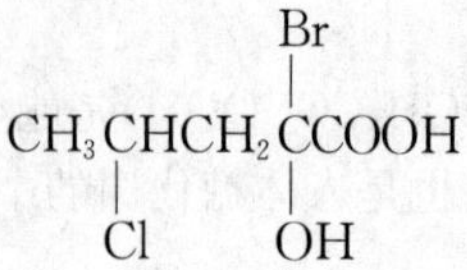 $CH_3\underset{Cl}{CH}CH_2\overset{Br}{\underset{OH}{C}}COOH$

(5) 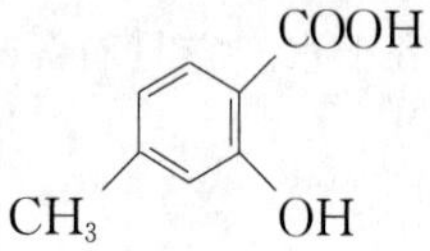 COOH; CH_3; OH

(6) 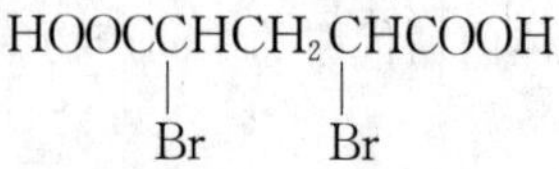 $HOOC\underset{Br}{CH}CH_2\underset{Br}{CH}COOH$

(7) 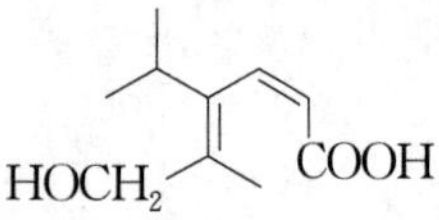 $HOCH_2$; COOH

(8) 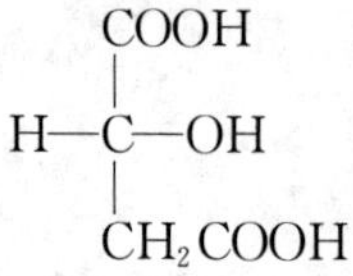 $H-\overset{COOH}{\underset{CH_2COOH}{C}}-OH$

2. 写出化合物的结构式：

(1) 柠檬酸

(2) (2R，3R)-酒石酸

(3) 对-氨基水杨酸

(4) 1,4-环己二酸

(5) 2,3-环氧丁酸

(6) 2-羟基环戊基甲酸

(7) 2-环丙基丙酸

(8) (E)-3-苯基-2-羟基-2-戊烯酸

3. 完成反应：

(1) 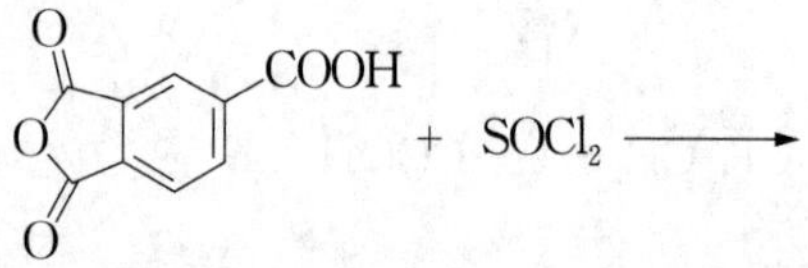 O; O; O; COOH $+ SOCl_2 \longrightarrow$

(2) O; COOH; C_2H_5 $\xrightarrow{\triangle}$

(3) COOH; COOH; COOH $\xrightarrow{\triangle}$

(4) —COOH + —$CH_2OH \xrightarrow{H^+}$

(5) OH; COOH $\xrightarrow{\triangle}$

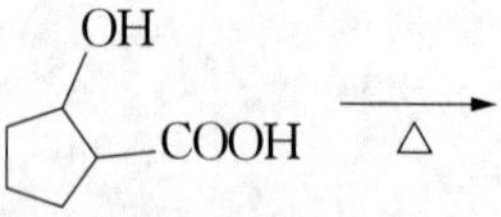

(6) 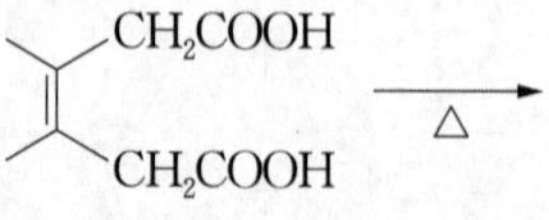 CH_2COOH; CH_2COOH $\xrightarrow{\triangle}$

(7) 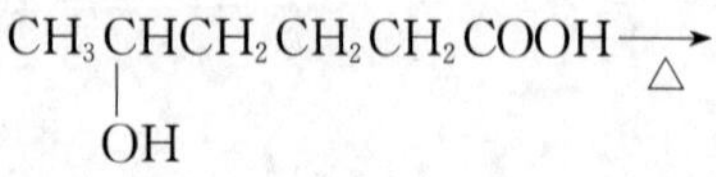 $CH_3\underset{OH}{CH}CH_2CH_2CH_2COOH \xrightarrow{\triangle}$

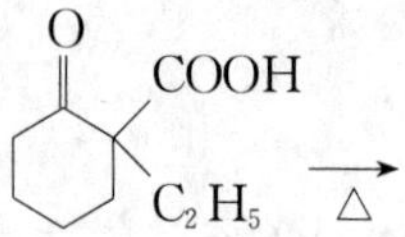

(8) 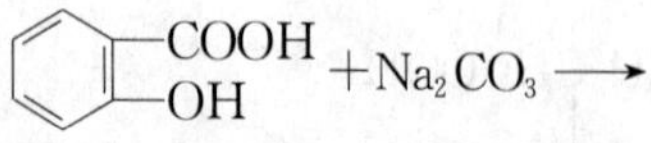 —COOH; —OH $+ Na_2CO_3 \longrightarrow$

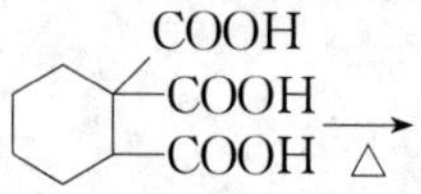

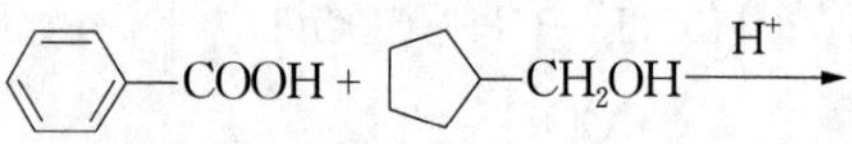

(9) 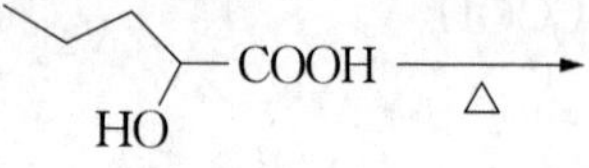 COOH; HO $\xrightarrow{\triangle}$

(10) 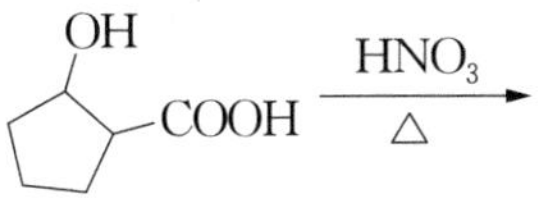 2-羟基环戊烷甲酸（环戊烷环上带 OH 和 COOH）$\xrightarrow[\triangle]{HNO_3}$

4. 用化学方法鉴别下列各组化合物：

(1) 水杨酸，2-羟基环己酸，3-氧代环己酸

(2) 3-戊酮酸，2-戊酮酸，乙酰乙酸乙酯

5. 合成题：

(1) 以1，2-二氯乙烷为原料合成丁二酸酐。

(2) 以2-丙醇为原料合成交酯（3,3,6,6-四甲基-1,4-二氧六环-2,5-二酮）。

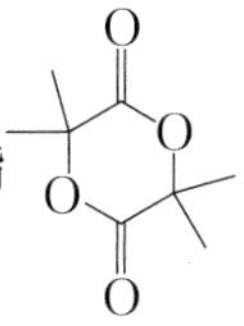

(3) 以乙醛为原料合成2-甲基丁二酸。

6. 推结构：

(1) 化合物A的分子式为 $C_8H_8O_2$，能与 $NaHCO_3$ 反应。A在光照下与 Br_2 反应得到化合物B（$C_8H_7BrO_2$）；B与NaCN反应，得到化合物C（$C_9H_7NO_2$），C在酸性水溶液中加热得到化合物D，D加热能够放出 CO_2，又得到化合物A。试写出A、B、C、D的结构式。

(2) 化合物A分子式为 $C_8H_{14}O$，能使溴水褪色，与Tollens试剂反应有银镜生成，被高锰酸钾氧化生成丙酮和化合物B。B与碳酸氢钠反应放出 CO_2，与碘的氢氧化钠溶液反应生成碘仿并有化合物C生成，将C加热得到丁二酸酐。写出化合物A、B、C的结构式。

第十章

羧酸衍生物

导学

内容及要求

本章主要介绍羧酸衍生物的命名和物理及化学性质，化学性质主要讨论羧酸衍生物的亲核取代反应、反应机制和影响因素，包括羧酸衍生物的水解、醇解及氨解反应等。

要求掌握羧酸衍生物的命名，酰卤、酸酐、酯和酰胺的水解、醇解、氨解等化学性质，羧、酸衍生物结构与亲核取代反应活性的关系；熟悉尿素的结构和基本化学性质；了解羧酸衍生物的亲核取代反应机制及胍的结构。

重点、难点

本章重点是羧酸衍生物的化学性质，即羧酸衍生物的水解、醇解及氨解等亲核取代反应，结构与活性关系及相互转化顺序。学习时应把握住反应机制，从机制入手进行学习。难点是羧酸衍生物结构对亲核取代反应活性的影响因素及反应机制。

专科生的要求

专科生需掌握羧酸衍生物的命名、结构。物理性质不作要求。化学性质中掌握羧酸衍生物的水解、醇解及氨解反应，反应机制不作要求；酯缩合反应及碳酸衍生物均不作要求。

第一节　羧酸衍生物的命名和性质

羧酸衍生物(derivatives of carboxylic acid)是指羧酸分子中羧基中的羟基被—X、—OR、—OCOR、—NH_2(或—NHR、—NR_2)取代后生成的化合物。它们分别是酰卤、酸酐、酯和酰胺。结构通式如下：

$$\underset{\text{酰卤}}{R-\overset{O}{\overset{\|}{C}}-X} \qquad \underset{\text{酸酐}}{R-\overset{O}{\overset{\|}{C}}-O-\overset{O}{\overset{\|}{C}}-R} \qquad \underset{\text{酯}}{R-\overset{O}{\overset{\|}{C}}-OR'} \qquad \underset{\text{酰胺}}{R-\overset{O}{\overset{\|}{C}}-NH_2}$$

由于酰卤和酸酐性质比较活泼，是非常好的酰化试剂，在有机合成、药物制备中具有重要意义。酯和酰胺广泛地存在于动植物中。动物体内的脂肪、激素、中草药的有效成分以及一些抗生素药物都是酯类化合物。有些酯还是制药工业的重要原料。具有 β-内酰胺结构的抗生素，如青霉素和头孢菌素等，都是酰胺类化合物。动植物中的多肽和蛋白质也都具有酰胺键的结构。因此酯和酰胺类化合物在人类的生存、生长中起着重要作用。

一、命名

羧酸分子中去掉羧基中的羟基，剩下的部分称为酰基(acyl group)。酰卤、酸酐、酯和酰胺均含有酰基，因此它们又称为酰基化合物。酰基的命名是将相应的羧酸的酸字去掉，换成“酰基”，例如：

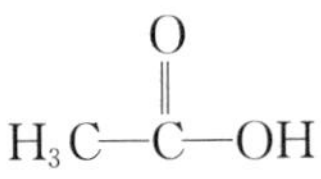

$H_3C-C(=O)-OH$ 乙酸

$H_3C-C(=O)-$ 乙酰基

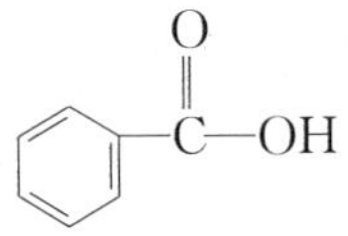

$C_6H_5-C(=O)-OH$ 苯甲酸

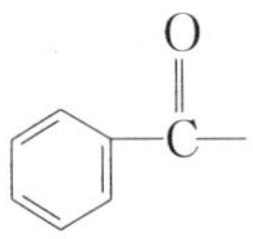

$C_6H_5-C(=O)-$ 苯甲酰基

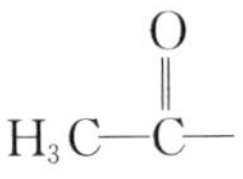

(一) 酰卤

酰卤的命名是在酰基名称后加上卤素的名称来命名，例如：

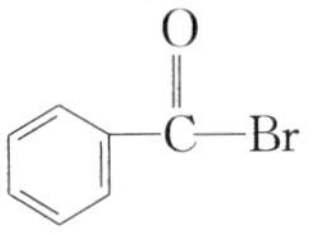

$C_6H_5-C(=O)-Br$ 苯甲酰溴

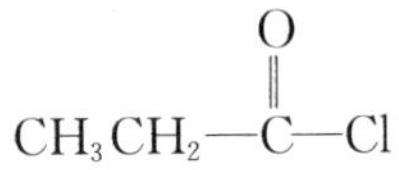

$CH_3CH_2-C(=O)-Cl$ 丙酰氯

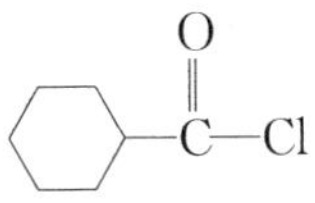

$C_6H_{11}-C(=O)-Cl$ 环己基甲酰氯

(二) 酸酐

酸酐按形成它的羧酸来命名。在羧酸名称后加“酐”字，且“酸”字可省略。如果酸酐为不同羧酸形成的，命名时把简单的羧酸写在前面，复杂的羧酸写在后面，加“酐”字。例如：

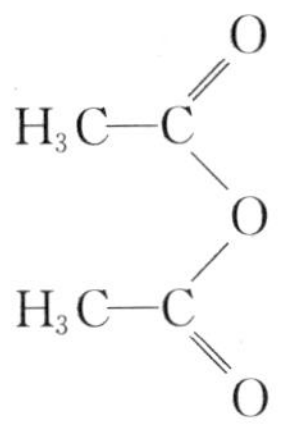

$(H_3C-CO)_2O$ 乙(酸)酐

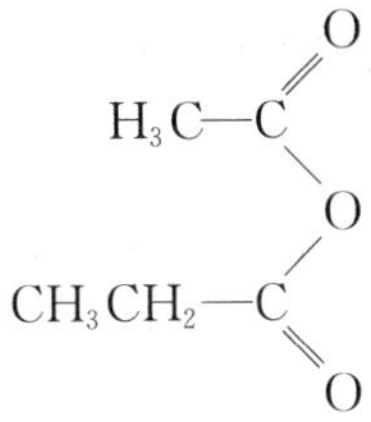

$H_3C-CO-O-CO-CH_2CH_3$ 乙丙(酸)酐

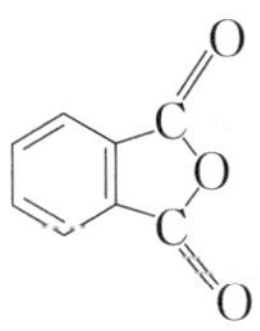

邻苯二甲酸酐

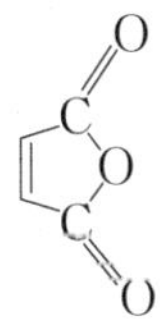

顺-丁烯二(酸)酐

(三) 酯

酯是按形成它的羧酸和醇来命名的，命名时把羧酸的名称在前，醇的名称在后，命名成“某酸某醇酯”，其中“醇”字可以省略。内酯(lactone)的命名是将其相应的“酸”字换成“内酯”，用数字或希腊字母标明原来羟基的位置，且省略“羟基”二字。例如：

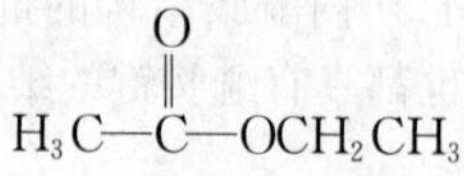

$H_3C-\overset{O}{\overset{\|}{C}}-OCH_2CH_3$

乙酸乙酯

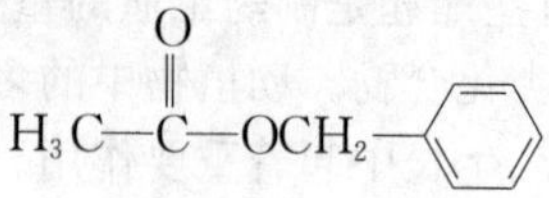

$H_3C-\overset{O}{\overset{\|}{C}}-OCH_2-C_6H_5$

乙酸苄酯

$C_6H_5-\overset{O}{\overset{\|}{C}}-OC_2H_5$

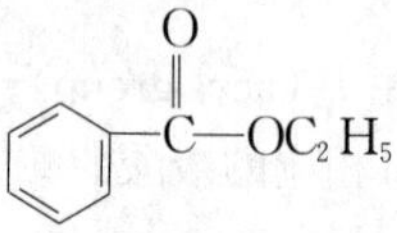

苯甲酸乙酯

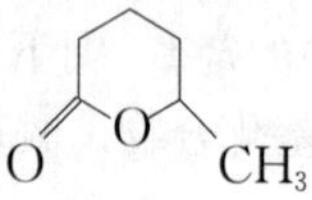

δ-己内酯

二元羧酸和醇生成的酯称为“某二酸某酯”。例如：

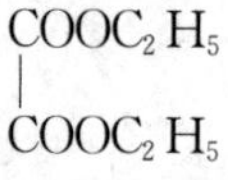

$\begin{array}{l} COOC_2H_5 \\ | \\ COOC_2H_5 \end{array}$

乙二酸二乙酯

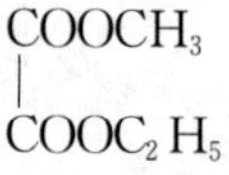

$\begin{array}{l} COOCH_3 \\ | \\ COOC_2H_5 \end{array}$

乙二酸甲乙酯

$\begin{array}{l} COOH \\ | \\ COOC_2H_5 \end{array}$

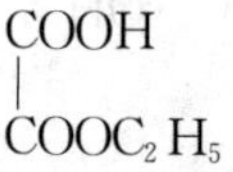

乙二酸单乙酯

（四）酰胺

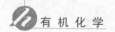

酰胺命名是将相应的羧酸的“酸”字去掉，换成“酰胺”即可。环状的酰胺被称为内酰胺(lactam)。内酰胺的命名与内酯相类似，在“酰胺”前边加“内”字，并用数字或希腊字母标明氨基的位置，且省略“氨基”。例如：

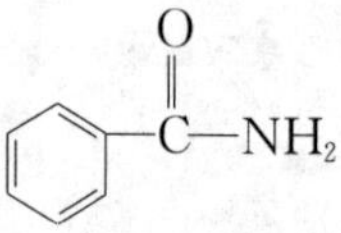

$C_6H_5-\overset{O}{\overset{\|}{C}}-NH_2$

苯甲酰胺

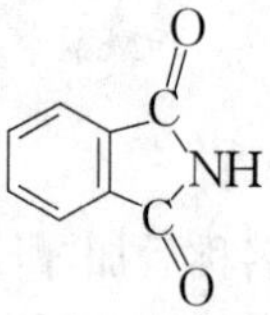

邻苯二甲酰亚胺

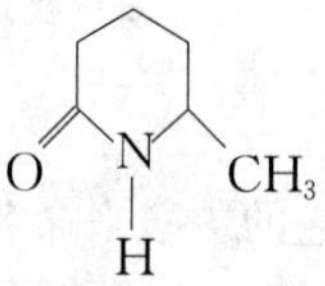

δ-己内酰胺

若酰胺的氮原子上的氢被烃基取代，则烃基的前边标“N”，表示烃基连在氮上，例如：

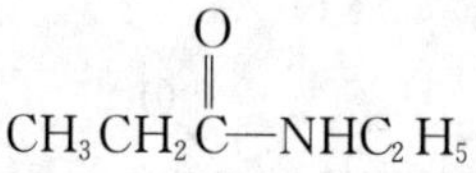

$CH_3CH_2\overset{O}{\overset{\|}{C}}-NHC_2H_5$

N-乙基丙酰胺

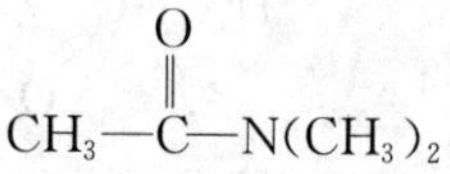

$CH_3-\overset{O}{\overset{\|}{C}}-N(CH_3)_2$

N,N-二甲基乙酰胺

$C_6H_5-\overset{O}{\overset{\|}{C}}-N(CH_3)(C_2H_5)$

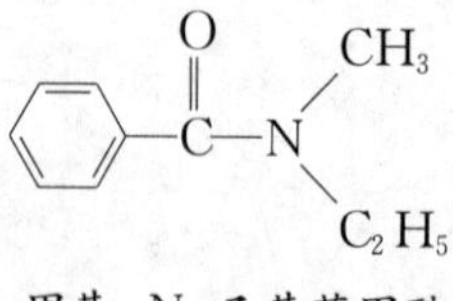

N-甲基-N-乙基苯甲酰胺

二、物理性质

低级的酰卤和酸酐是具有刺激性气味的无色液体；低级酯是具有芳香气味的无色液体，可用作香料。酰胺中除甲酰胺和一些脂肪族的N-取代酰胺外，其他酰胺均为固体。

酰卤、酸酐和酯分子之间不能形成氢键，因此酰卤和酯比相应羧酸的沸点低，酸酐也比分子质量相近的羧酸的沸点低。酰胺可以通过氮原子形成分子间氢键，因此其熔点、沸点都比相应的羧酸高。当酰胺中氮原子上的氢原子都被烷基取代后，分子间不能形成氢键，熔点、沸点均降低。

酰胺能与许多有机溶剂混溶，由于酰胺能与质子性溶剂形成分子间氢键，因此低级的酰胺也能溶于水，常用作非质子性极性溶剂，如 N，N-二甲基甲酰胺(DMF)就是常用的非质子性极性溶剂。酯在水中的溶解度较小，但易溶于有机溶剂，酯本身也是常用的溶剂，能溶解许多有机化合物。几种常见的羧酸衍生物的物理常数见表 10-1。

表 10-1 常见羧酸衍生物的物理常数

名称	结构式	沸点(℃)	熔点(℃)	密度(g/cm^3)
乙酰氯	CH_3COCl	51	−112	1.104
苯甲酰氯	C_6H_5COCl	197	−1	1.212
乙(酸)酐	$(CH_3CO)_2O$	140	−73	1.082
邻苯二甲酸酐	(邻苯二甲酸酐结构式)	284	131	1.527
乙酸乙酯	$CH_3COOCH_2CH_3$	77	−84	0.901
苯甲酸乙酯	$C_6H_5COOCH_2CH_3$	213	−34	1.043
乙酰胺	CH_3CONH_2	221	82	1.159
N，N-二甲基甲酰胺	$HCON(CH_3)_2$	152.8	−61	0.945
乙酰水杨酸	$C_6H_4(COOH)$—O—C(=O)—CH_3		136	1.443

三、化学性质

羧酸衍生物的结构与羧酸类似。在酸酐、酯和酰胺分子中，与羰基直接相连的氧原子和氮原子均有孤对电子，可以与羰基形成 p-π 共轭。而酰卤中的卤素有较强的电负性，卤素主要表现为较强的吸电子诱导效应，而与羰基的共轭很弱。

$$R-\overset{\overset{O}{\|}}{C}-\ddot{L} \qquad L: OR', OCOR', NH_2, X 等$$

羧酸衍生物中的羰基是极性双键，羰基碳原子带部分正电荷，容易受到亲核试剂的进攻，发生亲核取代反应。另外，受到羰基的吸电子诱导效应影响，α 位的 C—H 键极性增大，氢原子容易以质子形成离去，形成负碳离子，发生类似醇醛缩合的反应。

(一) 亲核取代反应

羧酸衍生物中的羰基碳带部分正电荷，容易受到亲核试剂的进攻，同时羧酸衍生物中的 L 基团离去，即 L 基团被亲核试剂(Nu^-)取代，发生酰基上的亲核取代反应(nucleophilic acyl substitution reaction)。

$$\underset{羧酸衍生物}{R-\overset{\overset{O}{\|}}{C}-L} + \underset{亲核试剂}{Nu^-} \longrightarrow \underset{产物}{R-\overset{\overset{O}{\|}}{C}-Nu} + \underset{离去基团}{L^-}$$

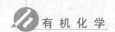

羧酸衍生物的亲核取代反应分两步进行。第一步是亲核加成，即亲核试剂 Nu^- 进攻羰基碳，与羰基碳形成 σ 键，同时羰基之间的 π 键电子转移到氧上边去，形成负氧离子中间体，羰基碳原子由 sp^2 杂化转变为 sp^3 杂化，形成四面体的中间体。第二步是消除，氧上的孤对电子转移到碳氧之间，重新形成 π 键，同时离去基团（—L）离去，羰基碳原子由 sp^3 杂化重新转变为 sp^2 杂化，生成产物。通式表示如下：

$$\mathrm{R{-}\overset{\overset{\displaystyle O}{\|}}{C}{-}L} + \mathrm{Nu^-} \xrightleftharpoons{\text{亲核加成}} \left[\mathrm{R{-}\overset{\overset{\displaystyle O^-}{|}}{\underset{\underset{\displaystyle Nu}{|}}{C}}{-}L}\right] \xrightleftharpoons{\text{消除}} \mathrm{R{-}\overset{\overset{\displaystyle O}{\|}}{C}{-}Nu} + \mathrm{L^-}$$

四面体中间体

羧酸衍生物的亲核取代反应速度与亲核加成和离去基团的消除两步均有关系。第一步亲核加成的速率受电子效应和空间效应的影响，当羰基碳上所连基团能增强羰基碳的正电性，则有利于亲核试剂的进攻；若所连基团的空间位阻较大，则不利于形成四面体中间体，也不利于反应进行。例如，酰卤的卤原子电负性较大，使得羰基碳的正电性较强，因而酰卤的反应活性较高。酰胺中的氮原子的电负性较小，因此酰胺的反应活性较低。第二步消除反应的速率取决于离去基团离去能力，一般离去基团越易离去，反应越容易进行。羧酸衍生物中各离去基团离去顺序为：

$$I^- > Br^- > Cl^- > RCOO^- > RO^- > OH^- > NH_2^-$$

综合上述影响因素，羧酸衍生物的亲核取代反应活性次序为：

酰卤 ＞ 酸酐 ＞ 酯 ＞ 酰胺

通常较活泼的羧酸衍生物可转化成较不活泼的羧酸衍生物，如酰卤能转化成酸酐、酯和酰胺；酸酐能转化成酯和酰胺。反方向则无法进行。

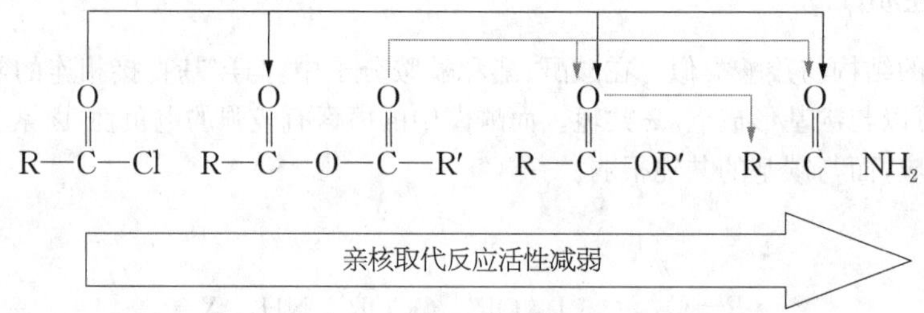

羧酸衍生物可以与水、醇、氨（胺）等发生水解、醇解、氨（胺）解等亲核取代反应。

1. 水解反应

酰卤、酸酐、酯和酰胺均可发生水解（hydrolysis）反应，生成相应的羧酸。反应通式如下：

$$\mathrm{R{-}\overset{\overset{\displaystyle O}{\|}}{C}{-}L} + H_2O \longrightarrow \mathrm{R{-}\overset{\overset{\displaystyle O}{\|}}{C}{-}OH} + HL$$

(1) 酰卤的水解　在羧酸衍生物中，酰卤水解速率很快。小分子酰卤水解非常剧烈，相对分子质量较大的酰卤，在水中的溶解度较小，水解速率很慢。如果加入能使酰卤与水都能溶的溶剂，水解反应也可顺利进行，因为卤原子是很好的离去基团，水作为亲核试剂，多数情况下不需催化剂就能发生反应。

$$CH_3-\overset{O}{\overset{\|}{C}}-Cl + H_2O \longrightarrow CH_3-\overset{O}{\overset{\|}{C}}-OH + HCl$$

乙酰氯　　　　乙酸

(2) 酸酐的水解　酸酐与水反应比酰卤稍缓和一些，水解生成相应的羧酸。由于酸酐不溶于水，在室温下水解较慢，如果加热或选择合适的溶剂使其成均相，则水解速度明显加快，例如：

$$CH_3-\overset{O}{\overset{\|}{C}}-O-\overset{O}{\overset{\|}{C}}-CH_3 + H_2O \longrightarrow 2CH_3-\overset{O}{\overset{\|}{C}}-OH$$

$$\text{(甲基马来酸酐)} + H_2O \xrightarrow{\triangle} CH_3(COOH)C{=}CH(COOH)$$

(3) 酯的水解　酯水解得到一分子羧酸和一分子醇，它是酯化反应的逆反应。酯的水解比酰卤和酸酐困难，一般需要酸或碱作催化剂。

$$R-\overset{O}{\overset{\|}{C}}-OR' + H_2O \begin{cases} \xrightarrow{OH^-} R-\overset{O}{\overset{\|}{C}}-O^- + R'OH \\ \xrightarrow{H^+} R-\overset{O}{\overset{\|}{C}}-OH + R'OH \end{cases}$$

酯的水解与酯化反应类似，可在两处发生键的断裂：

$$R-\overset{O}{\overset{\|}{C}}\vdots O-R' \qquad R-\overset{O}{\overset{\|}{C}}-O\vdots R'$$

酰氧键断裂　　　　烷氧键断裂

酯在碱性条件下水解，发生酰氧键的断裂，生成羧酸盐和醇，两者不会发生反应，因此酯的碱性水解是不可逆的，而且反应速度快，是酯水解常采用的方法。反应机制如下：

$$R-\overset{O}{\overset{\|}{C}}-OR' + OH^- \rightleftharpoons \left[R-\underset{OH}{\underset{|}{\overset{O^-}{\overset{|}{C}}}}-OR'\right] \rightleftharpoons R-\overset{O}{\overset{\|}{C}}-OH + {}^-OR' \longrightarrow R-\overset{O}{\overset{\|}{C}}-O^- + R'OH$$

酯　　　　四面体中间体　　　　羧酸　　烷氧基负离子　　羧酸负离子

反应第一步 OH^- 进攻酯羰基碳原子，同时碳氧之间的 π 键电子转移到氧上边去，形成四面体中间体，该步为速控步。第二步氧原子上的孤对电子转移到碳氧之间重新形成 π 键，同时烷氧基离去，形成羧酸和烷氧基负离子，两者迅速发生酸碱中和反应，生成羧酸盐和醇。速控步中形成的正四面体结构的中间体比较拥挤，因此，空间位阻越小，越有利于反应的进行。同样，羰基碳上有吸电子基团时可以使负离子稳定，也使加成反应容易进行。

例如：

$$CH_3CH_2-\overset{\overset{\large O}{\|}}{C}-OCH_2CH_3 + H_2O \xrightarrow{NaOH} CH_3CH_2-\overset{\overset{\large O}{\|}}{C}-ONa + CH_3CH_2OH$$

丙酸乙酯　　　　丙酸钠　　　　乙醇

酯在酸性条件下水解从羰基氧质子化开始的，反应机制如下：

$$R-\overset{\overset{\large O}{\|}}{C}-OR' \underset{}{\overset{H^+}{\rightleftharpoons}} \left[R-\overset{\overset{\large \overset{+}{O}H}{\|}}{C}-OR' \right] \overset{H_2O}{\rightleftharpoons} \left[R-\underset{\underset{\large \overset{+}{O}H_2}{|}}{\overset{\overset{\large OH}{|}}{C}}-OR' \right] \rightleftharpoons$$

$$\left[R-\underset{\underset{\large OH}{|}}{\overset{\overset{\large OH}{|}}{C}}-\overset{+}{O}R' \atop \quad\quad\quad \searrow H \right] \overset{-R'OH}{\rightleftharpoons} \left[R-\overset{\overset{\large \overset{+}{O}H}{\|}}{C}-OH \right] \overset{-H^+}{\rightleftharpoons} R-\overset{\overset{\large O}{\|}}{C}-OH$$

反应第一步是酯羰基氧原子质子化，使羰基碳原子正电性增加，有利于弱亲核试剂水的进攻。第二步是水进攻质子化的羰基，形成带正电荷的四面体中间体。由于烷基的斥电子诱导效应，使烷氧基氧原子较羟基氧原子更好地容纳正电荷，因此第三步质子转移到烷氧基氧原子上，然后消除弱碱性的醇分子，再去质子生成羧酸。该反应的速控步是第二步，生成正四面体结构的中间体，因此中间体的稳定性决定了反应速率的快慢，另外空间效应对反应速率影响也较大。

3°醇酯在酸催化下水解反应是烷氧键断裂的机制进行的，例如：

$$CH_3\overset{\overset{\large O}{\|}}{C}-O-(CH_3)_3 \overset{H^+}{\rightleftharpoons} CH_3\overset{\overset{\large \overset{+}{O}H}{\|}}{C}-O-(CH_3)_3 \rightleftharpoons CH_3\overset{\overset{\large OH}{|}}{C}=O + \overset{+}{C}(CH_3)_3$$

$$\overset{+}{C}(CH_3)_3 + H_2O \rightleftharpoons (CH_3)_3C\overset{+}{O}H_2 \rightleftharpoons (CH_3)_3COH + H^+$$

这是一个酸催化后的 S_N1 过程，由于3°碳正离子很稳定，因此酸催化发生烷氧键的断裂，生成叔丁基正离子和羧酸。叔丁基正离子再与水结合成醇。

(4) 酰胺的水解　酰胺在酸或碱的催化下水解为羧酸和氨(或胺)，反应比其他羧酸衍生物困难，这是由于酰胺分子中的氮原子上的p轨道与羰基的π键形成p-π共轭体系。由于酰胺p-π共轭体系的存在，使酰胺的体系内能降低，比其他羧酸衍生物都更加稳定，因此酰胺的水解需要在强酸或强碱的作用下，经较长时间的加热回流才能水解为酸和氨(或胺)。

在一定条件下，酰胺显示弱酸性或弱碱性。p-π共轭降低了氮原子的电子云密度，减弱了氮原子接受质子的能力，从而使酰胺表现出弱碱性；同时，由于氮原子的电子云密度降低，增加了N—H键的极性，氮原子上的氢原子有离去的倾向，使酰胺表现出弱酸性。

酰胺在酸催化下水解：

$$R-\overset{\overset{\large O}{\|}}{C}-NH_2 + H_2O \xrightarrow{H^+} R-\overset{\overset{\large O}{\|}}{C}-OH + NH_4^+$$

酰胺　　　　羧酸

例如：

$$\text{C}_6\text{H}_5\text{—CH}_2\overset{\text{O}}{\overset{\|}{\text{C}}}\text{NH}_2 \xrightarrow[\text{回流}]{35\%\ \text{HCl}} \text{C}_6\text{H}_5\text{—CH}_2\text{COOH} + \text{NH}_4^+ + \text{Cl}^-$$

酰胺在碱的催化下水解：

$$\underset{\text{酰胺}}{\text{R—}\overset{\text{O}}{\overset{\|}{\text{C}}}\text{—NH}_2} + \text{H}_2\text{O} \xrightarrow{\text{OH}^-} \underset{\text{羧酸盐}}{\text{R—}\overset{\text{O}}{\overset{\|}{\text{C}}}\text{—O}^-} + \text{NH}_3$$

例如：

$$\text{4-CH}_3\text{O-2-NO}_2\text{-C}_6\text{H}_3\text{—NH}\overset{\text{O}}{\overset{\|}{\text{C}}}\text{CH}_3 \xrightarrow[\text{回流}]{\text{KOH/H}_2\text{O}} \text{4-CH}_3\text{O-2-NO}_2\text{-C}_6\text{H}_3\text{—NH}_2 + \text{CH}_3\text{COO}^- + \text{K}^+$$

许多含酰胺结构的药物，在保存和使用时，应防止水解变质。例如，氨苄青霉素中含有两个酰胺键，通常将其制成粉针剂，且含水量规定在 10%以内，配制成注射液后，需低温保存。

2. 醇解反应

酰卤、酸酐、酯和酰胺都能醇解(alcoholysis)生成酯。反应通式如下：

$$\underset{\text{羧酸衍生物}}{\text{R—}\overset{\text{O}}{\overset{\|}{\text{C}}}\text{—L}} + \underset{\text{醇}}{\text{R}'\text{OH}} \longrightarrow \underset{\text{酯}}{\text{R—}\overset{\text{O}}{\overset{\|}{\text{C}}}\text{—OR}'} + \text{HL}$$

(1) 酰卤的醇解　酰卤与醇很容易反应生成酯，是合成酯的常用方法，通常用来制备难以直接用酯化反应得到的酯。对于一些空间位阻比较大的酰卤和叔醇等，反应中常加一些碱性催化剂，如氢氧化钠、吡啶或叔胺等，中和反应过程中产生的卤化氢，使酰卤的醇解反应的平衡向右进行。例如：

$$(\text{CH}_3)_3\text{C—}\overset{\text{O}}{\overset{\|}{\text{C}}}\text{—Cl} + \text{C}_6\text{H}_5\text{—OH} \xrightarrow{\text{吡啶}} (\text{CH}_3)_3\text{C—}\overset{\text{O}}{\overset{\|}{\text{C}}}\text{—O—C}_6\text{H}_5 + \text{C}_5\text{H}_5\text{N}\cdot\text{HCl}$$

醇解反应的速率受醇烃基的空间位阻影响比较大，一般伯醇比仲醇和叔醇更容易与酰卤反应。例如：

$$\text{HO—C}_6\text{H}_{10}\text{—CH}_2\text{OH} + \text{CH}_3\text{CH}_2\text{—}\overset{\text{O}}{\overset{\|}{\text{C}}}\text{—Cl} \xrightarrow{\text{吡啶}} \text{HO—C}_6\text{H}_{10}\text{—CH}_2\text{O}\overset{\text{O}}{\overset{\|}{\text{C}}}\text{CH}_2\text{CH}_3$$

(2) 酸酐的醇解　酸酐与醇或酚也很容易发生醇解反应，产物为一分子酯和一分子羧酸。反应通式如下：

$$R—\overset{\overset{O}{\|}}{C}—O—\overset{\overset{O}{\|}}{C}—R + R'OH \longrightarrow R—\overset{\overset{O}{\|}}{C}—OR' + R—\overset{\overset{O}{\|}}{C}—OH$$

酸酐　　　醇　　　酯　　　羧酸

酸酐的醇解比酰卤的醇解反应温和，加酸或碱可以加快反应进行，也是制备酯常用的方法。例如：

$$\text{(呋喃-2-基)}—CH_2OH + (CH_3CO)_2O \xrightarrow{CH_3COONa} \text{(呋喃-2-基)}—CH_2O\overset{\overset{O}{\|}}{C}CH_3 + CH_3COOH$$

$$CH_3\overset{\overset{O}{\|}}{C}O\overset{\overset{O}{\|}}{C}CH_3 + \text{(邻羟基苯甲酸)} \xrightarrow{\triangle} \text{(乙酰水杨酸)} + CH_3\overset{\overset{O}{\|}}{C}OH$$

乙(酸)酐　　　水杨酸　　　乙酰水杨酸

环状酸酐醇解，可以得到分子内有酯基的酸，它可以进一步酯化成二元酯，例如：

$$\text{(丁二酸酐)} + CH_3OH \xrightarrow{\triangle} \begin{matrix} CH_2COOCH_3 \\ | \\ CH_2COOH \end{matrix} \xrightarrow{CH_3OH,\ H^+} \begin{matrix} CH_2COOCH_3 \\ | \\ CH_2COOCH_3 \end{matrix}$$

丁二酸酐　　　丁二酸氢甲酯　　　丁二酸二甲酯

酰卤和酸酐的醇解反应是在醇分子中引入酰基，所以又称酰化反应(acylating reaction)。提供酰基的化合物称为酰化试剂(acylating agent)，酰卤和酸酐是常用的酰化剂。酰化反应具有重要的生物学意义。医药生产中常利用酰化反应，向某些醇类和酚类药物引入酰基来降低药物的毒性，同时提高了药物的脂溶性，改善人体对药物的吸收、分布，达到提高疗效的目的。

(3) 酯的醇解　酯与醇反应生成新的酯和新的醇，称为酯的醇解反应，又称酯交换反应。反应需在酸或碱的催化下进行，酯的醇解反应是可逆反应，为了使反应向产物方向进行，常用过量的醇，或将生成的醇除去。反应通式如下：

$$RCOOR' + R''OH \overset{H^+}{\rightleftharpoons} RCOOR'' + R'OH$$

酯交换反应常用作从小分子的酯制备大分子的酯。例如：

$$CH_2{=}CHCOOCH_3 + CH_3—\underset{\underset{CH_3}{|}}{CH}—CH_2OH \overset{H^+}{\rightleftharpoons} CH_2{=}CHCOOCH_2—\underset{\underset{CH_3}{|}}{CH}—CH_3 + CH_3OH$$

(4) 酰胺的醇解　酰胺的醇解反应比其他羧酸衍生物困难，需要酸作催化剂，并加热才能反应，反应通式如下：

$$R—\overset{\overset{O}{\|}}{C}—NH_2 + R'OH \xrightarrow[\triangle]{H^+} R—\overset{\overset{O}{\|}}{C}—OR' + NH_3$$

例如：

$$CH_2{=}CH\overset{O}{\overset{\|}{C}}NH_2 + C_2H_5OH \xrightarrow[\triangle]{H^+} CH_2{=}CH\overset{O}{\overset{\|}{C}}OC_2H_5 + NH_3$$

3. 氨解反应

酰卤、酸酐、酯和酰胺能与氨分子(或胺)反应，氨解(aminolysis)成酰胺，是制备酰胺的常用方法。由于氨分子或胺具有碱性，其亲核性比水强，因此氨解反应比水解反应更易进行。反应通式如下：

$$\left.\begin{matrix} NH_3 \\ NH_2R \\ NHR_2 \end{matrix}\right\} + R-\overset{O}{\overset{\|}{C}}-L \longrightarrow \left\{\begin{matrix} R-\overset{O}{\overset{\|}{C}}-NH_2 \\ R-\overset{O}{\overset{\|}{C}}-NHR \\ R-\overset{O}{\overset{\|}{C}}-NR_2 \end{matrix}\right. + HL$$

(1) 酰卤的氨解　酰卤很容易与氨分子(或胺)发生氨解反应，生成酰胺。反应通式如下：

$$\underset{\text{酰卤}}{R-\overset{O}{\overset{\|}{C}}-X} + \underset{\text{氨}}{2NH_3} \longrightarrow \underset{\text{酰胺}}{R-\overset{O}{\overset{\|}{C}}-NH_2} + \underset{\text{卤化铵}}{NH_4^+X^-}$$

例如：

$$(H_3C)_2CH-\overset{O}{\overset{\|}{C}}-Cl + 2NH_3 \longrightarrow \underset{\text{异丁酰胺}}{(H_3C)_2CH-\overset{O}{\overset{\|}{C}}-NH_2} + NH_4Cl$$

酰卤的氨解反应是合成酰胺的常用方法。反应通常在碱性条件下进行，常用的碱催化剂如氢氧化钠、吡啶、三乙胺等，碱催化剂可以中和反应中产生的卤化氢，以避免消耗反应物的氨。例如：

$$C_6H_5-\overset{O}{\overset{\|}{C}}-Cl + HN(CH_2)_5 \xrightarrow{NaOH} C_6H_5-\overset{O}{\overset{\|}{C}}-N(CH_2)_5 + NaCl + H_2O$$

(2) 酸酐的氨解　酸酐与氨或胺反应生成酰胺和羧酸，反应通式如下：

$$R-\overset{O}{\overset{\|}{C}}-O-\overset{O}{\overset{\|}{C}}-R + NH_3 \longrightarrow R-\overset{O}{\overset{\|}{C}}-NH_2 + R-\overset{O}{\overset{\|}{C}}-OH$$

反应中常加入三级胺等碱性来中和反应产生的酸。例如：

$$C_6H_5-NH_2 + (CH_3CO)_2O \xrightarrow{N(C_2H_5)_3} C_6H_5-NH-\overset{O}{\overset{\|}{C}}CH_3 + CH_3COO^-\ H\overset{+}{N}(C_2H_5)_3$$

环状酸酐与氨反应，可以开环得到酰胺酸。

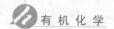

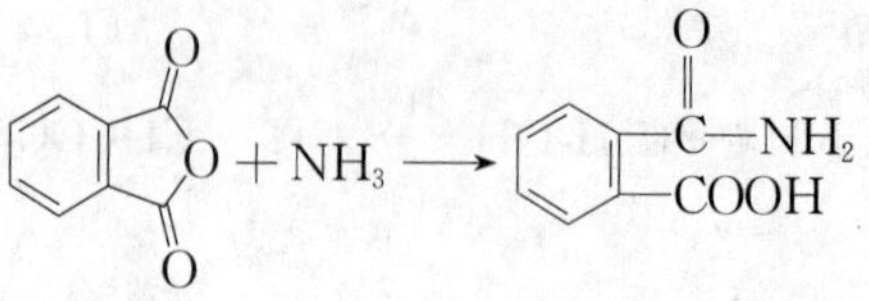

邻酰胺基苯甲酸

如果反应温度较高，则产物为酰亚胺(imide)。

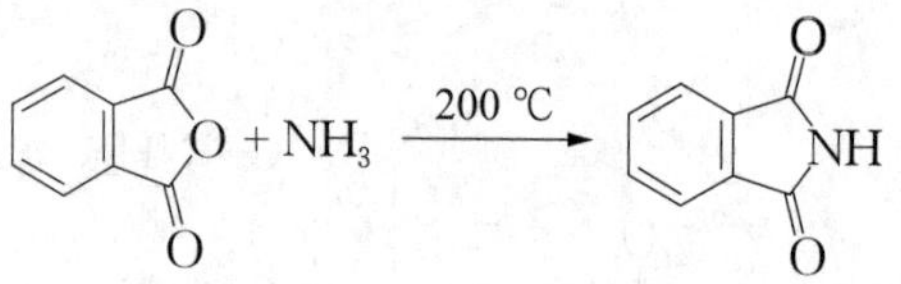

200 ℃

邻苯二甲酰亚胺

酰卤和酸酐的氨解反应也是氨或胺的酰化反应。酰化反应在有机合成中具有重要意义。在药物合成中，通过向氨基引入酰基可以降低氨基的毒性。有机合成中常利用酰化反应保护氨基。例如，由对甲苯胺制备 4-甲基-2-硝基苯胺：

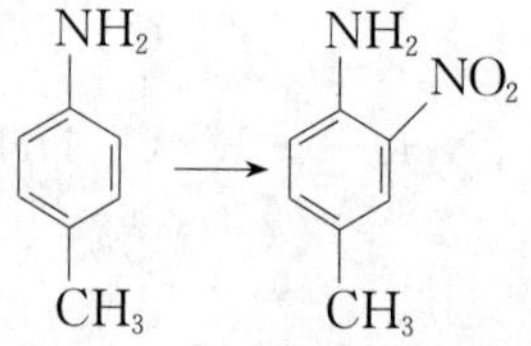

由于氨基的性质比较活泼，如果直接硝化，氨基容易被氧化成醌类物质。而且氨基是强致活基团，直接硝化，硝基容易进入氨基的各个邻位或对位，得不到目标产物。因此可以利用酰化反应先将氨基保护起来，避免氧化，降低氨基的反应活性，然后再进行硝化反应，最后再把酰基水解掉。

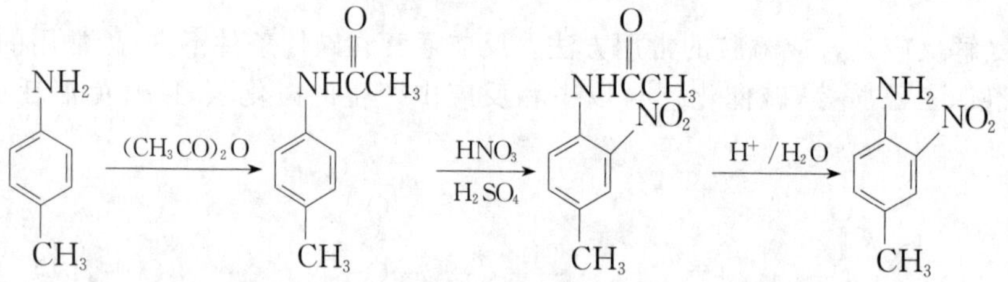

$(CH_3CO)_2O$　　HNO_3 / H_2SO_4　　H^+ / H_2O

(3) 酯的氨解　酯可以和氨(或胺)反应生成酰胺和醇，称为酯的氨解反应。例如：

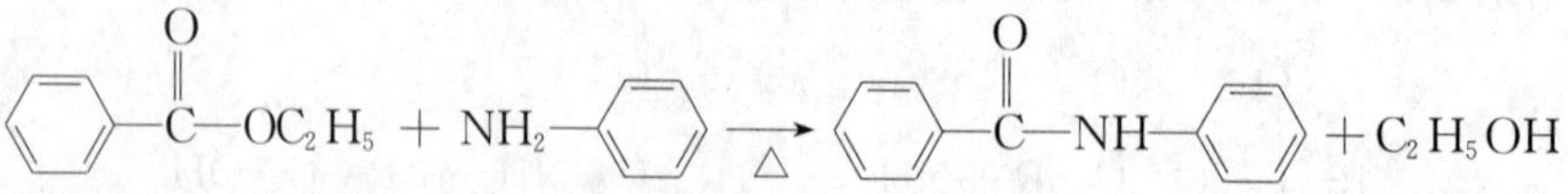

肼和羟胺等胺的衍生物也能与酯发生氨解反应。例如：

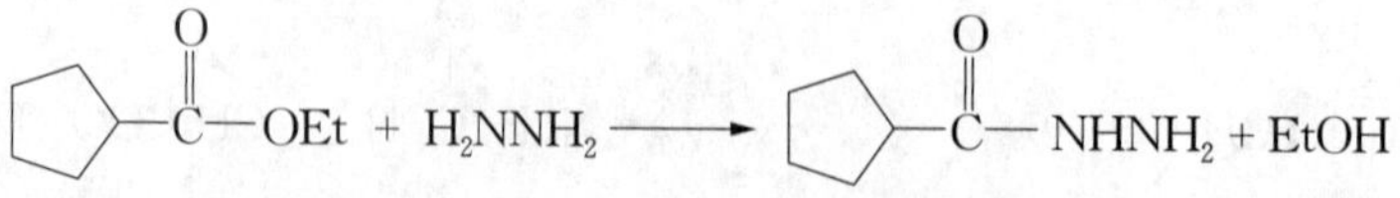

环戊甲酰肼

$$\text{CH}_3\text{CH}_2\text{CH(CH}_3\text{)COOCH}_3 + \text{H}_2\text{NOH}\cdot\text{HCl} \longrightarrow \text{CH}_3\text{CH}_2\text{CH(CH}_3\text{)CONHOH} + \text{CH}_3\text{OH} + \text{HCl}$$

N-羟基-2-甲基丁酰胺

(4) 酰胺的氨解　酰胺与氨或胺反应，生成新的酰胺和氨或胺，因此酰胺的氨解是胺的交换反应，例如：

$$\text{CH}_3\overset{\overset{\text{O}}{\|}}{\text{C}}\text{NH}_2 + \text{C}_2\text{H}_5\text{NH}_2 \xrightarrow[\triangle]{} \text{CH}_3\overset{\overset{\text{O}}{\|}}{\text{C}}\text{NHC}_2\text{H}_5 + \text{NH}_3$$

N-乙基乙酰胺

(二) 酯缩合反应

酯中的 α-H 受酯基吸电子诱导效应的影响，具有弱酸性，在醇钠作用下形成烯醇负离子，该负离子与另一分子酯发生亲核取代反应，生成 β-酮酸酯。该反应称为酯缩合反应或 Claisen(克莱森)酯缩合反应。例如：

$$\text{CH}_3\overset{\overset{\text{O}}{\|}}{\text{C}}\text{OC}_2\text{H}_5 + \text{CH}_3\overset{\overset{\text{O}}{\|}}{\text{C}}\text{OC}_2\text{H}_5 \xrightarrow[\text{(2) H}_3\text{O}^+]{\text{(1) C}_2\text{H}_5\text{ONa}} \text{CH}_3\overset{\overset{\text{O}}{\|}}{\text{C}}\text{CH}_2\overset{\overset{\text{O}}{\|}}{\text{C}}\text{OC}_2\text{H}_5 + \text{C}_2\text{H}_5\text{OH}$$

反应机制如下：

$$\text{CH}_3\overset{\overset{\text{O}}{\|}}{\text{C}}\text{OC}_2\text{H}_5 \xrightleftharpoons{\text{C}_2\text{H}_5\text{ONa}} \left[\overset{-}{\text{C}}\text{H}_2\overset{\overset{\text{O}}{\|}}{\text{C}}\text{OC}_2\text{H}_5 \longleftrightarrow \text{CH}_2=\overset{\overset{\text{O}^-}{|}}{\text{C}}\text{OC}_2\text{H}_5\right]$$

$$\text{CH}_3\overset{\overset{\text{O}}{\|}}{\text{C}}\text{OC}_2\text{H}_5 \xrightleftharpoons{\overset{-}{\text{C}}\text{H}_2\overset{\overset{\text{O}}{\|}}{\text{C}}\text{OC}_2\text{H}_5} \left[\text{CH}_3\overset{\overset{\text{O}^-}{|}}{\underset{\underset{\text{OC}_2\text{H}_5}{|}}{\text{C}}}\text{CH}_2\overset{\overset{\text{O}}{\|}}{\text{C}}\text{OC}_2\text{H}_5\right] \rightleftharpoons \text{CH}_3\overset{\overset{\text{O}}{\|}}{\text{C}}\text{CH}_2\overset{\overset{\text{O}}{\|}}{\text{C}}\text{OC}_2\text{H}_5 + \text{C}_2\text{H}_5\text{O}^-$$

四面体中间体

反应第一步是在碱性试剂醇钠的作用下，酯分子失去 α-H，生成负碳离子中间体。它和烯醇负离子是共振杂化体。第二步，负碳离子中间体作为亲核试剂，进攻另一分子酯的羰基碳原子，同时酯分子中的 π 键电子转移到氧上边，形成四面体的负氧离子中间体。第三步，氧原子上的负电荷转移到碳氧之间重新形成 π 键，同时乙氧基作为离去基团离去，得到最终的乙酰乙酸乙酯。

酯缩合反应是形成 C—C 键的重要反应，在合成上应用很广泛。

相同的酯分子间进行的酯缩合，称为自身 Claisen 缩合。例如：

$$2\text{CH}_3\text{CH}_2\text{COOC}_2\text{H}_5 \xrightarrow{\text{C}_2\text{H}_5\text{ONa}} \text{CH}_3\text{CH}_2\overset{\overset{\text{O}}{\|}}{\text{C}}\underset{\underset{\text{CH}_3}{|}}{\text{C}}\text{HCOOC}_2\text{H}_5 + \text{C}_2\text{H}_5\text{OH}$$

二元酯在碱的作用下，可发生分子内或分子间的 Claisen 酯缩合，生成稳定的五元环或六元环。

例如：

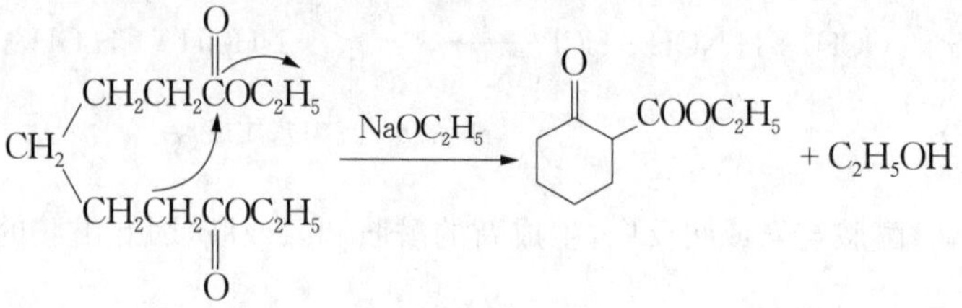

$$CH_2\begin{cases}CH_2CH_2\overset{O}{\overset{\|}{C}}OC_2H_5 \\ CH_2CH_2\underset{\underset{O}{\|}}{C}OC_2H_5\end{cases} \xrightarrow{NaOC_2H_5} \text{(2-oxocyclohexyl)}COOC_2H_5 + C_2H_5OH$$

不同的酯进行酯缩合，称为交叉 Claisen 酯缩合。例如：

$$H\overset{O}{\overset{\|}{C}}OC_2H_5 + CH_3\overset{O}{\overset{\|}{C}}OC_2H_5 \xrightarrow[(2)\ H_3O^+]{(1)\ C_2H_5ONa} H\overset{O}{\overset{\|}{C}}CH_2COOC_2H_5 + C_2H_5OH$$

第二节 碳酸衍生物

碳酸是两个羟基同时跟羰基相连。碳酸分子中的两个羟基被其他基团取代后得到的化合物称为碳酸衍生物(derivatives of carbonic acid)。

$$HO-\overset{O}{\overset{\|}{C}}-OH$$

碳酸

一、尿素

尿素是碳酸衍生物，碳酸分子中两个羟基被氨基取代后得到的化合物，称为尿素(urea)，又称脲。是哺乳动物体内蛋白质代谢的最终产物之一，成人每天经尿排泄 25～30 g 脲。

$$H_2N-\overset{O}{\overset{\|}{C}}-NH_2$$

尿素(脲)

尿素具有一般酰胺的性质，在脲酶、酸或碱的催化下能够发生水解反应，例如：

$$H_2N-\overset{O}{\overset{\|}{C}}-NH_2 + H_2O \begin{cases}\xrightarrow{\text{脲酶}} NH_3\uparrow + CO_2\uparrow + H_2O \\ \xrightarrow{HCl} CO_2\uparrow + NH_4Cl \\ \xrightarrow{NaOH} Na_2CO_3 + NH_3\uparrow\end{cases}$$

尿素是一种特殊的酰胺，将尿素缓慢加热到 150～160 ℃时，两分子脲可脱去一分子氨，生成缩二脲(biuret)。

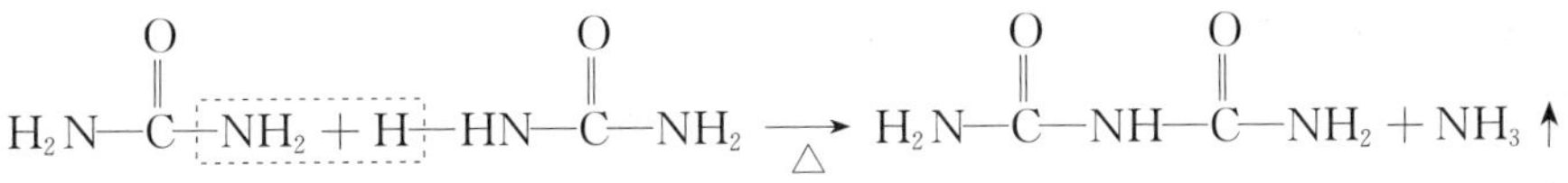

$$H_2N-\overset{\overset{O}{\|}}{C}-NH_2 + H-HN-\overset{\overset{O}{\|}}{C}-NH_2 \xrightarrow[\triangle]{} H_2N-\overset{\overset{O}{\|}}{C}-NH-\overset{\overset{O}{\|}}{C}-NH_2 + NH_3\uparrow$$

缩二脲难溶于水，易溶于碱溶液。在缩二脲的碱溶液中加入少量硫酸铜溶液，溶液呈紫色或紫红色，这个反应称为缩二脲反应(biuret reaction)。分子中含有两个或两个以上酰胺键结构的化合物如多肽、蛋白质等，都能发生缩二脲反应。因此可以利用缩二脲反应鉴别多肽和蛋白质类物质。

二、胍

尿素分子中的氧原子被亚氨基取代的化合物称为胍(guanidine)，又称为亚氨基脲。

胍为无色晶体，熔点 50 ℃，易溶于水。胍是一种很强的有机碱($pK_a=13.8$)，它的碱性与氢氧化钾相当。这是由于当胍的亚氨基结合质子以后，形成的碳正离子，是碳氮键完全平均化的共轭体系，体系内能降低，分子很稳定。

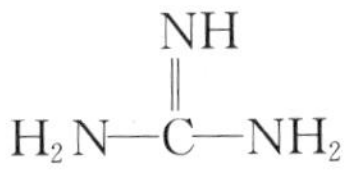

$$H_2N-\overset{\overset{NH}{\|}}{C}-NH_2 \qquad H_2N-\underset{+}{\overset{\overset{NH_2}{|}}{C}}-NH_2$$

胍

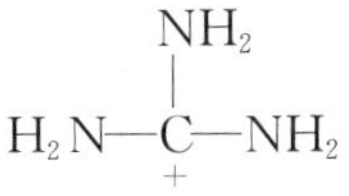

胍分子中去掉一个氨基氢原子后剩下的部分称胍基，去掉一个氨基后剩下的部分称为脒基。

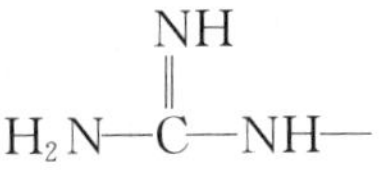

$$H_2N-\overset{\overset{NH}{\|}}{C}-NH- \qquad H_2N-\overset{\overset{NH}{\|}}{C}-$$

胍基 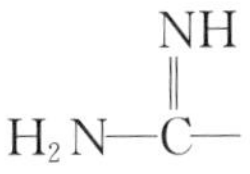　　脒基

复习题

【A 型题】

1. 下列羧酸衍生物中水解反应速率最快的是：（　　）

A. $CH_3\overset{\overset{O}{\|}}{C}O\overset{\overset{O}{\|}}{C}CH_3$

B. $CH_3\overset{\overset{O}{\|}}{C}OC_2H_5$

C. $C_2H_5-\overset{\overset{O}{\|}}{C}-Cl$

D. $CH_3\overset{\overset{O}{\|}}{C}NHC_2H_5$

2. 酰卤的醇解反应属于的反应类型是：（　　）

A. 亲核加成　　B. 亲核取代

C. 亲电加成　　D. 亲电取代

3. 有机合成中，常用来保护氨基的化合物是：（　　）

A. 乙酰氯　　B. 乙醇

C. 乙醛　　D. 乙酸乙酯

4. 下列离去基团，最容易离去的是：（　　）

A. RO^-　　B. OH^-

C. NH_2^-　　D. I^-

5. 酰卤发生氨解反应的主产物是： （ ）

A．羧酸 B．酯

C．酰胺 D．醇

6. 下列表述正确的是： （ ）

A．缩二脲反应是指两分子脲在加热的情况下脱去一分子氨，生成缩二脲

B．胍分子具有弱碱性

C．两分子的酯在醇钠存在的条件下缩合到一起被称为 Clemmensen 酯缩合

D．酯的醇解反应又称为酯交换反应

7. 药物分子中常引入乙酰基来降低药物毒性，增强脂溶性，常用的酰化剂是： （ ）

A．乙醇 B．乙酰氯

C．乙酸 D．乙醛

8. 下列化合物中，具有明显酸性的是： （ ）

A. 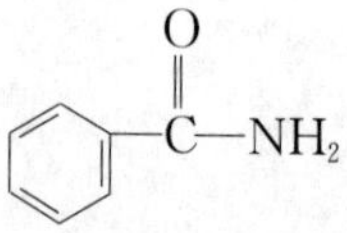 $C_6H_5-C(=O)-NH_2$ B. $C_6H_{11}-C(=O)-NH_2$

C. 邻苯二甲酰亚胺（NH） D. 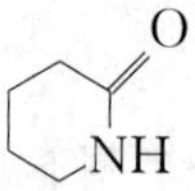 2-哌啶酮（NH）

9. 下列说法错误的是： （ ）

A．由酰卤可以制备酸酐 B．由一种酯可以制备另一种酯

C．由酰胺可以制备酸酐 D．由酸酐可以制备酯

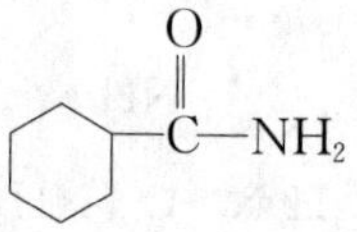

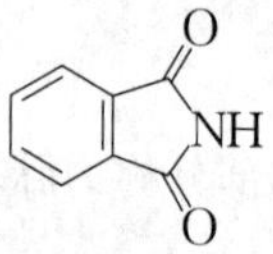

10. 下列化合物不能发生缩二脲反应的是： （ ）

A. 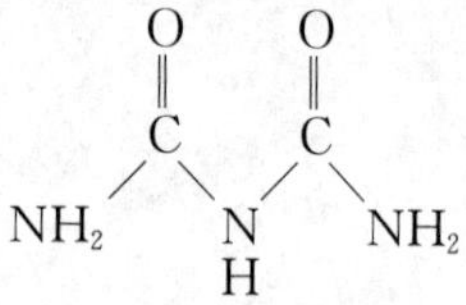 $NH_2-C(=O)-NH-C(=O)-NH_2$ B. $NH_2-C(=O)-NHNH_2$

C. $NH_2-C(=O)-C(=O)-NH_2$ D．多肽

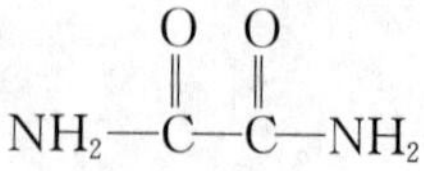

【问答题】

1. 命名下列化合物：

(1) 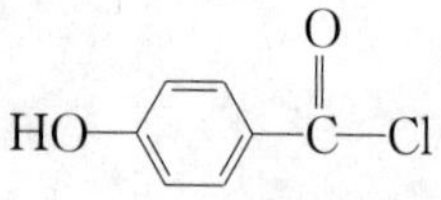 $HO-C_6H_4-C(=O)-Cl$ (2) 甲基取代的环状酸酐（五元环，O）

(3) 甲基取代的五元环内酯（O） (4) $C_6H_5-CH_2CO(=O)O-C_6H_5$

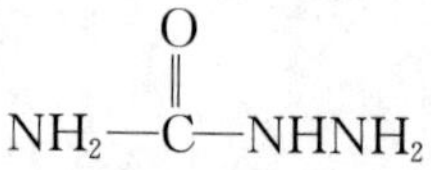

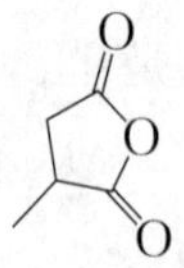

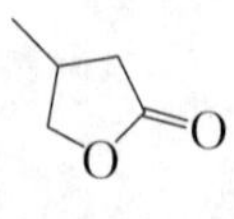

(5) $(CH_3)_2CHCH_2\overset{\overset{O}{\|}}{C}N\begin{smallmatrix}CH_3\\ CH_2CH_3\end{smallmatrix}$

(6) $Br(CH_2)_2\overset{\overset{O}{\|}}{C}O—CH_2—C_6H_5$

(7) $CH_3CH_2\underset{\underset{CH_3}{|}}{CH}\overset{\overset{O}{\|}}{C}Br$

(8) $C_6H_5—CH_2\overset{\overset{O}{\|}}{C}O\overset{\overset{O}{\|}}{C}CH_2—C_6H_5$

(9) N-CH_3 五元环二酮（O=C1CCC(=O)N1C）

(10) 4-甲基吡咯烷-2-酮环（CC1CNC(=O)C1）

2. 写出下列化合物的结构式：

(1) DMF

(2) N-乙基-δ-己内酰胺

(3) 4-甲基邻苯二甲酸酐

(4) 2-环戊基丁酰氯

(5) 2-甲基丁二酸二乙酯

(6) 2-苯基丙烯酸乙酯

(7) 琥珀酸酐

(8) N-甲基-N-苯基环己基甲酰胺

(9) 丙酸苯酯

(10) 2,2-二甲基丙酰氯

3. 完成下列反应式：

(1) $CH_2{=}\underset{\underset{CH_3}{|}}{C}—COOC_2H_5+H_2O\xrightarrow[\triangle]{H^+}$

(2) （N-C_2H_5、6-CH_3 哌啶-2-酮：CCN1C(C)CCCC1=O）$+H_2O\xrightarrow[\triangle]{H^+}$

(3) $C_6H_5—O\overset{\overset{O}{\|}}{C}C_2H_5+NH_3\longrightarrow$

(4) $HO—C_6H_4—\overset{\overset{O}{\|}}{C}—Cl+C_2H_5OH\xrightarrow{H_2SO_4}$

(5) $C_6H_4\begin{smallmatrix}COOH\\ OH\end{smallmatrix}+(CH_3CO)_2O\longrightarrow$

(6) $C_6H_5\quad CH_2\overset{\overset{O}{\|}}{C}O\overset{\overset{O}{\|}}{C}CH_2—C_6H_5+NH_2CH_3\xrightarrow[\triangle]{}$

(7) $CH_3CH_2COOC_2H_5\xrightarrow[(2)\ H^+]{(1)\ C_2H_5ONa}\xrightarrow[\triangle]{H_3O^+}$

(8) $\begin{matrix}CH_2CH_2COOCH_3\\ |\\ CH_2CH_2COOCH_3\end{matrix}\xrightarrow[H^+]{C_2H_5ONa}$

(9) $NH_2—\overset{\overset{O}{\|}}{C}—NH_2+H_2O\xrightarrow{脲酶}$

(10) 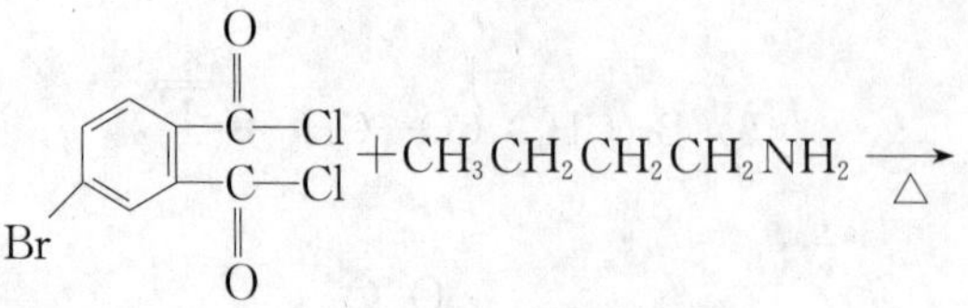 4-溴邻苯二甲酰氯 + $CH_3CH_2CH_2CH_2NH_2 \xrightarrow{\triangle}$

4. 用简单化学方法鉴别丁酮、β-丁酮酸乙酯、丁酸乙酯。

5. 为什么邻苯二甲酰亚胺溶于稀碱?

6. 合成题:

(1) 以丙醛为原料,合成丁交酯

(2) 以亚甲基环戊烷($C_5H_8{=}CH_2$)为原料,合成 环戊亚基$=CH_2\overset{O}{\overset{\|}{C}}N(CH_3)_2$

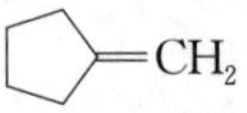

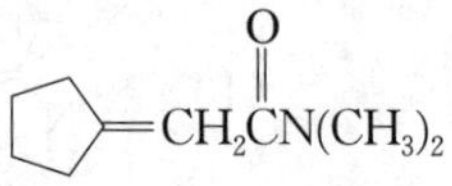

7. 推结构:

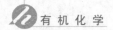

(1) 某化合物 A 分子式为 $C_7H_6O_3$,能溶于氢氧化钠或碳酸氢钠溶液,有与 $FeCl_3$ 能发生颜色反应,与乙酸酐作用生成化合物与 B($C_9H_8O_4$),A 与甲醇作用生成有香气的化合物 C($C_8H_8O_3$)。将 C 硝化,可得两种一元硝基化合物 D。试推测化合物 A、B、C、D 的结构。

(2) 化合物 A 分子式为 $C_6H_8O_4$,能使溴水褪色,用臭氧氧化再水解得到一种产物 B($C_3H_4O_3$),B 能与碳酸氢钠反应放出二氧化碳,也能与碘的氢氧化钠溶液发生碘仿反应。A 受热即失水生成 C($C_6H_6O_3$)。写出 A、B、C 的结构式。

第十一章

含氮有机化合物

导学

内容及要求

本章介绍的主要内容有：胺和酰胺的结构、命名、重要化学性质；医学上重要的胺；尿素及其化学性质；其他酰胺及其衍生物；重氮盐和偶氮化合物的性质及其在有机合成中的重要作用。

要求掌握胺和酰胺的结构、命名、重要化学性质；重氮盐和偶氮化合物的性质。熟悉医学上重要的胺；尿素及其化学性质。了解其他酰胺及其衍生物。

重点、难点

本章的重点内容是胺和酰胺的结构、命名、重要化学性质；重氮盐和偶氮化合物的性质。难点是重氮盐和偶氮化合物在有机合成中的重要作用。

专科生的要求

主要掌握胺和酰胺的结构、命名、重要化学性质，重氮盐和偶氮化合物等内容不作要求。

含氮有机化合物主要是指分子中氮原子和碳原子直接相连形成的化合物，也可看成是烃分子中的一个或几个氢原子被含氮的官能团所取代的衍生物。这类化合物种类繁多，与生命活动和人类日常生活关系非常密切。

含氮杂环化合物、生物碱、氨基酸等都是含氮有机化合物，其中含氮杂环化合物、生物碱见第九章，氨基酸是蛋白质的组成单位，将在第十二章中讨论，本章主要讨论胺和酰胺。

第一节 胺

胺(amine)可以看作是氨(NH_3)分子中的氢原子被烃基取代所生成的化合物。

一、胺的分类和命名

(一) 胺的分类

根据与氮原子相连的烃基数目分为伯胺、仲胺和叔胺或分别称为1°胺、2°胺、3°胺。

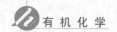

$$RNH_2 \qquad R—NH—R' \qquad RNR'R''$$

伯胺(1°胺)　　仲胺(2°胺)　　叔胺(3°胺)

但要注意,这里的伯、仲、叔的含义与醇中的不同,它们分别是指氮原子上连有一个、两个或三个烃基,而与连接氨基的碳是伯、仲、叔碳原子没有关系。

季铵化合物可看作是铵盐($NH_4^+X^-$)或氢氧化铵(NH_4OH)分子中氮原子上的四个氢原子都被烃基取代而生成的化合物,它们分别称为季铵盐和季铵碱。

$$R_4N^+X^- \qquad R_4N^+OH^-$$

季铵盐　　季铵碱

仲胺、叔胺或季铵化合物分子中的烃基可以是相同的,也可以是不同的。在这里,应注意“氨”“胺”及“铵”的含义。在表示基团(如氨基、亚氨基等)时,用“氨”;表示 NH_3 的烃基衍生物时,用“胺”;而铵盐或季铵类化合物则用“铵”。

根据 NH_3 分子中的氢原子被不同种类的烃基取代可分为脂肪胺和芳香胺。氨基与脂肪烃基相连的是脂肪胺($R—NH_2$),与芳香环直接相连的叫芳香胺($Ar—NH_2$)。胺还可以根据分子中所含氨基数目的不同而分为一元胺和多元胺。

(二) 胺的命名

胺的命名一般按照分子中烃基的名称叫做“某胺”;当胺分子中氮原子上所连的烃基不同时,则按次序规则由小到大列出;若原子上连有两个或三个相同的烃基时,则须表示出烃基的数目;氮原子上同时连有芳香烃基和脂肪烃基的仲胺和叔胺的命名,则以芳香胺为母体,脂肪烃基作为芳胺氮原子上的取代基,将名称和数目写在前面,并在取代基前冠以“N”字(每个“N”只能指示一个取代基的位置),以表示这个脂肪烃基是连在氮原子上,而不是连在芳香环上。季铵化合物的命名与无机铵的命名相似。例如:

$CH_3—CH_2—NH_2$　乙胺

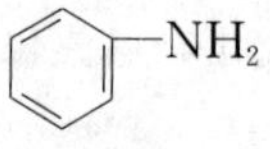

$C_6H_5—NH_2$　苯胺

$N_2N—CH_2—CH_2—NH_2$　乙二胺

$CH_3—NH—C_2H_5$　甲乙胺

$CH_3—NH—CH_3$　二甲胺

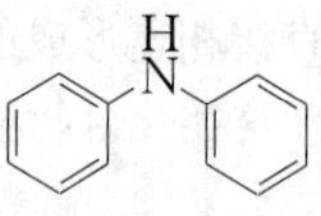

$C_6H_5—NH—C_6H_5$　二苯胺

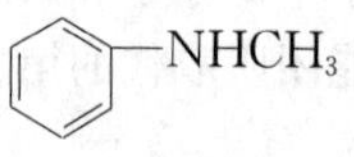

$C_6H_5—NHCH_3$　N-甲基苯胺

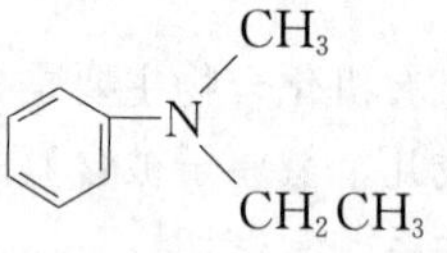

$C_6H_5—N(CH_3)(CH_2CH_3)$　N-甲基-N-乙基苯胺

$$\left[\begin{array}{c} CH_2CH_3 \\ | \\ CH_3CH_2—\overset{+}{N}—CH_2CH_3 \\ | \\ CH_2CH_3 \end{array}\right]I^- \qquad \left[\begin{array}{c} CH_3 \\ | \\ CH_3—\overset{+}{N}—CH_3 \\ | \\ CH_3 \end{array}\right]OH^-$$

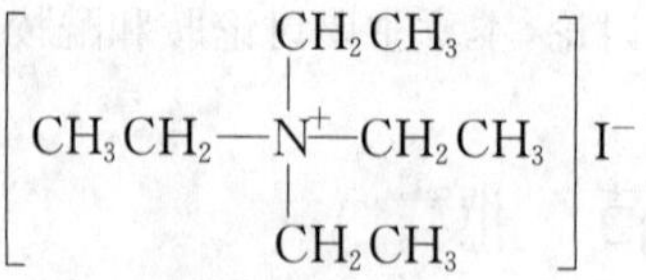

碘化四乙铵 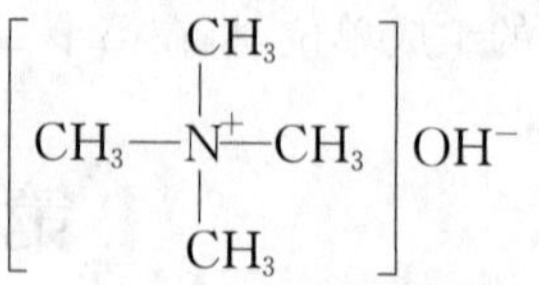　　氢氧化四甲铵

烃基比较复杂的胺,以烃为母体,将氨基作为取代基命名。例如:

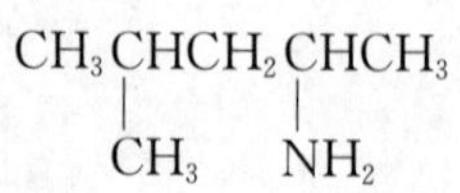

$$\begin{array}{l} CH_3\underset{|}{C}HCH_2\underset{|}{C}HCH_3 \\ \quad\;\; CH_3 \quad\;\;\; NH_2 \end{array}$$

4-甲基-2-氨基戊烷

二、胺的化学性质

1. 胺的碱性

胺中的氮原子和氨一样，有一对未共用电子对，能接受质子，因此胺具有碱性。

$$NH_3 + H{-}OH \rightleftharpoons NH_4^+ + OH^-$$

$$R\ddot{N}H_2 + H{-}OH \rightleftharpoons [R\underset{H}{\ddot{N}}H_2]^+ + OH^-$$

在水溶液中，脂肪胺一般以仲胺的碱性最强。但是，无论伯、仲或叔胺，其碱性都比氨强。芳香胺的碱性则比氨弱。氨、甲胺、二甲胺、三甲胺和苯胺的碱性强弱次序为：

$$(CH_3)_2NH > CH_3NH_2 > (CH_3)_3N > NH_3 > C_6H_5{-}NH_2$$

影响脂肪胺碱性的因素有三个。①诱导效应：胺分子中与氮原子相连的烷基具有斥电子诱导效应，使氮上的电子云密度增加，从而增强了对质子的吸引能力，而生成的铵离子也因正电荷得到分散而比较稳定。因此，氮上烷基数增多，碱性增强。②水化作用：在水溶液中，胺的碱性还决定于与质子结合后形成的铵离子水化的难易。氮原子上所连的氢愈多，则与水形成氢键的机会就愈多，水化程度亦愈大，铵离子就更稳定，胺的碱性也就增强。③位阻效应：胺分子中的烷基愈多、愈大，则占据空间的位置就愈大，使质子不易靠近氮原子，因而胺的碱性就降低。因此，脂肪胺中伯、仲、叔胺碱性的强弱是上述三个因素共同影响的结果。

芳香胺的碱性比脂肪胺弱得多。这是因为苯胺中氮原子的未共用电子对与苯环的 π 电子相互作用，形成一个均匀的共轭体系而变得稳定，氮原子上的电子云部分地转向苯环，因此氮原子与质子的结合能力降低，故苯胺的碱性比氨弱得多。

$$C_6H_5{-}\ddot{N}H_2$$

季铵碱是有机化合物中的强碱。它们在固态时即是离子状态，例如 $(CH_3)_4N^+OH^-$ 易溶于水，其碱性与氢氧化钠或氢氧化钾相当。

胺能与许多酸作用生成盐。例如：

$$C_6H_5{-}NH_2 + HCl \longrightarrow C_6H_5{-}NH_3^+Cl^-$$ 氯化苯胺（或写作 $C_6H_5{-}NH_2 \cdot HCl$ 苯胺盐酸盐或盐酸苯胺）

铵盐的命名与无机铵盐相似，也可直接叫做“某胺某酸盐”或“某酸某胺”。铵盐多为结晶体，易溶于水。胺的成盐性质在医学上有实用价值，有些胺类药物在制成盐后，不但水溶性增加，而且比较稳定。例如，局部麻醉药普鲁卡因，在水中溶解度小且不稳定，常将其制成盐酸盐。

$$\underset{\text{普鲁卡因}}{NH_2{-}C_6H_4{-}COOCH_2CH_2N(C_2H_5)_2} + HCl \longrightarrow \underset{\text{盐酸普鲁卡因}}{NH_2{-}C_6H_4{-}CHOOCH_2CH_2N(C_2H_5)_2 \cdot HCl}$$

2. 酰化反应

伯、仲胺都能与酰化剂（如乙酰氯、乙酸酐）作用，氨基上的氢原子被酰基取代，生成酰胺，这种反应叫做胺的酰化。叔胺因氮上没有氢，故不发生酰化反应。

$$R'-\overset{\overset{O}{\|}}{C}-Cl + RNH_2 \longrightarrow R'-\overset{\overset{O}{\|}}{C}-NHR + HCl$$

$$R'-\overset{\overset{O}{\|}}{C}-Cl + R-NH-R \longrightarrow R'-\overset{\overset{O}{\|}}{C}-NR_2 + HCl$$

由于叔胺不起酰化反应，故酰化反应可用来区别叔胺，并可以从伯、仲、叔胺的混合物中把叔胺分离出来。

3. 烃基化反应

在胺分子中，氮原子具有孤对电子，作为亲核试剂，可以与卤代烷发生亲核取代反应。如伯胺与伯卤代烷的反应按 S_N2 历程进行。

$$R-NH_2 + R'-X \longrightarrow R-\underset{\underset{R'}{|}}{\overset{+}{N}}H_2X^-$$

生成的铵盐经质子转移，可得到仲胺。

$$R-\underset{\underset{R'}{|}}{\overset{+}{N}}H_2 + R-NH_2 \longrightarrow R-\underset{\underset{R'}{|}}{N}H_2 + R-\overset{+}{N}H_3$$

在仲胺中，氮原子的孤对电子继续与卤代烷反应，经类似的过程可得叔胺，而叔胺还可再与卤代烷反应得到季铵盐，最后将是复杂的混合物。

叔胺与卤代烷作用生成季铵盐：

$$R_3N + RX \longrightarrow [R_4N]^+X^-$$

季铵盐是白色结晶固体，具有盐的性质，能溶于水。季铵盐加热时分解为叔胺和卤代烷。

$$[R_4N]^+X^- \xrightarrow{\triangle} R_3N + RX$$

季铵盐与伯胺、仲胺和叔胺的盐不同，它与碱作用得不到游离的胺，而得到含有季铵碱的平衡混合物。例如：

$$[R_4N]^+X^- + KOH \rightleftharpoons [R_4N]^+OH^- + KX$$

如果在醇溶液中进行此反应时，由于碱金属的卤化物不溶于醇，故能使反应进行到底。若用湿氢氧化银代替氢氧化钾时，反应也能顺利进行。例如：

$$[(CH_3)_4N]^+I^- + AgOH \longrightarrow [(CH_3)_4N]^+OH^- + AgI\downarrow$$

4. 与亚硝酸反应

伯、仲、叔胺与亚硝酸反应时，产物各不相同，借此可区别三种胺。

脂肪伯胺与亚硝酸反应，放出氮气，并生成醇、烯烃等的混合物。由于此反应能定量地放出氮气，故可用于伯胺及氨基化合物的分析。芳香族伯胺与脂肪族伯胺不同，在低温和强酸存在下，与亚硝酸作用则生成芳香族重氮盐，这个反应称为重氮化反应。芳香重氮盐化学性质很活泼，是有机合成的重要中间体。

仲胺与亚硝酸作用生成N-亚硝基胺。N-亚硝基胺为黄色的中性油状物质，不溶于水，可从溶液中分离出来。N-亚硝基胺是较强的致癌物质。亚硝酸盐和硝酸盐进入体内后可与胃酸作用生成亚硝酸，再和机体内的仲胺作用生成亚硝胺。不新鲜的蔬菜中含有硝酸盐或亚硝酸盐，某些肉类加工过程中用亚硝酸盐作为着色剂和防腐剂，这样的食物进入体内将成为影响健康的危险因素。

脂肪叔胺因氮上没有氢，与亚硝酸作用时只能生成不稳定的亚硝酸盐。芳香族叔胺与亚硝酸作用，发生环上取代反应，在芳香环上引入亚硝基，生成亚硝基取代物，在酸性溶液中呈黄色。

第二节　重氮盐和偶氮化合物

一、重氮盐的制备

重氮盐是通过重氮化反应制备的，即芳香伯胺在低温下(0～5 ℃冰水浴中)与过量硫酸混合，搅拌下滴入亚硝酸钠溶液，直到混合液使淀粉碘化钾试纸变蓝，则生成无色透明重氮盐溶液。

$$C_6H_5{-}NH_2 + NaNO_2 + H_2SO_4 \longrightarrow C_6H_5{-}\overset{+}{N}_2HSO_4^- + NaHSO_4 + 2H_2O$$

干燥的重氮盐对于热和震动很敏感，制备时一般不从溶液中分离出来，而直接用于下步反应。重氮盐很活泼，可用来合成多种类型的产物，其主要化学反应可分为两大类——取代反应和偶联反应。

二、重氮盐的性质

1. 取代反应

重氮盐在不同条件下可以被羟基、硝基、卤素或氢原子取代，同时放出氮气。这类反应可以将氨基转变为其他基团。

(1) 被羟基取代　重氮盐在强酸溶液中加热，重氮基被羟基取代，生成酚类化合物。

$$C_6H_5{-}N_2HSO_4 \xrightarrow[\triangle]{H_2SO_4,\ H_2O} C_6H_5{-}OH + H_2SO_4 + N_2\uparrow$$

(2) 被卤素取代　重氮盐与碘化钾作用，重氮基被碘原子取代，生成碘苯。

$$C_6H_5{-}N_2HSO_4 \xrightarrow[90\ ℃]{KI} C_6H_5{-}I + N_2\uparrow$$

重氮盐在氯化亚铜或溴化亚铜的存在下，能分解生成相应的卤代芳烃。反应中亚铜盐的存在对重氮盐的分解有催化作用。

$$H_3C{-}C_6H_4{-}N_2Cl \xrightarrow[HCl]{CuCl} CH_3{-}C_6H_4{-}Cl + N_2\uparrow$$

此反应称为 Sandmeyer 反应。由于 CuX 易分解，需临用时配制，并在 24 小时用完，且等摩尔配比。后来 Gatterman 对此反应做了改进，用铜粉代替 CuX，操作简化了，但收率较低。

$$H_3C{-}C_6H_4{-}NH_2 \xrightarrow[HBr]{HNO_2} CH_3{-}C_6H_4{-}N_2Br \xrightarrow[\triangle]{Cu} CH_3{-}C_6H_4{-}Br + N_2\uparrow$$

若要在芳环上代入氟，需先制成氟硼酸重氮盐，其稳定性较高，可以自溶液中分离出来。小心加热使其分解，即得芳香氟化物。该法称 Schiemann 反应。如：

$$m\text{-}CH_3C_6H_4{-}NH_2 \xrightarrow[HBF_4,\ 0\ ℃]{NaNO_2} m\text{-}CH_3C_6H_4{-}N_2BF_4 \xrightarrow{\triangle} m\text{-}CH_3C_6H_4{-}F + N_2\uparrow$$

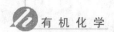

(3) 被硝基取代　重氮离子的氟硼酸盐在铜粉存在下于亚硝酸钠溶液中反应，则重氮基被硝基取代。例如用一般方法难以制取的对二硝基苯可用此法制取。

$$p\text{-}O_2N\text{-}C_6H_4\text{-}NH_2 \xrightarrow[HBF_4]{NaNO_2} p\text{-}O_2N\text{-}C_6H_4\text{-}N_2BF_4 \xrightarrow[Cu]{NaNO_2} p\text{-}O_2N\text{-}C_6H_4\text{-}NO_2 + NaBF_4 + N_2\uparrow$$

(4) 被氢原子取代　芳香重氮盐若在次磷酸水溶液中反应，则重氮基可被氢取代。

$$C_6H_5\text{-}N_2Cl \xrightarrow[H_2O]{H_3PO_2} C_6H_6 + N_2\uparrow$$

将重氮盐与乙醇作用，也会得到这个结果，但同时会伴有醚类副产物生成。

$$C_6H_5\text{-}N_2Cl \xrightarrow[\triangle]{C_2H_5OH} C_6H_6 + C_6H_5\text{-}OC_2H_5 + N_2\uparrow$$

2. 偶联反应(留氮反应)

重氮盐是离子型化合物，在重氮正离子 $Ar\text{—}N{\equiv}N^+$ 中，C—N—N 键是线型结构，氮原子是以 sp 杂化轨道成键，它的 π 轨道与芳环的 π 轨道形成共轭体系，氮原子的正电荷因离域而分散，在低温和酸性条件下可存在于溶液中。芳香重氮盐的结构如图 11－1 所示。

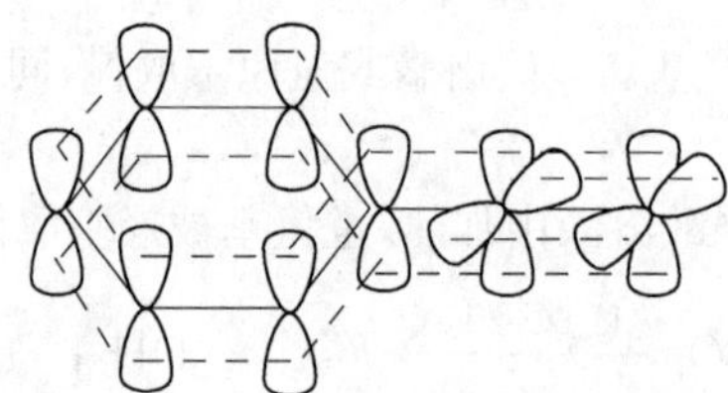

图 11－1　苯重氮正离子的结构

芳香氮正离子能作为亲电试剂与活泼的芳环(如酚和芳胺)作用，通过偶氮基(—N ═N—)将两者连接起来，生成一类有颜色的偶氮化合物，该反应称为偶联反应。例如：

$$C_6H_5\text{-}N_2Cl + C_6H_5\text{-}OH \xrightarrow[0\sim5\ ^\circ C]{NaOH,\ H_2O} C_6H_5\text{-}N{=}N\text{-}C_6H_4\text{-}OH$$

对羟基偶氮苯(橘黄色)

$$C_6H_5\text{-}N_2Cl + C_6H_5\text{-}N(CH_3)_2 \xrightarrow[0\ ^\circ C,\ H_2O]{CH_3COONa} C_6H_5\text{-}N{=}N\text{-}C_6H_4\text{-}N(CH_3)_2$$

对二甲氨基偶氮苯(黄色)

苯重氮正离子是较弱的亲电试剂，只能进攻芳胺或酚这类活泼性较强的芳环，发生取代反应。反应常发生在羟基或氨基的对位，对位被占据时，则发生在邻位。

偶氮化合物有鲜明的颜色，许多偶氮化合物可用作染料，称为偶氮染料。在医学上，偶氮染料可用于组织和细菌的染色。有些偶氮化合物的颜色可随溶液的酸碱性的不同而改变，常用作酸碱指示剂，如甲基橙(4′-二甲氨基偶氮苯-4-磺酸钠)就是一种常用的酸碱指示剂。

$$(CH_3)_2N\text{-}C_6H_4\text{-}N{=}N\text{-}C_6H_4\text{-}SO_3Na \underset{OH^-}{\overset{H^+}{\rightleftharpoons}} (CH_3)_2N{=}C_6H_4{=}N\text{—}NH\text{-}C_6H_4\text{-}SO_3Na$$

苯型(黄色)　　　　醌型(红色)

甲基橙在中性或碱性溶液中以苯型结构存在，显黄色；在酸性溶液中转化为醌，红色。变色范围的 pH 值为 3.0～4.4。

虽然偶氮苯本身不致癌，但它的许多衍生物是致癌物，特别是偶氮染料，除少数无致癌作用外，大部分是致癌物。当苯环对位有氨基，并且氨基至少连有一个甲基时，偶氮苯有较强的致癌作用。

三、重要的胺及其衍生物

1. 苯胺

苯胺是最简单也是最重要的芳香伯胺，是合成药物、染料等的重要原料。苯胺为油状液体，微溶于水，易溶于有机溶剂。苯胺有毒，能透过皮肤或吸入蒸气使人中毒。因此，接触苯胺时应加注意。

2. 胆碱

胆碱是一种季铵碱，广泛存在于生物体中，在脑组织和蛋黄中含量较多，是卵磷脂（第十四章）的组成部分。胆碱为白色结晶，吸湿性强，易溶于水和乙醇，而不溶于乙醚和氯仿等。它在体内参与脂肪代谢，有抗脂肪肝的作用。胆碱分子中醇羟基被乙酰化生成的酯叫做乙酰胆碱，是重要的神经递质。

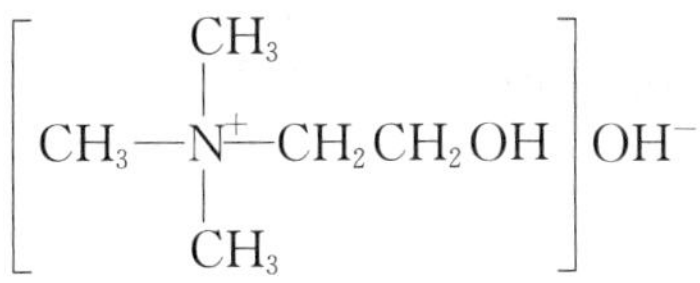

$$\left[CH_3-\overset{CH_3}{\underset{CH_3}{N^+}}-CH_2CH_2OH\right]OH^-$$

胆碱

$$\left[CH_3-\overset{CH_3}{\underset{CH_3}{N^+}}-CH_2CH_2-O-\overset{O}{\overset{\|}{C}}-CH_3\right]OH^-$$

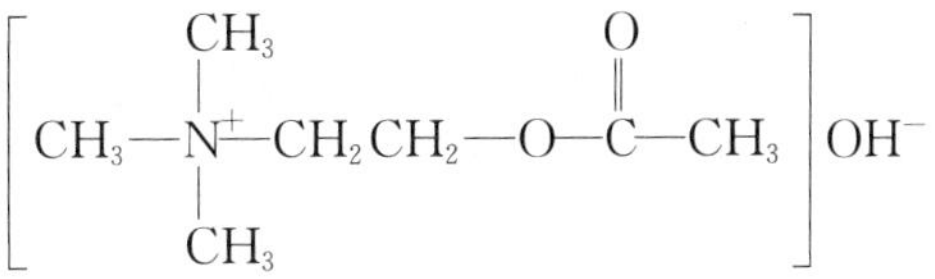

乙酰胆碱

3. 儿茶酚胺类

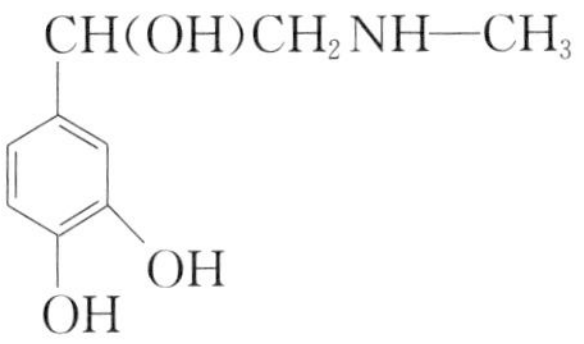

肾上腺素、去甲肾上腺素、多巴胺因其分子结构中都有儿茶酚（苯二酚）结构，侧链上均有氨基，统称儿茶酚胺类(catecholamine)。其中，去甲肾上腺素和多巴胺是重要的神经递质，肾上腺素是具有调节作用的激素。

$CH(OH)CH_2NH-CH_3$ 连于 3,4-二羟基苯环

肾上腺素

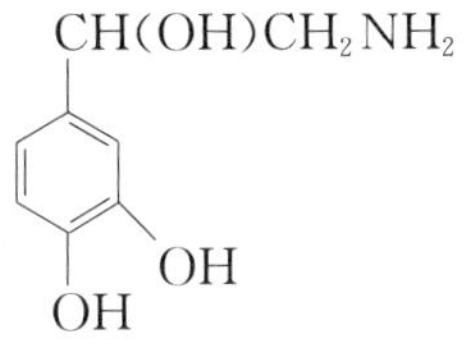

$CH(OH)CH_2NH_2$ 连于 3,4-二羟基苯环

去甲肾上腺素

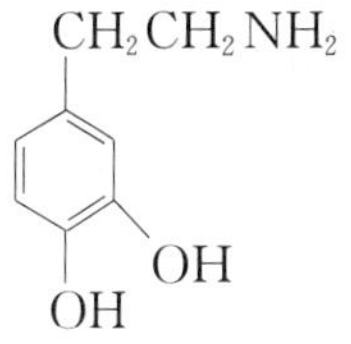

$CH_2CH_2NH_2$ 连于 3,4-二羟基苯环

多巴胺

4. 苯扎溴铵

在常温下，苯扎溴铵（新洁尔灭）为微黄色的黏稠液，吸湿性强，易溶于水和醇，水溶液呈碱性。苯扎溴铵是具有长链烷基的季铵盐，属阳离子型表面活性剂，也是消毒剂。临床上常用于皮肤、器皿及手术前的消毒。

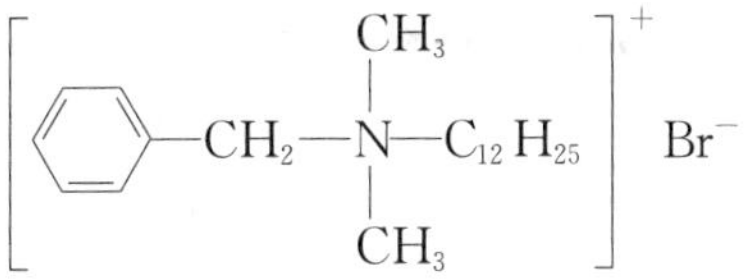

$$\left[C_6H_5-CH_2-\overset{CH_3}{\underset{CH_3}{N}}-C_{12}H_{25}\right]^+Br^-$$

苯扎溴铵

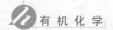

第三节 酰 胺

一、酰胺的结构和命名

酰胺是羧酸的衍生物。在结构上，酰胺可看作是羧酸分子中羧基中的羟基被氨基或烃氨基(—NHR或—NR_2)取代而成的化合物；也可看作是氨或胺分子中氮原子上的氢被酰基取代而成的化合物。

酰胺的命名是根据相应的酰基名称，并在后面加上“胺”或“某胺”，称为“某酰胺”或“某酰某胺”。例如：

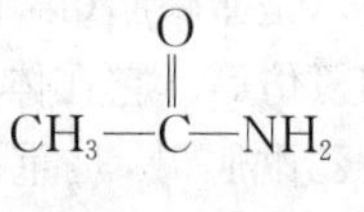

$$CH_3-\overset{O}{\overset{\|}{C}}-NH_2 \qquad CH_3-\underset{CH_3}{\underset{|}{CH}}-CH_2-\overset{O}{\overset{\|}{C}}-NH_2 \qquad C_6H_5-NH-\overset{O}{\overset{\|}{C}}-CH_3$$

乙酰胺 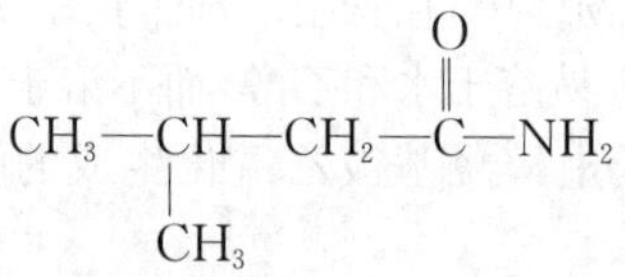　　3-甲基丁酰胺 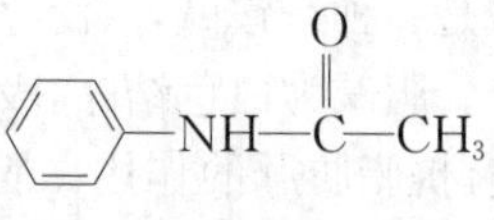　　乙酰苯胺

当酰胺中氮上连有烃基时，可将烃基的名称写在酰基名称的前面，并在烃基名称前加上“N—”，表示该烃基是与氮原子相连的。例如：

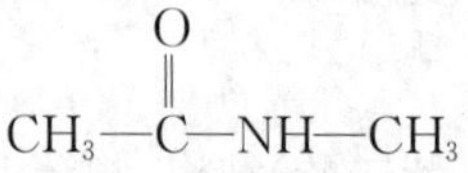

$$CH_3-\overset{O}{\overset{\|}{C}}-NH-CH_3 \qquad C_6H_5-\overset{O}{\overset{\|}{C}}-NH-CH_3 \qquad H-\overset{O}{\overset{\|}{C}}-\underset{CH_3}{\underset{|}{N}}-CH_3$$

N-甲基乙酰胺 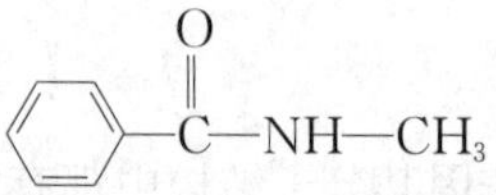　　N-甲基苯甲酰胺 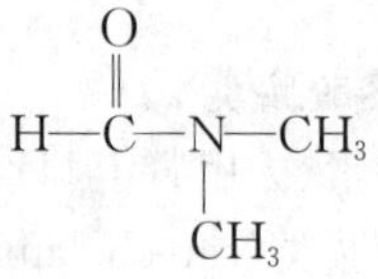　　N,N-二甲基甲酰胺

二、酰胺的化学性质

1. 酸碱性

酰胺一般是近中性的化合物。酰胺分子中虽有氨基或烃氨基，但其碱性比氨或胺要弱得多。这是由于分子中氨基氮上的未共用电子对与羰基的 π 电子形成共轭体系，使氮上的电子云密度降低，因而接受质子的能力减弱。这时C—N键出现一定程度的双键性质。

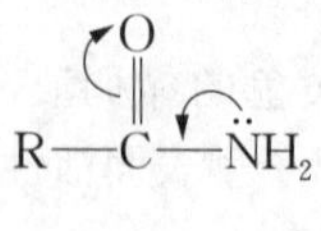

$$R-\overset{O}{\overset{\|}{C}}-\ddot{N}H_2$$

2. 水解

酰胺在通常情况下较难水解。在酸或碱的存在下加热时，则可加速反应，但比羧酸酯的水解慢得多。

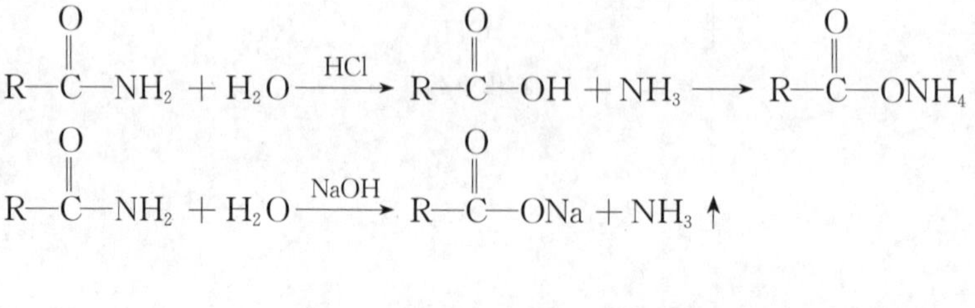

$$R-\overset{O}{\overset{\|}{C}}-NH_2+H_2O\xrightarrow{HCl}R-\overset{O}{\overset{\|}{C}}-OH+NH_3\longrightarrow R-\overset{O}{\overset{\|}{C}}-ONH_4$$

$$R-\overset{O}{\overset{\|}{C}}-NH_2+H_2O\xrightarrow{NaOH}R-\overset{O}{\overset{\|}{C}}-ONa+NH_3\uparrow$$

3. 与亚硝酸反应

酰胺与亚硝酸作用生成相应的羧酸，并放出氮气。

$$\mathrm{R{-}\overset{\overset{\Large O}{\|}}{C}{-}NH_2 + HONO \longrightarrow R{-}\overset{\overset{\Large O}{\|}}{C}{-}OH + N_2\uparrow + H_2O}$$

三、重要的酰胺及其衍生物

1. 尿素

从结构组成上看，碳酸分子的两个羟基(—OH)被两个氨基(—NH_2)取代而成为二酰胺，称为尿素，简称脲。尿素为无色晶体，易溶于水和乙醇，难溶于乙醚。

$$\mathrm{NH_2{-}\overset{\overset{\Large O}{\|}}{C}{-}NH_2}$$

在人体内，尿素是蛋白质、氨基酸分解产生的氨在肝内的解毒产物。当肝功能障碍时，随着血尿素的降低，血氨大大增高，进入脑组织易引起肝性脑病。尿素具有酰胺的结构，有酰胺的一般化学性质。但因两个氨基连在一个羰基上，所以它又表现出某些特殊的性质。

(1) 弱碱性　尿素分子中有两个氨基，其中一个氨基可与强酸成盐，故呈弱碱性。

$$\mathrm{NH_2{-}\overset{\overset{\Large O}{\|}}{C}{-}NH_2 + HNO_3 \longrightarrow NH_2{-}\overset{\overset{\Large O}{\|}}{C}{-}NH_2 \cdot HNO_3}$$

尿素的硝酸盐、草酸盐均难溶于水而易结晶。利用这种性质，可从尿液中提取尿素。

(2) 水解反应　尿素是酰胺类化合物，在酸、碱或尿素酶的作用下很易水解。

$$\mathrm{NH_2{-}\overset{\overset{\Large O}{\|}}{C}{-}NH_2}\begin{cases}\xrightarrow[\triangle]{\mathrm{H_2O,\ HCl}} \mathrm{CO_2\uparrow + 2NH_4Cl}\\ \xrightarrow[\triangle]{\mathrm{NaOH}} \mathrm{2NH_3\uparrow + Na_2CO_3}\\ \xrightarrow[\text{尿素酶}]{\mathrm{H_2O}} \mathrm{2NH_3\uparrow + CO_2\uparrow}\end{cases}$$

(3) 缩二脲的生成及缩二脲反应　若将尿素加热到稍高于它的熔点时，则发生双分子缩合，两分子尿素脱去一分子氨而生成缩二脲。

$$\mathrm{NH_2{-}\overset{\overset{\Large O}{\|}}{C}{-}NH_2 + NH_2{-}\overset{\overset{\Large O}{\|}}{C}{-}NH_2 \xrightarrow{150\sim160\ ^\circ C} NH_2{-}\overset{\overset{\Large O}{\|}}{C}{-}NH{-}\overset{\overset{\Large O}{\|}}{C}{-}NH_2 + NH_3\uparrow}$$

$$\mathrm{NH_2{-}\overset{\overset{\Large O}{\|}}{C}{-}NH{-}\overset{\overset{\Large O}{\|}}{C}{-}NH_2 \xrightarrow[base]{CuSO_4}}\text{紫红色(缩二脲反应)}$$

缩二脲是无色针状晶体，难溶于水，能溶于碱液中。它在碱性溶液中与少量的硫酸铜($CuSO_4$)溶液作用，呈现紫红色，这个颜色反应叫做缩二脲(双缩脲)反应。凡分子中含有两个或两个以上酰胺键(—CO—NH—，肽键)的化合物如多肽、蛋白质等都能发生这种颜色反应。该有色溶液在540 nm处有最大吸收峰，因此双缩脲反应可用于蛋白质的定性与定量分析。

尿素与丙二酰氯反应生成的丙二酰脲，是无色晶体，微溶于水。丙二酰脲可发生酮式-烯醇式互变异构，其烯醇式呈酸性，被称为巴比妥酸。巴比妥酸本身没有药理作用，但它的C-5亚甲基上的两个氢原子都被烃基取代(5,5-二取代)后所得许多取代物，却是一类重要的镇静催眠药，总称为巴比妥类药物。其通式为：

$$\begin{array}{c} \text{R} \quad \overset{4}{\text{C}}(=\text{O})-\overset{3}{\text{NH}} \\ \overset{5}{\text{C}} \qquad\qquad \overset{2}{\text{C}}=\text{O} \\ \text{R}' \quad \overset{6}{\text{C}}(=\text{O})-\overset{1}{\text{NH}} \end{array}$$

2. 胍

从结构组成上看，尿素分子的氧被一个亚氨基(NH)取代而成为胍，胍具有强碱性。胍分子去掉一个氢后剩余的部分称为胍基。

$NH_2-C(=NH)-NH_2$ 胍

$NH_2-C(=NH)-NH-$ 胍基

$R-C(=NH)-NH_2$ 脒

磷酸肌酸是人体内的能量储存形式，其分子中含有胍基。因此，磷酸肌酸可看作为是胍的衍生物。精氨酸是肝脏解除氨毒代谢过程中的重要中间物，其分子中也含有胍基。胍分子中的一个氨基被烃基取代形成的化合物称为脒，许多药物中含有该结构。

3. 磺胺

磺胺类药物的基本结构是对氨基苯磺酰胺，简称磺胺。磺胺类药物能抑制多种细菌，如链球菌、葡萄球菌、肺炎球菌、脑膜炎球菌、痢疾杆菌等的生长和繁殖，因此常用以治疗由上述细菌所引起的疾病。磺胺类药物种类很多，其差别主要是由于磺胺分子 1 位 N 上的氢原子被其他不同基团取代，显示出不同的抗菌强度。

$H_2N-C_6H_4-SO_2NH_2$

对氨基苯磺酰胺(磺胺，SN)

$H_2N-C_6H_4-SO_2NH-C(=NH)-NH_2$

磺胺脒(SG)

$H_2N-C_6H_4-SO_2NH-$(5-甲基异噁唑-3-基)$-CH_3$

磺胺甲基异噁唑(SMZ)

拓展阅读：紫外-可见光谱在化学中的应用

化学样品尤其是生化样品往往具有两个特点：①待测物质多处于溶液状态；②待测物质与其他物质处于混合状态。为了简便、快速、准确地对待测样品进行定量分析，工作实践中常采用分光光度技术进行测量。分光光度法最常使用的检测波谱范围是紫外-可见光光谱。

当光线通过溶液介质时，其一部分能量被吸收，一部分透过，所以光线射出溶液介质之后，光的强度(I)会变弱。我们将 $I_{透出}/I_{入射}$ 记为透光度或透光率(transmittance, T)，实验测定表明透光度与浓度之间呈反指数关系。由于对定量分析的计算很不方便，故引入吸光度 A (Absorbance, A)或光密度，有 $A=-\lg T$，使浓度与吸光度呈现直线关系。

Lambert 和 Beer 研究发现，当一束单色光照射物质溶液时，其吸光度与溶液浓度(c)和液层厚度(l)的乘积成正比，即 $A = k\times c\times l$ (Lambert-Beer 定律)。

该定律只在如下条件下成立：①入射光为单色光；②只限于稀溶液；③吸收池表面清洁透明，溶液对光只有吸收，而无反射、折射、散射。

根据 Lambert-Beer 定律，当已知标准样品浓度后，可通过测量已知标准样品及未知样品的吸光度计算出未知样品浓度。

复习题

【A 型题】

1. 可用于鉴别硝基化合物的是：（　　）

A．Fe＋HCl　　B．Sn＋HCl

C．As_2O_3 ＋NaOH　　D．$NaNO_2$/HCl＋NaOH

2. 可使硝基苯还原成苯胺的是：（　　）

A．Fe＋HCl　　B．葡萄糖/NaOH

C．Zn/NaOH　　D．Zn/NH_4Cl

3. 水溶液中碱性最强的是：（　　）

A．甲胺　　B．二甲胺

C．三甲胺　　D．苯胺

4. 碱性最强的是：（　　）

A．NH_2 / CH_3　　B．NH_2 / Cl　　C．NH_2 / Cl　　D．NH_2 / CH_3

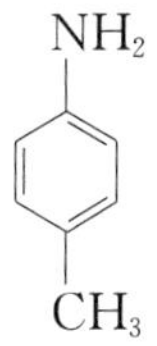

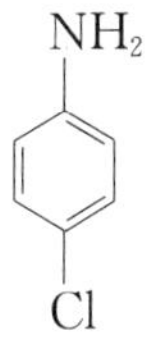

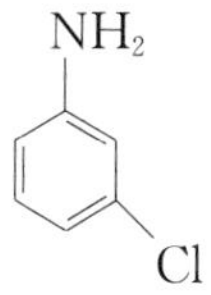

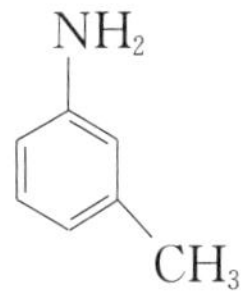

5. 苯胺类物质常用于保护氨基的反应是：（　　）

A．磺酰化　　B．乙酰化

C．重氮化　　D．酸化

6. 常用于鉴别苯胺的试剂是：（　　）

A．氯水　　B．溴水

C．碘/四氯化碳　　D．硝酸

7. 磺胺类药物的基本结构是：（　　）

A．对氨基苯磺酰胺　　B．对羟基苯磺酰胺

C．间氨基苯磺酰胺　　D．间羟基苯磺酰胺

8. 重氮盐与酚的偶联介质是：（　　）

A．强酸性　　B．强碱性

C．弱酸性　　D．弱碱性

9. 重氮盐与苯胺的偶联介质是：（　　）

A．强酸性　　B．强碱性

C．弱酸性　　D．弱碱性

10. 重氮基被碘取代的催化剂是：（　　）

A．Cu　　B．CuI

C．CuCl　　D．不用催化剂

11. 重氮基被溴取代的催化剂是： （ ）

A. Cu　　B. CuBr

C. CuCl　　D. 不用催化剂

【问答题】

1. 命名下列化合物：

(1) 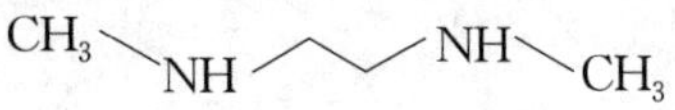 $CH_3-NH-CH_2CH_2-NH-CH_3$

(2) 3-(N-乙基-N-甲基氨基)苯甲酸乙酯（结构：苯环上 N(Et)(Me) 与 COOEt 间位）

(3) 2-Br-C$_6$H$_4$-N=N-C$_6$H$_4$-3-CH$_3$

(4) $CH_3CH_2-N(CH_3)-NO$

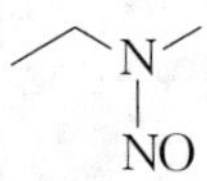

(5) 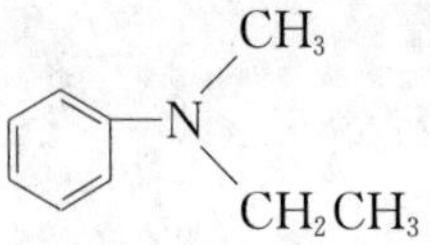 $C_6H_5-N(CH_3)CH_2CH_3$

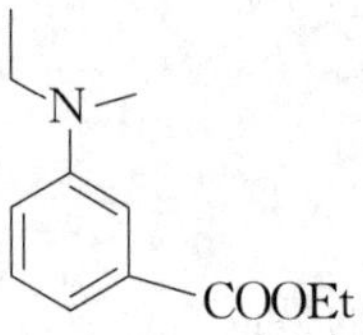

2. 完成下列反应式：

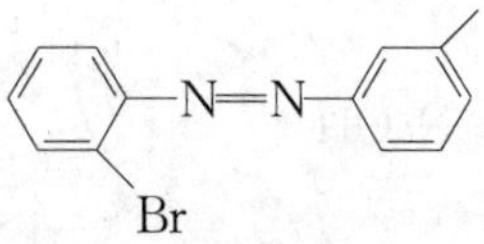

(1) 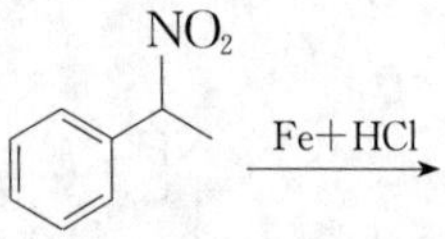 $C_6H_5CH(NO_2)CH_3 \xrightarrow{Fe+HCl}$

(2) $C_6H_5NH_2 \xrightarrow[0\sim5\ ℃]{NaNO_2/HCl}$

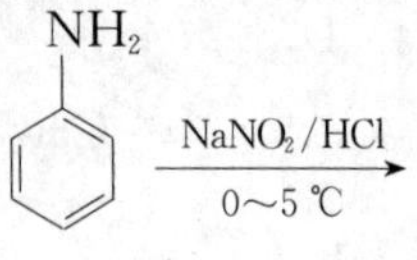

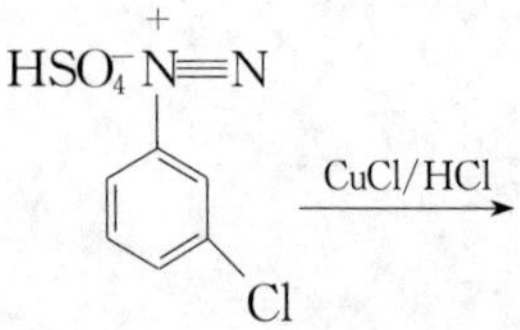

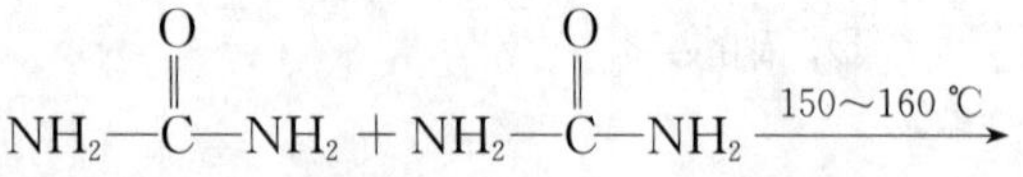

(3) 间氯苯重氮硫酸氢盐 $HSO_4^- \overset{+}{N}\equiv N$-C$_6H_4$-Cl $\xrightarrow{CuCl/HCl}$

(4) $NH_2-\overset{O}{\overset{\|}{C}}-NH_2 + NH_2-\overset{O}{\overset{\|}{C}}-NH_2 \xrightarrow{150\sim160\ ℃}$

(5) $C_6H_5-N_2Cl \xrightarrow[H_2O]{H_3PO_2}$

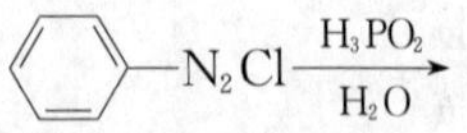

3. 合成题：

(1) 由苯合成间溴氯苯

(2) 由苯合成对苯二胺

(3) 由苯合成 3,5-二溴甲苯

第十二章

杂环化合物与生物碱

导 学

内容及要求

本章主要介绍芳香杂环化合物的结构、命名和化学性质。

要求掌握杂环化合物的命名和单杂环化合物的化学性质；了解稠杂环化合物的化学性质和杂环化合物的衍生物。

重点、难点

本章重点是杂环化合物的结构和命名；单杂环化合物的化学性质。难点是杂环化合物的结构和单杂环化合物的化学性质。

专科生的要求

专科生对杂环化合物的结构和化学性质一般了解即可；对杂环化合物的化学性质和衍生物不作要求。

在环状有机化合物中，构成环系的原子除碳原子外还有其他原子，这类化合物称为杂环化合物。组成杂环化合物的非碳原子叫做杂原子，可以是 N、O、S、B、Al、Si、P 等，最常见的杂原子是 N、O、S。在前面有些章节中，曾遇到过有些含有杂原子的环状化合物，如内酯、交酯和环状酸酐等，严格地讲也属于杂环化合物，但这些环容易开裂，且与相应的开链化合物性质相似，所以通常不包含在杂环化合物之内。

第一节　杂环化合物的分类和命名

杂环化合物种类非常多，可以说是有机化合物中数目最庞大的一类，许多具有生理活性的重要有机化合物如血红素、叶绿素以及临床上一些天然药物和合成药物等，都属于杂环化合物。

杂环化合物按照杂环的骨架分为单杂环和稠杂环。单杂环按照环的大小可分为三元、四元、五元、六元和七元杂环。按照有无芳香性又可分为非芳香性杂环和芳香性杂环。本章讨论五元和六元的具有芳香性的杂环。

杂环化合物的命名普遍采用外文名称的音译，并加口字旁，表示为杂环化合物。

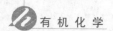

表 12-1 常见杂环化合物的结构和名称

分类			结构和名称		
单杂环	五元杂环	一个杂原子	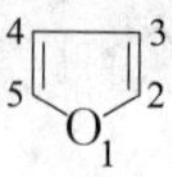 furan 呋喃	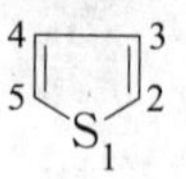 thiophene 噻吩	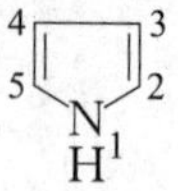 pyrrole 吡咯
		两个杂原子	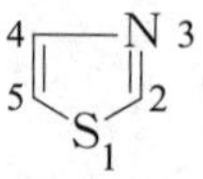 thiazole 噻唑	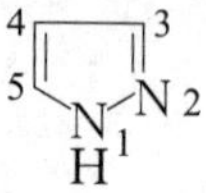 pyrazole 吡唑	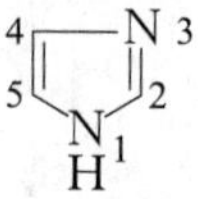 imidazole 咪唑
	六元杂环	一个杂原子	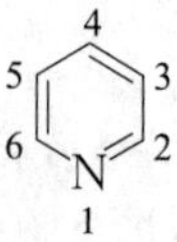 pyridine 吡啶	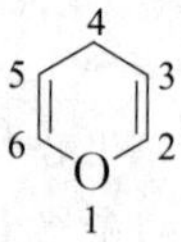 pyran 吡喃	
		两个杂原子	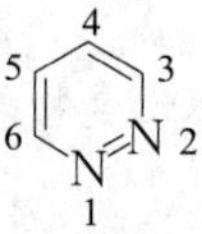 pyridazine 哒嗪	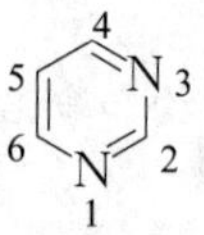 pyrimidine 嘧啶	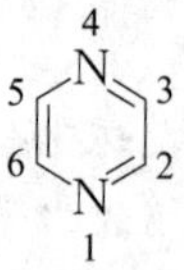 pyrazine 吡嗪
稠杂环	苯稠杂环		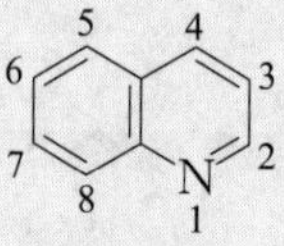 quiniline 喹啉	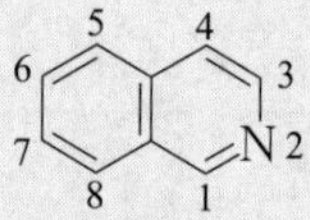 isoquiniline 异喹啉	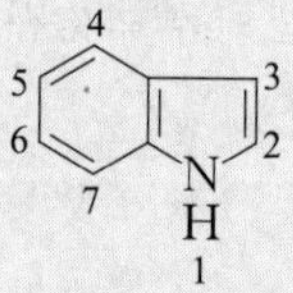 indole 吲哚
	稠杂环		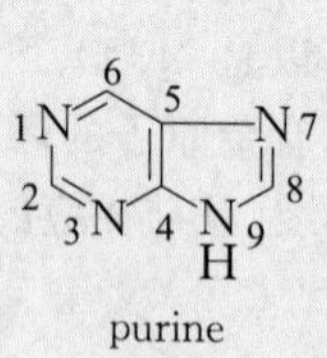 purine 嘌呤	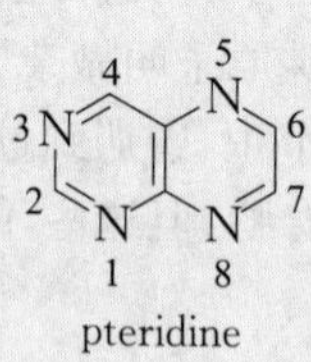 pteridine 喋啶	

杂环化合物环上的原子编号，一般从杂原子开始，采取以下原则：

(1) 单杂环一般从杂原子开始　①环上只有一个杂原子时，杂原子的编号为 1。有时也可以希腊字母 α、β、γ 等编号，临近杂原子的碳原子为 α 位，其次为 β 位，再次为 γ 位。②环上有两个或两个以上相同杂原子时，应从连接有氢或取代基的杂原子开始编号，并使这些杂原子所在位次和最低。③环上有不同杂原子时，按氧、硫、氮的顺序编号。④当杂环上连有—R、—X、—OH、$—NH_2$ 等取代基时，以杂环为母体，表明取代基位次，如果连有—CHO、—COOH、$—SO_3H$ 等时，则把杂环作为取代基。例如：

β-甲基吡啶　　β-呋喃甲醛　　α-吲哚丙酸
(3-甲基吡啶)　　(3-呋喃甲醛)　　(2-吲哚丙酸)

(2) 稠杂环母环的大部分按照相应的稠环芳香烃的原则，但应使杂原子的编号尽可能小。如喹啉、异喹啉、喋啶和吲哚等。

(3) 有一些稠杂环另有自己的编号顺序。如嘌呤等。

第二节　芳香五元杂环

一、含有一个杂原子的五元杂环

(一) 呋喃、噻吩、吡咯的结构

五元杂环化合物呋喃、噻吩、吡咯的结构与苯相似，碳原子与杂原子均以 sp^2 杂化轨道相互连接成 σ 键，并且都在同一个平面上，每个碳原子及杂原子上均有一个未参与杂化的 p 轨道，互相平行，在碳原子的 p 轨道上有一个 p 电子，在杂原子的 p 轨道上有两个 p 电子，形成一个 6π 电子的共轭体系，符合休克尔的 $4n+2$ 规则，因此这些杂环或多或少地具有与苯环类似的性质，所以被称为芳香杂环化合物(图 12-1)。

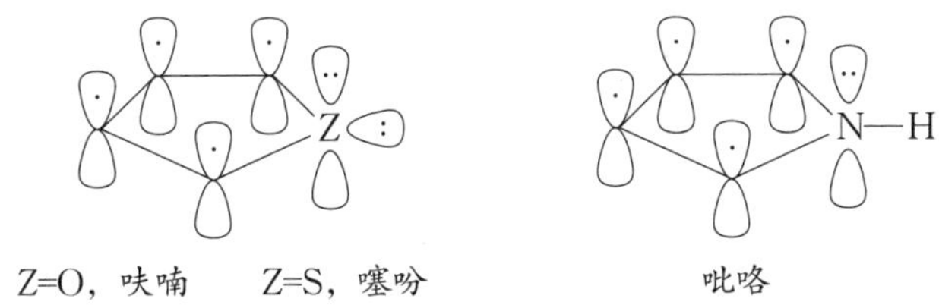

图 12-1　呋喃、噻吩和吡咯的原子轨道图

由于呋喃、噻吩和吡咯都具有一定的芳香性，因此不易被氧化，不易进行加成反应，容易发生亲电取代反应。共轭体系中的 6 个 π 电子分散在 5 个原子上，使得整个环上的 π 电子云密度比苯大，因此比苯容易发生亲电取代反应。与杂原子直接相连的 α 位上的电子与密度较 β 位大，因此 α 位上碳原子更易受到亲电试剂的进攻，亲电取代反应一般发生在这个位置，如果 α 位上已有取代基，则发生在 β 位。

五元杂环电子云分布不完全平均化，其稳定性也不如苯环。杂原子的电负性大小也有差异(O>N>S)，电子云的离域也有差异，所以它们的芳香性强弱和环的稳定性也不同。

从结构上看，吡咯是个胺，但由于杂原子 N 参加了共轭，电子云密度得到分散，使其碱性极弱。

(二) 呋喃、噻吩、吡咯的化学性质

1. 吡咯的酸碱性

从结构上看，吡咯是一个环状仲胺，但氮原子上的孤对电子参与了环的共轭，并起到了供电子的作用，使其电子云密度降低，失去了与质子结合的能力，因此吡咯的碱性极弱。同时，由于氮原子上的电子云密度降低，使其与氢原子的结合变弱，其上的氢原子容易以质子的形式解离，使吡咯显弱酸

性。pK_a 为 17.5，比醇的酸性强，能与氢氧化钾或氢氧化钠反应成盐。

吡咯 + KOH $\xrightarrow[\triangle]{\text{固体}}$ 吡咯钾盐（$N^{\ominus}$ $K^{\oplus}$） + H_2O

2. 亲电取代反应

呋喃、噻吩、吡咯环上的电子云密度比苯环上高，更容易发生亲电取代反应。但是由于它们的芳香性比苯要弱，遇到强酸和强氧化剂很容易使环被破坏，因此进行亲核取代反应需要在较温和的条件下进行。

在呋喃、噻吩、吡咯环中，由于杂原子相当于一个给电子基团，与其直接相连 α 位的电子云密度比 β 位高，更容易受到亲电试剂的进攻，因此亲电取代反应主要发生在 α 位。

(1) 硝化　呋喃、噻吩、吡咯很容易被氧化，因此不能直接用硝酸直接硝化。通常情况下采用温和的非质子硝化剂，如硝酸乙酰酯在低温下进行反应。

吡咯 + $CH_3-\overset{O}{\overset{\|}{C}}-ONO_2$ $\xrightarrow[5\ ℃]{Ac_2O}$ α-硝基吡咯 83% + β-硝基吡咯 17%

(2) 磺化　呋喃、噻吩、吡咯通常采用温和的非质子磺化剂，如吡啶与三氧化硫进行反应。

吡咯 + 吡啶-SO_3^- $\xrightarrow{100\ ℃}$ 吡咯-2-SO_3^-·吡啶鎓 $\xrightarrow{HCl}$ 吡咯-2-SO_3H

90%

(3) 卤代　在温和的条件如溶剂稀释及低温下进行反应，可得到呋喃、噻吩、吡咯的一氯代或一溴代产物。

2-溴呋喃 80% $\xleftarrow[\text{二氧六环}]{Br_2,\ 0\ ℃}$ 呋喃 $\xrightarrow[-40\ ℃]{Cl_2}$ 2-氯呋喃 + 2,5-二氯呋喃

(4) 酰基化　呋喃与酸酐或酰氯在催化剂作用下反应。

呋喃 + $CH_3\overset{O}{\overset{\|}{C}}O\overset{O}{\overset{\|}{C}}CH_3$ $\xrightarrow{BF_3}$ 2-乙酰基呋喃（$COCH_3$）　75%~92%

吡咯可与乙酸酐在 150～200 ℃直接酰化。

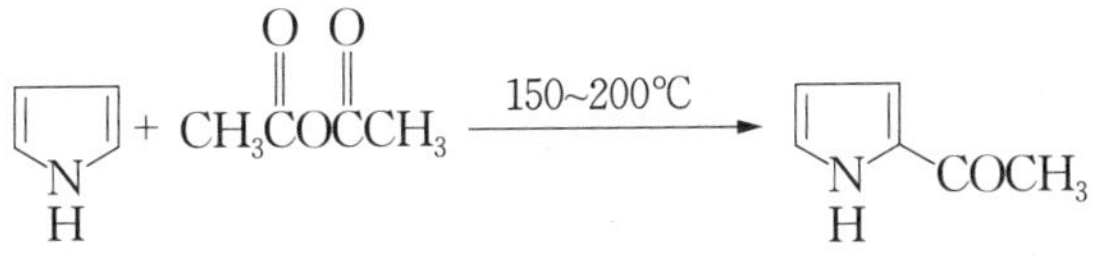

$$\text{吡咯} + CH_3COCCH_3 \xrightarrow{150\sim200℃} \text{2-乙酰基吡咯}(COCH_3)$$

2-乙酰基吡咯　60%

二、含有两个杂原子的五元杂环

五元杂环中含有两个杂原子，其中一个是氮原子的体系叫做唑(azole)。唑也可以发生亲电取代反应，但与呋喃、噻吩、吡咯相比，环上的电子云密度相对较低，因此取代反应的趋势也较弱。

三、呋喃、噻吩和吡咯的衍生物

(一) 呋喃的衍生物

用热盐酸处理稻糠、玉米芯、花生壳、大麦壳、高粱秆等，可生成戊糖，戊糖失水环化可得到糠醛。

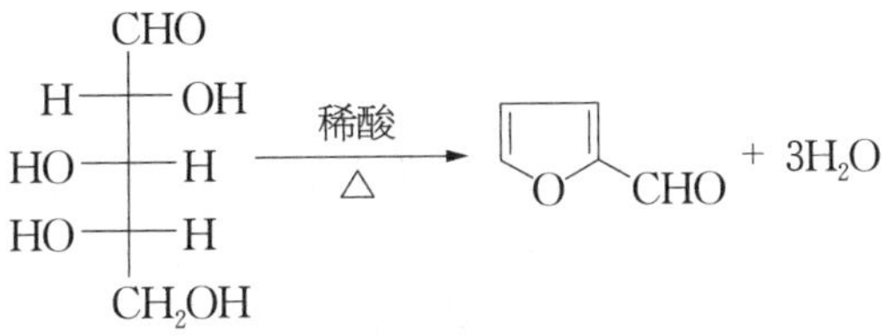

$$\text{戊糖} \xrightarrow[\triangle]{\text{稀酸}} \text{糠醛(CHO)} + 3H_2O$$

糠醛是合成药物的重要原料，可用于制备治痢疾的药物呋喃唑酮(痢特灵)，治疗泌尿系统感染的药物呋喃妥因等。

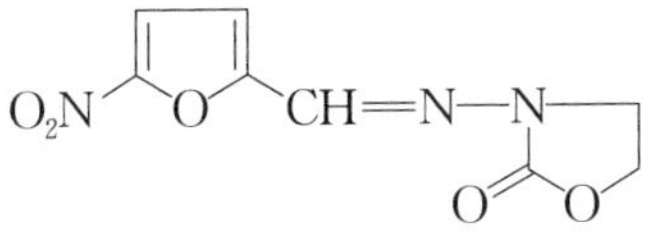

呋喃唑酮 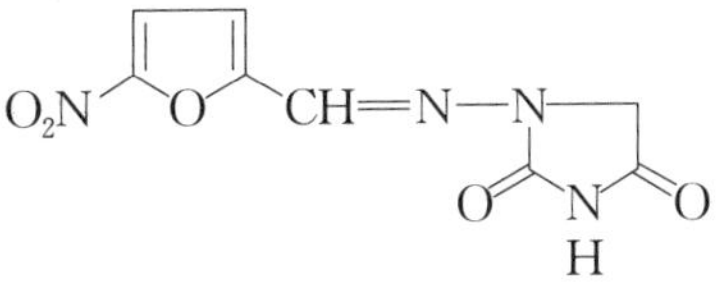　　呋喃妥丁

(二) 噻吩的衍生物

最重要的噻吩衍生物是维生素 B_7，又称为生物素。它对微生物、酵母及某些动物的生长发育起促进作用，同时也是多种羧化酶的辅酶，在生物合成中起二氧化碳载体的作用。

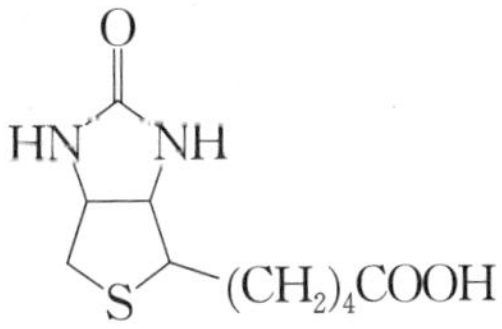

生物素

(三) 吡咯的衍生物

吡咯的衍生物极为重要，生理上很多种重要物质都是由它的衍生物组成的，如叶绿素、血红蛋白、维生素 B_{12} 及胆红素等都是吡咯的衍生物。

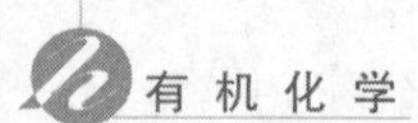

叶绿素 a

（叶绿素 a 结构中带星号的甲基换成醛基即为叶绿素 b）

血红素

第三节　芳香六元杂环

一、含有一个杂原子的六元杂环

（一）吡啶的结构

吡啶的结构与苯相似，环上的碳原子和氮原子都以 sp^2 杂化轨道成键，每个原子上有一个 p 轨道，每个 p 轨道上有一个 p 电子，共有 6 个 p 电子形成封闭的共轭体系，符合休克尔规则，具有芳香性。氮原子还有一个 sp^2 杂化轨道，被一对孤对电子占据，未参与成键，可与电子结合，因而具有碱性(图 12－2)。

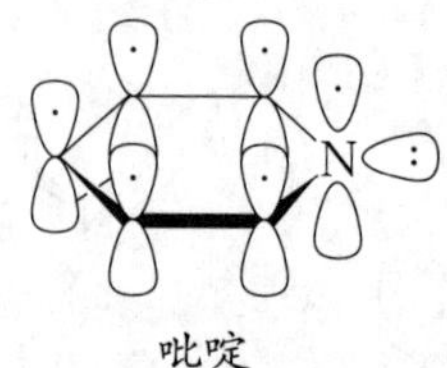

吡啶

图 12－2　吡啶的原子轨道图

（二）吡啶的化学性质

吡啶环系的反应既可以发生在氮原子上，也可以发生在碳原子上。

1. 在氮原子上发生反应

吡啶氮的孤对电子不在 p 轨道上，没有被共轭作用所束缚，故可以结合质子，具有弱碱性。从结构上看，吡啶是一个三级胺，能与亲电试剂发生反应。但其碱性较弱，环上如果有给电子基团，可使其碱性增强。

	吡啶鎓	2-甲基吡啶鎓	3-甲基吡啶鎓	4-甲基吡啶鎓
pK_a	5.17	5.97	5.68	6.02

吡啶环上的孤对电子能与质子结合，故能与无机酸反应生成盐。

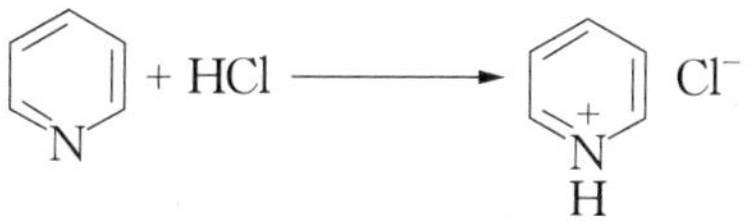

2. 在碳原子上发生反应

（1）亲电取代反应　由于氮原子电负性比碳原子高，吡啶环上的氮原子可以通过吸电子的共轭效应使环上碳原子的电子云密度比苯环低，因此，虽然吡啶环上能发生亲电取代反应，但要比苯环难得多，反应极不顺利，硝化、磺化等反应只能在极强的条件下进行，产率很低，而且反应主要发生在 β 位上。吡啶环不能发生付-克烷基化和酰基化反应。

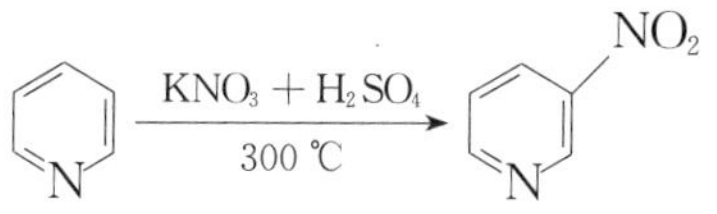

β-硝基吡啶　4.5%

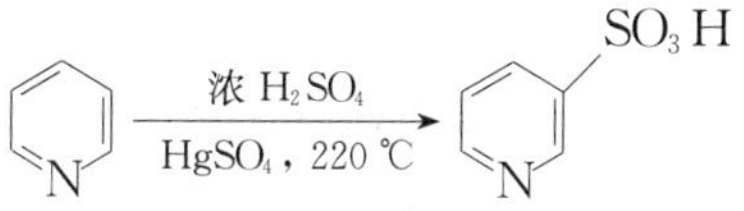

β-吡啶磺酸　70%

（2）亲核取代反应　与苯环不同，吡啶环上除了能够发生亲电取代反应外，还有利于亲核取代反应，并且亲核取代反应比亲电取代反应更易进行。吡啶环上 2、4、6 位电子云密度较低，亲核取代反应主要发生在这些位置上。也即是更容易生成 α-或 γ-取代吡啶，其中以 α-取代产物为主。

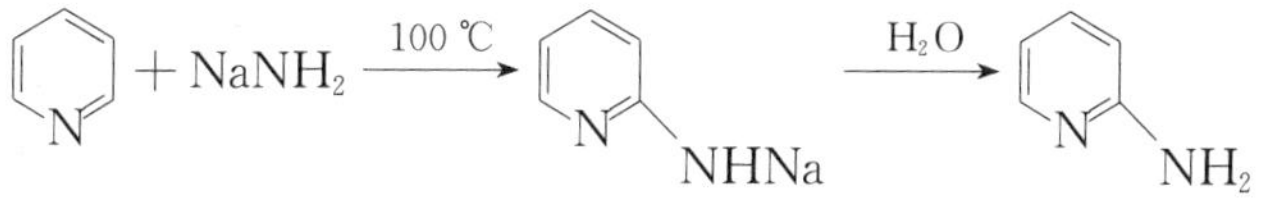

当吡啶环的 α 位上有易离去基团（如 Cl、Br 等）时，该取代吡啶可与较弱的亲核试剂（如 NH_3、H_2O 等）发生亲核取代反应。

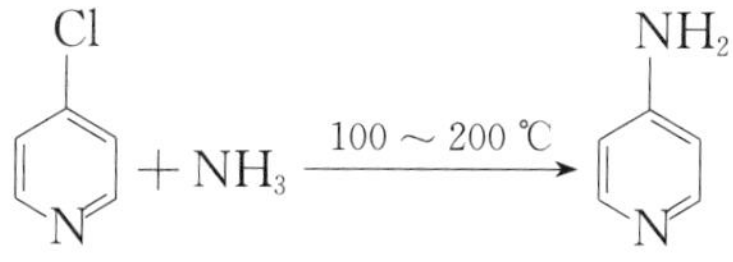

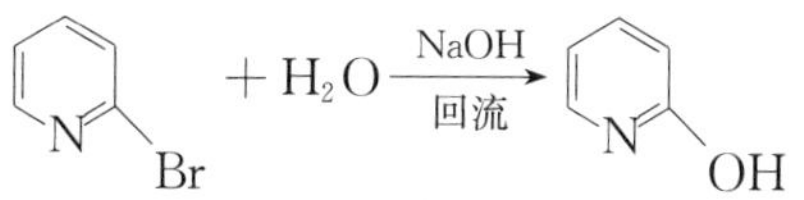

二、含有两个杂原子的六元杂环

嘧啶是含有两个氮原子的六元杂环，与吡啶相比嘧啶环上电子云密度更低，亲电取代反应更困难。

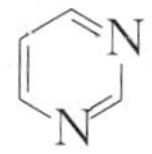

嘧啶

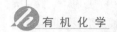

三、吡啶和嘧啶的衍生物

1. 吡啶的衍生物

维生素 PP、维生素 B_6 及异烟肼(雷米封)都是吡啶的重要衍生物。维生素 PP 又名烟酸或尼克酸,是维生素 B 族的一员,在酵母、肝脏、瘦肉、牛奶、花生、黄豆、米糠及胚芽中含量丰富。体内缺乏维生素 PP 可能引起糙皮病和狗的黑舌病。

维生素 B_6 在自然界分布很广,是维持蛋白质正常代谢必要的维生素。长期缺乏维生素 B_6 会导致皮肤、中枢神经和造血功能的损害。

异烟肼又称异烟酰肼(雷米封),是抗结核药。

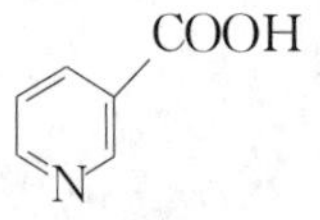

COOH N

烟酸

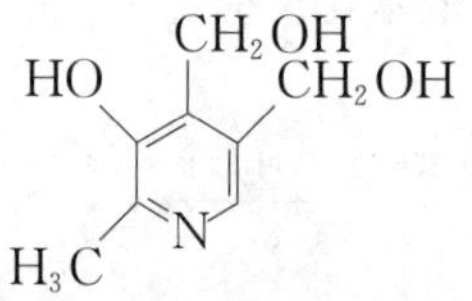

CH_2OH HO CH_2OH N H_3C

维生素 B_6

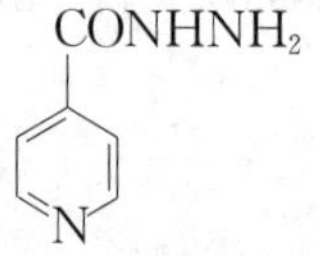

CONHNH$_2$ N

异烟肼

2. 嘧啶的衍生物

嘧啶本身在自然界并不存在,但取代嘧啶在自然界中存在很多,并且很多具有特殊的生理活性。胞嘧啶、尿嘧啶、胸腺嘧啶是核酸的重要组成部分。

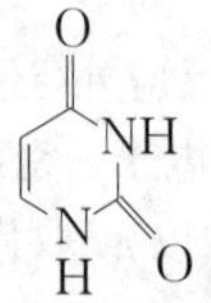

O NH N H O

尿嘧啶

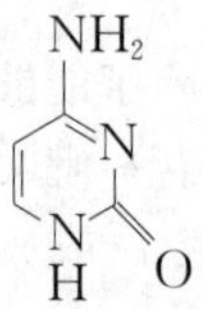

NH_2 N N H O

胞嘧啶

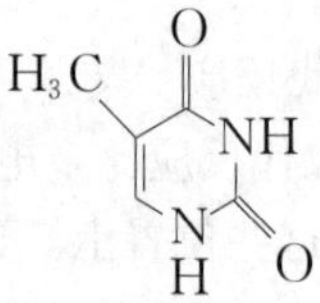

O H_3C NH N H O

胸腺嘧啶

维生素 B_1 也含有嘧啶环,其分子是由嘧啶环和噻唑环结合而成的化合物,因分子中含有硫及胺,所以又称为硫胺素。维生素 B_1 主要存在于谷类、豆类、酵母、干果、动物内脏、蛋类、瘦肉、乳类、蔬菜和水果中,长期摄入不足会出现周围神经炎、水肿、心肌变性等。

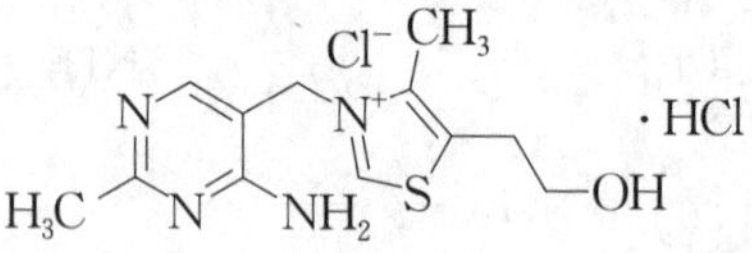

Cl^- CH_3 N N^+ ·HCl H_3C N NH_2 S OH

维生素 B_1

第四节 稠杂环

重要的稠杂环化合物有吲哚衍生物和嘌呤及其衍生物。

常见的吲哚衍生物是β-吲哚乙酸和色氨酸。β-吲哚乙酸广泛存在于植物的幼芽中,是植物生长调节剂。色氨酸在体内代谢主要生成 5-羟色胺,5-羟色胺最早是从血清中发现的,又名血清素,广泛存在于哺乳动物组织中。5-羟色胺作为神经递质,主要分布于松果体和下丘脑,可能参与痛觉、睡眠和体温等生理功能的调节。中枢神经系统 5-羟色胺含量及功能异常可能与精神病和偏头痛等多种疾病的发病有关。

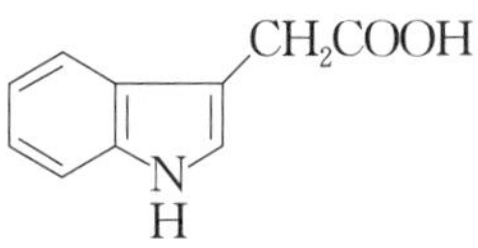

β-吲哚乙酸 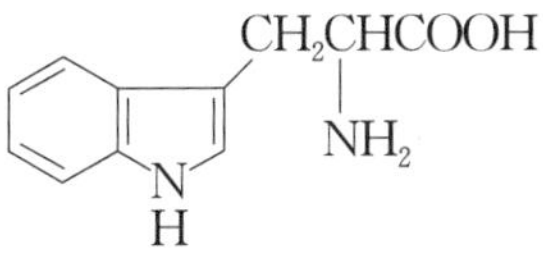　　色氨酸 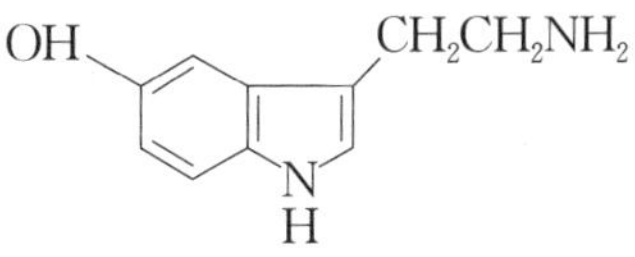　　5-羟色胺

常见的嘌呤衍生物有尿酸、腺嘌呤和鸟嘌呤。

尿酸的结构是2,6,8-三羟基嘌呤,它有两种互变异构体。通常情况下,(b)是较多的一种。

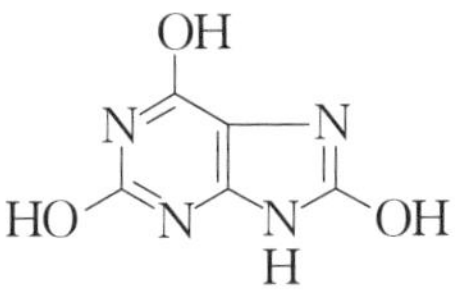

(a) 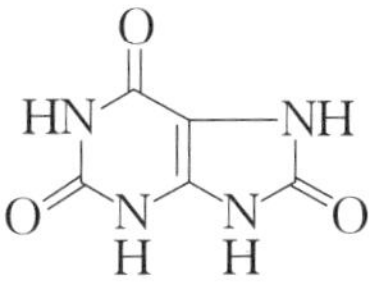　　(b)

人的血液中和每日排泄的尿内含有少量尿酸。尿酸是蛋白质的一种代谢产物。正常情况下,体内的尿酸大约有1 200 mg,每天新生成约600 mg,同时排泄掉约600 mg,处于平衡的状态。但如果体内产生过多来不及排泄或者尿酸排泄机制退化,则体内尿酸滞留过多,导致人体体液变酸,影响人体细胞的正常功能,长期持续将会引发痛风。

腺嘌呤和鸟嘌呤是核酸的重要结构单元,是决定生命的遗传及合成蛋白质重要作用的物质。

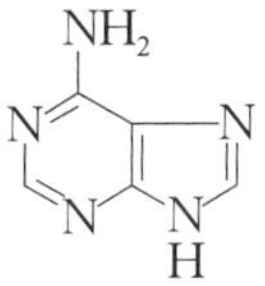

腺嘌呤 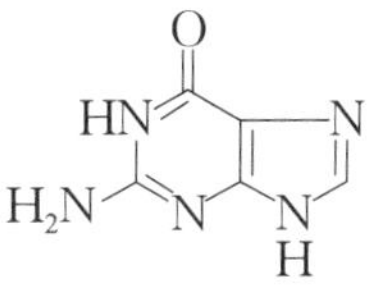　　鸟嘌呤

复习题

【问答题】

1. 简述杂环化合物的分类。

2. 简述杂环化合物命名是环上各个原子的编号原则。

3. 命名下列化合物:

(1) 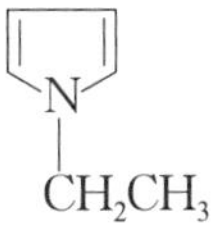　(2) 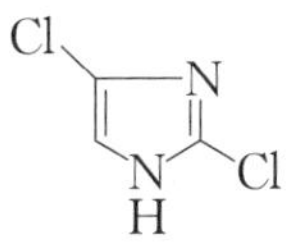　(3)

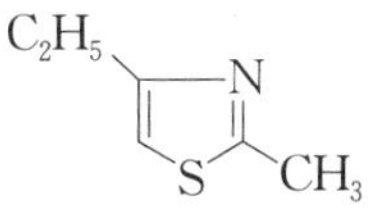

(4) 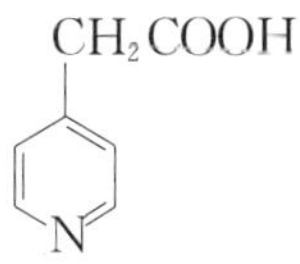　(5) 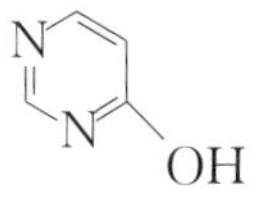　(6)

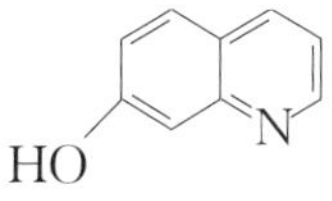

(7)

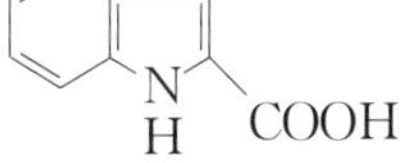

4. 下列杂环哪些具有芳香性?在具有芳香性的杂环化合物中,指出参与共轭体系的孤对电子。

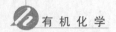

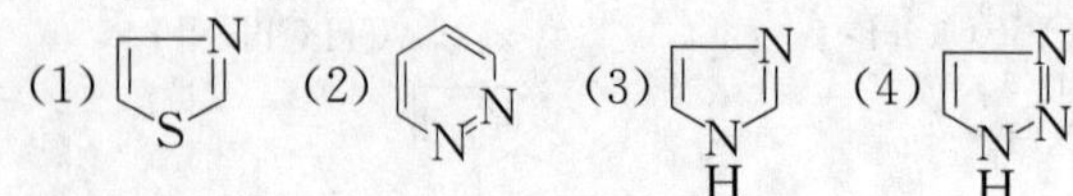

5. 写出下列反应式：

(1) N $+ \xrightarrow[300\ ℃]{KNO_3 + H_2SO_4}$

(2) N $+ NaNH_2 \xrightarrow[(2)\ H_2O]{(1)\ 100\ ℃}$

(3) Cl, N $+ NH_3 \xrightarrow{100 \sim 200\ ℃}$

(4) NH $+ KOH \xrightarrow{\triangle}$

(5) NH $+ Ac_2O \xrightarrow{\triangle}$

第十三章

糖

导 学

内容及要求

本章介绍的主要内容：糖类化合物的定义、分类。单糖、二糖的结构及其化学性质，多糖的结构及其化学性质。

要求掌握单糖、二糖的结构、性质及单糖的氧化反应、成苷反应、分子内脱水反应等化学性质；熟悉常见二糖的结构及主要化学性质；了解糖类化合物的来源及重要的生物功能。

重点、难点

本章的重点内容是单糖的开链结构、环状结构和化学性质。难点是单糖产生变旋光现象的原理。

专科生的要求

能熟悉并掌握单糖的开链结构、环状结构和化学性质；对糖的变旋光现象及二糖和多糖的结构作一般了解即可；对二糖和多糖的化学性质不作要求。

糖是自然界中分布最为广泛的一类化合物，几乎存在于所有的生物体内。核酸、蛋白质和糖是生命体的三大物质基础，糖类、蛋白质和脂肪是人类生命活动的三大供能物质。

早期发现的糖类分子的碳、氢、氧的比例为 $C_n(H_2O)_m$，其中 H 与 O 的比例与水相同，所以又被称为碳水化合物。但是随着糖类化合物数目的增加，发现有不少化合物虽然具有糖的性质，却不符合这一经验化学式，如鼠李糖 $C_6H_{12}O_5$。因此，将糖类化合物称为碳水化合物并不恰当，只是碳水化合物使用已久，所以至今仍在沿用。

从化学结构上讲，糖类是多羟基醛或酮，或经过水解能产生多羟基醛或酮的化合物。

绿色植物利用太阳能，经过光合作用将空气中的 CO_2 和 H_2O 转化为葡萄糖，很多个葡萄糖分子结合在一起形成淀粉或纤维素作为植物储存能量的方式。

$$6CO_2 + 6H_2O \xrightarrow{\text{太阳能}} O_2 + C_6H_{12}O_6 \longrightarrow \text{淀粉，纤维素}$$

根据糖类化合物水解的情况，可将其分为三类：单糖、寡糖和多糖。单糖是不能再被水解成更小分子的糖，如葡萄糖、果糖、核糖等。寡糖根据水解后生成单糖的数目，又分为二糖、三糖……等，其中重要的是二糖，如蔗糖、麦芽糖和乳糖。多糖水解后能产生十个以上的单糖分子，如淀粉、纤维素、糖原等。

第一节　单　糖

单糖是多羟基的醛或酮，根据其中羰基的类型不同，可分为醛糖和酮糖。根据单糖分子中的碳原子数目，又可分为三碳（丙）糖、四碳（丁）糖、五碳（戊）糖和六碳（己）糖……如核糖是一个戊醛糖，葡萄糖是一个己醛糖，果糖是一个己酮糖。在自然界中存在最为广泛的是戊糖和己糖。

```
     CHO              CHO              CH2OH
  H──┼──OH         H──┼──OH             C═O
  H──┼──OH        HO──┼──H          HO──┼──H
  H──┼──OH         H──┼──OH          H──┼──OH
    CH2OH          H──┼──OH          H──┼──OH
                     CH2OH              CH2OH
```

核糖　　　葡萄糖　　　果糖

一、构型和开链结构

所有的糖类都是手性分子且存在手性中心，1891 年，Emil Fischer 提出用投影式来表示葡萄糖分子的构型，这也是目前广泛采用的表示单糖结构的方法。在 Fischer 投影式中，用竖线表示碳链，羰基具有最小的编号；与甘油醛比较，将编号最大的手性碳上的—OH 在碳链右侧的定为 D-构型，—OH 在碳链左侧的定为 L-构型。自然界中存在的糖绝大多数都是 D-构型。

```
                  CHO                             CHO
               H──┼──OH                        H──┼──OH
              HO──┼──H                        HO──┼──H
    CHO        H──┼──OH           CHO          H──┼──OH
 H──┼──OH      H──┼──OH       HO──┼──H        HO──┼──H
   CH2OH         CH2OH          CH2OH            CH2OH
```

D-甘油醛　　　D-葡萄糖　　　L-甘油醛　　　L-葡萄糖

通过立体化学的学习我们知道，如果分子中有 n 个手性中心，那么最多存在 2^n 个对映异构体。如甘油醛有 1 个手性中心，则有 2^1 也即是一对对映异构体，其中 1 个 D-构型，1 个 L-构型；丁醛糖有 4 个对映异构体，其中 2 个 D-构型，2 个 L-构型；戊醛糖有 8 个对映异构体，其中 4 个 D-构型，4 个 L-构型；己醛糖有 16 个对映异构体，其中 8 个 D-构型，8 个 L-构型。

单糖的名称通常是根据其来源采用俗名。图 13－1 列出了自然界中常见醛糖的结构及其名称。

酮糖比相同碳原子数的醛糖少一个手性中心，所以对映异构体的数目比对应的酮糖少一半，图 13－2 列出了自然界中常见酮糖的结构及其名称。

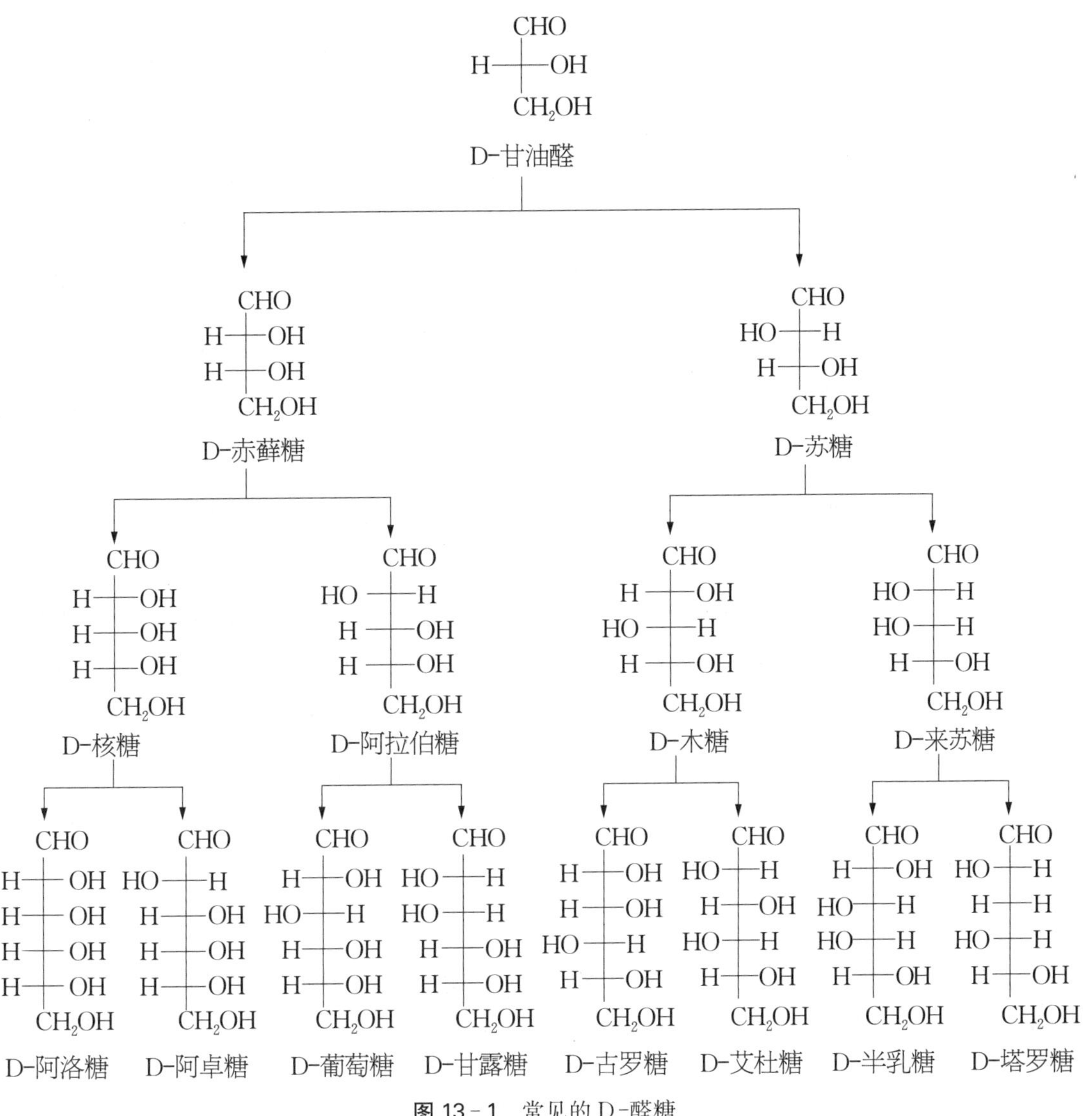

图 13-1 常见的 D-醛糖

二、变旋光现象和环状结构

在研究单糖的化学性质时，发现单糖具有一些开链结构不能解释的特殊性质。

(1) D-葡萄糖在冷乙醇中结晶得到熔点为 146 ℃、比旋光度为＋112°的晶体；而在热吡啶中结晶得到熔点为 150 ℃，比旋光度为＋18.7°的晶体。如果把这两种不同的晶体分别溶解在水中，放置一段时间后，发现其比旋光度随时间延长而变化，并且最终都达到＋52.7°后稳定不变。这种比旋光度自行发生变化的现象，被称为变旋光现象。

(2) 通过对羰基化合物的学习可知，一分子的醛或酮在酸性催化剂的作用下可与两分子的醇反应得到缩醛或缩酮，但一分子的 D-葡萄糖却只能与一分子的醇反应即可形成缩醛。

(3) D-葡萄糖的 IR 光谱中没有醛基的 C—H 伸缩振动吸收谱带和羰基的伸缩振动谱带。

这些现象都不能通过开链结构给出解释。但是通过观察单糖分子的结构，我们发现分子中同时存在羰基和羟基，因此在分子中能发生分子内的亲核加成反应，得到五元环(呋喃糖)或六元环

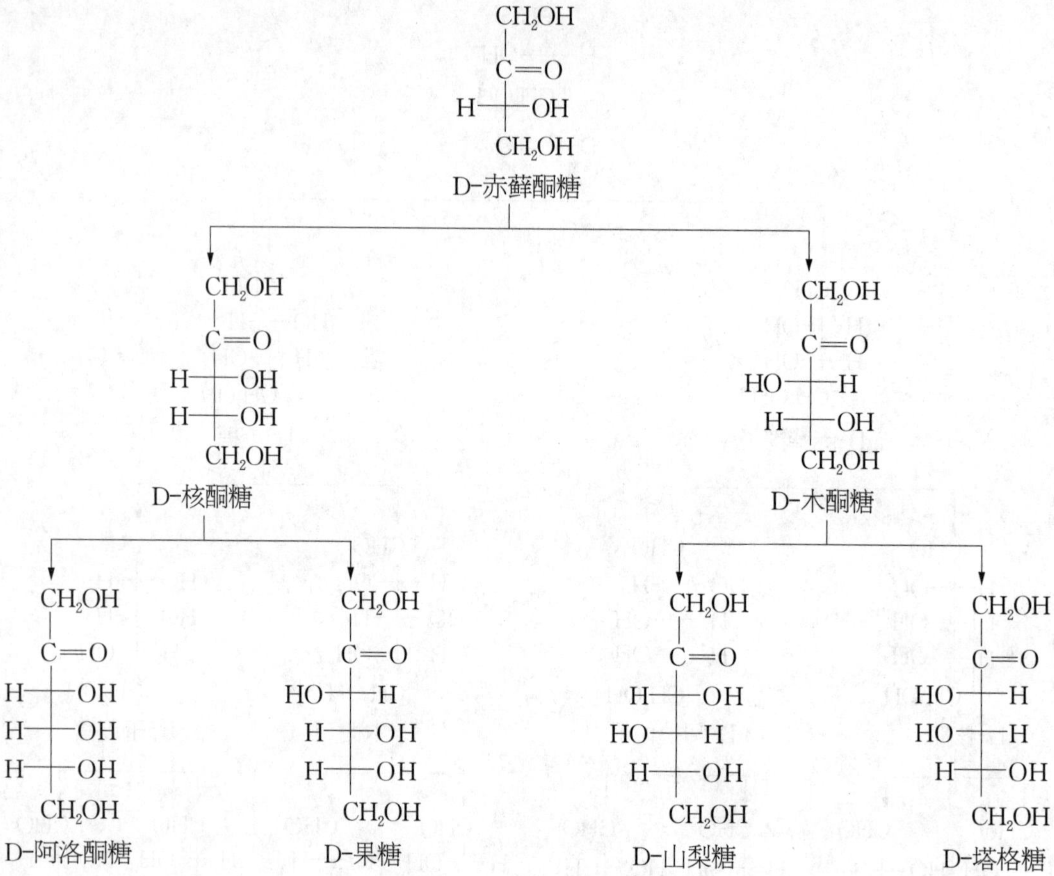

D-赤藓酮糖

D-核酮糖　　D-木酮糖

D-阿洛酮糖　　D-果糖　　D-山梨糖　　D-塔格糖

图 13-2　常见的 D-酮糖

状(吡喃糖)的半缩醛。实际上,许多单糖都存在开链结构和环状结构互相转化的平衡。如 D-葡萄糖经过自身分子内的 1,5-亲核加成反应,得到六元环状的半缩醛结构,这种环状结构式称为 Haworth 式。

我们以葡萄糖为例说明如何从单糖的开链结构转变为 Haworth 式。C_5 上的羟基作为亲核试剂进攻 C_1 羰基,由于 C_1 是 sp^2 杂化,羰基可以从平面的两侧进攻羰基碳,得到两种不同构型的环状结构——α-D-吡喃葡萄糖和 β-D-吡喃葡萄糖。这两种构型中只有 C_1 的构型不同,这种分子中有多个手性碳,只有末端手性碳构型不同的一对非对映异构体被称为端基异构体。

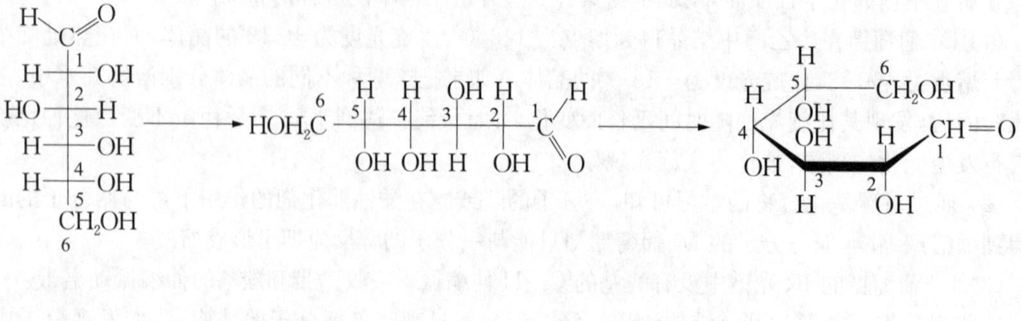

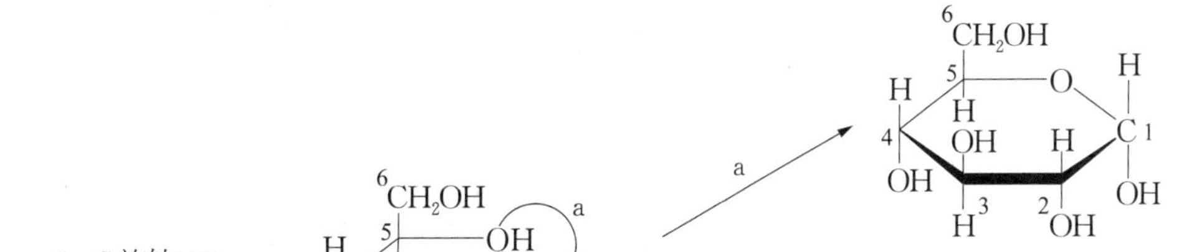

C_4-C_5旋转120°

α-D-吡喃葡萄糖

β-D-吡喃葡萄糖

从以上转变可以看出，凡是在 Fischer 投影式中处于右侧的羟基应在环状结构的环平面下方，左侧的羟基在环平面的上方。末端的—CH_2OH 也在环平面上方，表明是 D-构型。

α-D-吡喃葡萄糖和 β-D-吡喃葡萄糖可通过开链结构互相转化，并且这两种端基异构体和开链结构之间始终处于动态平衡。

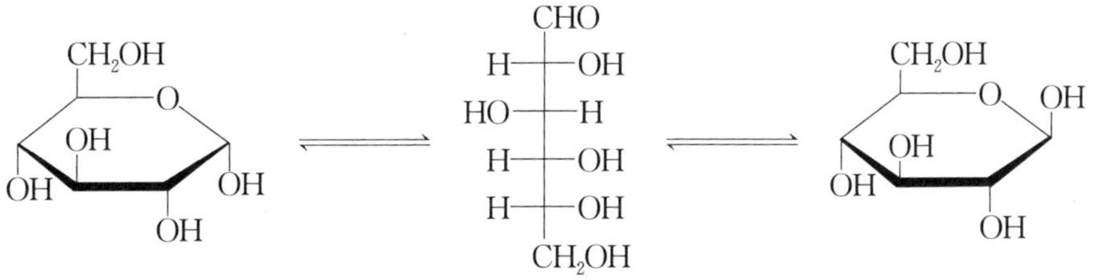

α-D-吡喃葡萄糖 36%　　开链 D-葡萄糖 0.02%　　β-D-吡喃葡萄糖 64%

糖的变旋光现象就是因为这三者在溶液中存在互变异构的动态平衡，致使比旋光度最终均为 +52.7°。在平衡体系中，开链结构含量极低，所以没有明显的 IR 谱带。由于糖自身已经半缩合形成了环状结构的半缩醛，所以在酸催化下只能再与一分子醇反应生成缩醛。

Haworth 式假定环上所有的原子都在同一个平面上，原子和基团垂直地分布在环平面的上下两侧，不能完全表示出 D-葡萄糖的立体结构，因此不能解释为什么在水溶液中 β-D-吡喃葡萄糖比 α-D-吡喃葡萄糖更稳定。实际情况是吡喃糖的结构和环己烷类似，并不是一个平面，稳定的六元环应该是椅式结构，为了更合理地反映其结构，现在常用构象式来表示。

半缩醛羟基

β-D-吡喃葡萄糖　　α-D-吡喃葡萄糖

椅式结构中，e 键取代基多的构象是优势构象，大基团处于 e 键的构象是优势构象。在 β-D-吡喃葡萄糖中，所有体积大的基团—OH 和—CH_2OH 都处于 e 键；而在 α-D-吡喃葡萄糖中，半缩醛羟基处于a键。所以在葡萄糖水溶液中达到动态平衡时，β-D-吡喃葡萄糖含量较高。

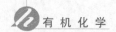

许多单糖都具有环状结构，如D-果糖和D-核糖。

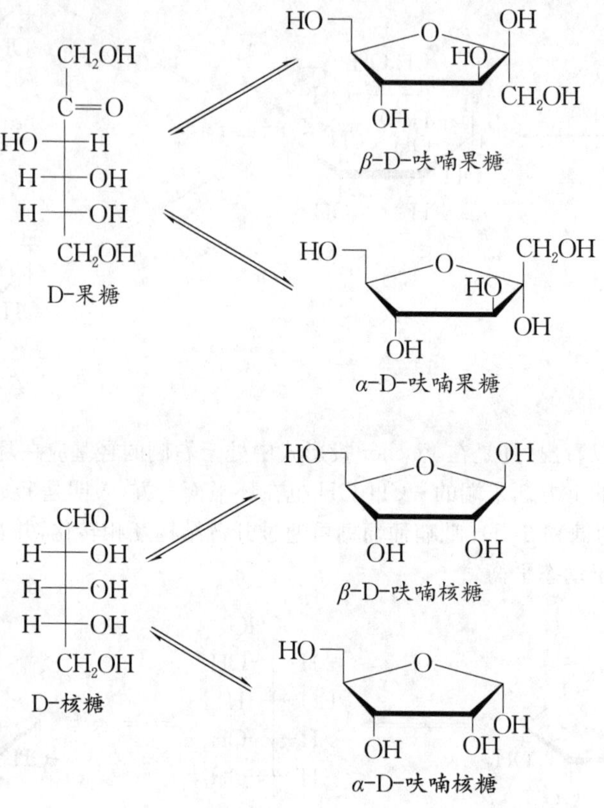

三、物理性质

单糖都是白色晶体，水溶性较大，常易形成过饱和溶液（糖浆），难溶于醇等有机溶剂。同时，由于分子间氢键的存在使得糖的沸点更高。水-醇混合溶剂常用于糖的重结晶，目前常采用层析方法分离纯化。单糖均有甜味，但程度各不相同，果糖最甜。具有环状结构的单糖有变旋光现象，这是开链结构与环状结构进行互变的结构。表13-1列出了一些常见单糖的物理常数。

表13-1　一些常见单糖的物理性质

名称	熔点(℃)	比旋光度(°)
D-核糖	87	−23.7
D-2-脱氧核糖	90	−59
D-葡萄糖	146	52.7
D-果糖	104	−92.4
D-半乳糖	167	80.2
D-甘露糖	132	14.6

四、化学性质

单糖分子中含有两种功能基——羟基和羰基，所以，凡是能和羟基和羰基反应的试剂，在绝大多数情况下也可以和单糖发生反应。糖分子中羟基和羰基相互影响，表现出一些与醇和醛、酮不同的性质。在这里主要介绍单糖的一些特殊性质。

（一）成苷反应

通过对醛、酮的学习可知，在酸性条件下半缩醛能与醇反应生成缩醛，同样的，单糖环状结构中的半缩醛羟基能与另一分子醇的羟基作用，脱去一分子水而形成缩醛，这个反应被称为成苷反应，该反应的产物被称为糖苷，因此单糖环状结构中的半缩醛羟基又被称为苷羟基。例如，葡萄糖和甲醇反应得到 α-D-甲基吡喃葡萄糖苷和 β-D-甲基吡喃葡萄糖苷的混合物，同时脱去一分子的水。

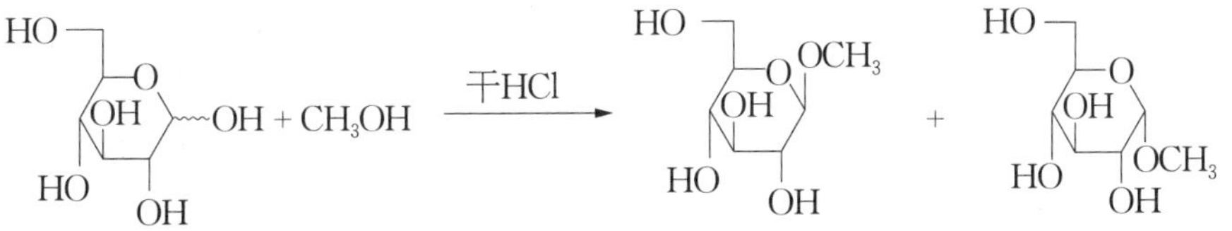

β-D-甲基吡喃葡萄糖苷 α-D-甲基吡喃葡萄糖苷

糖苷由糖和非糖部分组成，非糖部分称为糖苷配基或苷元。糖和糖苷配基脱水后通过“氧桥”连接，这种键称为苷键。由于单糖的环状结构有 α-和 β-两种构型，所以可生成 α-和 β-两种构型的苷。

糖苷分子中无半缩醛羟基，不能通过互变异构转化为开链结构，所以无变旋光现象，也没有还原性。与其他醛一样，糖苷在中性或碱性环境中稳定，但在酸性溶液中或在酶的作用下很易水解，生成糖和非糖部分。

酶对糖苷键的水解具有专一性，例如杏仁酶专一性地水解 β-糖苷，而麦芽糖酶只水解 α-糖苷。糖苷广泛存在于自然界的植物和动物中，很多具有生物活性，糖苷与酶作用的部位常常是分子识别的位点。此外，糖苷是中草药的有效成分之一，许多天然的或合成的糖类药物是糖苷。

像葡萄糖苷分子中连接糖和非糖部分的原子是氧，故称为氧苷。自然界中还存在一类很重要的物质叫含氮糖苷，就是连接糖和非糖的是氮原子。自然界中极为重要的单糖——D-核糖与多种含氮碱基形成苷。例如，生物体内能量的主要来源物质腺苷三磷酸（ATP）。

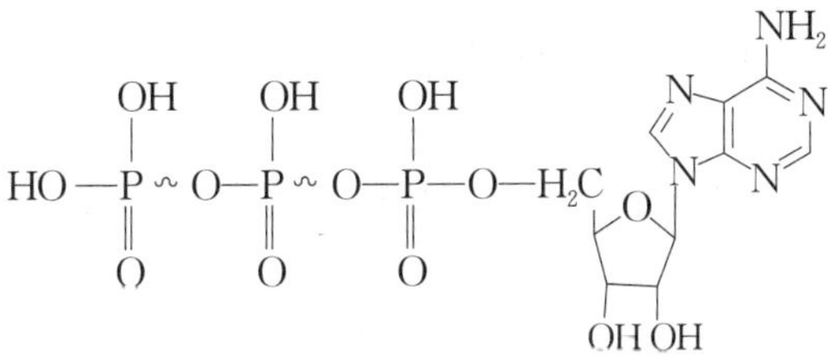

腺苷三磷酸

（二）碱性条件下的反应

单糖分子中羰基和羟基处于相邻的位置，在弱碱性条件下，醛糖和酮糖会通过烯醇式的结构相互转化，形成一个混合物的平衡体系。

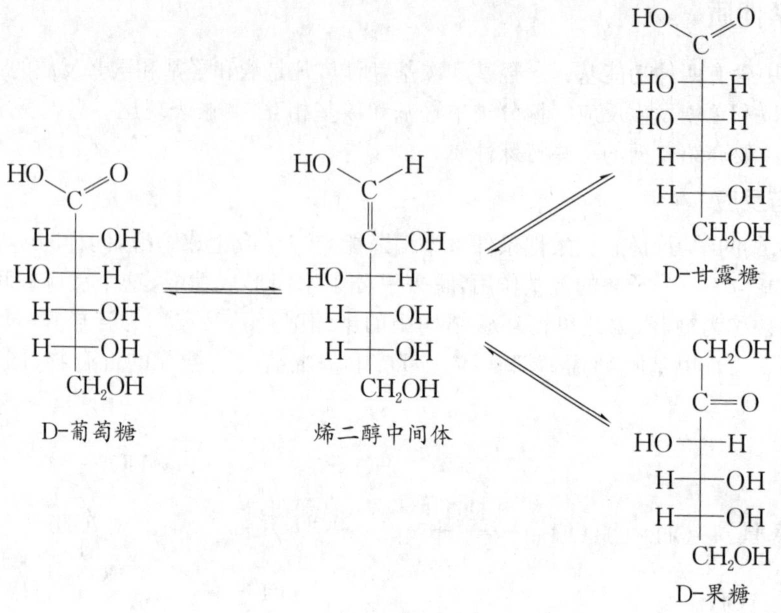

HO O
C
H—OH
HO—H
H—OH
H—OH
CH₂OH
D-葡萄糖

⇌

HO H
C
C—OH
HO—H
H—OH
H—OH
CH₂OH
烯二醇中间体

⇌

HO O
C
HO—H
HO—H
H—OH
H—OH
CH₂OH
D-甘露糖

⇌

CH₂OH
C=O
HO—H
H—OH
H—OH
CH₂OH
D-果糖

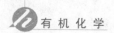

这是糖的开链结构的重要性质之一。D-葡萄糖和D-甘露糖仅仅是C_2位构型不同(C_3、C_4、C_5构型都相同),它们互相称为C_2的差向异构体。差向异构体之间的转化称为差向异构化,如果将D-甘露糖和D-果糖用稀碱溶液处理,同样得到三者的平衡混合物。生物体代谢过程中,某些糖的衍生物之间的相互转化就是通过烯醇式中间体进行的。

(三)氧化反应

单糖虽然主要以环状半缩醛结构存在,但在溶液中能与开链结构处于动态平衡,所以醛糖分子中的醛基容易被氧化。

1. 与碱性氧化剂的反应

醛和酮的主要区别在于酮不易被氧化,醛容易被 Tollens 试剂、Fehling 试剂和 Benedict 试剂这样的碱性弱氧化剂氧化,而酮不能。但是在碱性条件下,酮糖可通过烯醇式的互变异构转化为醛糖反应,生成单质银或氧化亚铜沉淀。

$$\text{单糖} + [Ag(NH_3)_2]^+ \xrightarrow{OH^-} Ag\downarrow(\text{银镜}) + \text{复杂氧化物}$$

$$\text{单糖} + Cu^{2+} \xrightarrow{OH^-} \underset{\text{棕红色(砖红色)}}{Cu_2O\downarrow} + \text{复杂氧化物}$$

能与 Tollens 试剂、Fehling 试剂和 Benedict 试剂发生氧化还原反应的糖称为还原糖。所有的单糖都是还原糖。

2. 与酸性氧化剂的反应

醛糖容易与酸性氧化剂发生反应。在酸性条件下,酮糖不能通过烯醇式结构互变为醛糖,因此不能与酸性氧化剂发生反应。

醛糖能与热的稀硝酸反应,在这个反应中,醛基和末端的伯醇羟基都能被氧化成羧基,得到糖二酸。例如D-葡萄糖经硝酸氧化后得到D-葡萄糖二酸。

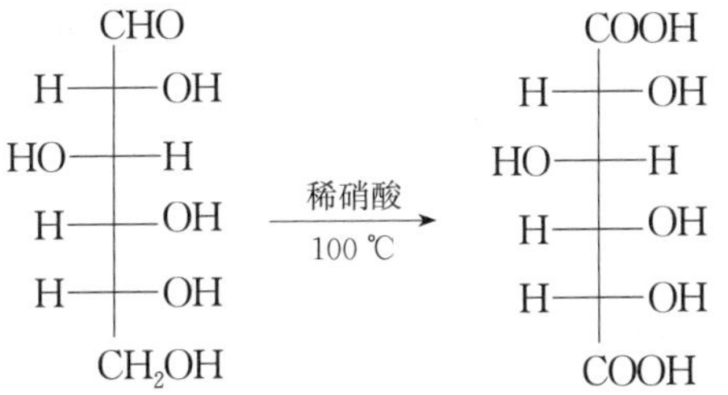

CHO | H—OH | HO—H | H—OH | H—OH | CH_2OH $\xrightarrow[100\ ℃]{稀硝酸}$ COOH | H—OH | HO—H | H—OH | H—OH | COOH

D-葡萄糖　　　　D-葡萄糖二酸

D-葡萄糖二酸广泛存在于动植物体内，可经选择性还原得到D-葡萄糖醛酸，然后在动物肝脏中与某些有毒的醇、酚等物质结合，然后排出体外，起到解毒的作用。

溴水能与醛糖反应，选择性地将醛基氧化为羧基。由于溴水的氧化性比稀硝酸弱，因此，醛糖分子中末端的伯醇羟基不受影响。

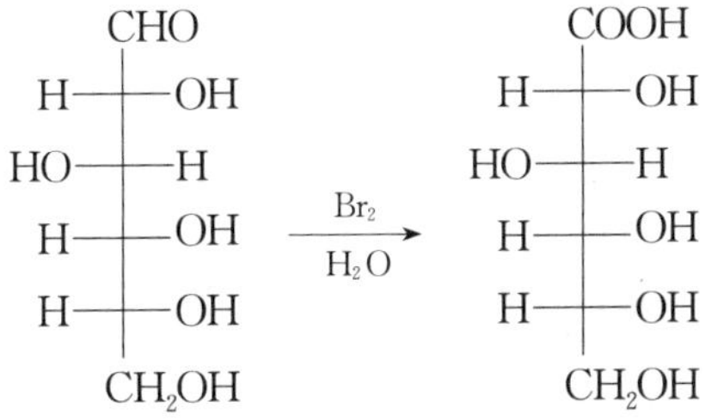

CHO | H—OH | HO—H | H—OH | H—OH | CH_2OH $\xrightarrow[H_2O]{Br_2}$ COOH | H—OH | HO—H | H—OH | H—OH | CH_2OH

D-葡萄糖　　　　D-葡萄糖酸

在酸性条件下，酮糖不能差向异构化为醛糖，因此酮糖不能被稀硝酸和溴水氧化。可利用溴水鉴别醛糖和酮糖。

(四) 还原反应

单糖的羰基可被还原成羟基，得到多元醇，称为糖醇。如：

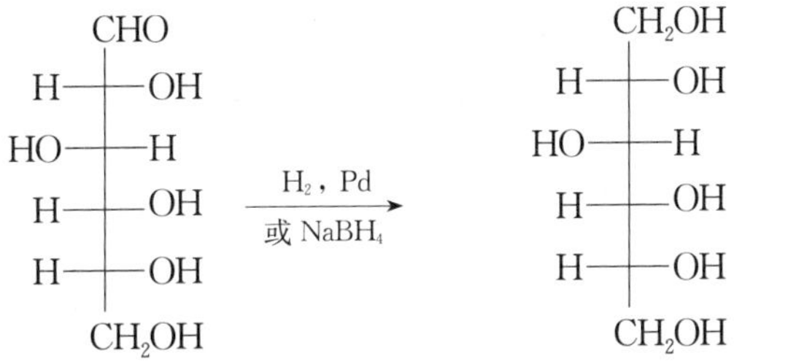

CHO | H—OH | HO—H | H—OH | H—OH | CH_2OH $\xrightarrow[或\ NaBH_4]{H_2,\ Pd}$ CH_2OH | H—OH | HO—H | H—OH | H—OH | CH_2OH

D-葡萄糖　　　　D-山梨醇或D-葡萄糖醇

山梨醇有甜味和吸湿性，可在化妆品和食品中替代糖作甜味剂。

(五) 酸性条件下的脱水反应

在弱酸性条件下，β-羟基的羰基化合物易发生脱水反应，生成α，β-不饱和羰基化合物，羰基化合物分子中的羰基β位均有羟基，因此在酸性条件下易脱水形成二羰基化合物。

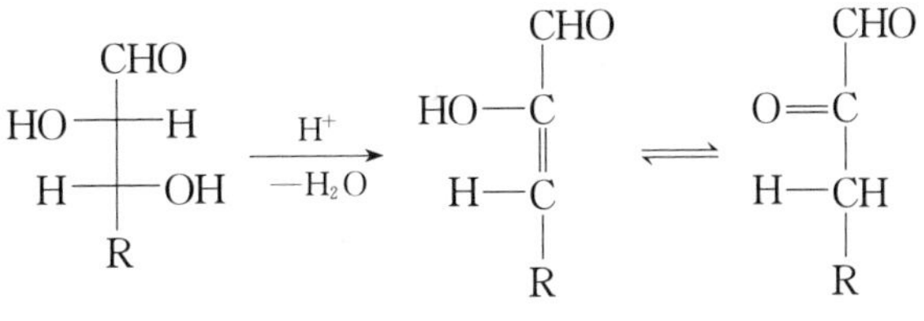

CHO | HO—H | H—OH | R $\xrightarrow[-H_2O]{H^+}$ CHO | HO—C | ‖ | H—C | R $\rightleftharpoons$ CHO | O═C | H—CH | R

单糖在较浓的酸中发生分子内的脱水反应，如戊醛糖与12%盐酸共热时，生成α-呋喃甲醛，又称糠醛；己醛糖在同样的条件下则生成5-羟甲基呋喃甲醛。

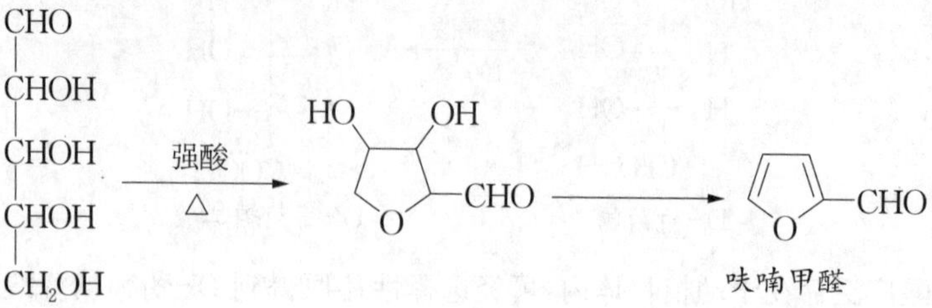

CHO
|
CHOH
|
CHOH
|
CHOH
|
CH_2OH
戊醛糖

$\xrightarrow[\triangle]{强酸}$ （HO、OH 取代的四氢呋喃环，带 CHO） $\longrightarrow$ （呋喃环，带 CHO）

呋喃甲醛

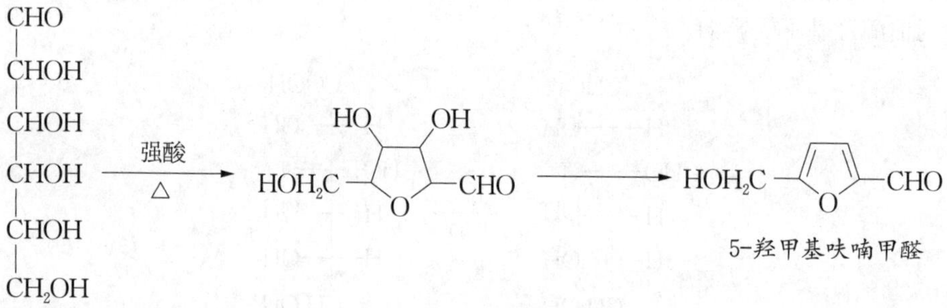

CHO
|
CHOH
|
CHOH
|
CHOH
|
CHOH
|
CH_2OH
己醛糖

$\xrightarrow[\triangle]{强酸}$ HOH_2C–（HO、OH 取代的四氢呋喃环）–CHO $\longrightarrow$ HOH_2C–（呋喃环）–CHO

5-羟甲基呋喃甲醛

（六）糖脎反应

羰基可与苯肼发生反应形成糖苯腙。在过量的苯肼中，醛糖和酮糖分子中的C_1和C_2均与苯肼作用，得到称为脎的黄色晶体。

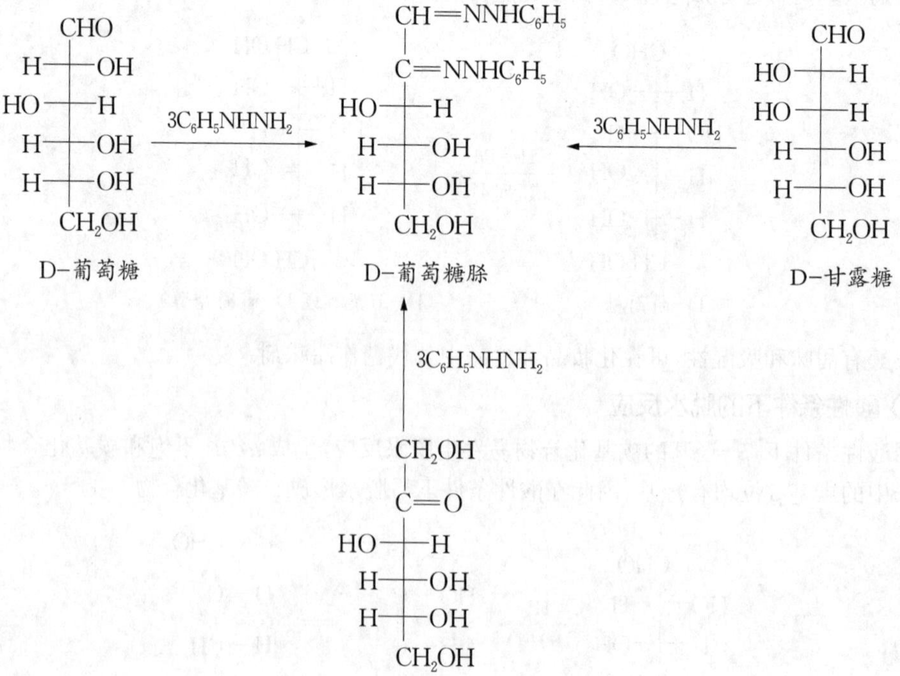

D-葡萄糖：CHO；H—C—OH；HO—C—H；H—C—OH；H—C—OH；CH_2OH

$\xrightarrow{3C_6H_5NHNH_2}$

D-葡萄糖脎：$CH{=}NNHC_6H_5$；$C{=}NNHC_6H_5$；HO—C—H；H—C—OH；H—C—OH；CH_2OH

$\xleftarrow{3C_6H_5NHNH_2}$

D-甘露糖：CHO；HO—C—H；HO—C—H；H—C—OH；H—C—OH；CH_2OH

$\uparrow 3C_6H_5NHNH_2$

D-果糖：CH_2OH；C=O；HO—C—H；H—C—OH；H—C—OH；CH_2OH

形成糖脎时只有 C_1 和 C_2 与苯肼作用，而糖脎的 C_1 和 C_2 是非手性的，因此，C_3、C_4 和 C_5 构型相同的D-葡萄糖、D-甘露糖和D-果糖与苯肼作用，得到同一种糖脎——D-葡萄糖脎。

糖脎都是不溶于水的黄色晶体，并且不同的糖脎结晶形状不同，在反应中生成的速度也不相同。因此可以根据糖脎的晶形和生成所需的时间来鉴定不同的糖。

五、重要单糖及其衍生物

自然界已经发现的糖主要是戊糖和己糖。常见的戊糖有D-核糖和D-木糖，它们都是醛糖，以多糖或苷的形式存在于动植物中。常见的己糖有D-葡萄糖、D-甘露糖、D-半乳糖和D-果糖，后者为酮糖。己糖多以游离或结合的形式存在于动植物中。

单糖衍生物是从与之最相近的有关单糖衍生而来的化合物。它们是生物体重要的代谢和结构物质。常见单糖衍生物是氨基糖和脱氧糖。

(一) D-葡萄糖

D-葡萄糖在自然界中分布极广，尤以葡萄中含量最多(熟葡萄中含20%～30%)，因此叫葡萄糖。葡萄糖还以二糖或多糖的组分存在于自然界中。葡萄糖也存在于动物及人类的血液中(80～100 mg/ml)，所以有时也叫血糖。葡萄糖的浓度比正常情况下低时，易引起低血糖，症状一般是感到虚弱、头晕等，葡萄糖的浓度在血液中比正常值高或在尿液中存在葡萄糖可以指示糖尿病。糖尿病患者的尿液中的葡萄糖含量随着病情的轻重而不同。葡萄糖是许多糖如蔗糖、麦芽糖、乳糖、淀粉、糖原和纤维素等的组成单元。

葡萄糖是无色晶体或白色结晶状粉末，熔点为146°，易溶于水，难溶于乙醇，有甜味。自然界的葡萄糖是右旋的，故又称为右旋糖。

由于葡萄糖容易吸收和运送到各种组织中以提供能量，所以5%的葡萄糖溶液常用来给患者做静脉注射。此外葡萄糖酸在肝脏中可与有毒物质如醇、酚等结合，变成无毒化合物排出体外，达到解毒作用。葡萄糖还是制备维生素C等物质的原料。

(二) D-果糖

D-果糖以游离状态存在于水果和蜂蜜中，是含量最丰富的己酮糖。果糖是蔗糖的一个组成单元，甜度最高。在动物的前列腺和精液中也含有相当量的果糖，菊科植物根部储存的糖类菊粉是果糖的高聚体，工业上用酸或酶水解菊粉制备果糖。

果糖是无色晶体，易溶于水，熔点为105 ℃。D-果糖为左旋糖，也有变旋光现象，平衡时的比旋光度为-92°。这种平衡体系是果糖开链结构和环状结构的混合物。果糖也能还原Tollens试剂和Fehling试剂，因此它也是还原糖。

(三) D-核糖

核糖是极为重要的戊醛糖，虽然在自然界中不以游离态存在，但在新陈代谢中起着重要作用。核糖以糖苷的形式存在于酵母和细胞中，是核酸以及某些酶和维生素的组成部分，核糖是腺苷三磷酸(ATP)和核糖核酸(RNA)的基本组成单位。RNA在蛋白质的合成和酶的生产中起着非常重要的作用。

(四) 脱氧糖

脱氧糖是单糖分子中的一个羟基被氢取代生成的，最常见的是2-脱氧糖。最重要的是DNA中的2-脱氧核糖和红细胞表面决定ABO血型系统中的血型物质L-岩藻糖。

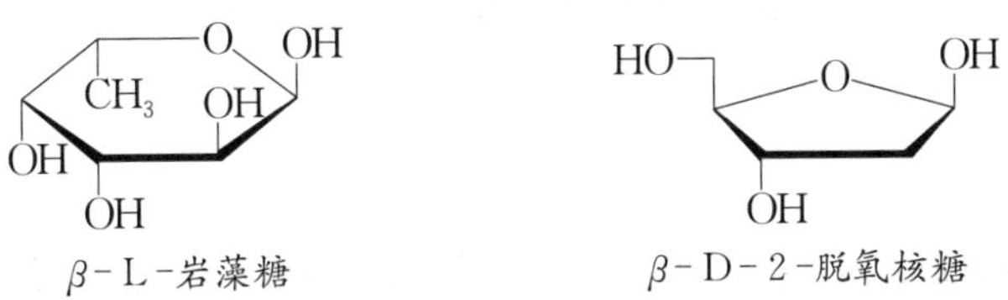

β-L-岩藻糖　　β-D-2-脱氧核糖

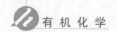

(五) 氨基糖

氨基糖通常是单糖的第二个碳原子上的羟基被氨基取代生成的。最常见的是 α-D-氨基葡萄糖,主要存在于昆虫和贝类的硬壳中。氨基具有缓解风湿性关节疼痛的作用,此外某些抗生素,如链霉素、庆大霉素中也含有一些其他种类的氨基糖。

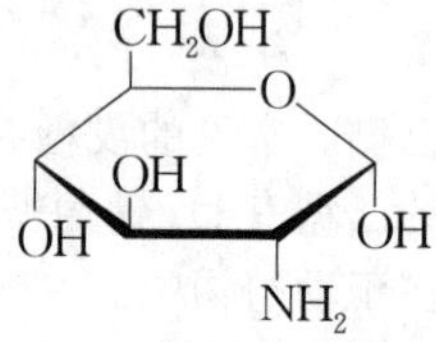

α-D-氨基葡萄糖

第二节 二　　糖

在介绍单糖化学性质的时候我们知道单糖环状结构中的半缩醛羟基能够被醇中的—OR 取代。如果这个提供烷氧基的物质本身就是糖,那么这种特殊的糖苷就是二糖,即二糖是由两分子单糖脱水得到的。这两个单糖可以相同也可以不同,它们之间脱水时,可以是一个单糖的半缩醛羟基与另一个单糖的醇羟基脱水,也可以是两个单糖都用半缩醛羟基脱水。前者生成的二糖,分子中仍然有一个半缩醛羟基存在,可以开环,能与 Tollens 试剂、Fehling 试剂或 Benedict 试剂反应,是还原糖,有变旋光现象;后者生成的二糖,分子中不再含有半缩醛羟基,不能开环再出现醛基,无变旋光现象,也无还原性,是非还原糖。

单糖的环状结构有 α 和 β 两种构型,这两种构型都可以参加苷键的形成,因此苷键就有 α-苷键和 β-苷键之分。

重要的二糖有麦芽糖、纤维二糖、乳糖和蔗糖等。下面一一介绍这些具有代表性的二糖。

一、麦芽糖

麦芽糖因存在于麦芽中而得此俗名。晶体麦芽糖含一分子结晶水,易溶于水,$[\alpha]_D^{20}=+136°$。麦芽中的淀粉糖化酶可将淀粉水解成麦芽糖。在人体内摄入食物中的淀粉被淀粉酶水解成麦芽糖,再经 α-葡萄糖苷酶水解生成 D-葡萄糖,此酶专一性水解 α-糖苷键,从而可知(+)-麦芽糖中两分子的葡萄糖之间是通过 α-苷键连接的。

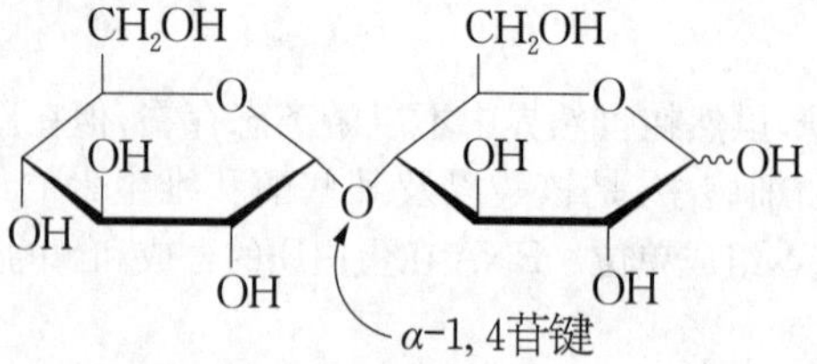

麦芽糖

麦芽糖是由一分子 α-D-葡萄糖用其半缩醛羟基与另一分子 D-葡萄糖 C_4 上的醇羟基脱水,通过 α-1,4-苷键组成的二糖。因此麦芽糖有变旋光现象,能还原 Tollens 试剂、Fehling 试剂或 Benedict 试剂,属于还原性二糖。

二、纤维二糖

纤维二糖是纤维素在纤维素酶的作用下部分水解的产物。它也是由两分子的 D-葡萄糖构成。

化学性质与麦芽糖相似，是还原糖，有变旋光现象。与麦芽糖的区别在于麦芽糖被 α-葡萄糖苷酶水解，而纤维二糖只能被 β-葡萄糖苷酶水解，由此可见纤维二糖是以 β-1,4 苷键形成的二糖。

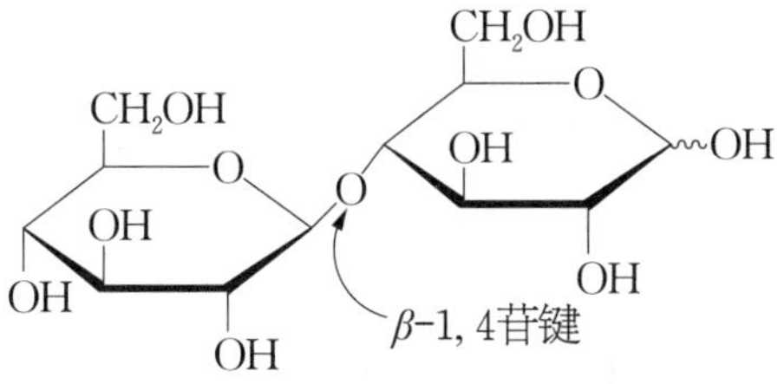

β-1, 4苷键

纤维二糖

纤维二糖无甜味，也不能被人体消化吸收，但食草动物能以纤维二糖作为营养饲料。

三、乳糖

乳糖存在于哺乳动物的乳汁中，人乳中含 6%～8%，牛乳中含 4%～6%，有些水果中也含有乳糖。乳糖是含一分子结晶水的白色结晶性粉末，$[\alpha]_D^{20}=+53.5°$。乳糖是由 β-D-半乳糖 C_4 上的羟基与 α-葡萄糖 C_4 上的羟基脱水，通过 β-1,4 苷键形成的二糖。因此，乳糖有变旋光现象，有还原性，是还原性二糖。

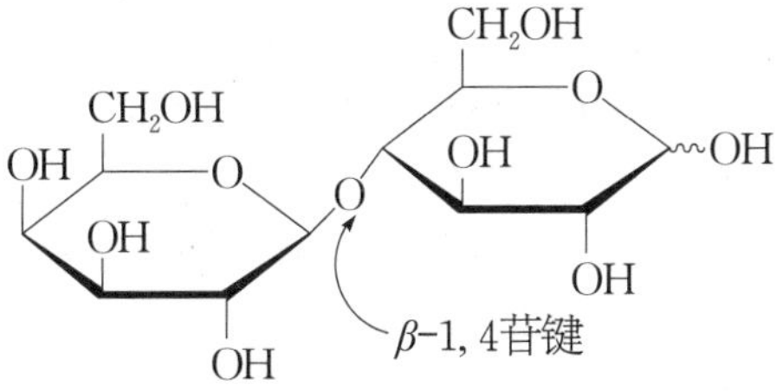

β-1, 4苷键

乳糖

乳糖可被苦杏仁酶专一性地水解。还能被人体小肠中的乳糖酶(一种能水解 β-半乳糖苷的酶)水解生成半乳糖和葡萄糖。半乳糖通常在酶催化下异构化为葡萄糖，经过代谢为婴儿提供能量。

四、蔗糖

蔗糖广泛地分布在各种植物中，甘蔗中含蔗糖 16%～26%，甜菜中含蔗糖 12%～15%，故又称为甜菜糖，各种植物的果实中几乎都含有蔗糖。食用糖也几乎都是蔗糖。我国是世界上用甘蔗制糖最早的国家，蔗糖的甜味超过葡萄糖，但不及果糖。蔗糖为无色晶体，熔点 186 ℃，易溶于水，水溶液的比旋光度$[\alpha]_D^{20}=+66.7°$。因此蔗糖是右旋糖。蔗糖水解后得到等分子的 D-葡萄糖和 D-果糖的混合物，$[\alpha]_D^{20}=-19.7°$，与水解前的旋光方向相反，因而把蔗糖的水解过程称为转化，水解后的混合液称为转化糖。促使蔗糖水解的酶称为转化酶。蜜蜂等昆虫体内含有转化酶，所以蜂蜜主要是 D-葡萄糖、D-果糖和 D-蔗糖的混合物。

$$C_{12}H_{22}O_{11}+H_2O \xrightarrow{H^+} C_6H_{12}O_6 + C_6H_{12}O_6$$

蔗糖 $[\alpha]_D^{20}=+66.7°$　　葡萄糖 $[\alpha]_D^{20}=52.5°$　　果糖 $[\alpha]_D^{20}=-92.4°$

转化糖 $[\alpha]_D^{20}=-19.7°$

蔗糖既可被α-葡萄糖苷酶水解，也可被β-果糖苷酶水解，生成相同产物，可知蔗糖既是α-D-葡萄糖苷，也是β-D-果糖苷，其结构如下：

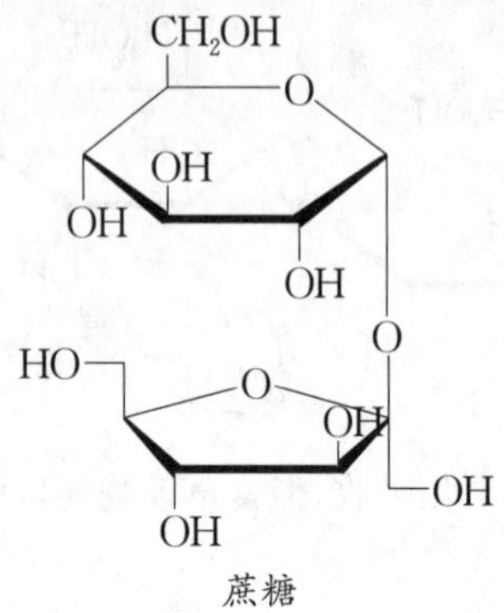

蔗糖

第三节　多　糖

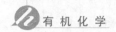

多糖是由几十上百甚至上千个单糖通过苷键结合而成的高分子糖类，可用通式$(C_6H_{10}O_5)_n$表示。组成多糖的单糖可以是相同的也可以不同的。由相同的单糖组成的多糖称为均多糖，如淀粉、纤维素和糖原；由不同的单糖组成的多糖称为杂多糖，如由戊糖和半乳糖等组成的阿拉伯胶。多糖不是一种纯粹的化学物质，而是聚合程度不同的物质的混合物。

多糖广泛存在于自然界中，其中最重要的有淀粉、糖原和纤维素。它们都是葡萄糖的高聚物，用无机酸分解后得到的产物都是葡萄糖。从结构上看，淀粉、糖原和纤维素的区别仅在于葡萄糖分子相互连接起来的苷键类型不同，淀粉和糖原的区别在于分支的密度不同。它们都具有重要的生理作用，如纤维素是构成动植物骨架结构的组成部分，糖原和淀粉是动植物储藏的养分，人体内的肝素有抗凝血作用，肺炎球菌细胞壁中的多糖具有抗原作用。

多糖大部分为无定形粉末，没有甜味，无固定熔点，大多数不溶于水，个别能与水形成胶体溶液。尽管多糖分子末端含有半缩醛羟基，但因分子量很大，所以无还原性和变旋光现象。多糖也是糖苷，所以可以水解，在水解过程中，往往产生一系列的中间产物，最终完全水解得到单糖。

一、淀粉

淀粉广泛存在于植物的种子或根中，是人类食物中糖类的主要来源。例如，大米中含淀粉57%～75%，玉米中含淀粉约65%，马铃薯中含淀粉约20%。淀粉是绿色植物光合作用的产物，将太阳能转化为化学能，储存在分子内，在体内再经过淀粉酶及其他一系列酶的作用，最后氧化为二氧化碳和水，释放能量，供给生命活动所需。

淀粉是一种混合物，它由两种不同类型的分子组成：一种是可溶性淀粉，称为直链淀粉；另一种是不溶性淀粉，称为支链淀粉，一般淀粉含有直链淀粉大约20%，含支链淀粉大约80%。两种分子在结构和性质上也存在差别。

直链淀粉一般由250～300个D-葡萄糖结构单位以α-1,4-苷键连接而成，很少有支链。这里所谓的直链，并不是指直链淀粉是一个直线形分子，而是盘旋成一个螺旋，每转一圈，约含有六个葡萄糖单位，如图13-3所示，螺旋状线圈的大小，刚好能够容纳碘分子(实际上，碘以I_3^-存在)钻进去，碘分子与直链淀粉之间借助范德瓦耳斯力而形成一种蓝色络合物。如图13-4所示，该现象常用来对淀粉进行定性鉴别。

直链淀粉

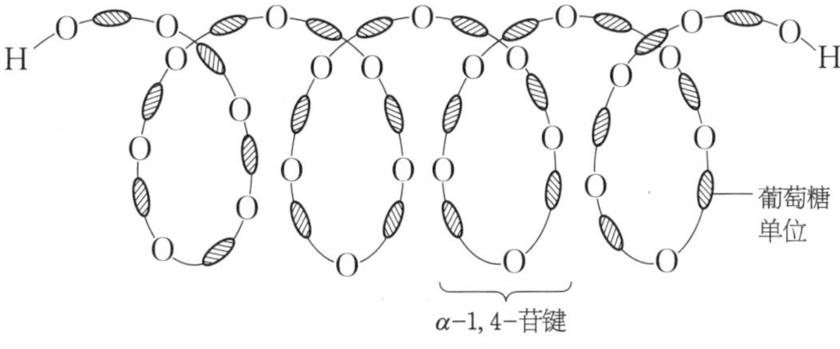

图 13-3 直链淀粉的螺旋形状

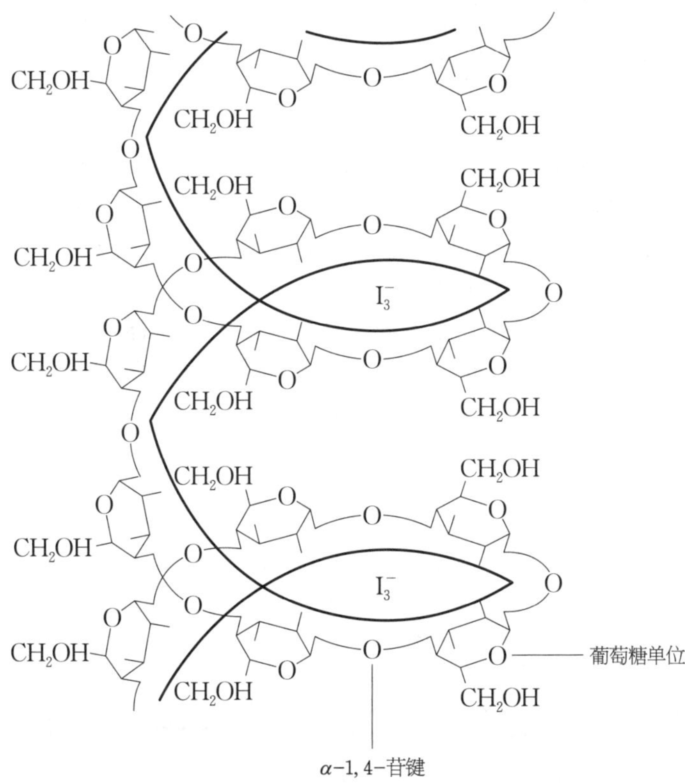

图 13-4 直链淀粉与碘作用示意图

支链淀粉的分子量很大，用物理方法测定支链淀粉的平均分子量为 100 万～600 万，一般含有 6 000～40 000 个 D-葡萄糖单位。在支链淀粉中，主链以 α-1,4-苷键连接，而分支处以 α-1,6-苷键连接。

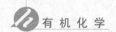

在支链淀粉上，每隔 20～25 个 D-葡萄糖单元就有一个分支，其结构比直链淀粉复杂，如图 13-5 为支链淀粉与糖原的结构示意图。支链淀粉可与碘生成紫红色络合物。支链淀粉的结构如下：

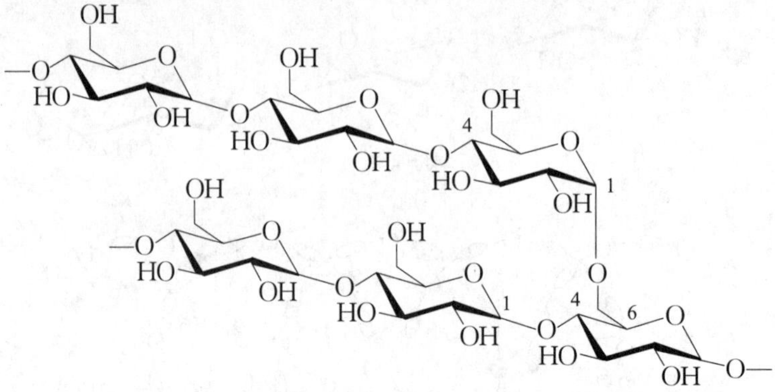

支链淀粉

淀粉在水解过程中可先生成糊精，它是分子量比淀粉小很多的多糖，能溶于水，具有很强的黏性。分子量较大的糊精遇碘显红色，称为红糊精，再水解变成无色的糊精，无色糊精具有还原性。淀粉的水解过程大致如下：

淀粉⟶红糊精⟶无色糊精⟶麦芽糖⟶葡萄糖

临床上利用这一过程来测定血清中淀粉酶的活性。

二、糖原

糖原是动物体内储存多糖的主要形式，也是动物储存能量的主要形式，就像淀粉是植物储备的多糖一样，所以又称为动物淀粉。糖原主要存在于肝(占肝重量的 18%)和肌肉里，所以又被称为肝糖。从结构上看，糖原与支链淀粉相似，但分支更多一些，如图 13-5 所示。每隔 8～10 个葡萄糖单位就出现一个 α-1,6-苷键，且分子量很大，对离析的糖原进行研究，发现其分子量约为 1 亿。由于糖原的高度分支，当血液中含糖量低时，它在细胞内酶的催化作用下能很快分解为葡萄糖，而当血液中葡萄糖浓度高时，它又能在细胞内酶的催化作用下很快地将葡萄糖合成糖原。所以，糖原是动物体内能量的主要来源，它的功能是调节血液中的含糖量。

支链淀粉的分支状结构示意图　　糖原的分支状结构示意图

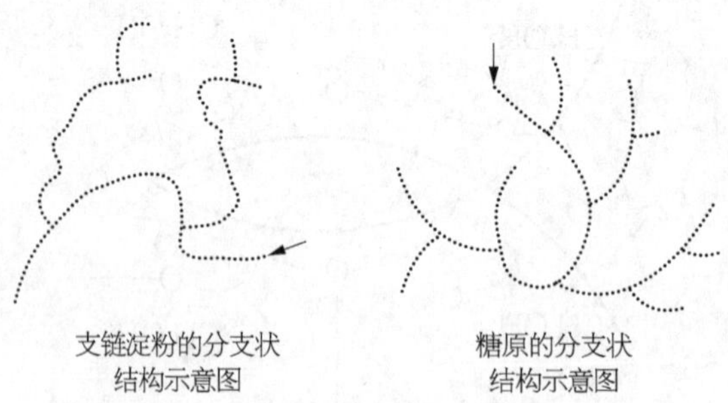

图 13-5　支链淀粉和糖原的分支状链示意图

三、纤维素

纤维素是自然界中分布最广的多糖，它不只是构成植物细胞膜的主要成分，还是构成动物骨骼的物质基础。植物干叶中含纤维素 10%～20%，木材中约含纤维素 50%，棉花中约含纤维素 90%。

纤维素

纤维素分子是由 D-葡萄糖通过 β-1,4-苷键结合的链状聚合物，由于人体内没有水解 β-1,4-苷键的酶，所以纤维素虽然和淀粉一样由葡萄糖组成，但不能作为人的营养物质，像牛、马、羊等食草动物，甚至白蚁在肠道内也可消化纤维素。虽然人因为没有能水解纤维素 β-1,4-苷键的纤维素酶，而不能消化纤维素，但是纤维素对生物体却有着极为重要的作用。目前纤维素作为饮食，对人体健康的重要性已为人们所公认，被列为除蛋白质、糖、脂肪、维生素、无机盐和水之外的第七种营养素。

纤维素和直链淀粉一样是没有支链的链状分子。通过 X 射线和电子显微镜分析，发现这些直链是并排成束的，分子之间因为氢键的作用而扭成绳索状，如图 13-6 所示。

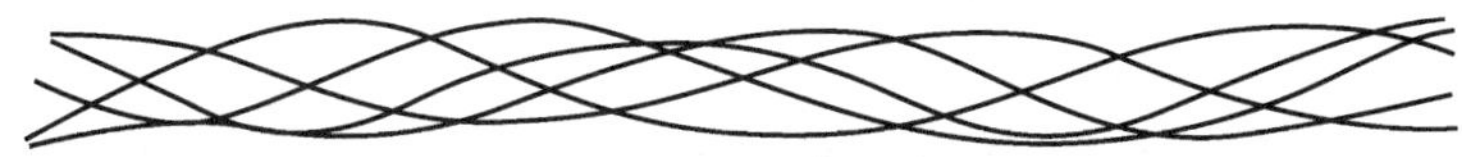

图 13-6　纤维素的绳索结构

每束微原纤维大约含有 40 对这样的纤维素分子，是植物细胞壁的结构骨架，提供保护和支撑细胞的作用。

纤维素是很重要的工业原料，本身可直接用于造纸和纺织品，纯的木纤维素可做滤纸，加入其他填充剂可做书写纸张。

复习题

【判断题】

1. 变旋光现象是由于糖的开链结构和环状结构互变而产生的一种现象。　(　　)
2. 葡萄糖、果糖和甘露糖三者既为同分异构体，又为差向异构体。　(　　)
3. α-D-吡喃葡萄糖和 β-D-吡喃葡萄糖互为端基异构体。　(　　)
4. 在葡萄糖水溶液中 β-D-吡喃葡萄糖含量大于 α-D-吡喃葡萄糖的原因是 β-D-吡喃葡萄糖是优势构象。　(　　)
5. 糖苷都是由糖的半缩醛羟基和另一分子糖的半缩醛羟基脱水而生成。　(　　)

【问答题】

1. 写出下列各糖的环状结构：
   (1) D-葡萄糖
   (2) α-D-呋喃果糖
   (3) β-D-2-脱氧呋喃核糖
   (4) α-D-吡喃半乳糖
   (5) β-D-甲基吡喃甘露糖苷

2. 写出下列各糖的名称：

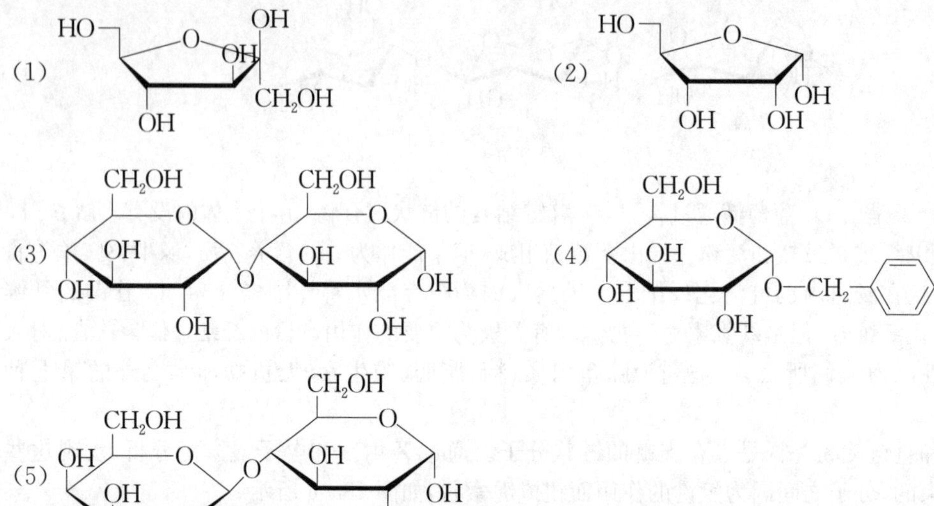

3. 写出 D-葡萄糖与下列试剂反应的主要产物：

(1) $Br_2 \cdot H_2O$　　(2) 稀 HNO_3　　(3) CH_3OH，干 HCl

(4) Tollens 试剂　　(5) 过量苯肼

4. 用简便的方法鉴别下列各组化合物：

(1) D-半乳糖和 D-果糖　　(2) 淀粉和纤维素　　(3) 乳糖和蔗糖

(4) α-D-乙基吡喃葡萄糖苷和 2-O-α-D-吡喃葡萄糖

5. 名词解释：

(1) 变旋光现象　　(2) 端基异构体　　(3) 差向异构体

(4) 苷键　　(5) 还原糖和非还原糖

6. 单糖衍生物 A，分子式为 $C_8H_{16}O_5$，没有变旋光现象，也不被 Tollens 试剂氧化，A 在酸性条件下水解得到 B 和 C 两种产物。B 的分子式为 $C_6H_{12}O_6$，有变旋光现象和还原性，被溴水氧化得到 D-半乳糖酸。C 的分子式为 C_2H_6O，能发生碘仿反应，试写出 A、B、C 的结构、名称和相关的反应式。

第十四章

脂　类

导学

内容及要求

本章主要内容有油脂和磷脂的命名、结构特点、重要的化学性质。甾体化合物的命名、结构和化学性质。

要求掌握油脂和磷脂的组成、结构和命名；油脂化合物中高级脂肪酸的结构特点、命名；甾族化合物的基本结构及胆固醇、胆甾酸的结构特点。熟悉油脂的皂化、加成和酸败等化学性质及皂化值、碘值和酸值对油脂质量评价的意义。了解与医学密切相关的油脂、脂肪酸、磷脂、甾体化合物和萜类化合物。

重点、难点

本章重点为油脂和磷脂的结构和性质；组成油脂的高级脂肪酸的结构；甾族化合物的结构和性质。难点为脂类化合物的结构组成。

专科生的要求

本章对专科生不作要求。

脂类(lipid)是生物体中起着重要生理功能的有机分子，其结构较为复杂，属于复合官能团物质。脂类包含油脂、类似脂肪的磷脂及胆固醇，它们在结构和化学性质上并没有统一性，反而在物理性质上有一点共同特征——脂溶性。

脂类是维持人类生命活动所必需的物质。脂肪的氧化是人体新陈代谢重要的能量来源，脏器周围的脂肪可以起到防护作用，皮下脂肪具有良好的保持体温作用。磷脂是生物膜的必要成分，而生物膜的屏障作用与磷脂有密切关系。甾族化合物如胆固醇、类固醇激素、维生素 D 等，亦可参与调节机体的生长发育和物质代谢等。

第一节　油　脂

一、油脂的结构

油脂是甘油和高级脂肪酸结合生成的酯，可称为三酰甘油(triacylglycerol)，医学上称之为甘油三酯(triglyceride)。一分子甘油可以与三分子高级脂肪酸生成油脂,因此三个高级脂肪酸相同时,称之为单三酰甘油;三个高级脂肪酸有不同时,称之为混三酰甘油,其结构式如下:

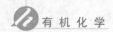

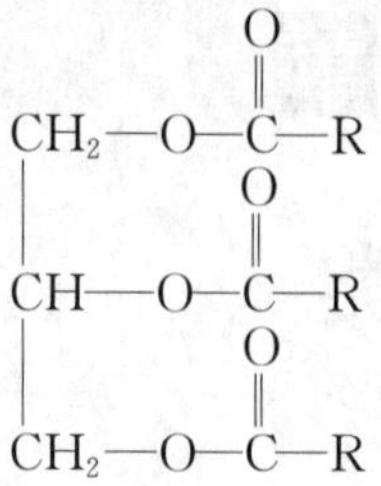

$$\begin{array}{l} CH_2-O-\overset{O}{\overset{\|}{C}}-R \\ | \\ CH-O-\overset{O}{\overset{\|}{C}}-R \\ | \\ CH_2-O-\overset{O}{\overset{\|}{C}}-R \end{array} \qquad \begin{array}{l} CH_2-O-\overset{O}{\overset{\|}{C}}-R \\ | \\ CH-O-\overset{O}{\overset{\|}{C}}-R' \\ | \\ CH_2-O-\overset{O}{\overset{\|}{C}}-R'' \end{array}$$

单三酰甘油 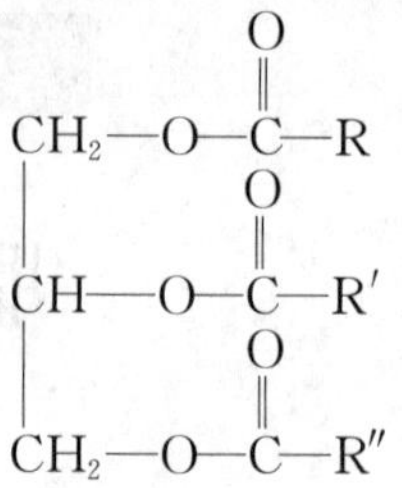　　　　混三酰甘油

天然油脂大多为混三酰甘油。在不同温度下油脂根据脂肪酸的不同会呈现不同的状态,常温下为固态或半固态的三酰甘油被称为脂肪,而常温下为液态的三酰甘油被称为油。油脂即为脂肪(fat)和油(oil)的统称。

命名时可分为两种情况:单三酰甘油和混三酰甘油。单三酰甘油命名时,将三个相同的脂肪酸合并,称为"三某脂酰甘油"或者"甘油三某脂酸酯"。混三酰甘油命名时,根据三个不同的脂肪酸按照α、β和α'的位次,依次将其名称列出。例如:

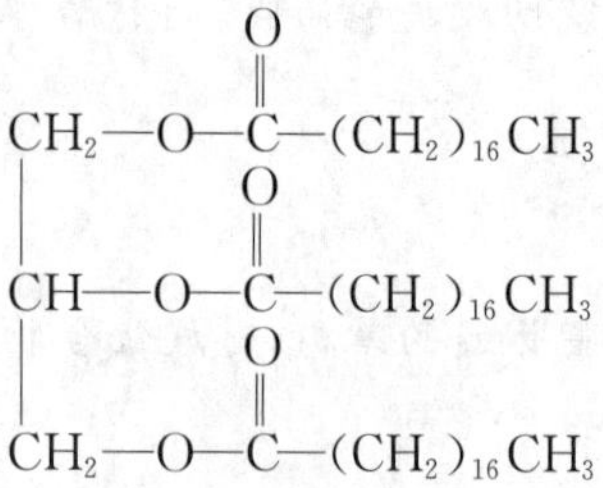

$$\begin{array}{l} CH_2-O-\overset{O}{\overset{\|}{C}}-(CH_2)_{16}CH_3 \\ | \\ CH-O-\overset{O}{\overset{\|}{C}}-(CH_2)_{16}CH_3 \\ | \\ CH_2-O-\overset{O}{\overset{\|}{C}}-(CH_2)_{16}CH_3 \end{array} \qquad \begin{array}{l} \alpha\ CH_2-O-\overset{O}{\overset{\|}{C}}-(CH_2)_{16}CH_3 \\ \quad | \\ \beta\ CH-O-\overset{O}{\overset{\|}{C}}-(CH_2)_{14}CH_3 \\ \quad | \\ \alpha'\ CH_2-O-\overset{O}{\overset{\|}{C}}-(CH_2)_7CH=CH(CH_2)_7CH_3 \end{array}$$

三硬脂酰甘油
(甘油三硬脂酸酯)

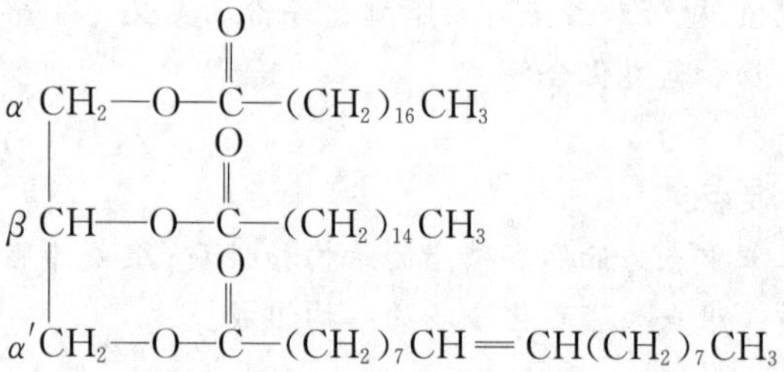

α-硬脂酰-β-软脂酰-α'-油酰甘油
(甘油-α-硬脂酸-β-软脂酸-α'-油酸酯)

在油脂中的高级脂肪酸是重要的组成部分,因此下面介绍一下高级脂肪酸。

二、高级脂肪酸

组成油脂的高级脂肪酸(fatty acid)也称脂肪酸,是一类由偶数个碳原子以直链方式结合成的羧酸类化合物。其碳链一般在12～20个之间,16个和18个碳原子组成的脂肪酸是最常见的。在自然界中很少有游离形式存在的脂肪酸,大多数是以酯键或酰胺键结合存在的。

高级脂肪酸可以根据其碳链中是否含有双键分为饱和脂肪酸和不饱和脂肪酸。饱和脂肪酸指碳链中不包含不饱和键的高级脂肪酸,如软脂酸、硬脂酸等是油脂中最常见的饱和脂肪酸。不饱和脂肪酸是指其碳链中包含不饱和键的高级脂肪酸,人体中常见的不饱和脂肪酸如油酸、亚油酸、花生四烯酸、EPA和DHA等。

在高级脂肪酸中有些被称为必需脂肪酸(essential fatty acid),这是因为人体可以合成大多数脂肪酸,但少数不饱和脂肪酸如亚油酸和亚麻酸不能在人体内合成,而花生四烯酸在人体内虽能合成,但数量不能完全满足人体生命活动的需求。像这些人体不能合成或合成不足,必须从食物中摄取的高级脂肪酸就是必需脂肪酸。

表 14-1 油脂中常见的高级脂肪酸

类型	俗名	系统命名	结构式
饱和脂肪酸	月桂酸 lauric acid	十二碳酸 dodecanoic acid	$CH_3(CH_2)_{10}COOH$
	软脂酸 palmitic acid	十六碳酸 hexadecanoic acid	$CH_3(CH_2)_{14}COOH$
	硬脂酸 stearic acid	十八碳酸 octadecanoic acid	$CH_3(CH_2)_{16}COOH$
	花生酸 arachic aicd	二十碳酸 eicosanoic acid	$CH_3(CH_2)_{18}COOH$
不饱和脂肪酸	油酸 oleic acid	9-十八烯酸 9-octadecenoic acid	$CH_3(CH_2)_7CH=CH(CH_2)_7COOH$
	亚油酸 linoleic acid	9,12-十八碳二烯酸 9,12-octadecdienoic acid	$CH_3(CH_2)_4(CH=CHCH_2)_2(CH_2)_6COOH$
	α-亚麻酸 α-linolenic acid	9,12,15-十八碳三烯酸 9,12,15-octadectrienoic acid	$CH_3CH_2(CH=CHCH_2)_3(CH_2)_6COOH$
	桐油酸 eleostearic acid	9,11,13-十八碳三烯酸 9,11,13-octadectrienoic acid	$CH_3(CH_2)_3(CH=CH)_3(CH_2)_7COOH$
	花生四烯酸 arachidonic acid	5,8,11,14-二十碳四烯酸 5,8,11,14-eicosabutenoic acid	$CH_3(CH_2)_4(CH=CHCH_2)_4(CH_2)_2COOH$
	EPA	5,8,11,14,17-二十碳五烯酸 5,8,11,14,17-eicosapentaenoic acid	$CH_3CH_2(CH=CHCH_2)_5(CH_2)_2COOH$
	DHA	4,7,10,13,16,19-二十二碳六烯酸 4,7,10,13,16,19-docosahexenoic acid	$CH_3CH_2(CH=CHCH_2)_6CH_2COOH$

注：表中所有双键都是顺式构型。

高级脂肪酸的命名常用俗名，如硬脂酸、油酸、亚油酸等。高级脂肪酸的系统命名与一元羧酸系统命名法基本相同，除了在系统命名中常用的编号规则外高级脂肪酸还有其他编码体系，Δ编码体系是从脂肪酸羧基端的碳原子开始计数编号；ω编码体系是从脂肪酸甲基端的甲基碳原子开始计数编号；希腊字母编号规则与羧酸相同，离羧基最远的碳原子为ω碳原子。

	CH_3	CH_2	CH_2	CH_2	CH_2	$CH=$	CH	CH_2	$CH=$	CH	CH_2	CH_2	CH_2	CH_2	CH_2	CH_2	CH_2	$COOH$
Δ编码体系	18	17	16	15	14	13	12	11	10	9	8	7	6	5	4	3	2	1
ω编码体系	1	2	3	4	5	6	7	8	9	10	11	12	13	14	15	16	17	18
希腊字母编号	ω…………………………………………………………														δ	γ	β	α

脂肪酸碳原子的三种编码体系

高级脂肪酸的系统名称有时比较长，此时可以使用简写符号。用阿拉伯数字表示脂肪酸碳原子的总数，然后在冒号后写出双键的数目，最后在Δ或ω右上角标明双键的位置。例如：

		系统名称	简写符号
桐油酸	Δ编码体系：	$\Delta^{9,11,13}$-十八碳三烯酸	$18:3\Delta^{9,11,13}$

ω编码体系：$\omega^{5,7,9}$-十八碳三烯酸　　18∶3$\omega^{5,7,9}$

硬脂酸的系统名称是十八碳酸，因分子中无双键，故简写符号为18∶0。

三、油脂的性质

(一) 物理性质

纯净的油脂是无色、无味的中性化合物。然而天然油脂具有颜色和特殊的气味是由于其含有其他杂质造成的(如维生素、色素和游离脂肪酸等)。油脂的密度小于水，不溶于水相，易溶于有机溶剂中。

油脂的熔点会根据其中包含的高级脂肪酸的不同有高低之分。不饱和脂肪酸含量高的油脂熔点较低。这主要是因为不饱和脂肪酸中的双键多为顺式结构，这种结构使分子无法紧密结合，降低分子间作用力，从而降低熔点。但事实上，天然油脂无固定熔点，因为它是混合物。

在常温下植物油因含有大量不饱和脂肪酸而呈液态，而动物脂肪中含有大量饱和脂肪酸呈固态。

(二) 化学性质

1. 油脂的皂化反应

在催化剂如酸、碱或酶的作用下，油脂中的酯键会水解，生成甘油和高级脂肪酸。酸性条件下水解有可逆反应，因此常用碱如 NaOH 或 KOH 来作催化剂。

$$\begin{array}{l} CH_2-O-\overset{\overset{\displaystyle O}{\|}}{C}-R \\ | \\ CH-O-\overset{\overset{\displaystyle O}{\|}}{C}-R' \\ | \\ CH_2-O-\overset{\overset{\displaystyle O}{\|}}{C}-R'' \end{array} + 3NaOH \longrightarrow \begin{array}{l} CH_2-OH \\ | \\ CH-OH \\ | \\ CH_2-OH \end{array} + \begin{array}{l} RCOONa \\ \\ R'COONa \\ \\ R''COONa \end{array}$$

在水解产物中得到的高级脂肪酸的钠盐就是肥皂，因此油脂在碱性条件下的水解也称皂化反应(saponification)。1 g 油脂完全皂化时所需 KOH 的毫克数称为皂化值(saponification number)。根据皂化值的大小，可以判断油脂的平均相对分子质量，皂化值与油脂的平均相对分子质量成反比。皂化值越大，表示油脂的平均相对分子质量越小，反之，则表示油脂的平均相对分子质量越大。皂化值是油脂质量的指标之一。

2. 油脂的加成反应

含有不饱和脂肪酸的油脂可以与氢或碘等试剂进行加成反应。

(1) 与氢加成　油脂中的双键与氢在催化剂的作用下发生加成反应，使不饱和脂肪酸转化为饱和脂肪酸。在氢化的过程中，油脂由液态变为半固态或固态，所以油脂的氢化又称为油脂的硬化。硬化后的油脂熔点高，性质稳定不易变质，因此便于储藏和运输。

(2) 与碘加成　油脂中的双键也可以与碘发生加成反应，而反应中消耗的碘量与油脂中含有的双键数量是成正比关系的。因此100 g 油脂所能吸收碘的最大克数称为碘值(iodine number)。碘值可以判断油脂的不饱和程度，碘值越大，油脂的不饱和程度越高。碘值也是油脂理化指标之一。

3. 油脂的酸败

油脂在空气中长期放置会产生变质，这种变化称为酸败(rancidity)。其主要原因是油脂中不饱和脂肪酸发生氧化，生成过氧化物，而过氧化物继续分解生成了有臭味的低级醛和酸等。油脂的酸败会因光、热或潮湿而加速进行。酸败后的油脂发生了变质，生成的产物有一定毒性，不宜食用。衡量油脂的酸败程度可以用酸值。中和 1 g 油脂中的游离脂肪酸所需氢氧化钾的毫克数称为油脂的酸值(acid number)。酸值与油脂的酸败程度呈正比关系,也是油脂理化指标之一。

第二节 磷 脂

磷脂(phospholipid)是含有磷酸二酯键的脂类,也是类脂化合物。磷脂可以在动物的肝、脑、神经细胞和生物膜等生物组织中找到,且起着重要的生理功能。磷脂可分为甘油磷脂和鞘磷脂,主要由构成磷脂的醇结构来决定。醇的部分是由甘油构成的磷脂称为甘油磷脂,鞘氨醇构成的磷脂称为鞘磷脂。

一、甘油磷脂

甘油磷脂其母体结构是磷脂酸(phosphatidic acid),即一分子甘油与二分子脂肪酸和一分子磷酸通过酯键结合而成的化合物。

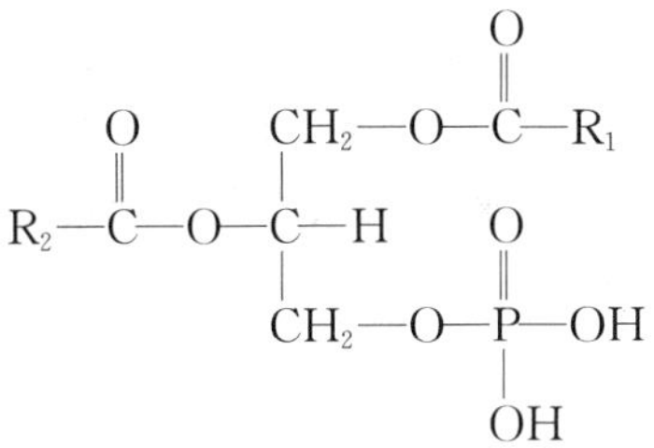

```
                          O
                          ‖
         O      CH2—O—C—R1
         ‖       |
    R2—C—O—C—H      O
                 |        ‖
                CH2—O—P—OH
                          |
                          OH
```

磷脂酸

天然磷脂酸中,R_1 通常为饱和脂肪酸,R_2 为不饱和脂肪酸。

磷脂酸是一个手性分子,其 C_2 是手性中心。在自然界中得到的磷酸酯都属于 R 构型。

以磷脂酸为母体结构的基础上,磷酸基与另一分子中的醇羟基以酯键结合生成的就是甘油磷脂。胆碱、乙醇胺、丝氨酸通过其醇羟基与磷脂酸以酯键结合得到的甘油磷脂就是有机体中三种重要的甘油磷脂。

1. 卵磷脂

卵磷脂(lecithin)是磷脂酰胆碱的俗名,是磷脂酸与胆碱通过酯键结合得到的甘油磷脂。结构如下:

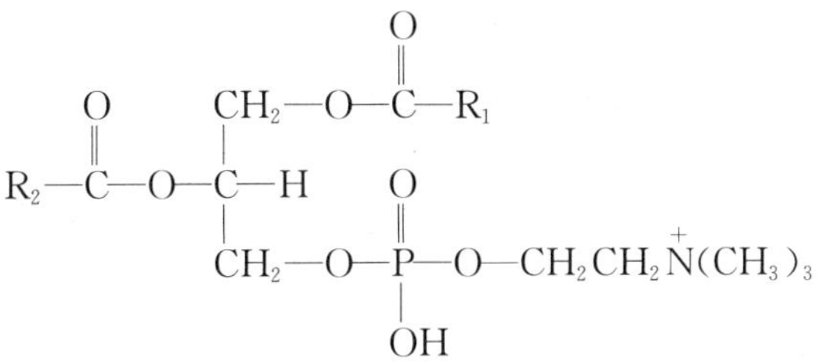

```
                          O
                          ‖
         O      CH2—O—C—R1
         ‖       |
    R2—C—O—C—H      O
                 |        ‖                    +
                CH2—O—P—O—CH2CH2N(CH3)3
                          |
                          OH
```

卵磷脂中的饱和脂肪酸通常是硬脂酸和软脂酸,不饱和脂肪酸是油酸、亚油酸、亚麻酸和花生四烯酸等。

卵磷脂分子中既包含了具有酸性的磷酸基部分又包含了具有碱性的胆碱部分,因此分子内形成了带正、负电荷的偶极离子。这种性质使其在机体环境中(弱碱性)磷酸残基带有负电荷。此外,卵磷脂中的两个脂肪酸长碳链属于疏水基团,而磷酸基属于亲水基团,所以卵磷脂有乳化性质。这也是甘油磷脂的通性。

卵磷脂存在于脑和神经组织及植物的种子中,在卵黄中含量丰富。

2. 脑磷脂

脑磷脂(cephalin)是磷脂酰乙醇胺的俗名，它是磷脂酸与乙醇胺通过酯键结合得到的甘油磷脂。结构如下：

```
                        O
                        ‖
       O     CH2—O—C—R1
       ‖      |
R2—C—O—C—H    O
              |       ‖                 +
             CH2—O—P—O—CH2CH2NH3
                      |
                      OH
```

脑磷脂分子也具有和卵磷脂相同的乳化性质。

脑磷脂通常与卵磷脂共存于脑，神经组织和许多组织器官中，在蛋黄和大豆中含量也较丰富。

二、鞘磷脂

鞘磷脂(sphingomyelin)又称为神经磷脂，它与甘油磷脂不同，分子中不包含甘油，而是以鞘氨醇(sphingosine)为母体结构结合而成。天然鞘磷脂中包含的脂肪长链中的双键是反式结构。鞘氨醇的氨基与脂肪酸以酰胺键相连，形成 N-脂酰鞘氨醇即神经酰胺(ceramide)。神经酰胺的羟基与磷酸胆碱结合而形成鞘磷脂。结构式如下：

```
CH3(CH2)12   H          CH3(CH2)12   H                CH3(CH2)12   H
        \   /                   \   /                         \   /
          C                       C                             C
          ‖                       ‖                             ‖
          C                       C                             C
        /   \                   /   \                         /   \
      H     CHOH              H     CHOH   O                H     CHOH   O
             |                       |     ‖                       |     ‖
            CHNH2                   CHNH—C—R                      CHNH—C—R
             |                       |                             |     O
            CH2OH                   CH2OH                          |     ‖          +
                                                                  CH2OPOCH2CH2N(CH3)3
                                                                         |
                                                                         O-
     鞘氨醇                    神经酰胺                              鞘磷脂
```

鞘磷脂有两条鞘氨醇残基与脂肪酰基构成的疏水性长链烃基，还有一个亲水性的磷酸胆碱残基，因此也具有乳化性质。

鞘磷脂大量存在于脑和神经组织，是围绕着神经纤维鞘样结构的一种成分，也是细胞膜的重要成分之一。

三、磷脂与细胞膜

细胞膜也称质膜或外周膜，其化学组成为脂类、蛋白质、糖类、水、无机盐和金属离子等，其中脂类、蛋白质和糖类是主要成分，构成膜的主体。膜的主要作用在隔离细胞内和细胞外两个界面，却又能让离子转运、能量转换和信息传递。各种生物膜的具体功能有所不同，其含有的这三种物质的比例也就会有所不同。其中构成膜的脂类有磷脂、胆固醇(cholesterol)和糖脂(glycolipid)，以磷脂含量最多也最为重要。主要的磷脂是甘油磷脂和鞘磷脂。磷脂分子具有特殊的化学结构——一条磷酸和碱基组成的极性亲水头部和两条长链脂肪酸组成的疏水尾部。

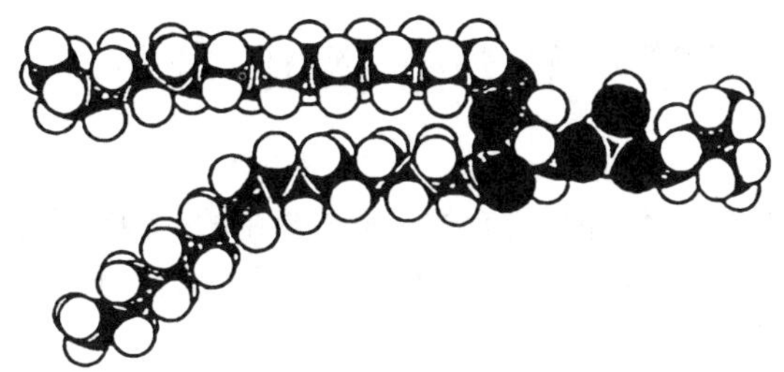

图 14-1 甘油磷脂的分子模型

在水溶液中磷脂亲水头部因对水的亲和力指向水面，疏水尾部因对水的排斥而相互聚集，尾尾相连，这样形成了稳定的双分子层。

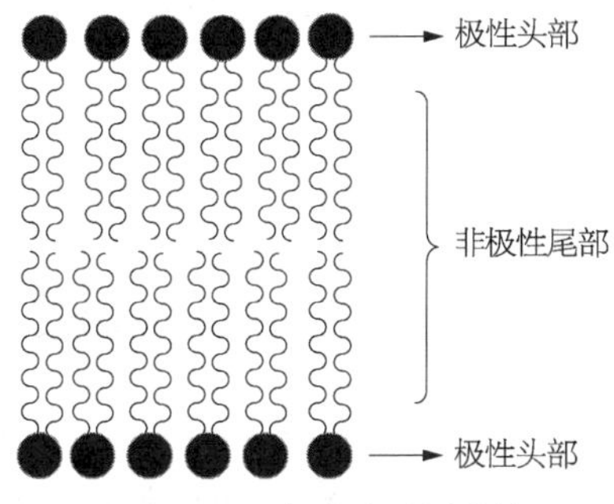

图 14-2 脂双分子层结构

脂类，蛋白质还有少量的糖类在膜中如何存在和排列，目前还没有一种技术或方法能够直接观察得到。多年来根据对天然细胞膜以及一些人工模拟膜的研究，许多学者提出了不同的膜分子结构模型，其中得到普遍认可的是 1972 年 S. J. Singer 和 G. Nicolson 提出的液态镶嵌模型(fluid mosaic model)，其基本的内容是：膜的结构是以液态的脂质双分子层为基本构架，其中镶嵌着可以移动的具有各种生理机能的蛋白质。

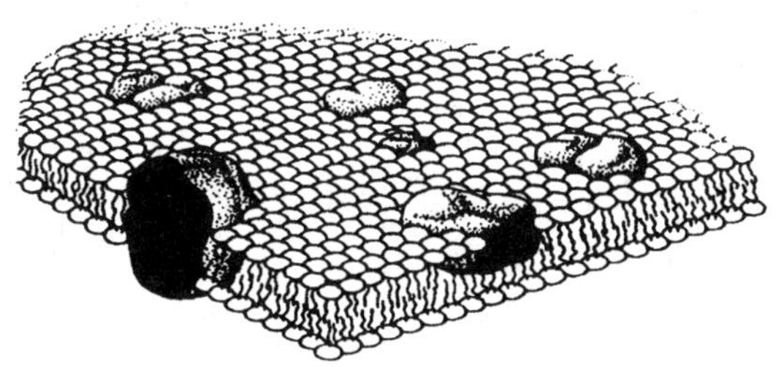

图 14-3 细胞膜的液态镶嵌模型

生物膜有两个明显的特征，膜的不对称性和膜的流动性。膜的不对称性分别与膜脂和膜蛋白分布的不对称性有关。膜脂中，含胆碱的磷脂如卵磷脂，鞘磷脂大多分布在生物膜外层，而含氨基的磷脂如脑磷脂多分布于内层。膜脂双分子层的不对称分布，使膜的两层流动性有所不同。

膜的流动性是指膜内部的脂类和蛋白质两类分子的运动性。膜脂分子在特定的温度下，可进行横向扩散、旋转、摆动旋转异构和反转等运动，这些不同的运动状态对维持膜脂分子的不对称性很重要。膜流动性是受多方面因素影响的。

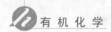

第三节 甾族化合物

甾族化合物又称固醇类化合物，是广泛存在于自然界中的一种物质。在个体中甾族化合物的含量并不高，却起着非常重要的生理作用，如动物体内蛋白质的合成、性别和生殖（性激素）、糖和矿物质的代谢等。在药物中也能找到甾族化合物的存在。

一、结构

母体结构

甾族化合物的结构相对复杂，因此首先要介绍一下它的母体结构，即甾族化合物结构中共同拥有的特点：环戊烷并氢化菲的骨架，及其环上的三个取代基。

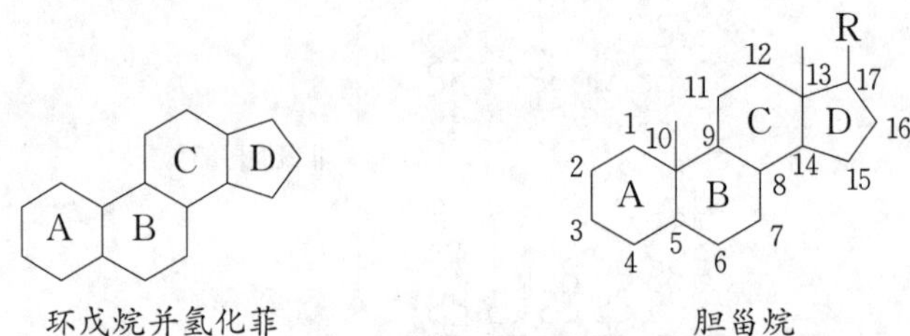

环戊烷并氢化菲　　　　胆甾烷

甾族化合物的母体结构中包含四个环，环上的碳原子编号以特定顺序排列。大多数甾族化合物中 10 和 13 位上的取代基为甲基，而 17 位上的取代基会有所不同。“甾”字是我国化学家根据这种母体结构发明的一个象形字，其中四个环由“田”字表达，而三个取代基由“巛”表达。

在自然界中，甾类化合物中的 A、B、C、D 四个环只有两种稠合方式，一种是 A、B 顺式稠合，B、C 及 C、D 是反式稠合；另一种是 A、B 反式稠合，B、C 及 C、D 仍是反式稠合。前者称 β-构型，后者称为 α-构型。

α-构型中，C_5 上氢与 C_{10} 位上的甲基在环平面异侧，又称 5α 系，β-构型中 C_5 上氢与 C_{10} 位上的甲基在环平面同侧，又称 5β 系。环上的氢被其他原子或基团取代，取代基若与 C_5、C_{10} 位上的甲基在同侧称为 β 型取代基，异侧称为 α 型取代基。

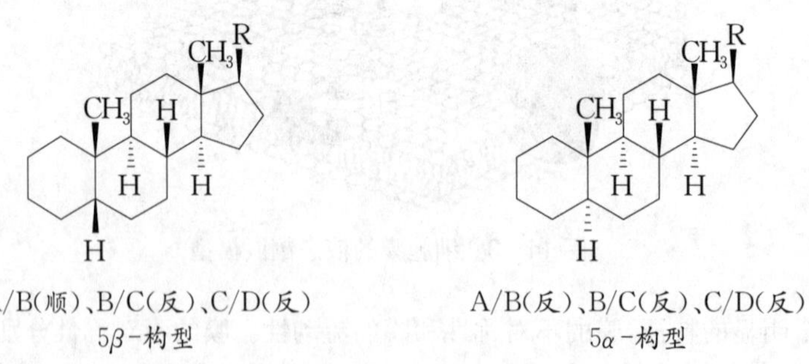

A/B(顺)、B/C(反)、C/D(反)
5β-构型

A/B(反)、B/C(反)、C/D(反)
5α-构型

二、典型的甾族化合物

甾族化合物根据化学结构可以分为甾醇、胆甾酸、甾类激素等。

(一) 胆固醇

胆固醇(cholesterol)是一种典型的动物甾醇，因为最初是在胆结石中发现，所以被称为胆固醇。

胆固醇的分子式为$C_{27}H_{46}O$，C_3 上有一个—OH，C_5、C_6 上有一个双键，C_{17}上有一个八碳烷基。

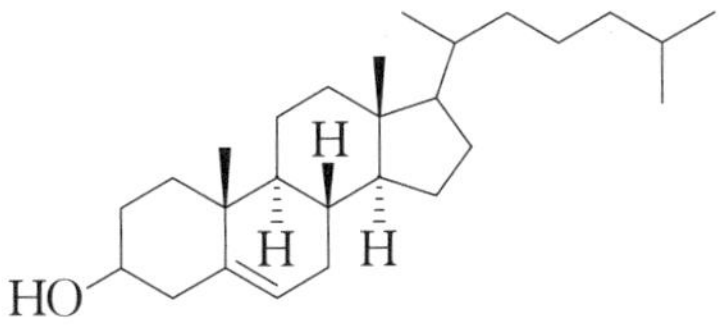

胆固醇是一种无色或略带黄色的结晶，熔点 148.5 ℃，难溶于水，易溶于热乙醇、乙醚和氯仿等有机溶剂。胆固醇分子中 C_5～C_6 之间有一个碳碳双键，它可以和卤素发生加成反应，也可以催化加氢生成二氢胆固醇。胆固醇分子中 C_3 上的羟基可酰化后形成酯，也可与糖的半缩醛羟基生成苷。常用于定性检验甾族化合物的方法是将少量胆固醇溶于醋酸酐中，再滴加少量浓硫酸，即呈现红-紫-褐-绿色的颜色变化，此反应称为 Liberman-Burchartd 反应。

人体内的胆固醇部分以游离形式存在，部分以胆固醇酯形式存在。胆固醇有着重要的生理作用，它是细胞膜脂质中的重要组分，生物膜的流动性和通透性与它有着密切关系，同时它还是生物合成胆甾酸和甾体激素等的前体。但是胆固醇摄取过多或代谢发生障碍时，胆固醇就会从血清中沉积在动脉血管壁上，导致冠心病和动脉粥样硬化症；过饱和胆固醇从胆汁中析出沉淀则是形成胆固醇系结石的基础。

(二) 7-脱氢胆固醇和麦角固醇

在动物体内钙化的过程中，这两种甾醇起着重要的作用。在肠结膜细胞内胆固醇由酶的催化，生成 C_7 与 C_8 之间的双键，这就是 7-脱氢胆固醇(7-dehydrocholesterol)。当它被血液运送到皮肤后，经紫外线的照射再转化成维生素 D_3(Vitamin D_3)。因此长期缺乏光照，人体会缺乏维生素 D_3。

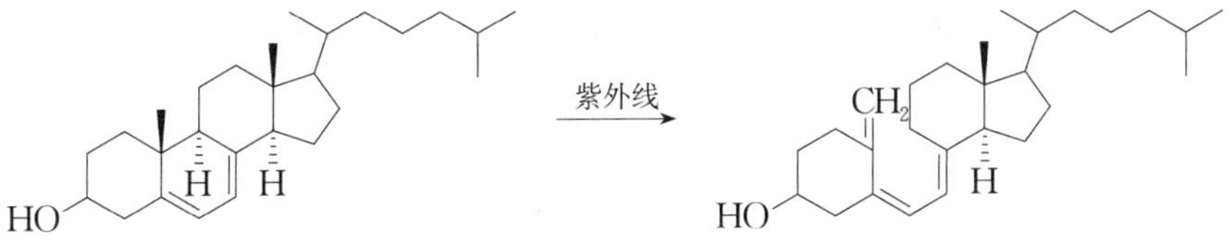

紫外线

7-脱氢胆固醇　　　　维生素 D_3

麦角固醇(ergosterol)是一种植物甾醇。它比 7-脱氢胆固醇多一个甲基和双键。麦角固醇在紫外线的照射下可以转化成维生素 D_2。

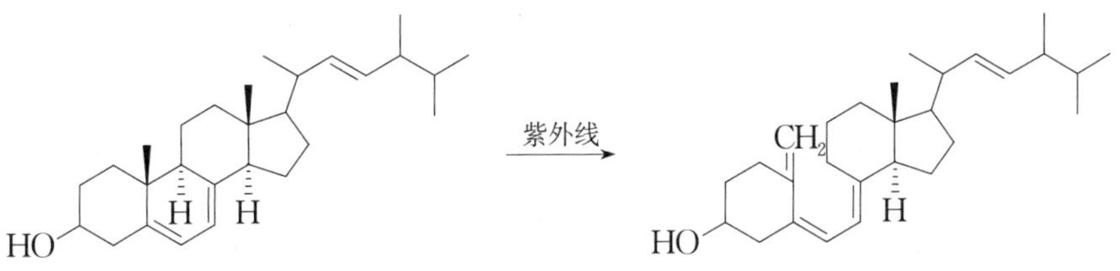

紫外线

麦角固醇　　　　维生素 D_2

维生素 D_3 和维生素 D_2 都属于 D 族维生素，在已知 10 种维生素 D 中这两种是活性较高的维生素。它们广泛存在于动物体中，尤其是鱼类的肝脏中含量最高。它们能促进体内对钙、磷的吸收，从而促进骨骼、牙齿的正常发育。因此，当维生素 D 严重不足时，婴儿会引起佝偻病，成人则发生软骨病。为了防治佝偻病和软骨病，可适当服用维生素 D 来促进钙的吸收，也可以适当地进行日光浴，促进体内维生素 D 的合成。但不宜大剂量长期服用维生素 D，否则会发生血钙过高、软组织异位钙化和动脉硬化等维生素 D 中毒症。

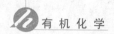

(三) 胆甾酸

胆甾酸是动物胆组织分泌的一种甾族化合物,属于 5β-系甾族化合物。

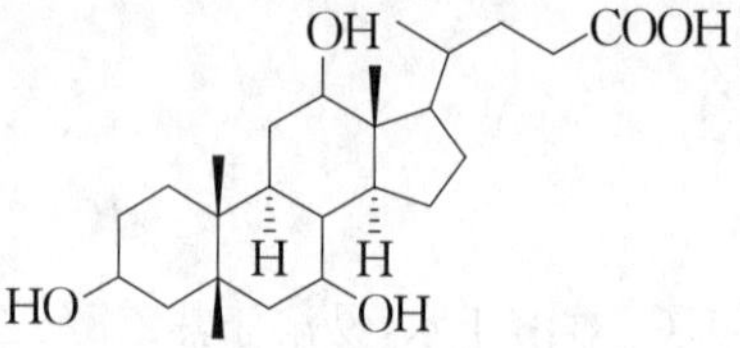

胆酸 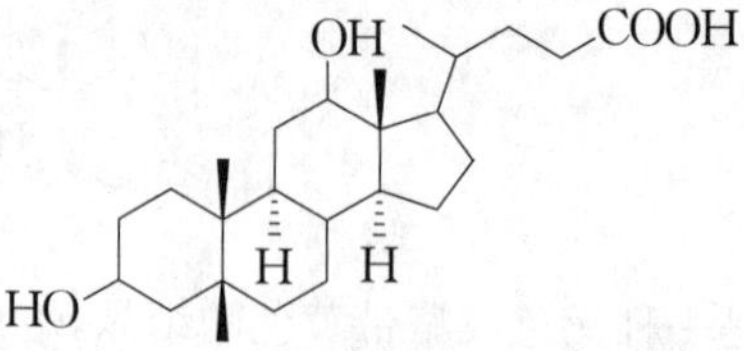　　　　脱氧胆酸

胆酸(cholic acid)和脱氧胆酸(deoxycholic acid)是由胆固醇经肝组织代谢转化而成,特点是 C_{17} 的侧链中包含羧基。而在胆汁中,胆酸和脱氧胆酸中的羧基可以与甘氨酸或牛磺酸中的氨基结合,形成具有酰胺结构的衍生物:甘氨胆酸和牛磺脱氧胆酸,这种结合胆酸类化合物统称胆汁酸(bile acid)。

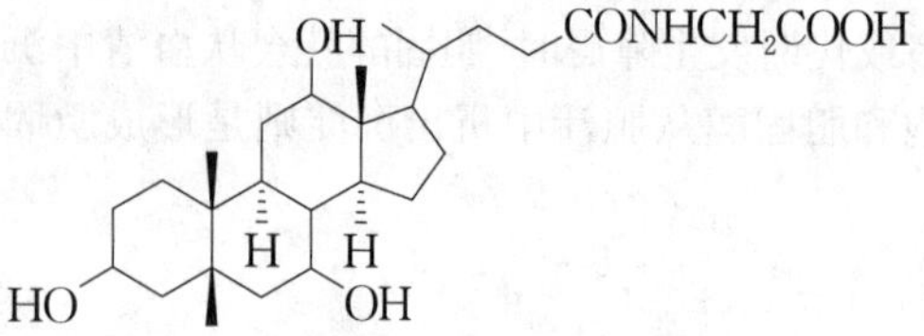

甘氨胆酸 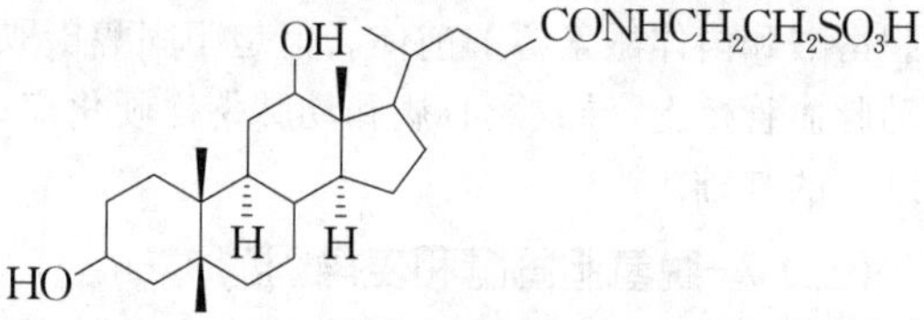　　　　牛磺胆酸

在动物小肠的碱性条件下,胆甾酸分子中的羧基发生反应,以钾盐或钠盐形式存在,称为胆汁酸盐。胆汁酸盐的羟基和羧基或磺酸基为亲水基团,而四个环状结构为疏水基团,具有表面活性剂的特性。因此,在人体内可作为油脂的乳化剂,促进脂肪的水解、消化和吸收。

复习题

【A 型题】

1. 组成天然油脂的成分是:（　　）

A. 同种单甘油酯　　B. 各种单甘油酯的混合物

C. 同种混甘油酯　　D. 各种混甘油酯的混合物

2. 分子结构中含有胆碱残基的是:（　　）

A. 脑磷脂　　B. 鞘磷脂　　C. 磷脂酸　　D. 神经酰胺

3. 酸值越大,说明:（　　）

A. 油脂的不饱和程度大　　B. 油脂的平均相对分子质量大

C. 油脂中游离脂肪酸含量高　　D. 油脂的熔点高

【问答题】

1. 写出亚油酸 Δ 编码体系和 ω 编码体系的系统名称和简写符号。

2. 猪油的皂化值 193～200,花生油的皂化值 185～195,哪种油脂的平均相对分子质量大?

3. 牛油的碘值为 30～48,大豆油的碘值为 124～136,这说明什么?

4. 油脂的皂化值和酸值有什么不同?

5. 写出下列化合物的结构式：

(1) 18：$2\omega^{6,9}$ (2) 16：$1\Delta^{9}$ (3) α-脑磷脂 (4) α-卵磷脂

6. 解释下列名词：

(1) 必需脂肪酸 (2) 皂化和皂化值 (3) 油脂的硬化和碘值 (4) 酸败和酸值

7. 画出胆固醇的结构式。

8. 画出胆酸的结构式。

第十五章

蛋白质和核酸

导 学

内容及要求

本章的主要内容：氨基酸的结构、分类、命名、化学性质。多肽的命名、结构。蛋白质的一级结构特点。

要求掌握氨基酸的结构、分类、命名及化学性质；核酸的化学组成及一级结构。熟悉多肽的结构和命名，蛋白质的一级结构。了解多肽结构的测定方法和蛋白质的空间结构。

重点、难点

本章重点为蛋白质和多肽的结构和功能；氨基酸的结构和性质；核酸的化学组成与分子结构。难点为蛋白质和氨基酸的结构及核酸的结构。

专科生的要求

本章对专科生不作要求。

蛋白质是一类结构复杂且有重要功能的生物大分子，存在于所有的生物体中，生物体内的一切生命活动几乎都与蛋白质有关，它是生命的物质基础。蛋白质是由各种 α-氨基酸以肽键结合而成的高聚物，蛋白质多肽链中氨基酸的种类、数目和排列顺序决定了每一种蛋白质的空间结构，从而决定了蛋白质的各种生理功能。

核酸是重要的生物大分子，一切生物无论大小都含有核酸，它是存在于细胞中的一种酸性物质。核酸和蛋白质一样，都是生命活动中的生物信息大分子，由于核酸是遗传的物质基础，所以又称为“遗传大分子”。在生物体的生长、繁殖、遗传、变异和转化等生命现象中，核酸起着决定性的作用。

第一节 蛋 白 质

一、氨基酸

（一）氨基酸的结构、分类和命名

氨基酸(amino acid)是一类取代羧酸，即分子内含有氨基同时又含有羧基。根据氨基和羧基在

分子中相对位置的不同，氨基酸可分为 α-，β-，γ-，…，ω-氨基酸。

$$\underset{\substack{|\\ NH_2}}{RCHCOOH} \qquad \underset{\substack{|\\ NH_2}}{RCHCH_2COOH} \qquad \underset{\substack{|\\ NH_2}}{RCHCH_2CH_2COOH}$$

α-氨基酸　　β-氨基酸　　γ-氨基酸

目前在自然界中发现的氨基酸有数百种，但由天然蛋白质完全水解生成的氨基酸只有20种，而且它们都是 α-氨基酸（脯氨酸为 α-亚氨基酸）。其中R代表不同的侧链基团。

由于氨基酸分子中既含有碱性的氨基又含有酸性的羧基，在生理pH值条件下，羧基几乎完全以—COO^- 形式存在，大多数氨基主要以—NH_3^+ 形式存在，所以氨基酸分子是一种偶极离子，一般以内盐形式存在，可用通式表示为：

$$R—\underset{\substack{|\\ NH_3^+}}{CH}—COO^-$$

20种编码氨基酸中除甘氨酸外，其他各种氨基酸分子中的 α-C均为手性碳原子，都有旋光性。氨基酸的构型通常采用D/L标记法，有D-型和L-型两种异构体。以甘油醛为参考，在Fischer投影式中，凡氨基酸分子中 α-氨基的位置与L-甘油醛手性碳原子上—OH的位置相同者为L-型，相反为D-型。构成蛋白质的手性氨基酸均为L-型，如用 R/S 法标记，则除半胱氨酸为 R 构型外，其余皆为 S 构型。

$$\begin{array}{c}CHO\\ HO—\!\!+\!\!—H\\ CH_2OH\end{array} \qquad \begin{array}{c}COO^-\\ {}^+H_3N—\!\!+\!\!—H\\ R\end{array} \qquad \begin{array}{c}CHO\\ H—\!\!+\!\!—OH\\ CH_2OH\end{array} \qquad \begin{array}{c}COO^-\\ H—\!\!+\!\!—NH_3^+\\ R\end{array}$$

L-甘油醛　　L-氨基酸　　D-甘油醛　　D-氨基酸

根据R基的化学结构，氨基酸可分为脂肪族氨基酸、芳香族氨基酸和杂环氨基酸。也可根据分子中所含氨基和羧基的相对数目分为中性氨基酸、酸性氨基酸和碱性氨基酸三类。中性氨基酸是指分子中氨基和羧基数目相等的氨基酸，由于羧基电离能力较氨基大，其水溶液实际显微酸性。分子中羧基的数目多于氨基的叫做酸性氨基酸；氨基数目多于羧基的叫做碱性氨基酸。

在医学上常根据氨基酸侧链R基的极性及其所带电荷，将20种编码氨基酸分为四类（表15-1）：第一类是非极性R基氨基酸，因其含非极性侧链，故具有疏水性，它们通常处于蛋白质分子内部。第二类是不带电荷的极性R基氨基酸，其侧链中含有羟基、巯基、酰胺基等极性基团，但它们在生理条件下却不带电荷，具有一定的亲水性，往往分布在蛋白质分子的表面。第三类是带正电荷的R基氨基酸（碱性氨基酸），在其侧链中常常带有易接受质子的基团（如胍基、氨基、咪唑基等），因此它们在中性和酸性溶液中带正电荷。第四类是带负电荷的R基氨基酸（酸性氨基酸），在其侧链中带有给出质子的羧基，因此它们在中性或碱性溶液中带负电荷。

氨基酸可采用系统命名法命名，但天然氨基酸更常用的是俗名，即根据其来源和特性命名，如天冬氨酸最初是由天门冬的幼苗中发现的。常见的20种编码氨基酸的名称、结构及中、英文缩写符号见表15-1。

表15-1　20种编码氨基酸的名称和结构式

名　称	中文缩写	英文缩写		结构式	pI
中性氨基酸（非极性R基团）					
甘氨酸 Glycine	甘	Gly	G	$\underset{\substack{|\\ {}^+NH_3}}{CH_2}—COO^-$	5.97

（续表）

名　　称	中文缩写	英文缩写		结构式	pI
丙氨酸 Alanine	丙	Ala	A	$CH_3-CH(^+NH_3)-COO^-$	6.00
亮氨酸* Leucine	亮	Leu	L	$(CH_3)_2CHCH_2-CH(^+NH_3)COO^-$	5.98
异亮氨酸* Isoleucine	异亮	Ile	I	$CH_3CH_2CH(CH_3)-CH(^+NH_3)COO^-$	6.02
缬氨酸* Valine	缬	Val	V	$(CH_3)_2CH-CH(^+NH_3)COO^-$	5.96
脯氨酸 Proline	脯	Pro	P	吡咯烷环（$\overset{+}{N}H_2$）$-COO^-$	6.30
苯丙氨酸* Phenylalanine	苯丙	Phe	F	$C_6H_5-CH_2-CH(^+NH_3)COO^-$	5.48
蛋(甲硫)氨酸* Methionine	蛋	Met	M	$CH_3SCH_2CH_2-CH(^+NH_3)COO^-$	5.74
中性氨基酸(极性不带电荷R基团)					
丝氨酸 Serine	丝	Ser	S	$HOCH_2-CH(^+NH_3)COO^-$	5.68
谷氨酰胺 Glutamine	谷胺	Gln	Q	$H_2N-C(=O)-CH_2CH_2CH(^+NH_3)COO^-$	5.65
苏氨酸* Threonine	苏	Thr	T	$CH_3CH(OH)-CH(^+NH_3)COO^-$	5.60
半胱氨酸 Cysteine	半胱	Cys	C	$HSCH_2-CH(^+NH_3)COO^-$	5.07
天冬酰胺 Asparagine	天胺	Asn	N	$H_2N-C(=O)-CH_2CH(^+NH_3)COO^-$	5.41
酪氨酸 Tyrosine	酪	Tyr	Y	$HO-C_6H_4-CH_2-CH(^+NH_3)COO^-$	5.66
色氨酸* Tryptophan	色	Trp	W	吲哚-3-基（N—H）$-CH_2CH(^+NH_3)-COO^-$	5.89
酸性氨基酸					
天冬氨酸 Aspartic acid	天	Asp	D	$HOOCCH_2CH(^+NH_3)COO^-$	2.77
谷氨酸 Glutamic acid	谷	Glu	E	$HOOCCH_2CH_2CH(^+NH_3)COO^-$	3.22

（续表）

名　称	中文缩写	英文缩写		结构式	pI
碱性氨基酸					
赖氨酸* Lysine	赖	Lys	K	$^{+}NH_3CH_2CH_2CH_2CH_2CH(NH_2)COO^-$	9.74
精氨酸 Arginine	精	Arg	R	$H_2N-C(=^{+}NH_2)-NHCH_2CH_2CH_2CH(NH_2)COO^-$	10.76
组氨酸 Histidine	组	His	H	咪唑环(N-H)$-CH_2CH(^{+}NH_3)-COO^-$	7.59

* 为必需氨基酸

表中所列大多数氨基酸可在体内合成，但带 * 号的八种氨基酸，人体内不能合成或合成的数量不能满足人体需求。研究结果表明，人体如果缺乏这些氨基酸会导致许多种类蛋白质的代谢和合成失去平衡，因此它们是生命活动中的必需物质，称为必需氨基酸。人们可以从不同的食物内得到必需氨基酸来维持机体正常的生长发育。

除上述在蛋白质中广泛存在的 20 种编码氨基酸外，另有几种氨基酸只在少数蛋白质中存在，这些氨基酸都是由相应的编码氨基酸衍生而来，如胱氨酸，称为修饰氨基酸。胱氨酸是修饰氨基酸中最重要的一种，它是由氧化两个半胱氨酸的巯基形成的，生成的二硫键对维持蛋白质的结构具有重要作用。

$$^{+}H_3N-CH(COO^-)-CH_2-S-S-CH_2-CH(COO^-)-N^{+}H_3$$

L-胱氨酸

（二）氨基酸的性质

1. 酸碱性和等电点

氨基酸分子中同时含有氨基与羧基，所以既可与酸形成铵盐，又可与碱形成羧酸盐，但氨基酸在一般情况下并无游离的氨基与羧基，因为分子内的氨基和羧基形成了内盐，以偶极离子形式存在于晶体或水溶液中，这就决定了氨基酸具有较高的熔点与难溶于有机溶剂的性质。氨基酸溶于水时，氨基和羧基同时电离成为一种两性离子。若将此溶液酸化，则两性离子与 H^+ 离子结合成为阳离子；若向此水溶液中加碱，则两性离子与 OH^- 结合成为阴离子。因此氨基酸在水中是以阳离子、阴离子和偶极离子三种结构形式的平衡状态存在的。

$$^{+}H_3N-CH(R)-COOH \underset{+H^+}{\overset{-H^+}{\rightleftharpoons}} {}^{+}H_3N-CH(R)-COO^- \underset{+H^+}{\overset{-H^+}{\rightleftharpoons}} H_2N-CH(R)-COO^-$$

阳离子　　　　偶极离子　　　　阴离子

由此可见，氨基酸的电荷状态取决于溶液的 pH 值，当调节溶液的 pH 值，可使氨基酸所带正、负电荷数相等，这种使氨基酸处于等电状态的溶液的 pH 值称为该氨基酸的等电点（isoelectric point），以 pI 表示（表 15-1）。在等电点时，氨基酸溶液的 pH＝pI，氨基酸主要以电中性的两性离子存在，在电场中不向任何电极移动；溶液的 pH<pI 时，氨基酸带正电荷，在电场中向负极移动；溶液的 pH>pI 时，氨基酸带负电荷，在电场中向正极移动。

$$\underset{\substack{\text{阳离子}\\ pH<pI}}{{}^{+}H_3N-\underset{R}{\overset{COOH}{C}}-H} \underset{OH^-}{\overset{H^+}{\rightleftharpoons}} \underset{\substack{\text{偶极离子}\\ pH=pI}}{{}^{+}H_3N-\underset{R}{\overset{COO^-}{C}}-H} \underset{H^+}{\overset{OH^-}{\rightleftharpoons}} \underset{\substack{\text{阴离子}\\ pH>pI}}{H_2N-\underset{R}{\overset{COO^-}{C}}-H}$$

各种氨基酸由于组成和结构不同，具有不同的等电点。中性氨基酸由于羧基的电离略大于氨基，故在纯水中呈微酸性，其 pI 略小于 7，一般在 5.0～6.5 之间，酸性氨基酸的 pI 在 2.7～3.2 之间，而碱性氨基酸的 pI 在 7.6～10.8 之间。

等电点可以用来分离、提纯氨基酸。当氨基酸在等电点时，其在溶液中是以偶极离子形式存在，此时氨基酸在水中的溶解度最小，可以从水中以晶体析出。当溶液的 pH 值大于或小于等电点时，氨基酸是以阴离子或阳离子的形式存在，溶解度就增大，不易从水中析出晶体。因此，可以根据不同氨基酸的等电点的差异，通过调节溶液的 pH，从混合氨基酸中分离，提纯不同的氨基酸。除此方法外也可用电泳的方法分离、提纯。

2. 脱羧反应

α-氨基酸与 $Ba(OH)_2$ 混合加热或在高沸点溶剂中回流，可发生脱羧反应，失去 CO_2 而得到产物胺。此反应也可在酶的催化下进行。

$$R-\underset{NH_3^+}{\underset{|}{CH}}-COO^- \xrightarrow[\triangle]{OH^-} R-CH_2NH_2 + CO_2\uparrow$$

蛋白质腐败时，精氨酸或鸟氨酸可以发生脱羧反应生成腐胺[$H_2N-(CH_2)_4-NH_2$]；赖氨酸脱羧可以生成尸胺[$H_2N-(CH_2)_5-NH_2$]。

3. 与亚硝酸的反应

除脯氨酸(亚氨基酸)外，α-氨基酸分子中的氨基具有伯胺的性质，能与亚硝酸反应定量放出 N_2，利用该反应可测定蛋白质分子中游离氨基或氨基酸分子中氨基的含量。此方法称为 Van Slyke 氨基氮测定法。

$$R-\underset{NH_3^+}{\underset{|}{CH}}-COO^- + HNO_2 \longrightarrow R-\underset{OH}{\underset{|}{CH}}-COOH + N_2\uparrow + H_2O$$

4. 与茚三酮的显色反应

氨基酸均可以与水合茚三酮的醇或丙酮溶液共热后生成紫色的物质，该反应十分灵敏且简便，是鉴定氨基酸最常用的方法。在反应中，α-氨基酸被氧化脱去氨后分解成醛，同时有氨和二氧化碳生成，水合茚三酮可以与氨或被前面反应后被还原成仲醇的茚三酮反应，生成蓝紫色产物。但脯氨酸(亚氨基酸)的茚三酮反应呈黄色。

$$\text{(水合茚三酮, 2,2-二羟基茚-1,3-二酮)} + R-\underset{NH_3^+}{\underset{|}{CH}}-COO^- \longrightarrow \text{(2-羟基茚-1,3-二酮, C(OH)H)} + RCHO + CO_2\uparrow + NH_3$$

蓝紫色

5. 紫外吸收性质

酪氨酸、苯丙氨酸和色氨酸属于芳香族氨基酸，因此具有紫外吸收性质，即可在 280 nm 处有强的紫外吸收峰。蛋白质含有这些氨基酸残基，就可以根据氨基酸残基的量计算蛋白质的含量，它们成正比，故对 280 nm 波长的紫外吸光度的测量可以对蛋白质的含量进行测量。

二、肽

(一) 肽的结构和命名

肽(peptide)是氨基酸之间通过酰胺键连接形成的一类化合物，在肽分子中的酰胺键被称为肽键(peptide bond)。一分子氨基酸的羧基与另一分子中的氨基之间脱水缩合形成二肽，由三个氨基酸缩合而成的叫三肽，由多个氨基酸缩合而成的叫多肽。虽然存在着环肽，但绝大多数多肽为链状分子，以两性离子的形式存在：

$$H_3\overset{+}{N}-\underset{\displaystyle R^1}{\underset{|}{CH}}-COO^- + H_3\overset{+}{N}-\underset{\displaystyle R^2}{\underset{|}{CH}}-COO^- \longrightarrow H_3\overset{+}{N}-\underset{\displaystyle R^1}{\underset{|}{CH}}-\overset{\displaystyle O}{\overset{\|}{C}}-NH-\underset{\displaystyle R^2}{\underset{|}{CH}}-COO^-$$

二肽

多肽链中的每个氨基酸已不是完整的氨基酸，因此被称为氨基酸残基(amino acid residue)。在多肽链的一端保留着未结合的$-NH_3^+$，称为氨基酸的 N-端，通常写在左边；在多肽链的另一端保留着未结合的$-COO^-$，称为氨基酸的 C-端，通常写在右边。

肽的结构不仅由组成肽链的氨基酸种类和数目决定，而且也与肽链中各氨基酸残基的排列顺序有关。例如，由甘氨酸和丙氨酸组成的二肽，可有两种不同的连接方式。

$$H_3\overset{+}{N}-\underset{\displaystyle CH_3}{\underset{|}{CH}}-\overset{\displaystyle O}{\overset{\|}{C}}-NH-CH_2-COO^-$$

丙氨酰甘氨酸(丙甘肽)

$$H_3\overset{+}{N}-CH_2-\overset{\displaystyle O}{\overset{\|}{C}}-NH-\underset{\displaystyle CH_3}{\underset{|}{CH}}-COO^-$$

甘氨酰丙氨酸(甘丙肽)

同理，由 3 种不同的氨基酸可形成 6 种不同的三肽，由 4 种不同的氨基酸可形成 24 种不同的四肽，如果肽链中有 n 个不同的氨基酸则可形成 $n!$ 种不同的多肽。因此氨基酸按不同的排列顺序可形成大量的异构体，它们构成了自然界中种类繁多的多肽和蛋白质。

肽的命名是根据参与其组成的氨基酸残基确定的，规定从肽链的 N-末端氨基酸残基开始。例如，具有镇痛活性的亮-脑啡肽是一个五肽，其结构式如下：

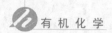

亮-脑啡肽：L-酪氨酰-甘氨酰-甘氨酰-L-苯丙氨酰-L-亮氨酸

（二）肽键平面

肽键是构成多肽的基本化学键，肽键与相邻的两个 α-碳原子所组成的基团（—C_α—CO—NH—C_α—）称为肽单位。多肽链就是由许多重复的肽单位连接而成，它们构成多肽链的主链骨架。

根据对一些简单的多肽和蛋白质中肽键进行的 X 射线晶体衍射分析，得出图 15-1 所示结果。

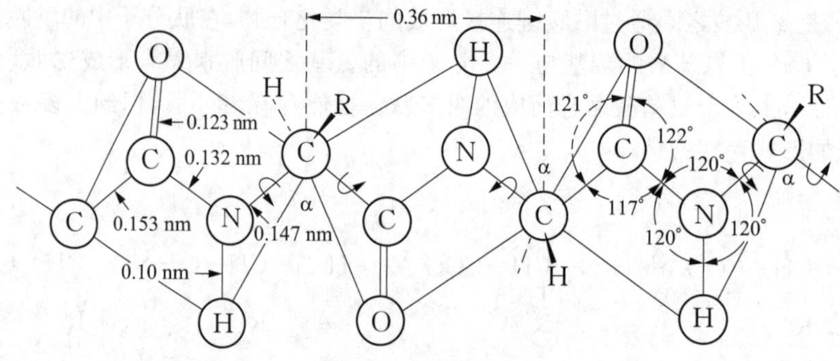

图 15-1　肽键平面

由图可知肽键具有以下特征：

(1) 肽键的 C 及 N 周围的 3 个键角均为 120°，说明与 C—N 相连的 6 个原子处于同一平面上，这个平面称为肽键平面。

(2) 肽键中的 C—N 键具有部分双键性质。这种特性可以由键长看出，肽键中的 C—N 键长为 0.132 nm，较相邻的 C_α—N 单键的键长（0.147 nm）短，但比一般的 C═N 双键的键长（0.127 nm）长。因此这种双键性质使肽键中的 C—N 之间的旋转受到一定的阻碍。

(3) 肽键呈反式构型。由于肽键不能自由旋转，肽键平面上各原子可出现顺反异构现象，与 C—N 键相连的 O 与 H 或两个 C_α 原子之间呈较稳定的反式分布。

肽键平面中除 C—N 键不能旋转外，两侧的 C_α—N 和 C—C_α 键均为 σ 键，相邻的肽键平面可围绕 C_α 旋转。因此，可把多肽链的主链看成是由一系列通过 C_α 原子衔接的刚性肽键平面所组成。肽键平面的旋转所产生的立体结构可呈多种状态，从而导致蛋白质和多肽呈现不同的构象。

（三）生物活性肽

生物体内具有活性的肽分子被称为生物活性肽（biological active peptide），它们具有重要的生理活性。它们是沟通细胞间与器官间信息的重要化学信使，通过其传讯功能使机体组合成一个高度协调和严密控制的复杂系统，调节生长、发育、繁殖，代谢和行为等生命过程。

1. 谷胱甘肽

谷胱甘肽（glutathione）是由 L-谷氨酸、L-半胱氨酸和甘氨酸组成的三肽。绝大多数生物活性肽的肽键是由 α-羧基与 α-氨基之间脱水而形成的，但谷胱甘肽是一个例外。在谷胱甘肽中，是由谷氨酸的侧链γ-羧基与半胱氨酸的α-氨基之间脱水形成肽键。

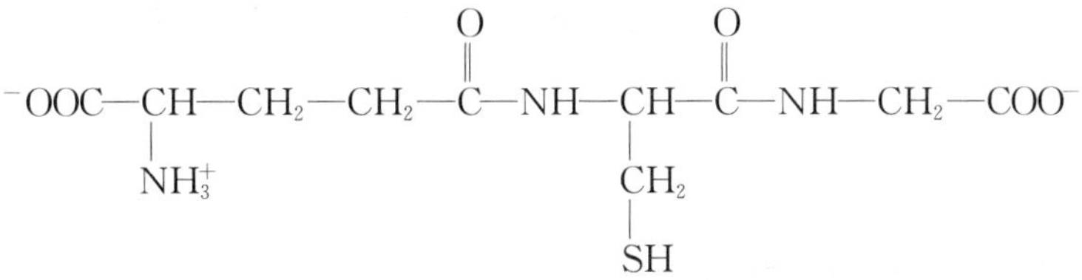

$$^{-}OOC-\underset{\underset{NH_3^+}{|}}{CH}-CH_2-CH_2-\overset{\overset{O}{\|}}{C}-NH-\underset{\underset{\underset{SH}{|}}{\underset{CH_2}{|}}}{CH}-\overset{\overset{O}{\|}}{C}-NH-CH_2-COO^{-}$$

谷胱甘肽分子中含有巯基，故称为还原型谷胱甘肽(GSH)，通过巯基的氧化可使两肽链间形成二硫键，即成为氧化型谷胱甘肽(G—S—S—G)。

$$2GSH \underset{+2H}{\overset{-2H}{\rightleftharpoons}} G-S-S-G$$

谷胱甘肽广泛存在于生物细胞中，参与细胞的氧化还原，具有抗氧化性；它是机体代谢中许多酶的辅酶，并可通过其还原性巯基加速自由基的排泄，减轻自由基对细胞膜、DNA的损伤；谷胱甘肽另一重要功能是解毒，目前临床上已将谷胱甘肽用于肝炎的辅助治疗、有机物及重金属的解毒、癌症辐射和化疗的保护等。

2. 催产素与加压素

催产素(oxytocin)与加压素(vasopressin)都是垂体后叶激素，它们的结构非常类似，均由九个氨基酸残基组成，并含有由二硫键形成的环状分子，不同的只是其中两个氨基酸残基(残基3和8)。其结构如下：

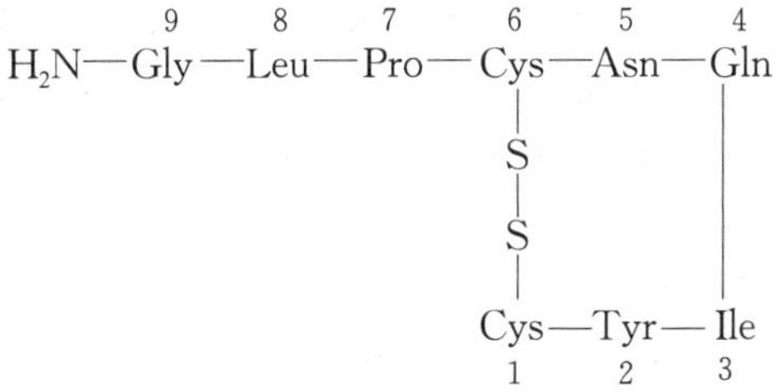

```
     9     8     7     6     5     4
H2N—Gly—Leu—Pro—Cys—Asn—Gln
                  |          |
                  S          |
                  |          |
                  S          |
                  |          |
                 Cys—Tyr—Ile
                  1    2    3
```

催产素

```
     9     8     7     6     5     4
H2N—Gly—Arg—Pro—Cys—Asn—Gln
                  |          |
                  S          |
                  |          |
                  S          |
                  |          |
                 Cys—Tyr—Phe
                  1    2    3
```

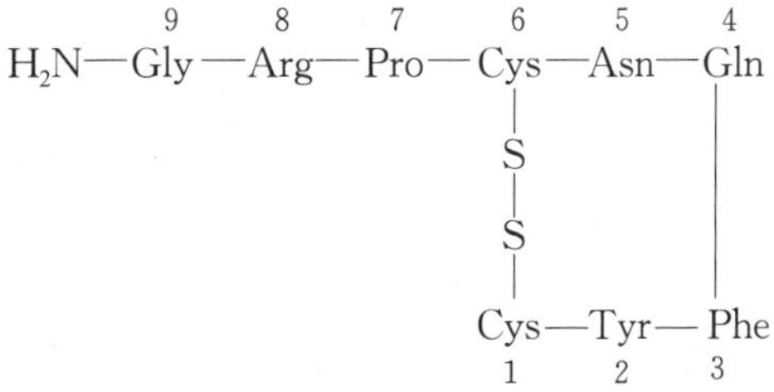

加压素

催产素能促进排卵，在分娩时引发子宫收缩，刺激乳汁分泌。此外还可以减少压力激素的水平以降低血压。临床上主要用于催生引产，产后止血等。加压素可以提高远曲小管和集合管对水的通透性，促进水的吸收有抗利尿的功能，所以又称抗利尿激素。医学上用于产后出血、消化道出血及尿崩等。

三、蛋白质

蛋白质(protein)和多肽相同，是由氨基酸作为基本单位以肽键连接形成的多聚物。通常将相对分子质量在10 000以上的称为蛋白质，10 000以下的称为多肽，但两者之间不存在绝对严格的分界线。除相对分子质量外，现在还认为多肽一般没有严密并相对稳定的空间结构，即其空间结构比较易变，具有可塑性，而蛋白质分子具有相对严密，比较稳定的空间结构，这也是蛋白质发挥生物功能的基础，因此一般将胰岛素(牛胰岛素相对分子质量为5 733)划归为蛋白质。

蛋白质有比较稳定的空间结构是由于其分为四级的结构：一级结构、二级结构、三级结构、四级结构。这里一级结构也称初级结构，而后三者称高级结构，且并非所有的蛋白质都有四级结构，有两条或两条以上多肽链形成的蛋白质才有四级结构。

(一) 一级结构

蛋白质分子的一级结构是指多肽链中氨基酸残基的排列顺序，主要由肽键和二硫键连接。有些蛋白质分子中只有一条多肽链，而有些则有两条或多条多肽链。在一级结构中肽键是其主要的化学键，另外在两条肽链之间或一条肽链的不同位置之间也存在其他类型的化学键，如二硫键、酯键等。任何特定的蛋白质都有其特定的氨基酸残基顺序，如猪胰岛素分子的一级结构见图 15-2。

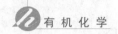

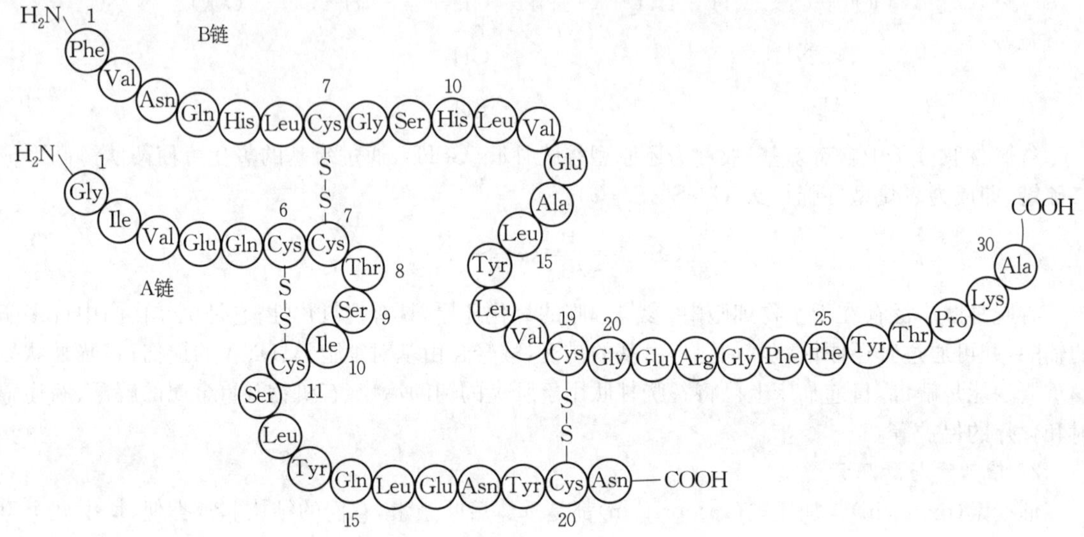

图 15-2　猪胰岛素分子的一级结构

蛋白质的一级结构是由基因上的遗传密码的排列顺序决定的。一级结构最为重要，它包含着决定蛋白质空间结构的基本因素，也是蛋白质生物功能的多样性和种属特异性的结构基础。不同物种之间的蛋白质，其一级结构相似时，其空间构象及功能也越相似。相同物种之间的蛋白质，其一级结构相似，功能也相似。

蛋白质的一级结构是其空间构象的基础，因此测定蛋白质的氨基酸顺序有重要意义，目前可使用氨基酸自动分析仪和肽链氨基酸顺序自动测定仪来进行测定，工作简便迅速。

（二）二级结构

蛋白质的二级结构是指多肽链主链骨架有规则的盘曲折叠所形成的构象，包括 α-螺旋、β-折叠、β-转角和无规卷曲等基本类型，二级结构是依靠肽链间的氨基与羰基之间所形成的氢键而得到稳定的蛋白质基本构象。

1. α-螺旋结构

在 α-螺旋结构中，多肽链的各肽键平面可以有规律的旋转形成螺旋，螺旋之间依靠每个氨基酸残基的 N—H 键中的氢与后面第 4 个氨基酸残基的 C═O 双键中的氧之间形成氢键，氢键的方向与螺旋轴大致平行。由于肽链中的每个氨基酸都参与形成氢键，故保持了 α-螺旋结构的稳定性。

2. β-折叠

β-折叠是蛋白质分子肽链较为伸展的一种构象，两条以上肽链或一条肽链内的若干肽段折叠成锯齿状结构，相邻主链骨架之间靠氢键维持，在主链骨架之间形成最多的氢键，避免相邻链间的空间障碍，从而形成一个折叠片层结构。每个肽段以 α-C 为转折点，相连的侧链 R 基交替地位于片层的上方和下方，并且均与片层相垂直。β-折叠有两种类型：一种是平行结构，肽链的排列从 N 端到 C-端为同一方向；另一种是反平行结构，一条肽链从 N-端到 C-端，另一条则刚好相反。从能量上看，反平行 β-折叠比较稳定。

3. β-转角

在蛋白质分子的肽链上还常常会出现 180°的回折转角结构，负责各种二级结构单元之间的连接。常见的β-转角由四个连续的氨基酸残基构成，主链骨架以180°的返回折叠，第一个氨基酸残基的羰基氧原子与第四个残基的亚氨基氢原子之间形成氢键。球状蛋白中，β-转角非常多，可占总残基数的四分之一，大多数β-转角位于蛋白质分子表面。

4. 无规卷曲

在肽链的某些片段中，由于氨基酸残基的相互影响，破坏了氢键的连续，形成不规则的自由卷曲构象，称为无规卷曲。球状蛋白中，往往含较多的无规卷曲，它使蛋白质肽链从整体上形成球状构象。无规卷曲与生物活性有关，对外界给予的影响极为敏感。

蛋白质的二级结构是由组成肽链的氨基酸决定的，不同的氨基酸由于结构差异有形成不同二级结构的倾向。因为蛋白质中氨基酸的种类和顺序是由遗传决定的，所以蛋白质的空间结构也是由遗传决定的。

（三）三级结构

蛋白质分子的三级结构（主要为球状蛋白质）是指一条多肽链在二级结构的基础上进一步折叠所形成的空间结构。它的形成和稳定主要由离子键、氢键、疏水作用力，某些情况下还有配位键来维持。

球状蛋白质分子的三级结构是由一条多肽链通过部分的α-螺旋、β-折叠、β-转角、无规卷曲而形成紧密的球状构象。虽然球状蛋白质天然的三级结构是热力学上最稳定的形式，但它的多肽链的构象并不是绝对的刚硬。球状蛋白质主链骨架具有一定程度的柔性，可以发生短程的相互影响。许多球蛋白在执行生物功能时也发生小的构象变化。

（四）四级结构

蛋白质的每条肽链都有各自完整的三级结构，相互以非共价键连接。这些肽链称为蛋白质亚基。蛋白质分子的四级结构就是各个亚基在蛋白质天然构象中的排列方式。四级结构由氢键、离子键、疏水作用力、范德华力等维持。具有四级结构的蛋白质分子的亚基可以是相同的或不同的，数目从二个到上千个不等；单独的亚基是没有生物功能的，而单链蛋白质没有四级结构，只有完整的四级结构才能有生物功能。

蛋白质分子有非常特定的复杂的空间结构。每一种蛋白质分子都有自己特有的氨基酸的组成和排列顺序，这种氨基酸排列顺序决定了其特定的空间结构。蛋白质分子只有处于特定的三维空间结构情况下，才能获得特定的生物活性。

第二节 核 酸

一、分类

核酸（nucleic acid）根据其分子中含有戊糖的类型不同，可分为核糖核酸（ribonucleic acid，RNA）和脱氧核糖核酸（deoxyribonucleic acid，DNA）。

DNA主要存在于细胞核中，是染色体的主要成分，线粒体和叶绿体中也有少量存在。DNA在其结构中蕴藏着遗传信息，它是生物遗传的物质基础。RNA则大部分存在于细胞质中，微粒体内含量最多。它的主要生理功能是负责遗传信息的表达并直接参与蛋白质的生物合成。由于组成以及在合成蛋白质时所起的作用不同，RNA又可以分为三类：

（1）信使RNA（messenger RNA，mRNA） mRNA是合成蛋白质的模板，它携带遗传密码，在合成蛋白质时控制氨基酸的排列顺序，决定合成什么样的蛋白质。

（2）转运RNA（transfer RNA，tRNA） tRNA是识别和搬运氨基酸的工具。不同的氨基酸需要用不同的tRNA来把它转运到核糖体上去参与蛋白质的生物合成。

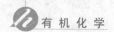

(3) 核糖体 RNA(ribosomal RNA, rRNA)　蛋白质的合成就是在 rRNA 中完成的,核糖体在蛋白质的生物合成中起着装配机的作用。

二、核酸的结构

(一) 核酸的基本物质组成

核酸如蛋白质一样也有基本组成单位,就是核苷酸。降解(水解)核苷酸的过程如下:

核酸 ⟶ 核苷酸 { 磷酸；核苷 { 戊糖(核糖或脱氧核糖)；有机碱(嘌呤碱和嘧啶碱) } }

两种核酸的水解产物如下表 15-2。

表 15-2　核酸水解的主要产物

水解产物类别	RNA	DNA
酸	磷酸	磷酸
戊糖	D-核糖	D-2-脱氧核糖
嘌呤碱	腺嘌呤　鸟嘌呤	腺嘌呤　鸟嘌呤
嘧啶碱	胞嘧啶　尿嘧啶	胞嘧啶　胸腺嘧啶

DNA 中的戊糖为 D-2-脱氧核糖,而 RNA 中的戊糖为 D-核糖,这两种戊糖都为 β 构型,它们的结构及编号如下:

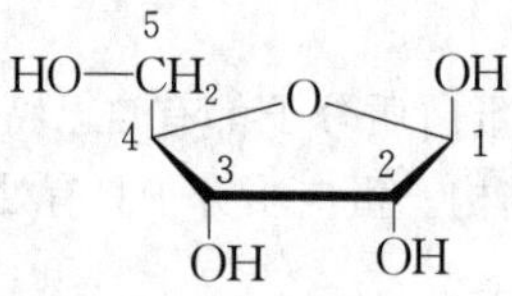

β-D-核糖 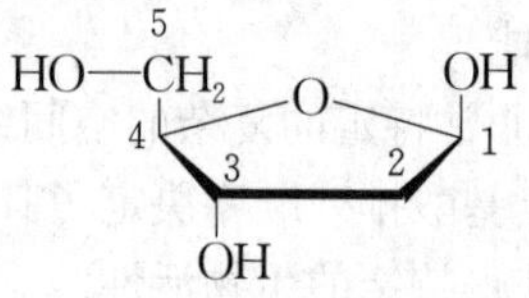　　β-D-2-脱氧核糖

DNA 和 RNA 中都含有腺嘌呤和鸟嘌呤这两种嘌呤碱。但含的嘧啶碱不同,两者都含有胞嘧啶,DNA 中含的胸腺嘧啶而不含尿嘧啶,RNA 中正好相反。

两类碱基的结构及缩写符号如下:

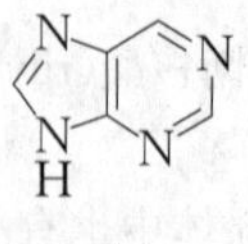

嘌呤 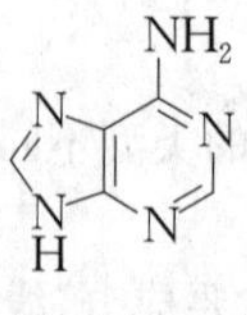　　腺嘌呤(A) 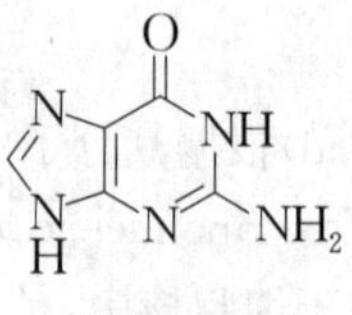　　鸟嘌呤(G)

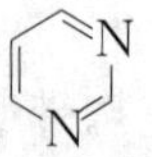

嘧啶 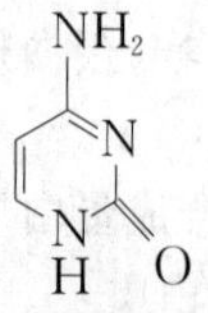　　胞嘧啶(C) 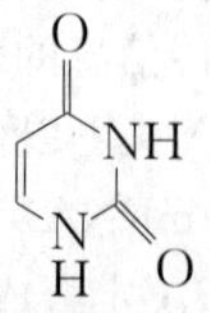　　尿嘧啶(U) 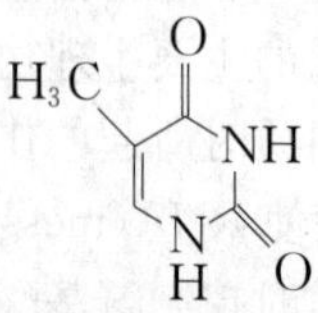　　胸腺嘧啶(T)

其中,鸟嘌呤和胞嘧啶可以发生烯醇式与酮式的互变异构。

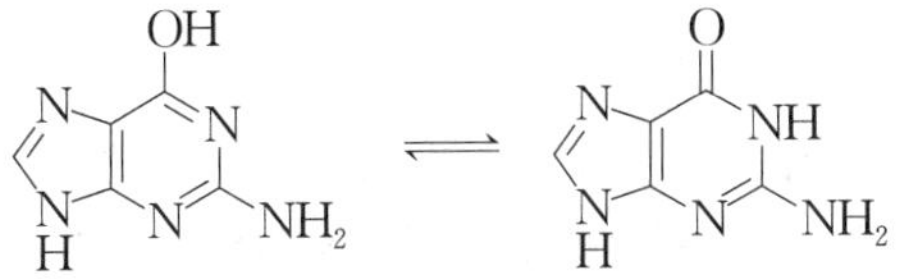

乌嘌呤　烯醇式　酮式

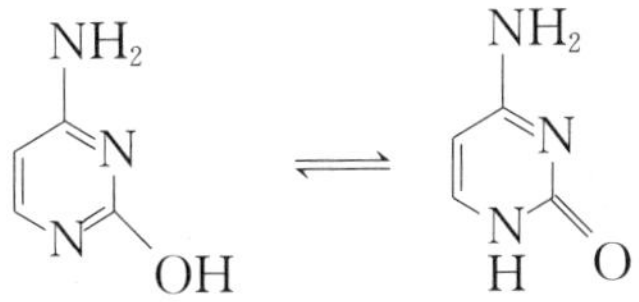

胞嘧啶　烯醇式　酮式

(二) 核苷

核苷(nucleoside)是核酸水解的中间产物,由核糖或脱氧核糖分子中的半缩醛羟基与嘧啶碱的1位的氢原子或嘌呤碱的9位的氢原子脱水而形成的氮苷。DNA中常见的四种脱氧核糖核苷如下:

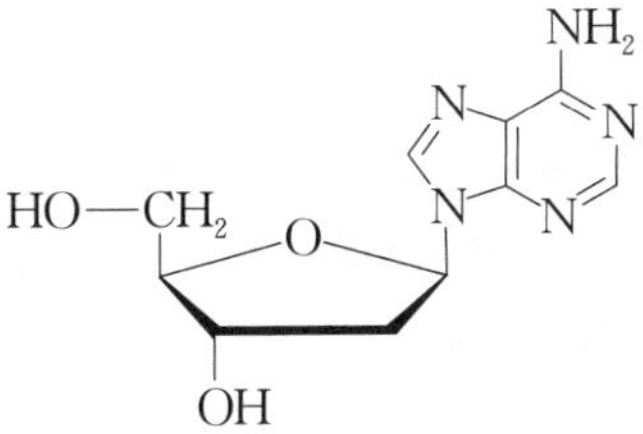

腺嘌呤脱氧核苷(脱氧腺苷)　乌嘌呤脱氧核苷(脱氧乌苷)

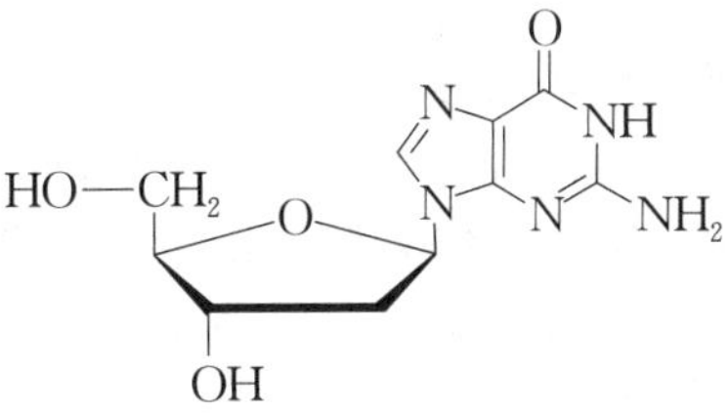

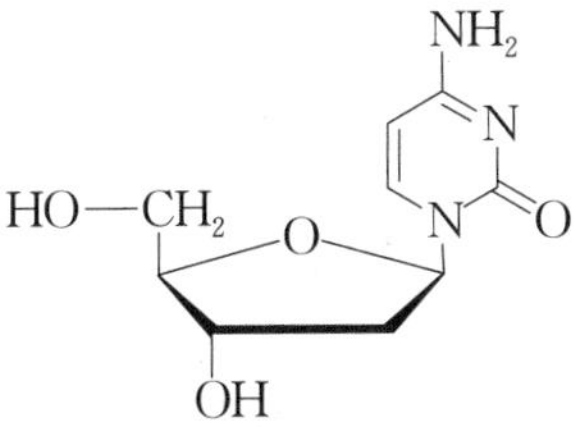

胞嘧啶脱氧核苷(脱氧胞苷) 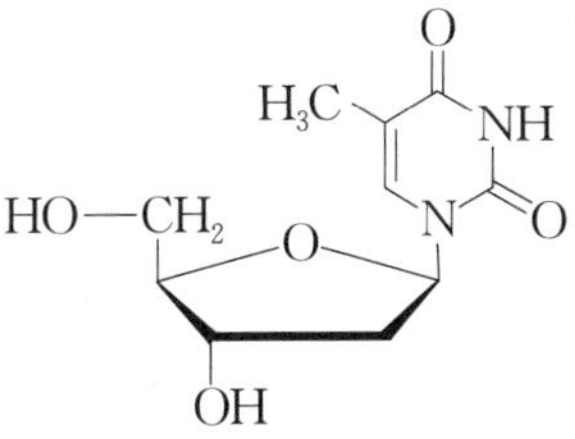　胸腺嘧啶脱氧核苷(胸苷)

RNA中常见的四种脱氧核糖核苷如下:

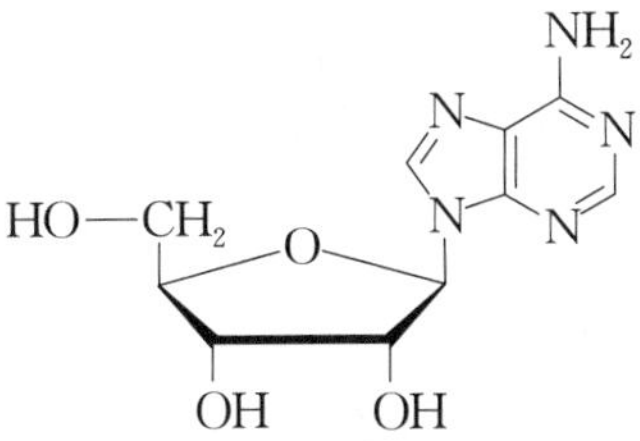

腺嘌呤核苷(腺苷)　乌嘌呤核苷(乌苷)

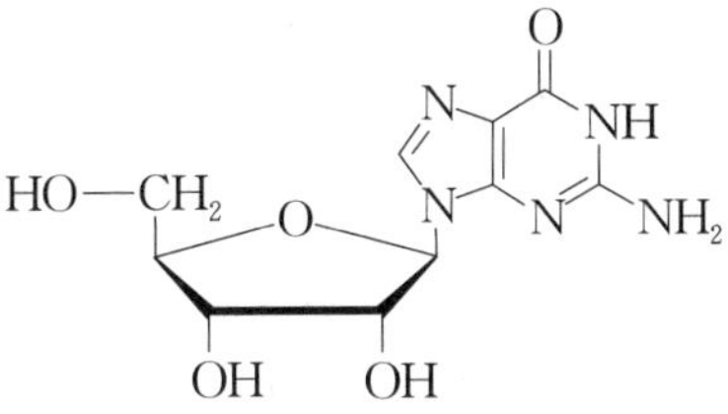

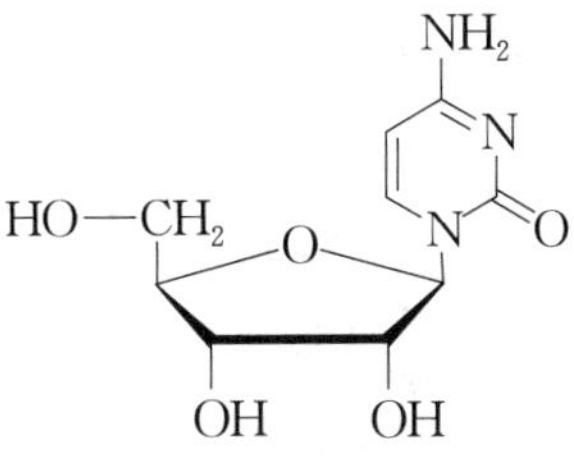

胞嘧啶核苷(胞苷) 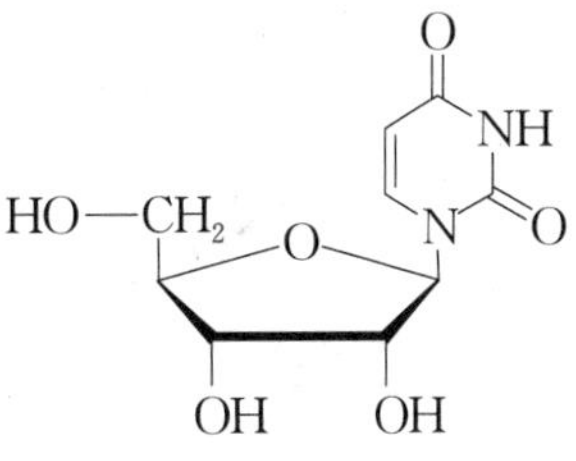　尿嘧啶核苷(尿苷)

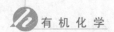

（三）核苷酸

核苷酸(nucleotide)是核苷分子中的核糖或脱氧核糖的 3′或 5′位的羟基与磷酸所生成的酯。生物体内大多数为 5′-核苷酸。组成 DNA 的核苷酸有脱氧腺苷酸、脱氧鸟苷酸、脱氧胞苷酸和脱氧胸苷酸，组成 RNA 的核苷酸有腺苷酸、鸟苷酸、胞苷酸和尿苷酸。腺苷酸和脱氧胞苷酸结构如下：

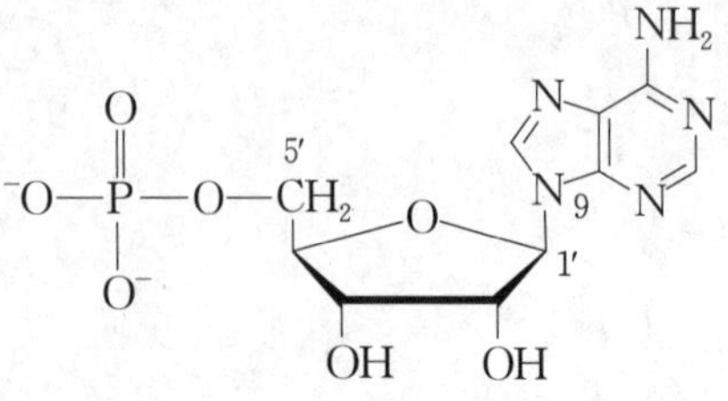

腺苷酸 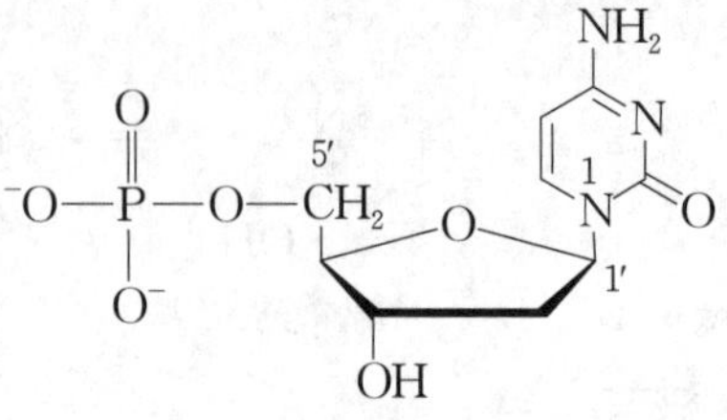　　　　脱氧胞苷酸

三、核酸的结构和性质

（一）核酸的一级结构

核酸的一级结构是指核酸分子中各核苷酸的排列顺序，也称为核苷酸序列。碱基差异是核苷酸之间的主要差异，所以也称碱基序列。在核酸分子中，各核苷酸间是通过 3′,5′-磷酸二酯键来连接的。即一个核苷酸的 3′-羟基与另一个核苷酸 5′-磷酸基形成的磷酯键，这样一直延续下去，形成没有支链的核酸大分子。

DNA 和 RNA 的部分多核苷酸链结构可用简式表示：

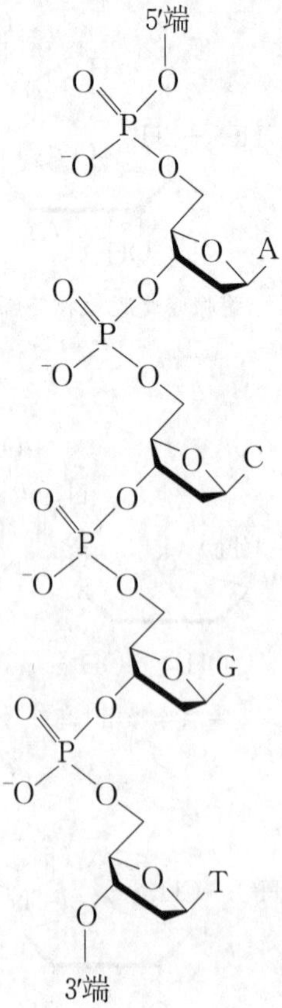

DNA 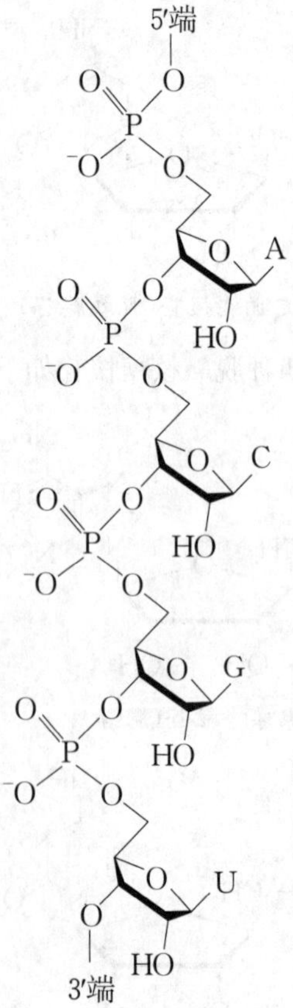　　　　RNA

虽然上述表示方法直观易懂，但为了书写简化，常用 P 表示磷酸，用竖线表示戊糖基，用英文字母表示相应碱基，用斜线表示磷酸和糖基的酯键。

A　C　G　T　　　　A　C　G　U
3′　　　　3′
P　P　P　P　OH　　P　P　P　P　OH
5′　　　　5′
DNA　　　　RNA

想要更简单的表示，也用如下字符表达上面的 DNA 和 RNA 片段：

DNA　　5′pApCpGpT—OH 3′或 5′ACGT 3′

RNA　　5′pApCpGpU—OH 3′或 5′ACGU 3′

(二) DNA 的双螺旋结构

DNA 的双螺旋结构模型是 Watson 和 Crick 在 1953 年，根据前人研究的 X 射线和化学分析的结果上提出的。其主要内容认为 DNA 分子有两条核苷酸链组成，沿着一个共同轴心以反平行走向盘旋成右手双螺旋结构，如图 15-3 所示。

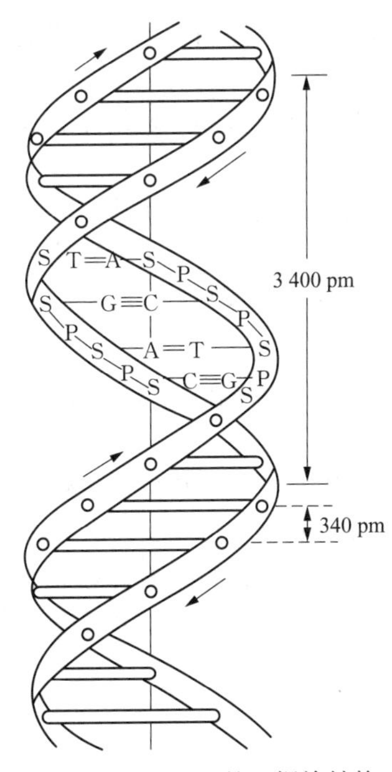

图 15-3　DNA 的双螺旋结构

在 DNA 的双螺旋结构中，碱基朝向内侧，而亲水的脱氧戊糖基和磷酸基朝向外侧。两条链上的碱基以氢键连接成对。碱基对的平面与螺旋结构的中心轴垂直。配对的碱基总是腺嘌呤(A)和胸腺嘧啶(T)；鸟嘌呤(G)和胞嘧啶(C)。

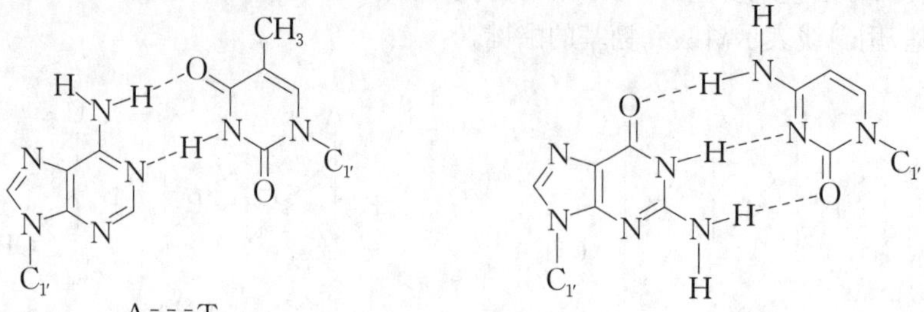

A═══T　　　　G≡≡≡C

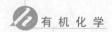

碱基之间配对的规律被称为碱基互补规律或碱基配对规律。两个相互配对的碱基称"互补碱基"。原因是它们的体积大小刚好互补易形成稳定的氢键，如果是两个嘌呤碱基配对，其体积过大无法容纳；而两个嘧啶碱基配对，则两链之间距离太远无法形成氢键。

由碱基互补规律可知，当DNA其中一条核苷酸链的碱基序列被确定后，另一条核苷酸链的碱基序列就可以推导出来。因此DNA中的遗传信息可以从母代准确地传给子代。在生物体内，遗传信息都是由DNA中的A、T、G、C四个碱基的序列决定的。能合成有功能性的蛋白质或RNA所必需的DNA中的核苷酸序列被称为基因(gene)。

观察双螺旋结构的外部会发现有一个大沟和一个小沟，这是由于碱基对的方向性，使得碱基对占据的空间不对称造成的。这些沟对DNA和蛋白质的互相识别非常重要，因为只有在沟内可以观察到碱基的序列，在其表面是不能识别的。

虽然DNA的右手双螺旋结构是其在水溶液和生理条件下最稳定的结构，但这不是唯一的DNA的结构，自然界中还存在其他结构。

RNA在自然界中大多以单链形式存在，这种单链的许多区域可发生自身回折。在回折的区域内，碱基之间可相互配对，A—U与G—C分别可以形成两个或三个氢键。配对形成双螺旋结构的多核苷酸链占40%～70%，不能配对的碱基则形成突环。

（三）核酸的性质

DNA为白色固体，RNA为白色粉末，两者均微溶于水，易溶于碱溶液。它们都不溶于一般有机溶剂，而易溶于2-甲氧基乙醇。

核酸如氨基酸一样也是两性物质，因其结构中既含有磷酸基又含有嘌呤和嘧啶碱基，而两者比较的话，其酸性大于碱性。它能与碱性物质反应生成复合物，也可与金属离子成盐，还可以与一些染料结合，这种性质可以用来观察细胞内核酸成分的细微结构。

核酸在不同的pH值中带有不同的电荷，因此可在电场中发生迁移，而迁移的方向及速率与分子自身性质有关。

复习题

【A型题】

1. 天然蛋白质水解得到的20种常见氨基酸：（　　）

A．均为L-氨基酸　　B．均为D-氨基酸　　C．构型都为R型

D．构型都为S型　　E．都属于α-氨基酸

2. DNA和RNA彻底水解后的产物是：（　　）

A．核糖相同，部分碱基不同　　B．碱基相同，核糖不同

C．碱基不同，核糖不同　　D．碱基不同，核糖相同

E．以上都不对

【判断题】

1. α-氨基酸都能溶于强酸或强碱溶液中。（　）
2. 肽键中的 C—N 键能够自由旋转。（　）

【问答题】

1. 写出在下列 pH 介质中各氨基酸的主要电荷形式。
   (1) 谷氨酸在 pH = 3 的溶液中
   (2) 丝氨酸在 pH = 1 的溶液中
   (3) 缬氨酸在 pH = 8 的溶液中
   (4) 赖氨酸在 pH = 12 的溶液中
2. 将组氨酸、酪氨酸、谷氨酸和甘氨酸混合物在 pH = 6 时进行电泳，哪些氨基酸留在原点？哪些向正极泳动？哪些向负极泳动？
3. 蛋白质分子结构可分为几级？维系各级结构的化学键是什么？
4. 写出 DNA 和 RNA 水解最终产物的名称。二者在化学组成上有何不同？
5. 写出胞嘧啶(C)和鸟嘌呤(G)的酮式—烯醇式互变异构体。
6. 一段 DNA 分子具有核苷酸的碱基序列 TACTGGTAC，与这段 DNA 链互补的碱基顺序是什么？
7. 名称解释：基因。

参 考 答 案

第一章

【A 型题】

1. D **2.** A **3.** B

【问答题】

1. 按基本骨架特征分类；按官能团不同分类。

2. 共价键在一定条件下，可有两种断裂方式——均裂和异裂。构成共价键的两个电子，被每个碎片（原子或基团）各分享 1 个，这样的断裂称为共价键的均裂（homolysis）；在共价键断裂时，构成共价键的两个电子，全被一个碎片（原子或基团）所占有，这样的断裂称为共价键的异裂（heterolysis），产生阳离子和阴离子。

3. Lewis 定义酸是能夺取一对电子以形成共价键的物质，即酸是电子对的接受体，常称其为 Lewis 酸；碱是电子对的给予体，常称其为 Lewis 碱。Lewis 酸（如 H^+、Cl^+、Br^+、NO_2^+、BF_3、$AlCl_3$ 等）都是寻求一对电子的酸性试剂，称其为亲电试剂（electrophilic reagent）。Lewis 碱（如 H_2O、ROH、NH_3、RNH_2、OH^-、CN^- 等）都是有进攻碳核倾向的、富电子的试剂，称其为亲核试剂（nucleophilic reagent）。

第二章

【A 型题】

1. A **2.** C **3.** A **4.** D **5.** C **6.** C **7.** A

【问答题】

1. 略

2. 略

3. (1) 2,2,3,3-四甲基丁烷 (2) 3-乙基戊烷 (3) 2,3-二甲基戊烷 (4) 2,4-二甲基-3-乙基戊烷 (5) 1,2,3-三甲基-1-乙基环己烷 (6) 1-甲基-4-异丙基环己烷 (7) 3,5-二甲基环己烷 (8) 1-甲基-2-乙基环戊烷

4. 略

5. 2,4,4-三甲基己烷；分子中—CH_3 中的碳为伯碳原子（5 个）；—CH_2—中的碳为仲碳原子（2 个）；

```
 |                            |
—CH— 中的碳为叔碳原子（1 个）；—C— 为季碳原子（1 个）
                              |
```

6. (1) $(CH_3)CBrCH_2CH_3$ (2) $BrCH_2CH_2CH_2CHBrCH_2CHBrCH_2CH_2Br$

7. 银氨溶液

第三章

【A 型题】

1. D **2.** A

【问答题】

1. (1) 双键碳为 sp^2,其余 sp^3 (2) 全是 sp^2 (3) sp^3, sp, sp, sp^3 (4) 全是 sp^3 (5) 双键碳 sp^2,其余 sp^3 (6) 全是 sp^2

2. (1) 2,4-二甲基-3-己烯 (2) 4-甲基-2-戊烯 (3) 2-甲基-1,3-丁二烯 (4) 3-甲基-1-丁炔 (5) 4-甲基-3-戊烯-1-炔 (6) 2-己烯-4-炔

3. 略

4. (1) $CH_3CH_2CBr(CH_3)CH_3$ (2) $Cl_3C—CH_2CH_2Cl$ (3) $CH_3CH_2C≡CAg$
(4) $CH_3CBr═CH_2$, $CH_3CHBr_2CH_3$ (5) $CH_3CHBrCH═CH_2 + CH_3CH═CHCH_2Br$
(6) $CH_3COCH_3 + CH_3COOH$ (7) 略

5. 提示:硝酸银氨溶液、溴水

6. $CO_2 + HOOC—COOH$

7. $(CH_3)_2CHCH═CH_2$

8. $CH_3CH_2CH═CHCH_3$

9. $CH_3CH_2C≡CCH_3$(或 1,3-环戊二烯)

10. $(CH_3)_2CC≡CH$ 和 $CH_2═C(CH_3)CH═CH_2$

第四章

【A 型题】

A

【问答题】

1. (1) 邻硝基甲苯 (2) α-萘磺酸 (3) 9,10-二溴蒽

2. 略

3. 略

4. (1) 高锰酸钾 (2) 高锰酸钾+加热

5. 连三甲苯(2 种),偏三甲苯(3 种),均三甲苯(1 种)

6. 邻乙基甲苯(或对乙基甲苯)

7. 略

第五章

【问答题】

1. (1) (2*R*, 3*R*, 4*R*)-2,3,4,5-四羟基戊醛或 D-(-)核糖 (2) (1*R*, 2*R*)-2-甲基环丁烷羧酸 (3) (1*S*, 3*R*)-1-氯-3-溴环己烷 (4) (3*R*)-(1*Z*, 4*E*)-3-氯-1, 4-戊二烯-1,2,4,5-四醇

2. (1) 顺反异构 (2) 对映异构 (3) 对映异构 (4) 同一化合物 (5) 非对映异构体 (6) 对映异构 (7) 对映异构 (8) 同一化合物 (9) 同一化合物 (10) 非对映体

3. (1) (a)与(c)为同一化合物;(a)与(b)及(d)为对映异构体 (2) (a)与(d)及(e)为对映异构体;(b)与(c)为同一化合物,都是内消旋体,(a)与(b)或(c)为非对映体关系。

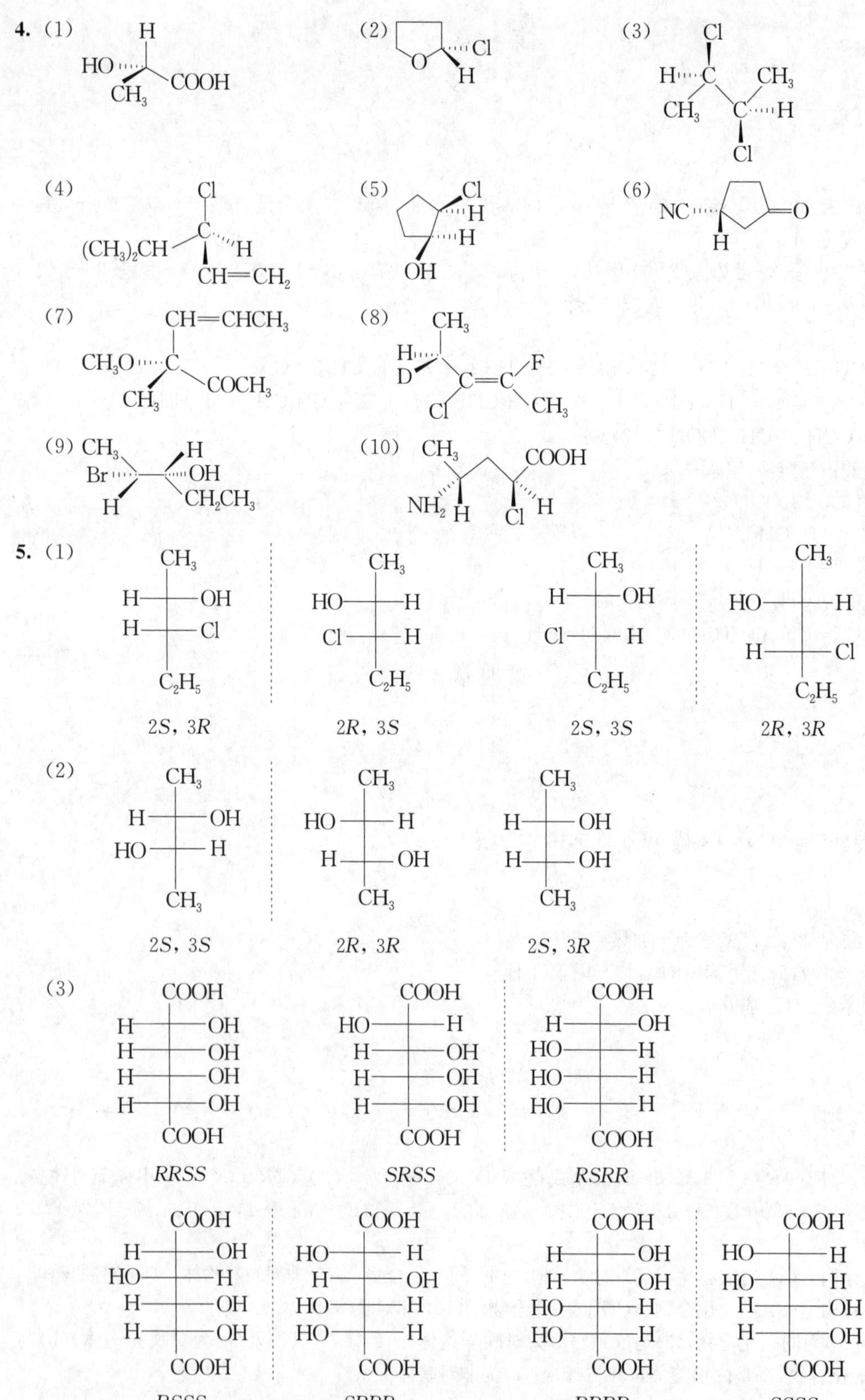
4. (1)
H
HO
CH3
COOH
(2)
O
Cl
H
(3)
Cl
H
CH3
CH3
C
C
H
Cl
(4)
Cl
(CH3)2CH
C
H
CH=CH2
(5)
Cl
H
H
OH
(6)
NC
O
H
(7)
CH=CHCH3
CH3O
C
CH3
COCH3
(8)
CH3
H
D
C=C
F
Cl
CH3
(9) CH3
Br
H
H
OH
CH2CH3
(10) CH3
COOH
NH2
H
Cl
H
5. (1)
2S, 3R
2R, 3S
2S, 3S
2R, 3R
(2)
2S, 3S
2R, 3R
2S, 3R
(3)
RRSS
SRSS
RSRR
RSSS
SRRR
RRRR
SSSS

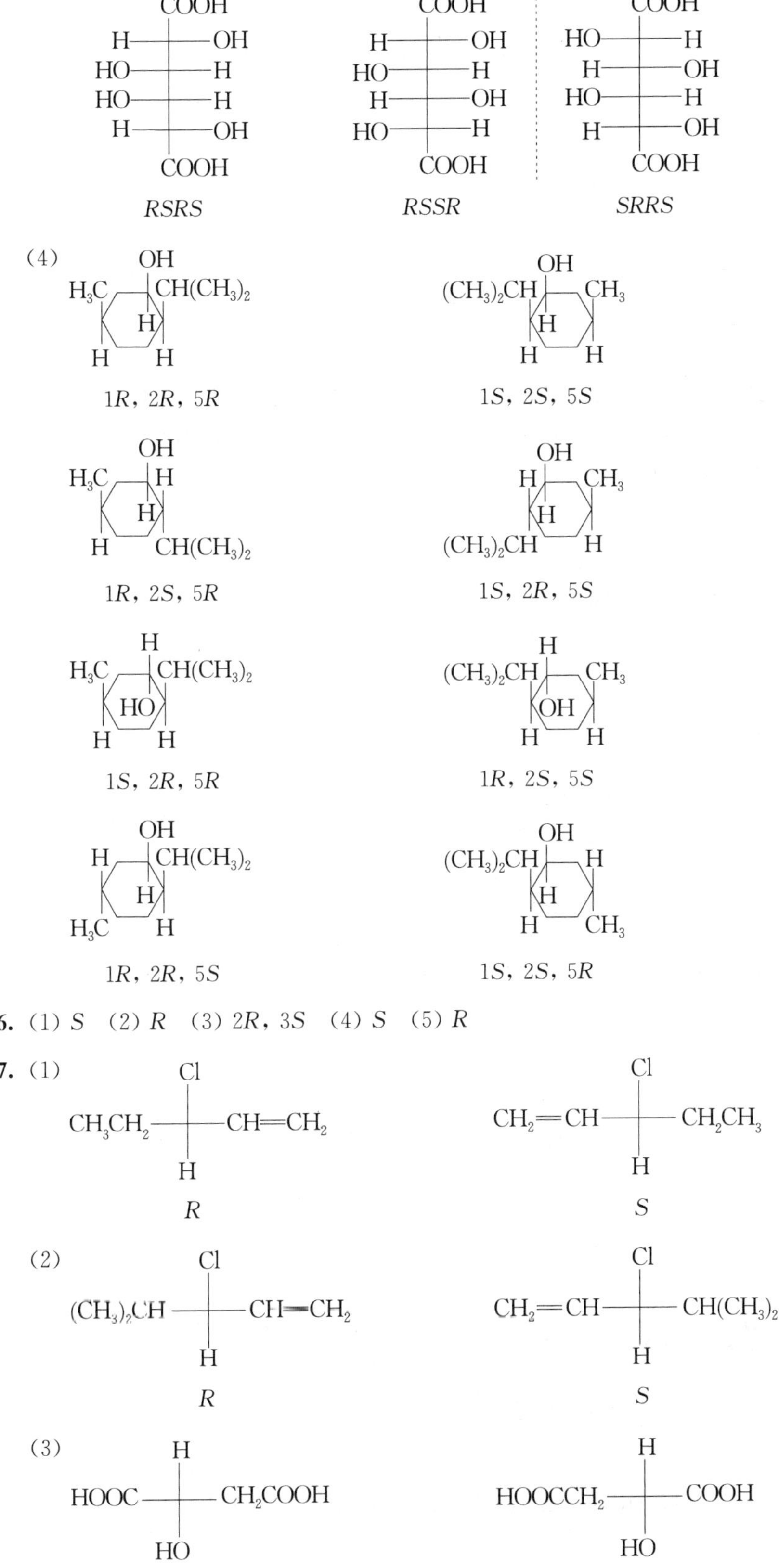

6. (1) S (2) R (3) $2R$，$3S$ (4) S (5) R

7. (1)

(2)

(3)

(4)

(5)

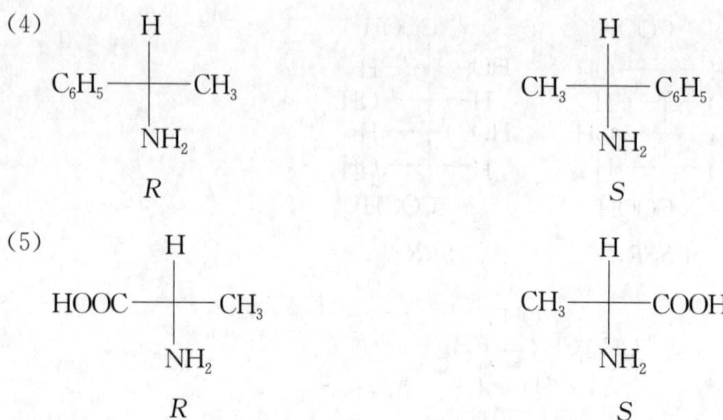

8. 解：全部使用费歇尔投影式，根据 R/S 构型之间仅仅相差任意两个基团或原子位置不同，只要任意两个基团或原子交换一次位置，就可以互变一次构型，解题时，任意写出分子的费歇尔投影式，先进行构型判断，如果不对，就交换两个原子或基团位置一次。

(1) (R)- 2 -戊醇

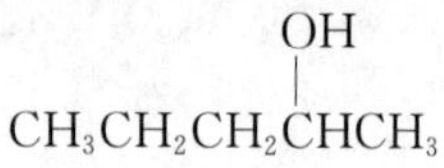

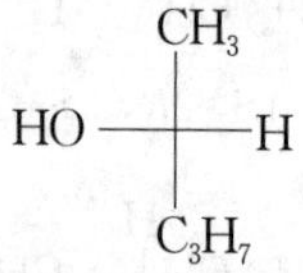

OH
$CH_3CH_2CH_2CHCH_3$

CH_3
HO — H
C_3H_7

(2) (2R, 3R, 4S)- 4 -氯- 2,3 -二溴己烷

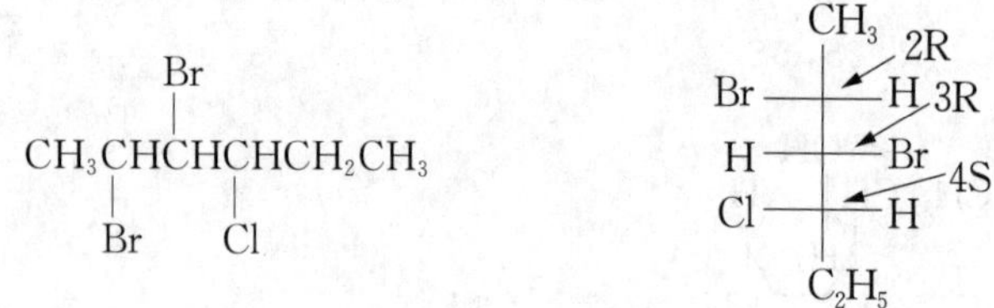

(3) (S)—CH_2OH—CHOH—CH_2NH_2

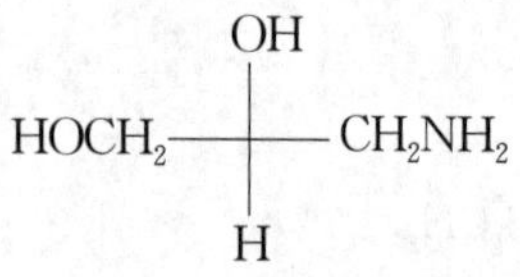

OH
$HOCH_2$ — CH_2NH_2
H

(4) (2S, 3R)- 1,2,3,4 -四羟基丁烷

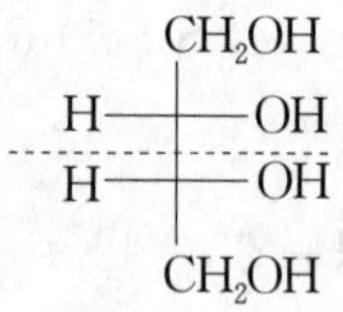

CH_2OH
H — OH
H — OH　内消旋体
CH_2OH

(5) (S)- 2 -溴代乙苯

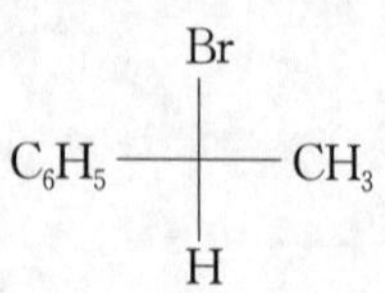

Br
C_6H_5 — CH_3
H

(6) (R)-甲基仲丁基醚

OCH_3
CH_3 — C_2H_5
H

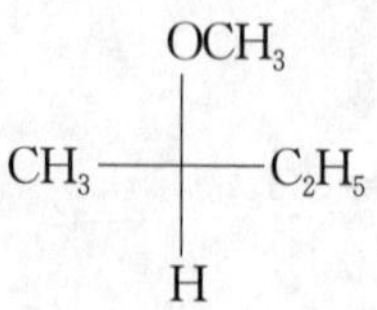

9. 解：3 -甲基戊烷进行一氯代时生成四种构造异构体，如下：

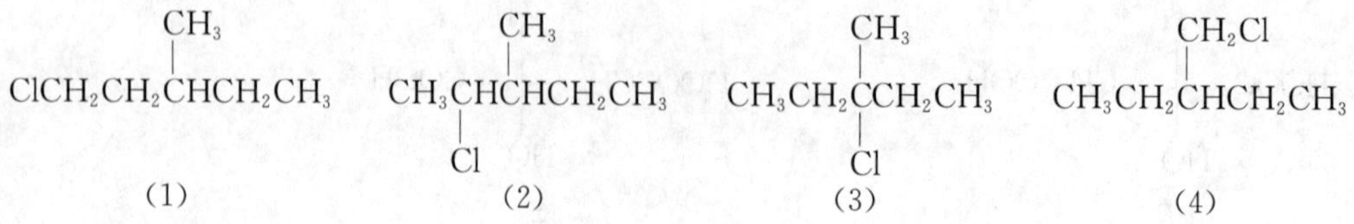

其中(1)存在如下一对对映体：

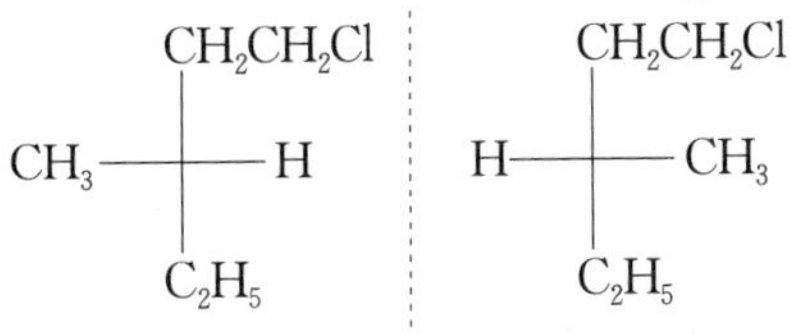

```
    CH2CH2Cl   ┆       CH2CH2Cl
CH3 ——+—— H    ┆   H ——+—— CH3
     C2H5      ┆       C2H5
```

(2) 存在如下两对对映体：

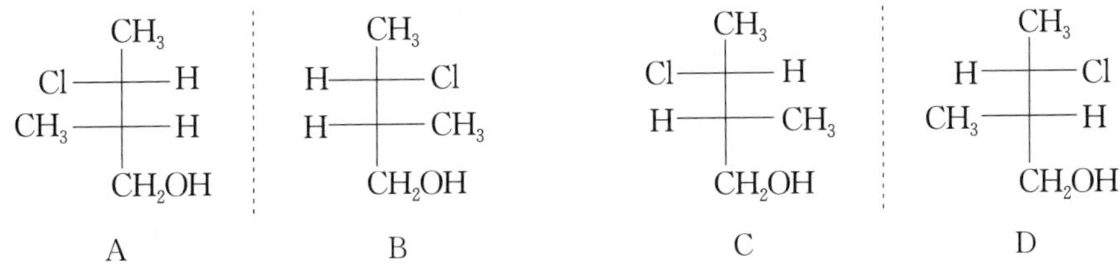

其中 A 与 B、C 与 D 互为对映体；A 与 C、D 为非对映体；B 与 C、D 为非对映体。

10. (1)

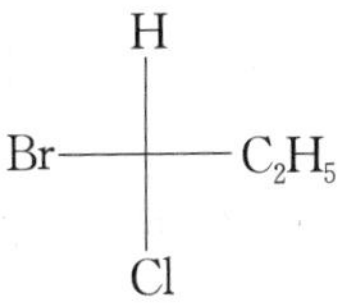

```
       H
Br ——+—— C2H5
       Cl
```

S

(2)

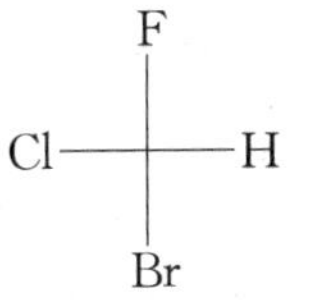

```
      F
Cl ——+—— H
      Br
```

S

(3)

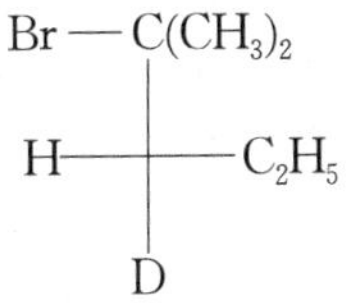

```
  Br — C(CH3)2
H ——+—— C2H5
      D
```

S

(4)

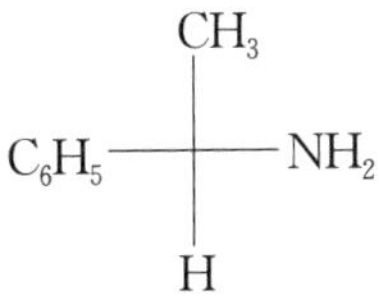

```
        CH3
C6H5 ——+—— NH2
         H
```

R

(5)

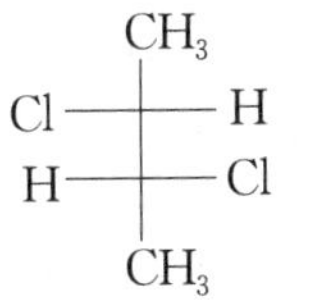

```
     CH3
Cl ——+—— H
H  ——+—— Cl
     CH3
```

(6) 先将碳链上的碳编号：

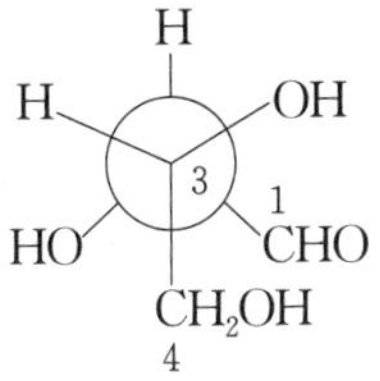

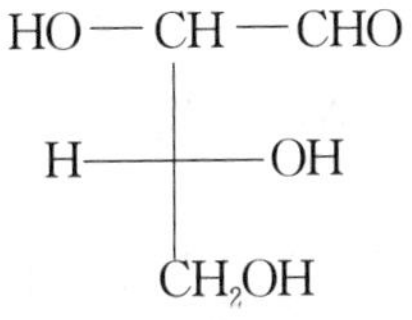

```
         H
   H           OH
        (3)
  HO          1 CHO
      CH2OH
        4
```

```
HO — CH — CHO
H ——+—— OH
    CH2OH
```

C－3　*R*

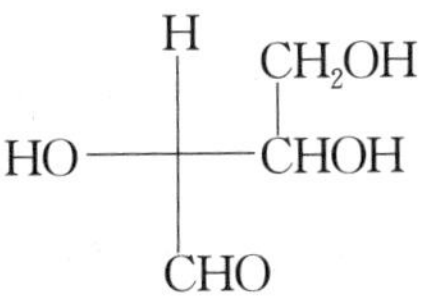

```
      H    CH2OH
HO ——+—— CHOH
     CHO
```

C－2　*S*

```
     1 CHO
HO ——+ 2 —— H
H  ——+ 3 —— OH
     CH2OH
       4
```

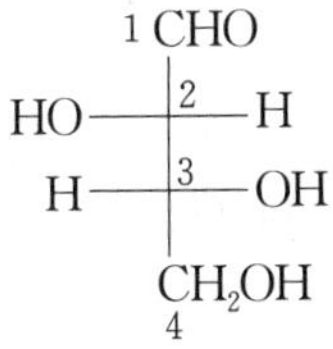

11. 化合物(2)、(3)、(7)、(12)无手性碳原子。

(1) $CH_3\overset{*}{C}HDC_2H_5$

(4) $CH_3\overset{*}{C}HCH_2CH_2CH_3$（$\overset{*}{C}$ 上连 CH_2CH_3）

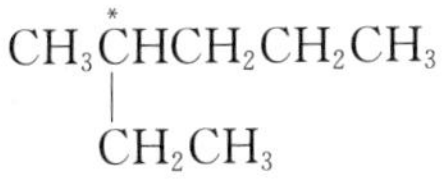

(5) $CH_3\overset{*}{C}HCl\overset{*}{C}HCl\overset{*}{C}HClCH_3$

(6) 环己烷环上相邻两个手性碳（*）分别连 —OH 和 —Br

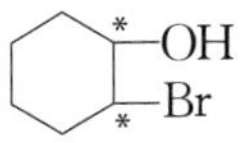

(8) H_5C_2 $\overset{*}{C}H$ C_2H_5 CH_3

(9) O CH_3 * H

(10) HO CH_3 * * * COOH

(11) H CH_3 * * * * H CH_3

(13)

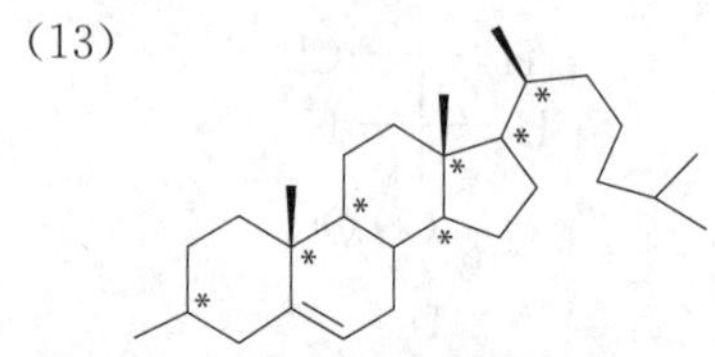

12. 化合物(1)、(3)、(4)是手性的。

13. (1) 对。对映异构体的定义就是如此。

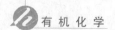

(2) 不对,因为物体与镜像分子可以是相同分子,只有物体与镜像分子不能重叠时,才是对映体关系。

(3) 对。内消旋体是非手性化合物,但可以有手性中心。

(4) 不对。旋光方向是通过旋光仪测得的结果,与 R 或 S 构型之间没有必然的关系,R 构型的化合物可以为左旋或右旋,其对映体 S 构型也可以为右旋或左旋。但同为对映体的 R/S 构型,其旋光方向一定相反。

(5) 不对。实际上许多只有一个不对称碳原子的手性化合物没有非对映异构体。

(6) 不对。外消旋体没有光学活性,然而是手性化合物。

(7) 对。符合对映体的定义。

(8) 不对。内消旋化合物是非手性化合物。它具有一个以上的不对称碳原子。

(9) 不对。所有的手性化合物都是光学活性的。然而,有些手性化合物对光学活性的影响较小,甚至难以直接测定,这是可能的。

(10) 不对。根据定义,非对映异构体就是不具有对映体关系的立体异构体。

(11) 不对。如果反应是在手性溶剂或手性催化剂等手性条件下进行,通常产物具有光学活性。

(12) 不对。大多数情况下,一个化合物既没有对称面,又没有对称中心或四重交替对称轴,分子才是手性的。光考虑一个对称元素是不全面的,有可能对,有可能不对。

14. (1) 产生手性化合物的充分必要条件是分子中不具备任何对称因素。

(2) 旋光方向与 R、S 构型之间无必然联系。

(3) 内消旋体是一种独立的化合物,外消旋体是一对手性对映体的等量混合物,通过适当的化学方法可以拆分为两个不同的化合物。

(4) 分子中存在手性因素而产生的立体异构称为手性(旋光)异构,手性异构体不全是具有旋光性的手性化合物,当分子中含有多个手性结构单元时,某些手性异构体可能同时具有对称因素,这种手性异构体属于对称分子,又称为内消旋体,内消旋体就属于无旋光性的手性异构体。

15. (1) $[\alpha]_{D}^{20}=\dfrac{\alpha}{L\times C}=\dfrac{(+3.45^\circ)\times 100}{0.5\times 9.2}=+7.5^\circ$

(2) $\alpha=[\alpha]\times L\times C=(+7.5)\times 1\times 9.2\%=+6.9^\circ$

16. 解:结构式如下:

A: $CH_3CH_2\underset{\displaystyle OH}{\underset{|}{C}}HCH{=\!=}CH_2$　　B: $CH_3CH_2\underset{\displaystyle OH}{\underset{|}{C}}HCH_2CH_3$

第六章

【问答题】

1. (1) S_N2 (2) S_N1

2. (3) > (1) > (2)

3. A. $CH_2{=}CHCH_2CH_2Br$ B. $CH_2BrCHBrCH_2CH_2Br$
C. $CH_2{=}CHCHOHCH_3$ D. $CH_2{=}CHCH_2CH_2OH$
E. $CH_3CH_2CHOHCH_3$ F. $CH_3CH_2CH_2CH_2OH$
各步反应式(略)

第七章

【问答题】

1. (1) 2-甲基丁醇 (2) 甲乙醚 (3) 4-甲基-β-萘酚 (4) 二苯基醚 (5) 4-己烯醇

2. (1) 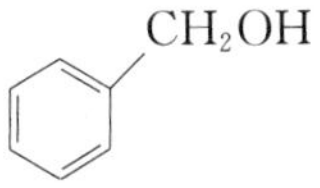 [苯环-CH_2OH] (2) 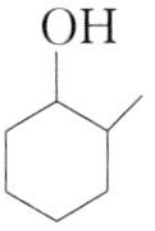 [环己烷，OH 与相邻甲基] (3) 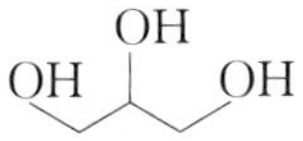 [OH—CH(OH)—OH 甘油骨架] (4) 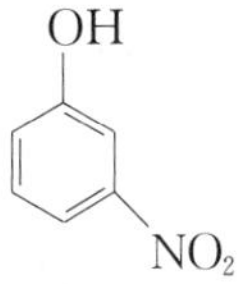 [苯环，OH 与间位 NO_2] (5) 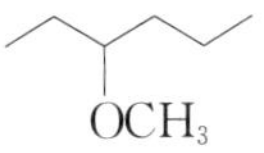 [戊链，带 OCH_3]

3. ③>②>①

4. (1) 溴水 (2) 卢卡斯试剂

5. (1) 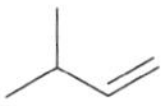 [3-甲基-1-丁烯骨架] (2) 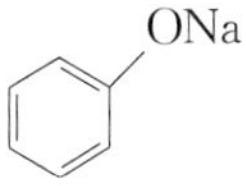 [苯环-ONa] (3) 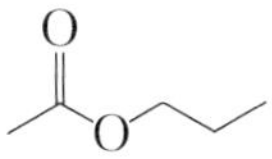 [乙酸丙酯骨架，C=O，O] (4) $CH_2{=}CH_2$

6. $$\underset{(A)}{CH_3CH_2CH_2OH} \xrightarrow{HBr} \underset{(B)}{CH_3CH_2CH_2Br}$$
(A) $\xrightarrow{H_2SO_4}$
$$\underset{(C)}{CH_3CH{=}CH_2} \xrightarrow{HBr} \underset{(D)}{CH_3CH(Br)CH_3}$$

第八章

【A 型题】

1. C **2.** B **3.** D **4.** B **5.** D **6.** D **7.** B **8.** C **9.** C **10.** C **11.** C **12.** B

【问答题】

1. (1) 3-甲基-5-乙基-2-环己烯酮 (2) 3-甲基-1-苯基-2-丁酮 (3) 3-甲氧基苯甲醛 (4) 3-甲基戊醛 (5) 3,7-二甲基-2-辛酮 (6) 2,4-戊二酮 (7) 3,7-二甲基-6-辛烯醛 (8) 2-甲基-1,4-萘醌 (9) 1,2-萘醌 (10) 环戊基丙酮

2. (1) $CH_3CH(Br)CHO$ (2) 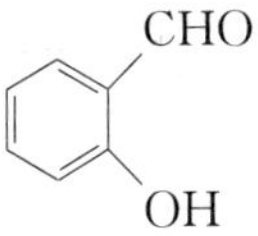 [苯环，CHO 与邻位 OH] (3) 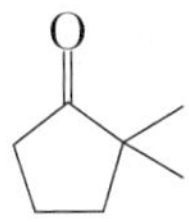 [2,2-二甲基环戊酮，O] (4) 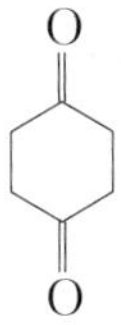 [1,4-环己二酮，O，O]

(5) 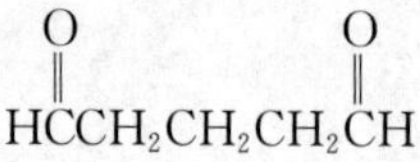 $HCCH_2CH_2CH_2CH$ （两端均为 C=O） (6) 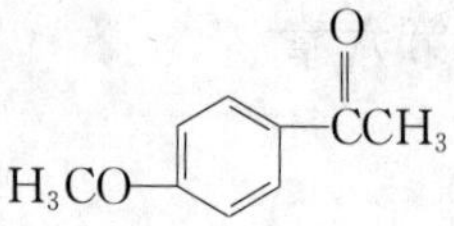 $H_3CO-C_6H_4-CCH_3$（C=O） (7) 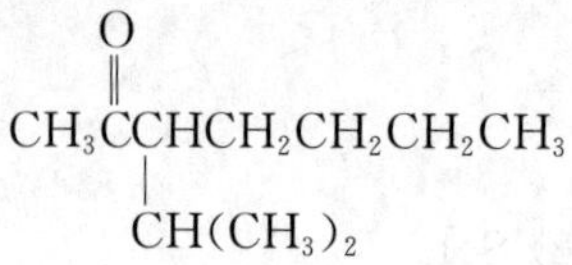 $CH_3CCHCH_2CH_2CH_2CH_3$（C=O，CH 上连 $CH(CH_3)_2$）

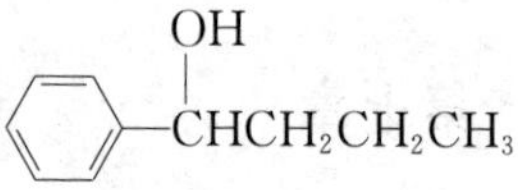

(8) 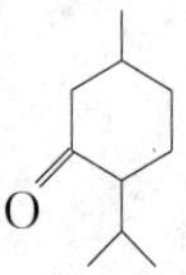 (9) 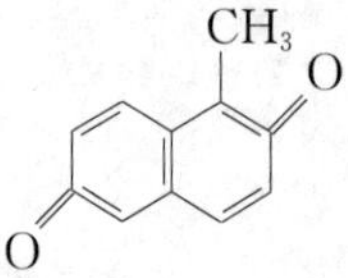 CH_3 (10) 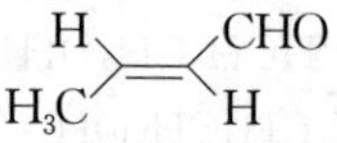 H　CHO / H_3C　H

3. (1) 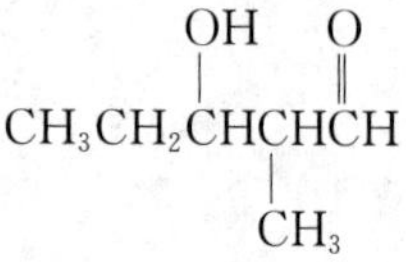 $CH_3CH_2CHCHCH$（OH，C=O，CH_3） (2) $C_6H_5-CHCH_2CH_2CH_3$（OH）

(3) $2CHI_3\downarrow + HOOC$ 　 $COOH$ (4) 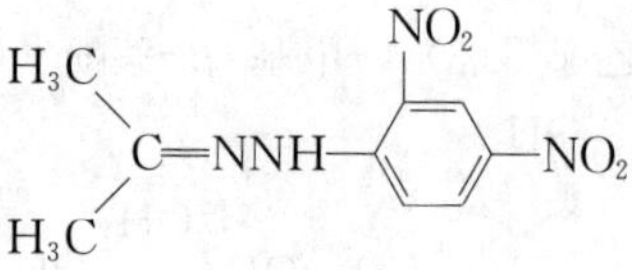 H_3C、H_3C $C{=}NNH-$ (NO_2, NO_2)

(5) $CH_3CH_2CH{=}CH_2CH_2CH_2OH$ (6) 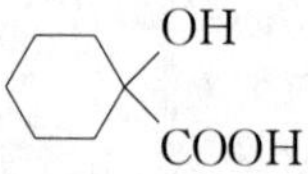 OH，COOH (7) 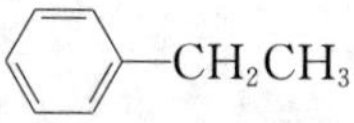 $C_6H_5-CH_2CH_3$

(8) 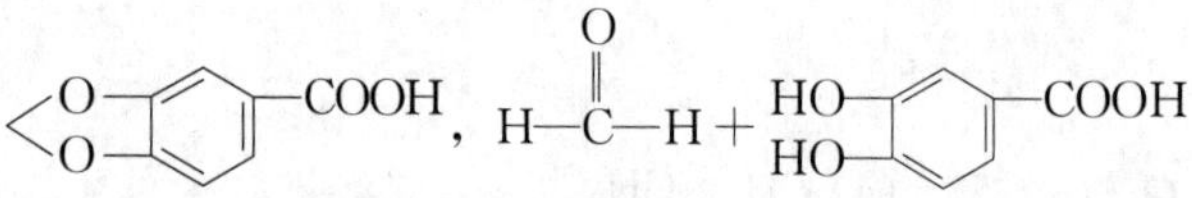 COOH，$H-\overset{O}{C}-H$ + HO、HO COOH

(9) 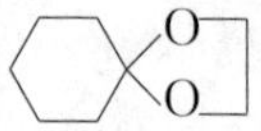 (10) 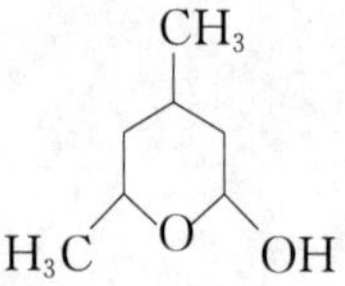 CH_3，H_3C O OH (11) 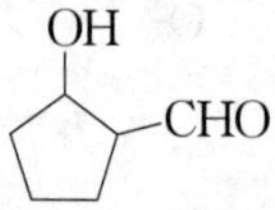 OH，CHO

(12) 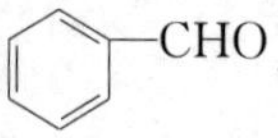 $C_6H_5-CHO + 2C_2H_5OH$ (13) $HCOOH + C_6H_5CH_2OH$

(14) $CHI_3\downarrow + C_6H_5-COOH$

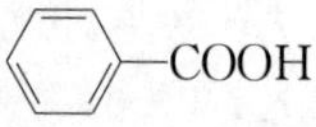

4. (1) $I_2/NaOH$,饱和 $NaHSO_3$ (2) Tollens 试剂 (3) Fehling 试剂,$I_2/NaOH$
(4) 2,4-二硝基苯肼 (5) $I_2/NaOH$

5. (1) 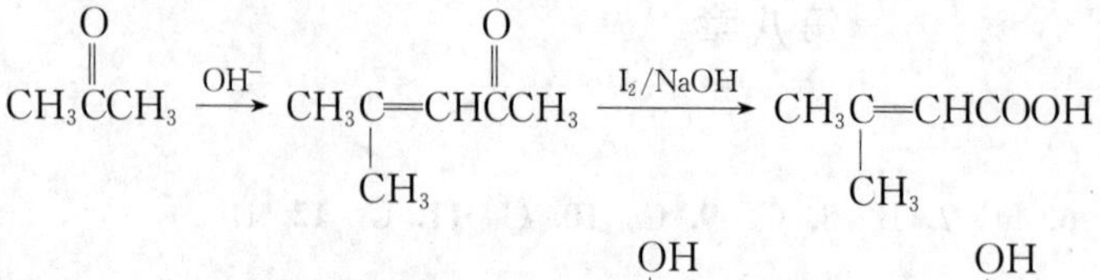 $CH_3\overset{O}{C}CH_3 \xrightarrow{OH^-} CH_3C{=}CH\overset{O}{C}CH_3 \xrightarrow{I_2/NaOH} CH_3C{=}CHCOOH$（均带 CH_3）

(2) $CH_3CH_2OH \xrightarrow{[O]} CH_3CHO \xrightarrow{HCN} CH_3\underset{}{\overset{OH}{C}}HCN \xrightarrow{H_3O^+} CH_3\overset{OH}{C}HCOOH \xrightarrow[\triangle]{} CH_2{=}CHCOOH$

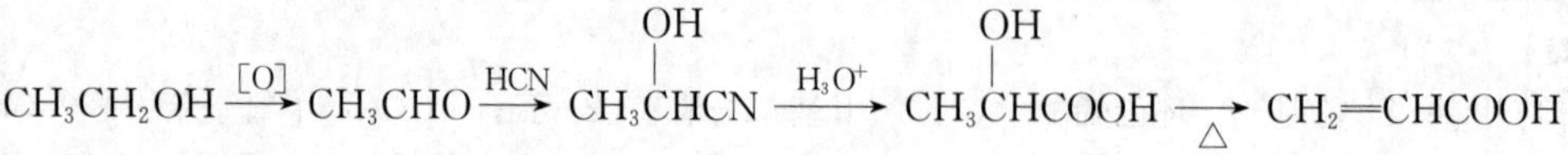

(3) $CH_2{=}CH_2 \xrightarrow{HBr} CH_3CH_2Br \xrightarrow[\text{无水乙醚}]{Mg} CH_3CH_2MgBr$

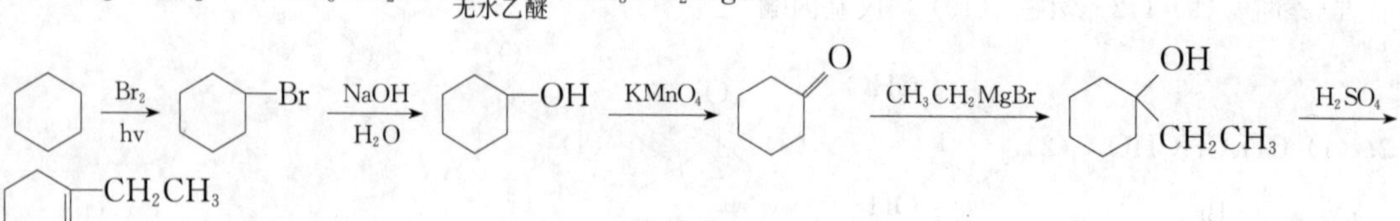

$\xrightarrow[hv]{Br_2}$ —Br $\xrightarrow[H_2O]{NaOH}$ —OH $\xrightarrow{KMnO_4}$ =O $\xrightarrow{CH_3CH_2MgBr}$ OH，CH_2CH_3 $\xrightarrow{H_2SO_4}$

—CH_2CH_3

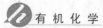

(4) $CH_3CH_2CH_2CHO \xrightarrow{NaBH_4} CH_3CH_2CH_2CH_2OH \xrightarrow{PBr_3} CH_3CH_2CH_2CH_2Br \xrightarrow[\text{无水乙醚}]{Mg} CH_3CH_2CH_2CH_2MgBr$

$\xrightarrow[2)\ H_3O^+]{1)\ \text{环氧乙烷}} CH_3(CH_2)_5OH \xrightarrow{[O]} CH_3(CH_2)_4CHO$

(5)

$HC{\equiv}CCH_2CH_2CH_2OH \xrightarrow[H_2SO_4]{HgSO_4} CH_3\overset{O}{\overset{\|}{C}}CH_2CH_2CH_2OH \xrightarrow{HOCH_2CH_2OH} CH_3C(OCH_2CH_2O)CH_2CH_2CH_2OH$

$\xrightarrow{[O]} CH_3C(OCH_2CH_2O)CH_2CH_2CHO \xrightarrow{CH_3(CH_2)_4CH_2MgBr} CH_3C(OCH_2CH_2O)CH_2CH_2CH(OH)(CH_2)_4CH_3 \xrightarrow[H_3O^+]{[O]}$ 产物

6. (1) A. $(CH_3)_2CHCHO$ B. $(CH_3)_2CHCH(OH)CH_2CH_3$ C. $(CH_3)_2CH{=}CHCH_2CH_3$

(2) A. 间甲氧基苯基丙酮（苯环上 CH_2COCH_3 与间位 OCH_3） B. 苯环上 $CH_2CH(OH)CH_3$ 与间位 OCH_3 C. 苯环上 CH_2COCH_3 与间位 OH D. 苯环上 $CH_2CH_2CH_3$ 与间位 OH

第九章

【A 型题】

1. D **2.** B **3.** C **4.** B **5.** C

【问答题】

1. (1) 2-甲基-3-苯基丙烯酸 (2) 2-乙基丙二酸 (3) β-丁酮酸 (4) 2-羟基-4-氯-2-溴戊酸 (5) 4-甲基-2-羟基苯甲酸 (6) 2,4-二溴戊二酸 (7) (2*Z*, 4*E*)-5-甲基-4-异丙基-6-羟基-2,4-己二烯酸 (8) R-2-羟基丁二酸

2.

(1) $HO-C(CH_2COOH)_2-COOH$

(2) Fischer 投影式：COOH（上），H—C—OH，HO—C—H，COOH（下）

(3) NH_2—苯环（OH 与 COOH 邻位）—COOH

(4) HOOC—环己烷—COOH（1,4-位）

(5) $CH_3CH{-}CHCOOH$（CH 与 CH 之间以 O 相连成环氧）

(6) 环戊烷，1-位 COOH，2-位 OH

(7) $CH_3CHCOOH$（CH 上连环丙基）

(8) 苯基(C$_6$H$_5$)与 CH_3CH_2 连于 C，C=C，另一 C 上连 COOH 与 OH

3. (1) 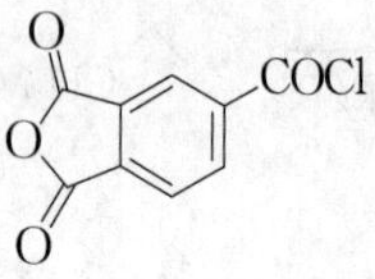 COCl (2) 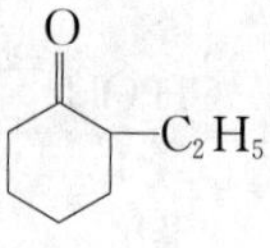 C_2H_5

(3) 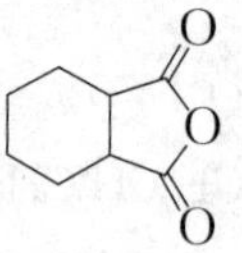 $+ CO_2\uparrow + H_2O$ (4)  $COOCH_2$

(5) 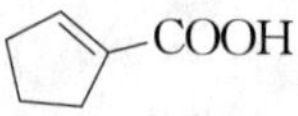 COOH (6) 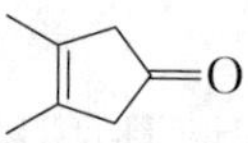 $=O + H_2O + CO_2\uparrow$

(7) 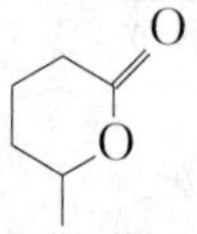 (8) 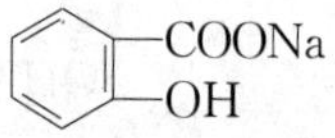 COONa OH

(9) 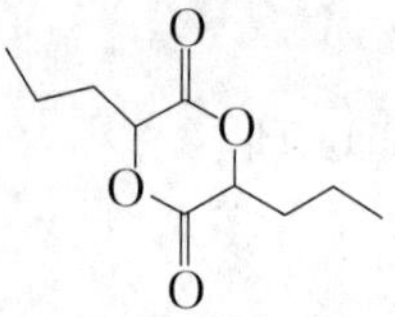 (10) 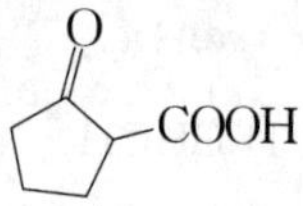 COOH

4. (1) $FeCl_3$，Tollens 试剂 (2) $FeCl_3$，$I_2/NaOH$

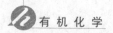

5. (1) $ClCH_2CH_2Cl \xrightarrow{NaCN} CNCH_2CH_2CN \xrightarrow{H^+/H_2O} HOOCCH_2CH_2COOH \xrightarrow[\triangle]{}$

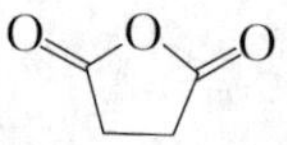

(2) 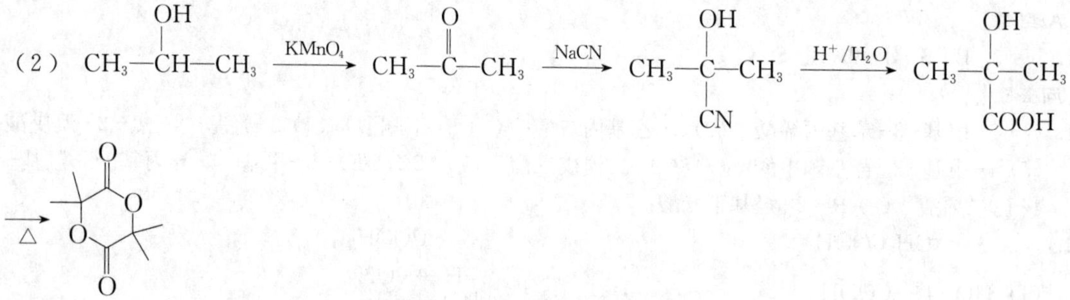 $CH_3-CH(OH)-CH_3 \xrightarrow{KMnO_4} CH_3-CO-CH_3 \xrightarrow{NaCN} CH_3-C(OH)(CN)-CH_3 \xrightarrow{H^+/H_2O} CH_3-C(OH)(COOH)-CH_3$

$\xrightarrow[\triangle]{}$

(3) $CH_3CHO \xrightarrow[\triangle]{C_2H_5ONa} CH_3CH{=}CHCHO \xrightarrow{HBr} CH_3CH(Br)-CH_2CHOH \xrightarrow{NaCN} CH_3CH(CN)-CH_2CHOH$

$\xrightarrow{H^+/H_2O} CH_3CH(COOH)-CH_2CHOH \xrightarrow{KMnO_4} CH_3CH(COOH)-CH_2COOH$

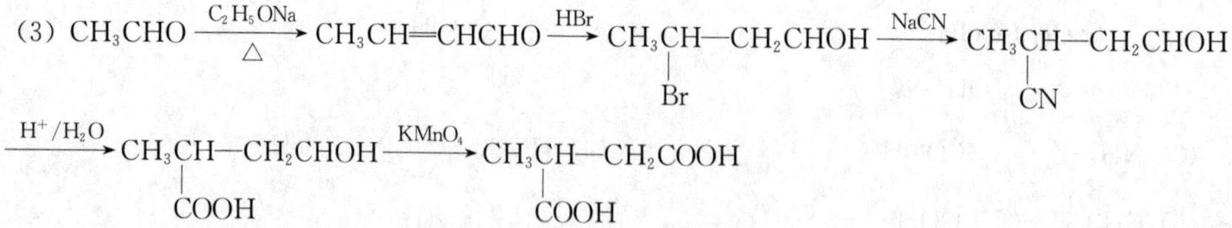

6. (1) A. 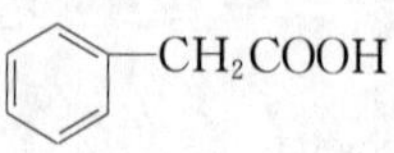 CH_2COOH B. 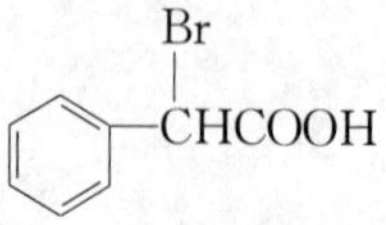 CHCOOH Br

C. 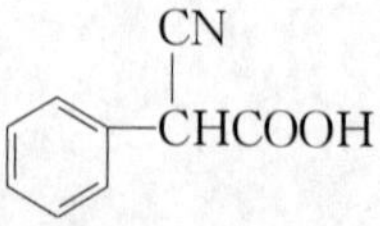 CHCOOH CN D. 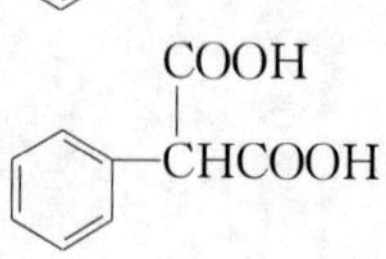 CHCOOH COOH

(2) A. 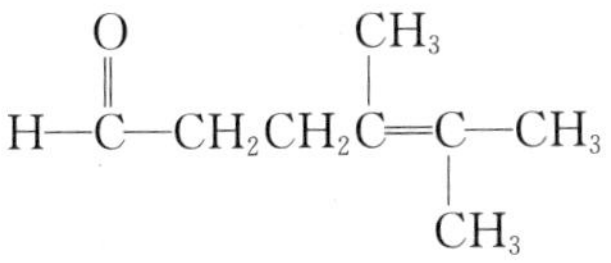 $H—\overset{O}{\overset{\|}{C}}—CH_2CH_2\overset{CH_3}{\overset{|}{C}}=\underset{CH_3}{\underset{|}{C}}—CH_3$　B. $H—\overset{O}{\overset{\|}{C}}—CH_2CH_2\overset{O}{\overset{\|}{C}}—CH_3$

C. $H—\overset{O}{\overset{\|}{C}}—CH_2CH_2\overset{O}{\overset{\|}{C}}—OH$

第十章

【A型题】

1. C　**2.** B　**3.** A　**4.** D　**5.** C　**6.** D　**7.** B　**8.** C　**9.** C　**10.** B

【问答题】

1. (1) 对羟基苯甲酰氯　(2) 2-甲基丁二酸酐　(3) 3-甲基-γ-丁内酯　(4) 苯乙酸苯酯　(5) 3-甲基-N-甲基-N-乙基丁酰胺　(6) 3-溴丙酸苄酯　(7) 2-甲基丁酰溴　(8) 苯乙酸酐　(9) N-甲基丁二酰亚胺　(10) 3-甲基-γ-丁内酰胺

2. (1) 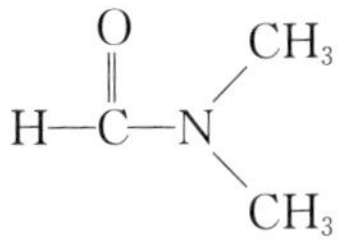 $H—\overset{O}{\overset{\|}{C}}—N(CH_3)_2$　(2) 1-乙基-6-甲基-2-哌啶酮结构（O, N, C_2H_5, CH_3）

(3) 5-甲基邻苯二甲酸酐结构（CH_3, O, O, O）　(4) 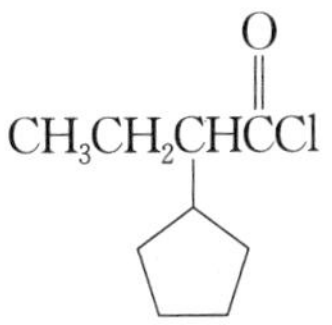 $CH_3CH_2\underset{\text{环戊基}}{CH}\overset{O}{\overset{\|}{C}}Cl$

(5) $CH_3—\underset{|}{CH}—COOC_2H_5$ / $CH_2—COOC_2H_5$ 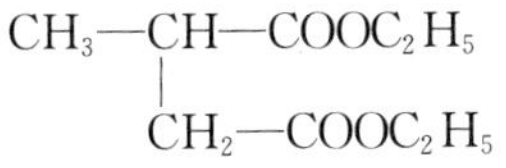　(6) 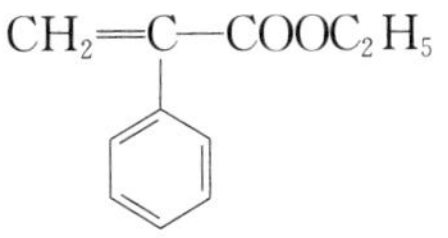 $CH_2=\underset{\text{苯基}}{C}—COOC_2H_5$

(7) 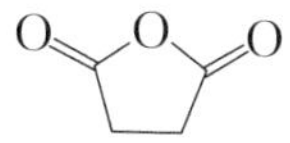 丁二酸酐结构（O, O, O）　(8) 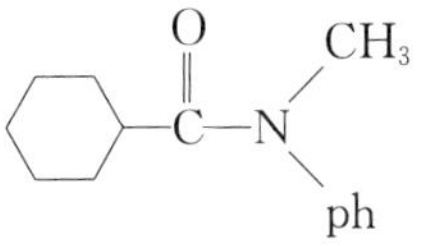 环己基$—\overset{O}{\overset{\|}{C}}—N(CH_3)(ph)$

(9) 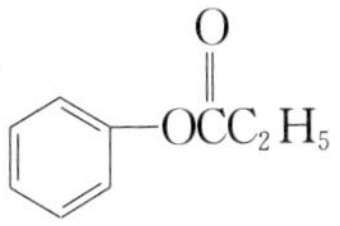 苯基$—O\overset{O}{\overset{\|}{C}}C_2H_5$　(10) 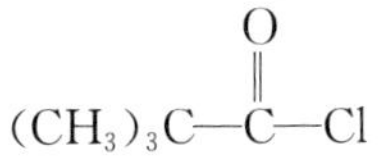 $(CH_3)_3C—\overset{O}{\overset{\|}{C}}—Cl$

3. (1)  $CH_2=\underset{CH_3}{\underset{|}{C}}—COOH + C_2H_5OH$　(2) $HOOCCH_2CH_2CH_2\underset{CH_3}{\underset{|}{CH}}—NHC_2H_5$

(3) $C_2H_5\overset{O}{\overset{\|}{C}}NH_2$ + 苯基$—OH$　(4) $HO—$苯基$—\overset{O}{\overset{\|}{C}}—OC_2H_5 + HCl$

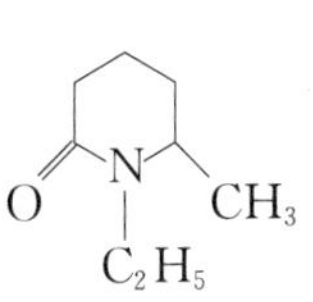

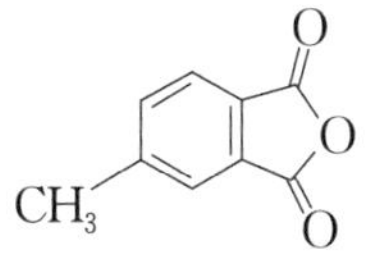

(5) 苯环（邻位）$—COOH$，$—O\underset{O}{\underset{\|}{C}}CH_3$　(6) 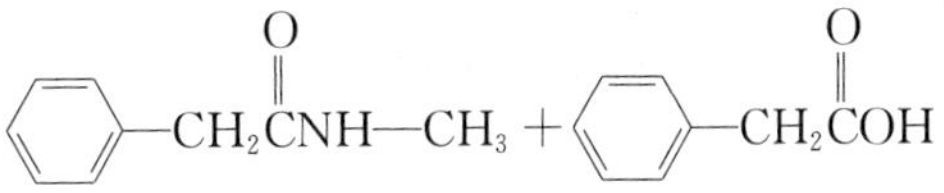 苯基$—CH_2\overset{O}{\overset{\|}{C}}NH—CH_3$ + 苯基$—CH_2\overset{O}{\overset{\|}{C}}OH$

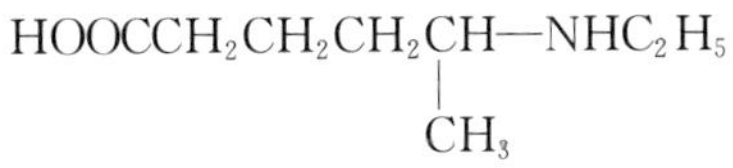

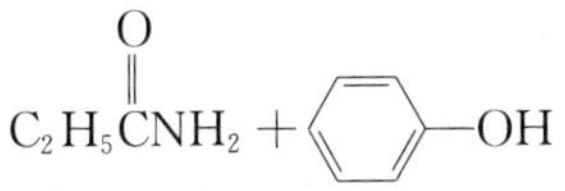

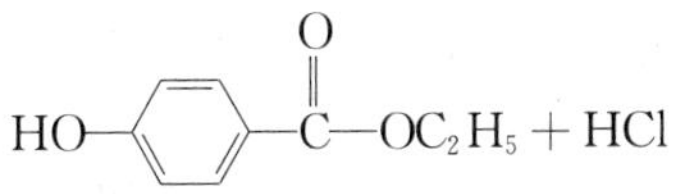

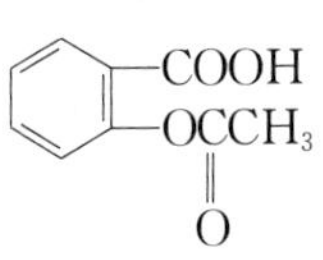

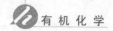

(7) 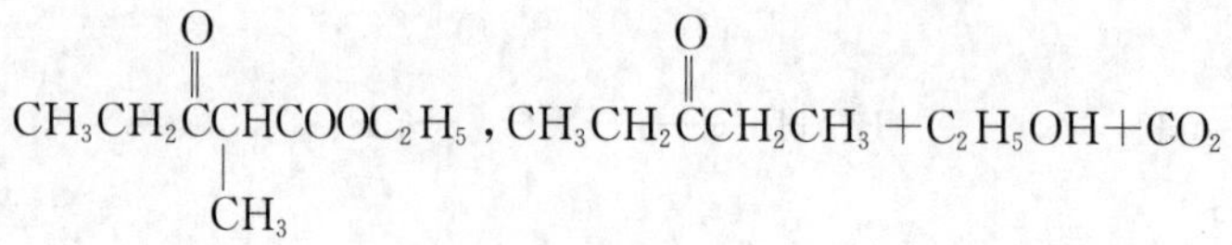 $CH_3CH_2\overset{O}{\overset{\|}{C}}\underset{CH_3}{\underset{|}{C}}HCOOC_2H_5$，$CH_3CH_2\overset{O}{\overset{\|}{C}}CH_2CH_3+C_2H_5OH+CO_2$

(8) 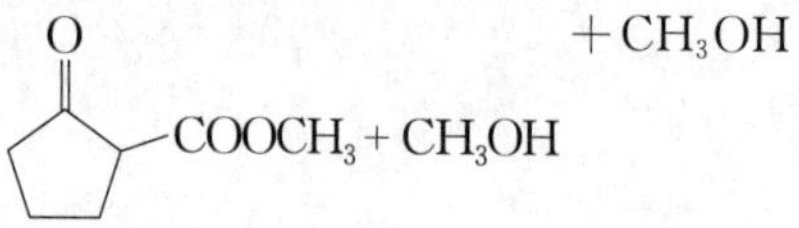 2-氧代环戊烷甲酸甲酯（环戊酮-2-COOCH₃）$+CH_3OH$，$+CH_3OH$

(9) $NH_3+CO_2+H_2O$

(10) 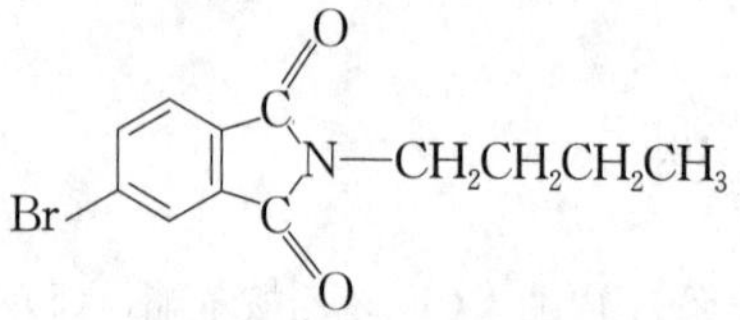 5-溴-N-正丁基邻苯二甲酰亚胺（Br 取代的苯并五元环酰亚胺，N—$CH_2CH_2CH_2CH_3$）

4. 2,4-二硝基苯肼，$FeCl_3$

5. 邻苯二甲酰亚胺的氮原子受两边羰基吸电子诱导效应的影响，使氮原子上电子云密度降低，增加了N—H键的极性，因此，氢容易离解显酸性，因此能溶于稀碱。

6. (1) 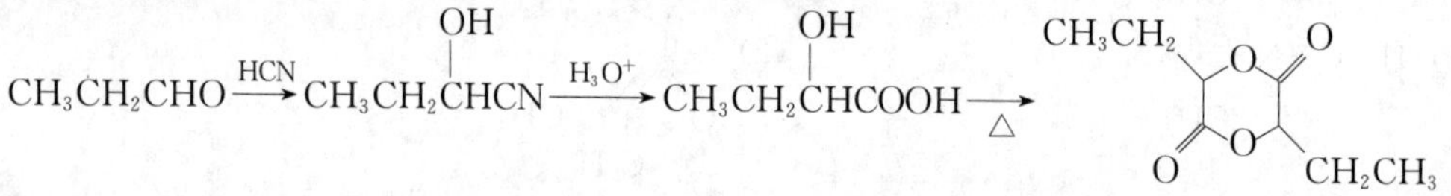 $CH_3CH_2CHO\xrightarrow{HCN}CH_3CH_2\overset{OH}{\overset{|}{C}}HCN\xrightarrow{H_3O^+}CH_3CH_2\overset{OH}{\overset{|}{C}}HCOOH\xrightarrow[\triangle]{}$ 3,6-二乙基-1,4-二氧六环-2,5-二酮（交酯，取代基 CH_3CH_2、CH_2CH_3）

(2) 亚甲基环戊烷（环戊基$=CH_2$）$\xrightarrow[\text{过氧化物}]{HBr}$ 环戊基—$CH_2Br\xrightarrow{KCN}$ 环戊基—$CH_2CN\xrightarrow{H_3O^+}$

环戊基—$CH_2COOH\xrightarrow{SOCl_2}$ 环戊基—$CH_2COCl\xrightarrow{(CH_3)_2NH}$ 环戊基—$CH_2\overset{O}{\overset{\|}{C}}N(CH_3)_2$

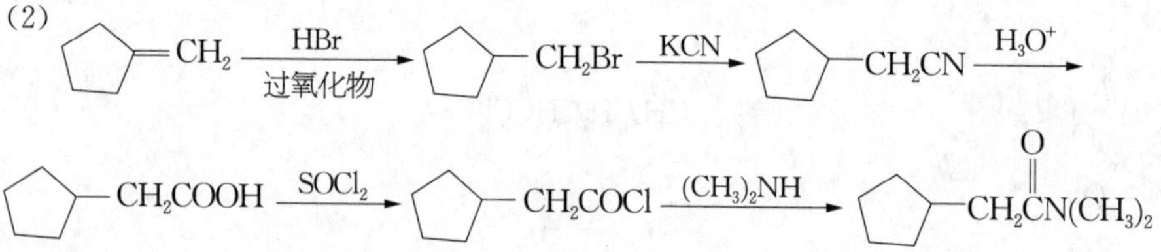

7. (1) A. 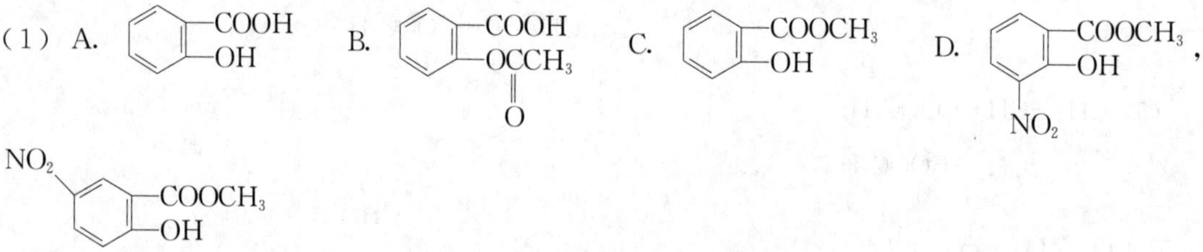 邻羟基苯甲酸（苯环上 COOH、OH）　B. 乙酰水杨酸（苯环上 COOH、$O\overset{O}{\overset{\|}{C}}CH_3$）　C. 水杨酸甲酯（苯环上 $COOCH_3$、OH）　D. 3-硝基水杨酸甲酯（苯环上 $COOCH_3$、OH、NO_2），

5-硝基水杨酸甲酯（苯环上 NO_2、$COOCH_3$、OH）

(2) A. 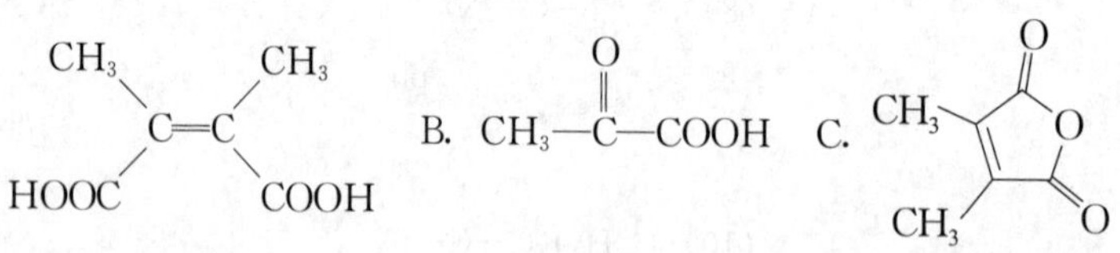 $\begin{matrix}CH_3 & & CH_3\\ & C=C & \\ HOOC & & COOH\end{matrix}$　B. $CH_3-\overset{O}{\overset{\|}{C}}-COOH$　C. 二甲基马来酸酐（五元环酐，两个 CH_3）

第十一章

【A型题】

1. D **2.** A **3.** B **4.** A **5.** B **6.** B **7.** A **8.** D **9.** C **10.** D **11.** B

【问答题】

1. (1) 1,2-二甲氨基乙烷 (2) 间甲乙胺基苯甲酸乙酯 (3) 3-甲基-2′-溴偶氮苯 (4) N-亚硝基甲乙胺 (5) N-甲基-N-乙基苯胺

2. (1) 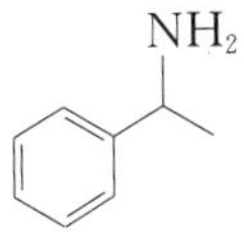 (结构式) (2) 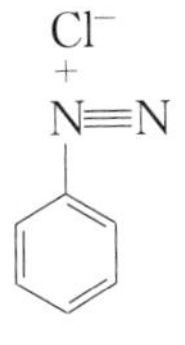 (结构式) (3) 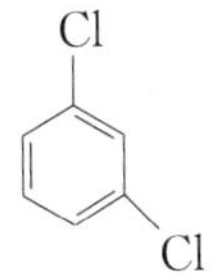 (结构式) (4) $NH_2—\overset{O}{\overset{\|}{C}}—NH—\overset{O}{\overset{\|}{C}}—NH_2 + NH_3\uparrow$

(5)  (苯) $+N_2\uparrow$

3. (1) (苯) $+HNO_3 \longrightarrow$ (间二硝基苯) $\xrightarrow{(NH_4)_2S}$ (间硝基苯胺) $\xrightarrow{重氮化}$ (间硝基重氮盐) $\xrightarrow{CuCl}$ (间氯硝基苯) $\xrightarrow[HCl]{Fe}$ (间氯苯胺) $\xrightarrow{重氮化}$ (间氯重氮盐) $\xrightarrow{CuBr}$ (间溴氯苯)

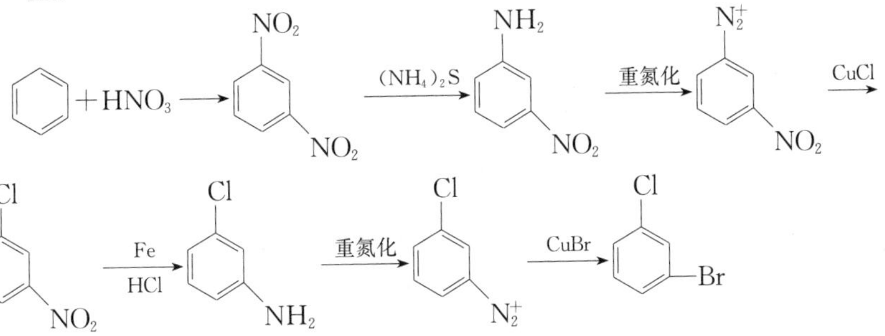

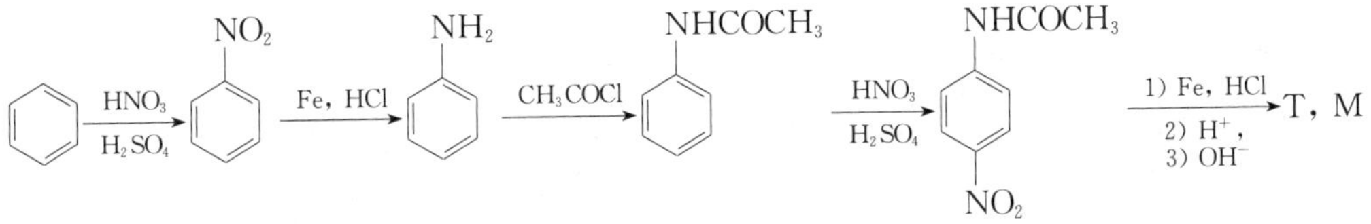

(2) (苯) $\xrightarrow[H_2SO_4]{HNO_3}$ (硝基苯) $\xrightarrow{Fe, HCl}$ (苯胺) $\xrightarrow{CH_3COCl}$ (乙酰苯胺) $\xrightarrow[H_2SO_4]{HNO_3}$ (对硝基乙酰苯胺) $\xrightarrow[2) H^+, 3) OH^-]{1) Fe, HCl}$ T, M

(3) (苯) $\xrightarrow[AlCl_3]{CH_3Br}$ (甲苯) $\xrightarrow{HNO_3, H_2SO_4}$ (对硝基甲苯) $\xrightarrow{Fe, HCl}$ (对甲苯胺) $\xrightarrow{CH_3COCl}$ (对甲基乙酰苯胺) $\xrightarrow{FeBr_3}$ (2,6-二溴-4-甲基乙酰苯胺) $\xrightarrow{H_3O^+}$ T.M.

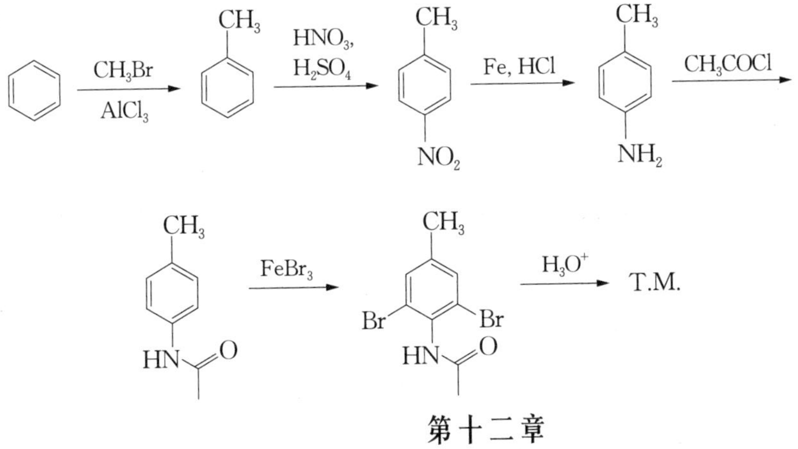

第十二章

【问答题】

1. 杂环化合物按所含杂原子的数目可分为含一个、两个或多个杂原子的杂环,按环的形式又可分为单杂环和稠杂环两类,单环又可按环的大小分为五元杂环和六元杂环,稠环又可根据是否含有苯环分为稠杂环和苯稠杂环。
2. 杂环上原子的编号从杂原子开始,依次为 1,2,3…,或从杂原子旁边的碳原子开始,依次用 α, β, γ…编号。当环上有相同的杂原子时,尽可能使杂原子编号最小,如果其中的一个杂原子连有氢,从该杂原子开始编号。如果环上不止一种杂原子,则按 O、S、N 的顺序编号。稠杂环有固定的编号顺序,通常从杂原子开始,依次编号一周(公用碳一般不编号),并尽可能使杂原子的编号小。
3. (1) N-乙基吡咯 (2) 2,4-二氯咪唑 (3) 2-甲基-4-乙基噻唑 (4) 4-吡咯乙酸 (5) 4-羟基嘧啶 (6) 7-羟基喹啉 (7) 2-吲哚甲酸
4. (1) S 上的孤对电子 (2) 有芳香性,但无孤对电子参与共轭体系 (3) N_1 上的孤对电子 (4) N_1 上的孤对电子

5. (1) 3-硝基吡啶（NO_2，N） (2) 2-氨基吡啶（N，NH_2） (3) 4-氨基吡啶（NH_2，N） (4) 吡咯钾（N⁻，K^+） (5) 2-乙酰基吡咯（N–H，C(=O)CH_3）

第十三章

【判断题】

1. √ **2.** × **3.** √ **4.** √ **5.** ×

【问答题】

1. (1) CH_2OH，O，OH，OH，OH，OH (2) HO，O，CH_2OH，OH，OH，OH

(3) HO，O，OH，OH (4) HO，O，OH，OH，OH，OH

(5) HO，O，O—CH_3，OH，OH，OH

2. (1) β-D-呋喃果糖 (2) α-D-呋喃核糖 (3) α-麦芽糖 (4) α-D-苄基吡喃葡萄糖苷 (5) α-乳糖

3. (1)

COOH
H—|—OH
HO—|—H
H—|—OH
H—|—OH
CH_2OH

(2)

COOH
H—|—OH
HO—|—H
H—|—OH
H—|—OH
COOH

(3)

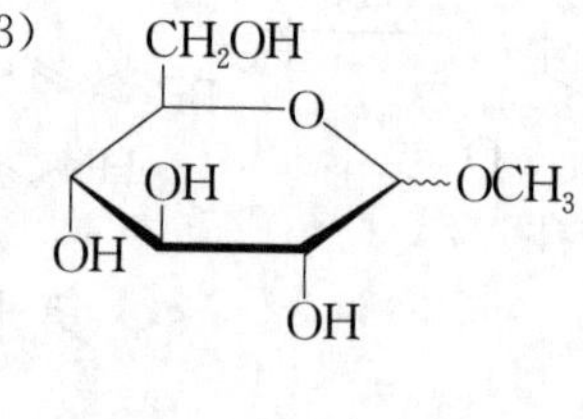

(4)

COO^-
H—|—OH
HO—|—H
H—|—OH
H—|—OH
CH_2OH
+ Ag

(5)

HC═$NNHC_6H_5$
C═$NNHC_6H_5$
HO—|—H
H—|—OH
H—|—OH
CH_2OH

4. (1) Br_2，H_2O (2) I_2 (3) Tollens 试剂或 Fehling 试剂 (4) Tollens 试剂或 Fehling 试剂

5. (1) 糖在水溶液中自行改变比旋光度的现象称为变旋光现象。

(2) 两个糖分子，如α-D-吡喃葡萄糖和β-D-吡喃葡萄糖，两者除半缩醛羟基外，其余所有碳原子的构型都相同，互称为端基异构体。

(3) 含有多个手性碳原子，仅有一个手性碳原子的构型不同的非对映体称为差向异构体，例如D-葡萄糖和D-甘露糖互为差向异构体。

(4) 糖苷分子中连接糖和非糖部分的键称为苷键。

(5) 能被碱性弱氧化剂(Tollens、Fehling、Benedict试剂)氧化的糖称为还原糖，反之为非还原糖。

6. A. D-乙基-吡喃半乳糖苷　B. D-吡喃半乳糖　C. 乙醇

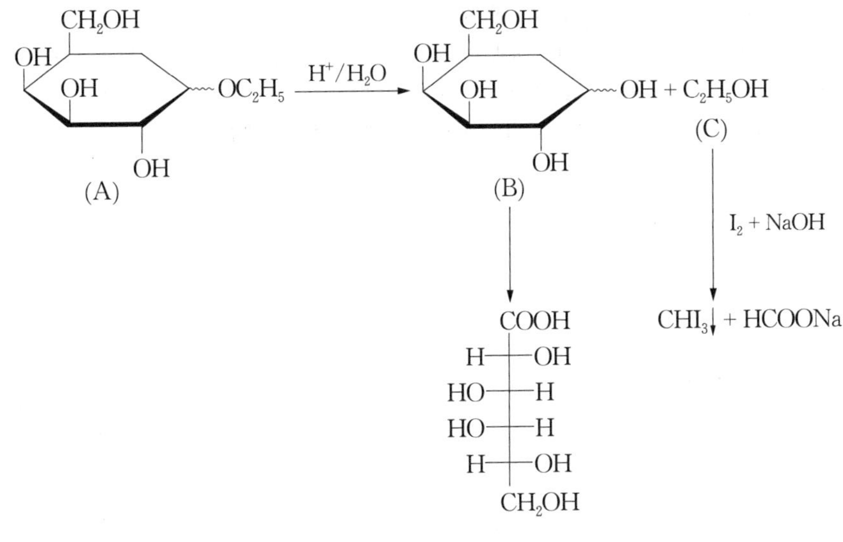

第十四章

【A型题】

1. D　**2.** B　**3.** C

【问答题】

1.

	系统名称	简写符号
Δ编码体系	$\Delta^{9,12}$-十八碳二烯酸	$18:2\Delta^{9,12}$
ω编码体系	$\omega^{6,9}$-十八碳二烯酸	$18:2\omega^{6,9}$

2. 根据皂化值的定义，可以得知，皂化值大，表示油脂的平均相对分子质量小，反之，则表示油脂的平均相对分子质量大，因此，花生油的平均相对分子质量大于猪油。

3. 根据碘值的定义，碘值越大，油脂的不饱和程度也越大，可以得知，大豆油的不饱和程度大于牛油，即大豆油中不饱和脂肪酸的含量大于牛油。

4. 油脂的皂化值是1 g油脂完全皂化时所需氢氧化钾的毫克数，它与油脂的平均相对分子质量成反比。酸值是中和1 g油脂中的游离脂肪酸所需的氢氧化钾的毫克数，与油脂的酸败程度有关，酸值大，表示油脂的酸败程度大。

5. (1) $CH_3(CH_2)_4CH{=}CH{-}CH_2{-}CH{=}CH(CH_2)_6COOH$

(2) $CH_3(CH_2)CH{=}CH(CH_2)_7COOH$

(3)
```
                        O
                        ‖
       O        CH2—O—C—R1
       ‖                O
R2—C—O—┼—H              ‖
                CH2—O—P—O—CH2CH2N+H3
                        |
                        O−
```

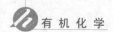

(4) 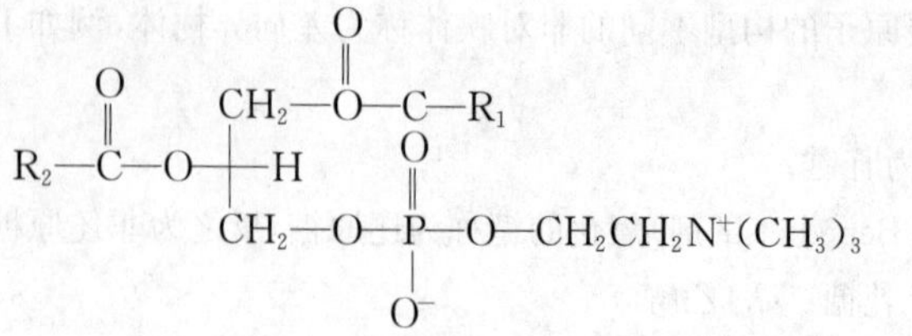
$$
\begin{array}{l}
\qquad\qquad\qquad\qquad\quad CH_2-O-\overset{\displaystyle O}{\overset{\|}{C}}-R_1 \\
R_2-\overset{\displaystyle O}{\overset{\|}{C}}-O-\overset{|}{\underset{|}{C}}-H \qquad\quad \overset{\displaystyle O}{\|} \\
\qquad\qquad\qquad\qquad\quad CH_2-O-\underset{\underset{\displaystyle O^-}{|}}{P}-O-CH_2CH_2N^+(CH_3)_3
\end{array}
$$

6. (1) 人体不能合成或合成不足,必须从食物中摄取的高级脂肪酸。
(2) 油脂在碱性条件下的完全水解称为皂化。1 g 油脂完全水解时所需氢氧化钾的毫克数称为皂化值。
(3) 油脂的催化氢化称为硬化。100 g 油脂所能吸收碘的克数称为碘值。
(4) 油脂在空气中久置变质产生异味的现象称为酸败。中和 1 g 油脂中游离脂肪酸所需的氢氧化钾毫克数称为酸值。

7.

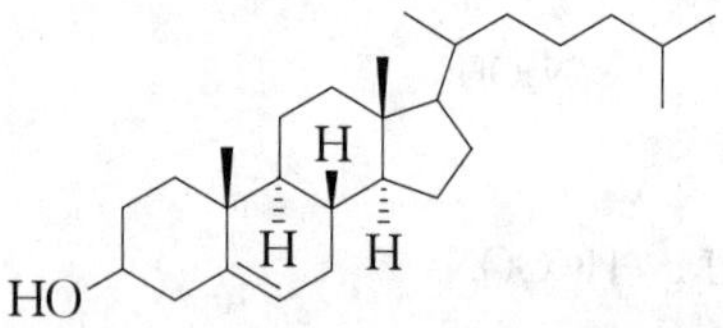

8.

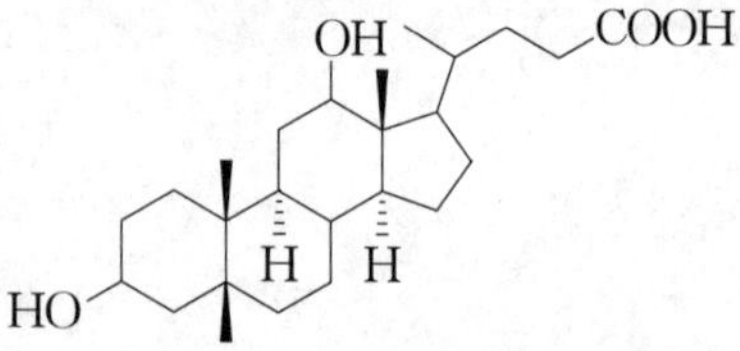

第十五章

【A 型题】

1. E(B 和 C 是错误的,A 和 D 有例外)　2. C

【判断题】

1. √(α-氨基酸分子中既含有碱性的氨基,又含有酸性的羧基,为两性化合物。故可与强酸成盐也可与强碱成盐,而溶解于强酸或强碱溶液中)
2. ×(肽键中的 C—N 键具有部分双键的性质,处于一个刚性平面中,不能自由旋转)

【问答题】

1. (1) 谷氨酸在 pH = 3 时,主要以 $HOOCCH_2CH_2\underset{\underset{\displaystyle ^+NH_3}{|}}{C}HCOOH$ 存在
(2) 丝氨酸在 pH = 1 时,主要以 $HOCH_2-\underset{\underset{\displaystyle ^+NH_3}{|}}{C}H-COOH$ 存在
(3) 缬氨酸在 pH = 8 时,主要以 $(CH_3)_2CH-\underset{\underset{\displaystyle NH_2}{|}}{C}HCOO^-$ 存在
(4) 赖氨酸在 pH = 12 时,主要以 $NH_2CH_2CH_2CH_2CH_2\underset{\underset{\displaystyle NH_2}{|}}{C}HCOO^-$ 存在
2. 留在原点:甘氨酸;向正极泳动:酪氨酸、谷氨酸;向负极泳动:组氨酸
3. 为了表示蛋白质不同层次的结构,常将蛋白质结构分为一级、二级、三级和四级结构。蛋白质的一级结构又称为初级结构或基本结构,二级以上的结构属于构象范畴,称为高级结构。维系蛋白质一级结构的化学键是肽键;而维系蛋白质高级结构的化学键有氢键、二硫键、盐键、疏水作用力、酯键、范德华力斯、配位键。

4. DNA 水解的最终产物为磷酸、β—D—2—脱氧核糖、胞嘧啶(C)、胸腺嘧啶(T)、腺嘌呤(A)和鸟嘌呤(G)。RNA 水解的最终产物是磷酸、β—D—核酸、胞嘧啶(C)、尿嘧啶(U)、腺嘌呤(A)、和鸟嘌呤(G)。化学组成相同的是：二者均含有磷酸、A、G 和 C；不同的是在 DNA 中含脱氧核酸和 T 而在 RNA 中含核糖和 U。

5.

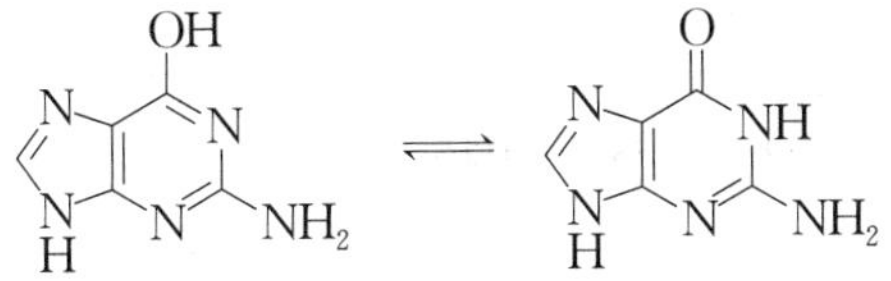

鸟嘌呤　　烯醇式　　酮式

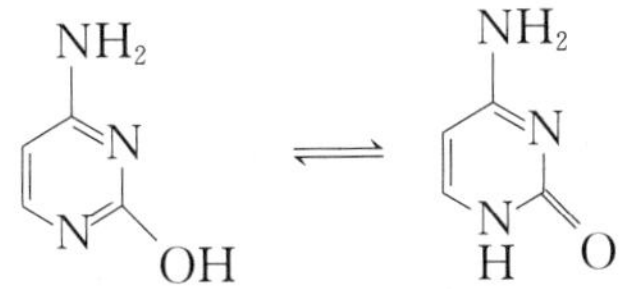

胞嘧啶　　烯醇式　　酮式

6. ATGACCATG。

7. 基因就是能合成有功能的蛋白质多肽链或 RNA 所必需的 DNA 中核苷酸的序列。

参 考 文 献

1. 陆阳，刘俊义. 有机化学[M]. 8 版. 北京：人民卫生出版社，2013.
2. 陆阳，申东升. 有机化学(案例版)[M]. 2 版. 北京：科学出版社，2017.
3. 邢其毅，裴伟伟，徐瑞秋，等. 基础有机化学(上下册)[M]. 4 版. 北京：北京大学出版社，2016.
4. Francis A. Carey. Organic Chemistry [M]. 7th ed. New York: McGraw-Hill Science, 2007.
5. John E. McMurry. Fundamentals of Organic Chemistry [M]. 7th ed. Singapore: Brooks/Cole-Cengage Learning, 2011.
6. T. W. Graham Solomons, Craig Fryhle. Organic Chemistry [M]. 10th ed. Singapore: John Wiley & Sons, Inc., 2010.